N.06
LINKED BY LEARNING

College of Architecture and Urban Planning
Hongik University
School of Architecture
Architecture Design Studio (6)

서울, 배움으로 연결하다
폐교 이노베이션 프로젝트
폐교의 재탄생

2024년, 홍익대학교 건축학과 3학년 학생들은 도심 속에서 활용되지 않던 폐교를 지역 거점으로 새롭게 조성하며, 학령인구 감소로 인한 공간 활용 문제에 대한 해법을 모색했습니다.

서울시교육청과의 MOU를 통해 진행된 "서울, 배움으로 연결하다" 프로젝트는 네 개의 폐교 부지를 교육, 문화, 지역 공동체가 어우러지는 공간으로 재탄생시키는 것을 목표로 합니다.

이 공간들은 단순한 교육시설을 넘어 창의적 활동과 교류를 촉진하는 거점이자, 서울 전역을 연결하며 지식과 경험이 활발히 공유될 수 있도록 제안되었습니다.

SEOUL, Linked By Learning
Closed School Innovation Project
Rebirth of the Closed School

In 2024, third-year architecture students at Hongik University reimagined abandoned school sites in urban areas as local hubs, addressing the challenges of declining student populations and underutilized spaces.

Through an MOU with the Seoul Metropolitan Office of Education, the "Seoul, Connected by Learning" project aims to transform four closed school sites into spaces that integrate education, culture, and community engagement.

These spaces go beyond traditional educational facilities, serving as creative and interactive hubs that foster knowledge and experience sharing across Seoul. The project proposes these spaces as dynamic platforms that connect communities and encourage collaboration.

SEOUL, Linked By Learning

폐교 이노베이션 프로젝트
Rebirth of the Closed Schools

정근식
서울특별시교육청 교육감

지난 2년간 우리는 서울의 저출생 문제와 학령인구 감소에 따라 급변하는 교육환경 속에서 폐교 활용에 대한 새로운 가능성을 탐색해 왔습니다. 최근 서울에서는 학생 수 감소로 인한 소규모 학교의 통폐합과 폐교가 증가하는 한편, 특정 재개발 지역에서는 신설 학교의 필요성이 커지고 있습니다. 이러한 상황은 교육환경의 극단적인 격차를 초래하고 있으며, 이를 극복하기 위한 창의적이고 실험적인 대안이 절실히 요구됩니다.

이를 위해 우리는 "도심 내 폐교 공간의 효율적 활용 방안"을 모색하기 위해 홍익대학교 건축학과와 협력하여 혁신적인 아이디어를 발굴하고자 폐교 활용 아이디어 서포터즈를 운영하였습니다. 이번 프로젝트는 학생들과의 협업을 통해 서울의 폐교 공간을 '협력과 연대'의 가치를 실현하는 장소로 재탄생시키는 것을 목표로 하고 있습니다.

1기로 추진한 "내가 만드는 서울교육 핫플, 대학생이 그리는 폐교 리버스(Rebirth+Reverse) 프로젝트"에 이어, 2기로 추진하는 "서울, 배움으로 연결하다. (Seoul, Linked by Learning)" 프로젝트는 폐교를 활용하여 다양한 교육자원과 사람을 연결하는 공간을 조성하는 데 중점을 둡니다. 이를 통해 모든 세대가 협력과 연대의 가치를 공유하며, 함께 배우고 성장할 수 있는 지속 가능한 배움의 생태계를 형성할 것입니다.

이번 프로젝트 역시 대학생들의 참신한 아이디어와 지역사회의 참여로 폐교의 활용 가능성을 더욱 확대할 수 있었습니다. 비록 과거의 교육 기능은 중단되었지만, 이러한 폐교들은 지역사회에 새로운 활력을 불어넣고 잠재력을 일깨우는 기회를 제공합니다. 이 발간물이 폐교 활용에 관심 있는 분들에게 영감을 줄 수 있기를 바라며, 교육, 문화 및 예술 등 다양한 분야의 융합을 통해 지속 가능한 발전을 이끌어내는 계기가 되기를 희망합니다.

마지막으로, 이번 프로젝트에 헌신한 홍익대학교 건축학과의 교수진과 학생들에게 깊은 감사의 말씀을 전하며, 서울교육은 앞으로도 '미래를 여는 협력 교육'을 위한 여정을 지역사회와 함께 걸어가길 기대합니다. 폐교가 새로운 가능성으로 가득 차기를 소망합니다.

감사합니다.

박상주
홍익대학교 총장

존경하는 교육청 관계자 여러분, 그리고 대학 가족 여러분,
2024년 현재, 한국 사회는 저출산과 학령인구 감소로 인해 학교 공간의 역할과 의미를 재구성해야 하는 중요한 전환점에 있습니다. 이러한 시대적 과제 속에서, 서울시 교육청과 홍익대학교 건축학과가 함께 기획한 폐교 혁신 프로젝트는 새로운 비전을 제시합니다. 이 프로젝트는 단순히 폐교를 재활용하는 것을 넘어, 지역사회와 세대를 연결하며 모두가 함께 배우고 성장할 수 있는 창의적인 커뮤니티 공간을 만들어 가는 데 그 목적이 있습니다.

홍익대학교 건축학과는 오랜 전통과 탁월한 학문적 기여를 통해 한국 건축계에서 중요한 역할을 해왔습니다. 창의적 설계와 혁신적 사고를 강조하는 교육 철학 아래, 홍익대 건축학과는 도시와 건축의 다양한 문제를 해결하고 미래의 비전을 제시하는 데 앞장서고 있습니다. 이번 폐교 혁신 프로젝트는 이러한 학과의 교육적 전통과 목표를 실현하는 중요한 사례로, 학생들이 지역 사회와의 연결을 통해 건축의 공공적 가치를 구현할 수 있도록 이끌었습니다.

이 프로젝트는 젊은 세대의 시각과 열정을 바탕으로, 폐교를 지역사회의 거점 공간으로 전환하는 창의적 아이디어를 담고 있습니다. 학교는 단순히 배움의 장소가 아니라, 지역 사회의 기억과 정체성을 담고 있는 공간입니다. 이번 협력은 이러한 공간을 현대적으로 재해석하여, 교육과 문화, 커뮤니티 활동이 어우러지는 플랫폼으로 변모시키는 데 중점을 두고 있습니다.

서울시교육청과 홍익대학교의 협력은 단순한 건축 프로젝트를 넘어, 공공과 학문이 함께 만들어가는 새로운 혁신의 모델을 보여줍니다. 이번 프로젝트는 단순히 공간의 활용 방안을 제시하는 것을 넘어서, 변화하는 사회와 지역사회의 요구를 반영한 미래형 배움터를 제안합니다. 이를 통해, 서울시의 각 지역에서 폐교가 새로운 역할과 가치를 갖고, 모두에게 열린 공간으로 자리 잡을 수 있도록 하는 비전을 담고 있습니다. 2025년 이후, 이 공간들은 세대와 지역을 연결하는 중심 허브로 자리 잡게 될 것입니다. 어린 세대는 배움과 놀이를 경험하고, 젊은 세대는 창의적 아이디어를 펼치며, 시니어 세대는 자신의 경험과 지혜를 나누는 장소가 될 것입니다. 이곳은 단순히 과거의 흔적을 보존하는 데 그치지 않고, 미래를 창조하며 세대 간의 공감을 이끌어내는 공간이 될 것입니다.

홍익대학교 건축학과의 전통과 혁신적 정신은 이번 프로젝트를 통해 더욱 빛을 발했습니다. 이 프로젝트는 단순히 공간을 설계하는 데서 그치지 않고, 지역 사회와 세대를 연결하며, 공공과 학문이 협력해 만들어낼 수 있는 새로운 가능성을 보여 줍니다. 서울시교육청과 홍익대학교가 협력하여 추진한 이번 프로젝트는, 도시와 지역 커뮤니티의 지속 가능한 미래를 만들어가는 중요한 출발점입니다. 함께해 주신 모든 분들께 깊은 감사를 드리며, 이 프로젝트가 지역사회를 넘어 전국적으로 확장되어, 창의적이고 공공의 가치를 실현하는 협력의 본보기가 되기를 기대합니다.

이현호
홍익대학교 건축도시대학 학장

건축은 사회적인 행위로서, 그 사회상의 역사적 기록이며, 당시 사회의 정신 문명을 표상하고, 기술적 변화를 이끌어가는 기관차와 같은 역할을 합니다. 르네상스와 산업혁명, 근대시민사회의 건축물들이 그러한 역할을 해왔습니다.

기술적 진보는 양자와 인공지능의 시대로 전환되고 있으며, 동시에 기후 변화로 인한 환경 위기의 시대이기도 합니다. 우리 사회도 성장과 풍요 속에, 극심한 경쟁으로 인한 갈등과 소외가 젊은 세대 인구 수의 지속적인 감소를 가져오고 있습니다.

학교를 우리 손으로 지었던 부모의 세대의 일원으로서, 자신의 손으로 모교를 없애야 하는 학생들을 바라보며, 슬프기 전에 미안한 마음이 듭니다. 공간은 장소에 대한 기억으로, 한 사람의 생애에 걸쳐 존재하고, 학교를 없애는 것은 그 사람의 초, 중등의 기억을 없애는 것이고, 나아가 공동의 기억을 없애는 것이기도 합니다.

윈스턴 처칠은 사람이 건물을 만들지만, 그 건물이 그 사람을 만든다고 했습니다. 그러기에 그 건물에 기억을 가진 사람이 스스로 그 장소를 새로운 탄생으로 가져올 때, 그 건축은 기억과 함께 사라지지 않고 영속성을 가지게 됩니다.

홍익대학교 건축도시대학의 학생들과 서울시 교육청이 함께 진행하는 폐교 이노베이션 프로젝트는 사회의 구성원으로서, 나의 장소를 모두의 장소로 만들어, 우리의 기억의 연속성을 만들어 내는 과정이며, 이를 통하여 폐교가 없어지는 학교가 아니라, 더 많은 삶의 시를 담아내는 미래 사회의 더 큰 학교로 만드는 일입니다.

의미 있는 프로젝트를 후원해주신 서울시 교육청과, 홍익대학교 건축도시대학의 이경선, 김일석 교수님께 깊이 감사드리며, 이 프로젝트가 홍익건축의 전통의 일부분이 되기를 기원합니다.

이경선
홍익대학교 건축학과 3학년 주임교수

2024년, 홍익대학교 건축학과는 설계 교육의 범위를 확장하며, 도시 문제 해결을 위한 실무적 연계를 더욱 강화하고 있습니다. 학령인구 감소로 인한 폐교 문제는 지속가능한 도시 공간 활용과 지역사회 회복력(resilience) 측면에서 중요한 과제가 되고 있으며, 본 학과는 이를 설계 교육의 핵심 주제로 다루고 있습니다.

2023년 홍익대학교 건축학과와 서울시교육청이 체결한 "대학생이 그리는 폐교 리버스 프로젝트" MOU를 기반으로, 본 프로젝트는 2024년 '폐교 이노베이션 프로젝트 LL: Linked By Learning'으로 발전하였습니다. 이는 폐교를 단순히 재활용하는 것을 넘어, 지역사회와 배움을 연결하는 거점 공간으로 전환하는 것을 목표로 합니다.

본 프로젝트는 "서울, 배움으로 연결하다"라는 주제하에 진행되었으며, 학생들은 지역의 역사, 문화, 산업적 특성을 반영한 공간 활용 방안을 연구하며, 교육시설을 지역사회와 공유하는 혁신적인 방식을 실험하였습니다.

2024년에는 110명의 학생과 20명의 교수진이 참여하여, 4개의 폐교 부지를 대상으로 공간 신축 및 리노베이션을 진행하였습니다. 학생들은 지역의 요구를 반영한 공간 프로그램을 제안하며, 건축 설계가 단순한 공간 조성을 넘어 도시와 지역을 연결하는 플랫폼으로서의 역할을 할 수 있음을 탐색하였습니다.

서울시교육청과의 협력을 통해 학생들은 현장 답사와 관계자 인터뷰를 진행하며, 실질적인 학습 기회를 얻었습니다. 또한 전문가 피드백을 반영해 실용적이고 실행 가능한 설계를 도출하는 데 집중하였습니다. 이 과정에서 학생들은 건축 설계가 사회 문제 해결과 긴밀하게 연결되어 있음을 체감하며, 건축가로서의 사회적 책임을 깊이 고민하는 계기를 가졌습니다.

이번 프로젝트의 아카이브 출판이 폐교 공간 활용에 대한 논의를 확장하고, 다양한 전문가와 시민들이 지속가능한 대안을 모색하는 데 기여하기를 바랍니다. 이 책이 건축계뿐만 아니라 정책 입안자, 지역사회 실무자, 그리고 공간 혁신에 관심 있는 독자들에게 통찰과 영감을 제공할 수 있기를 기대합니다.

CONTENTS

발간사
인사말
축 사
리 뷰

0. SITE   p.16

1. 경서중학교   p.18

    1. SITE ANALYSIS
    2. PROJECTS

        이규연 NEO HARMONIUM
        최수현 IN(TER)SECT
        정다희 UPCYCLING LOOP
        최규진 PETMILY URBAN OASIS
        최경진 MINDFULNESS JOURNEY
        최주형 GYEONGSEO ART SCHOOL
        김동현 COMPANIONS

2. 도원초등학교

p.86

1. SITE ANALYSIS
2. PROJECTS

박세준　**Golmok Hill**
김지원　**WearHaus: 순환자원 연구개발 교육시설**
이성우　**YOU KNOW?**
안다원　**THE GROVE of CONNECTION**
강지우　**Sockademy**
임철우　**Three volumes, Three functions**

3. 수서중학교 p.138

1. SITE ANALYSIS
2. PROJECTS

이상헌　가능성을 보관하다
문민철　쉼;봄
하승민　SUSEO GRIDS
최시훈　NOMADIC SPACE
안우현　탈선; 脫線
김성현　SUSEO COLLECTIVE LOUNGE
장기윤　AGROPIA
송우진　SUSEO ROBOTIC HUB
김주훈　LINK THE CLOUD
이채은　작은 예술 마을

4. 효제초등학교 p.228

1. SITE ANALYSIS
2. PROJECTS

이유진 INDEX YOUR SCENE
주소영 Connected by Music
손동완 OUT OF BOX
김태우 AROUND BRIDGE
임하진 효제 삶마당
김채이 효제 HUB
박성원 배움의 길을 연결하다
황보승재 CIRCULAR THREAD
이재원 Madang Contemporary

0. SITE

1. 경서중학교

- 위치 : 서울특별시 강서구 양천로59길 31
- 대지면적 : 11,187.5㎡ (3384py)
- 건축면적 : 3,774.86㎡
- 높이산정 : 지상 5층, 지하 1층
- 기존용도 : 중학교

2. 도원초등학교

- 위치 : 서울특별시 도봉구 도봉동 624 105
- 대지면적 : 5,342㎡ (1741py)
- 건축면적 : 3,205㎡
- 높이산정 : 30m (법정 7층 이하)
- 기존용도 : 주차장

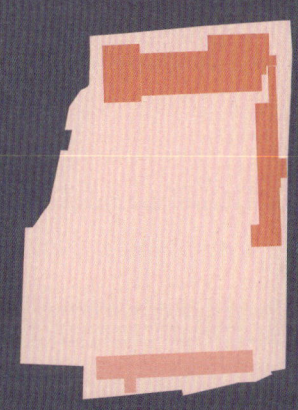

3. 수서중학교

- 위치 : 서울 강남구 광평로59길 57
- 대지면적 : 20,319.5㎡ (6146py)
- 건축면적 : 3,187㎡
- 높이산정 : 지상 4층
- 기존용도 : 중학교

4. 효제초등학교

- 위치 : 서울특별시 종로구 대학로 12
- 대지면적 : 20,536.6㎡ (6212py)
- 건축면적 : 2,856㎡
- 높이산정 : 지상 4층, 지하 1층
- 기존용도 : 초등학교, 교육지원청

N.

경서중학교
Kyungseo Middle School

이규연, 최수현, 정다희, 최규진, 최경진, 최주형, 김동현

경서중학교

" Seoul, Linked by Learning "

- 위치 : 서울 강서구 양천로59길 3
- 대지면적 : 4,982.77㎡
- 건축면적 : 1,716.85㎡
- 높이산정 : 지상 5층
- 기존용도 : 중학교

개요

위치 : 강서구 가양동 1483번지

대지면적 : 11,187.5㎡
건물 커버리지 비율: G0% (G,712㎡)

용적률 : 200% 학교, 공공/문화/체육 시설 사용 시: 건물 커버리지 비율 최대 30% (3,35G㎡) (비상 계단 및 엘리베이터를 추가 설치하는 경우 해당 설치물의 면적이 한도를 초과할 수 있음)

대지 유형: 도시 지역, 유형 2 일반주거지역(7층 이하), 취약시설보호구역(공항), 1종 지구단위계획구역, 교차로), 학교

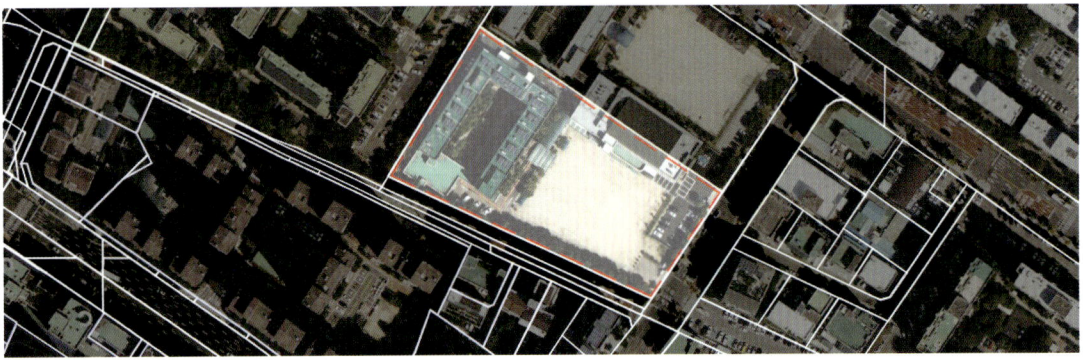

관련 법

건축선
건축선에서 1미터 후퇴(벽, 문 등이 건축선에 닿지 않아야 함) / 건축법 시행령 제 80-2조
인접한 토지 경계에서 1.5m 후퇴 건물 높이가 10m를 초과하는 경우, 그 후퇴선은 초과 높이의 절반. 건축법 제1조 / 건축법 시행령 제8조 G조

조경
연면적이 2,000㎡를 초과하는 건물의 경우: 부지면적의 최소 15% 학교로 사용할 경우: 부지면적의 최소 30% (3,35G㎡)건축법 제42조

공개 공지
공개 공지 설치는 연면적 5,000㎡를 초과하는 문화 및 집회 시설, 종교 시설, 상업 시설, 사무실 건물 및 숙박 시설을 위한 공간을 사용하지 않는 한 고려할 필요가 없음. 건축법 시행령 제 27-2조

대상지 현황

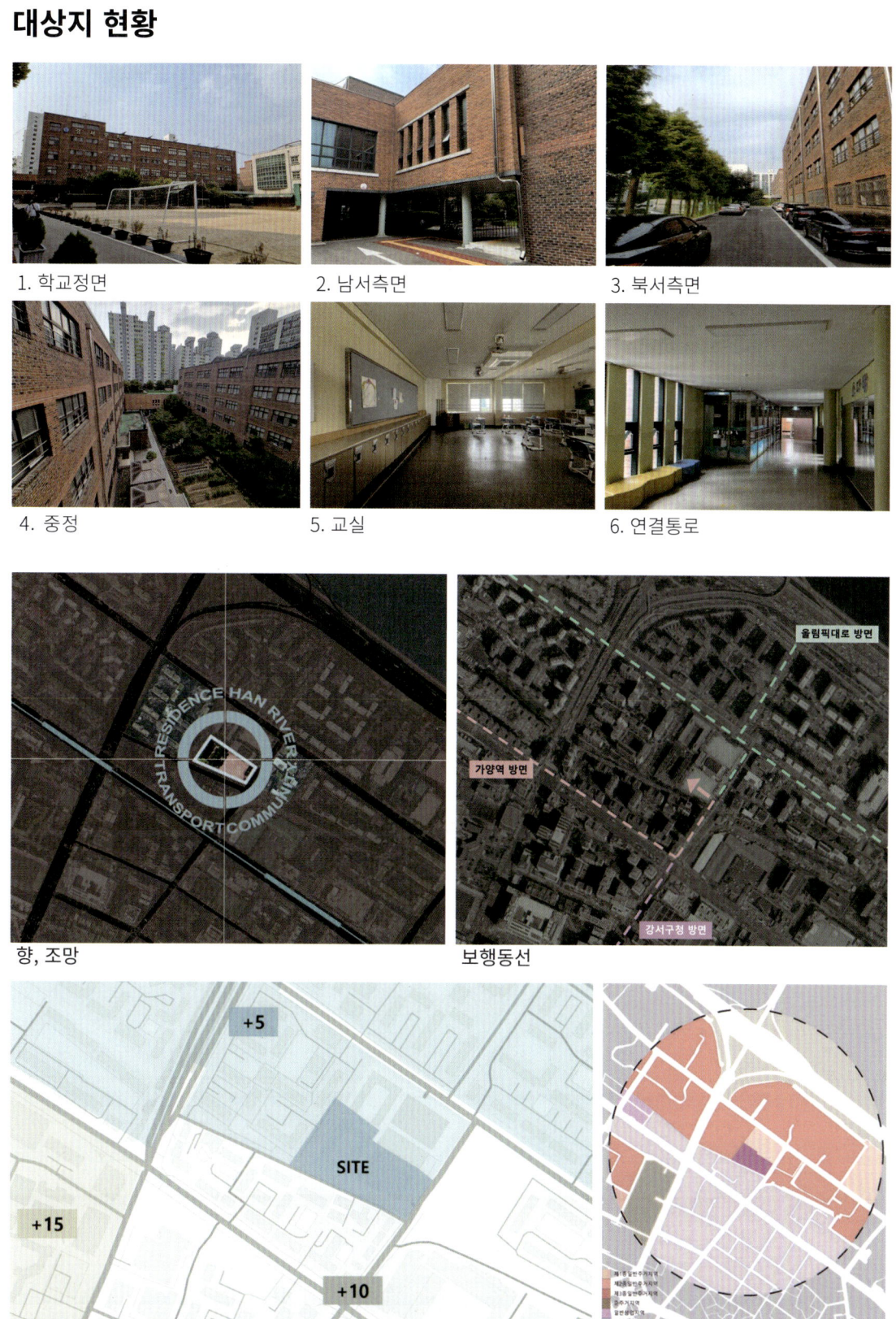

1. 학교정면
2. 남서측면
3. 북서측면
4. 중정
5. 교실
6. 연결통로

향, 조망

보행동선

경사도

용도지역

인문환경 분석

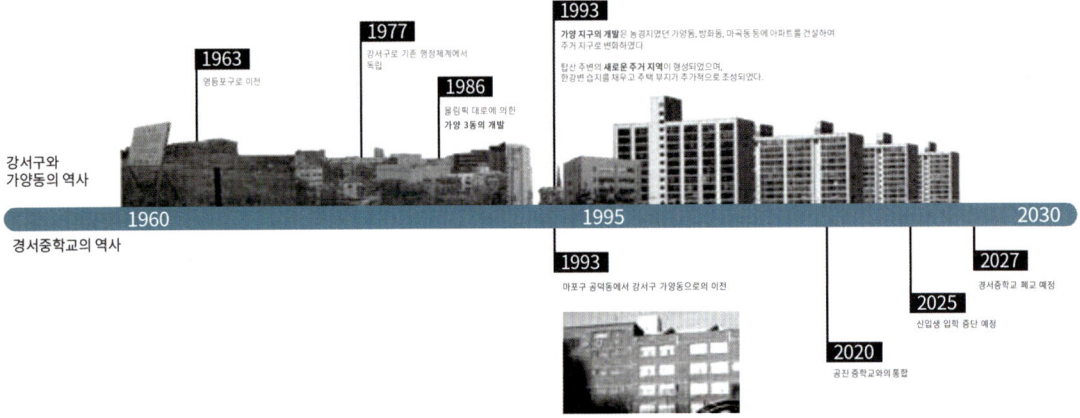

강서구와 가양동의 역사

- 1963 영등포구로 이전
- 1977 강서구로 기존 행정체제에서 독립
- 1986 올림픽 대로에 의한 가양 3동의 개발
- 1993 가양지구의 개발은 농경지였던 가양동, 방화동, 마곡동 등에 아파트를 건설하며 주거지구로 변화했다. 탑산 주변의 새로운 주거 지역이 형성되었으며, 한강변 습지를 채우고 주택 부지가 추가적으로 조성되었다.

경서중학교의 역사

- 1993 마포구 공덕동에서 강서구 가양동으로의 이전
- 2020 공진중학교와의 통합
- 2025 신입생 입학 중단 예정
- 2027 경서중학교 폐교 예정

강서구 내 미성년 인구

가양동 내 아동인구 변화 현황

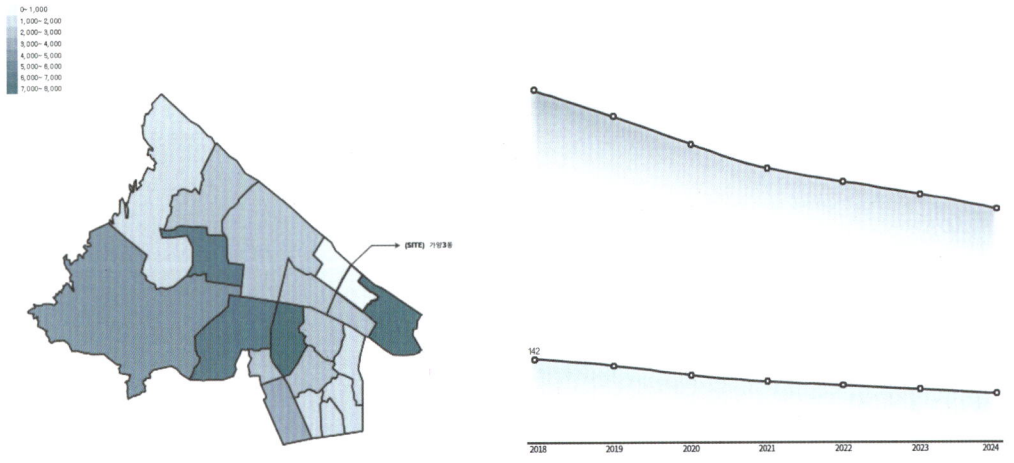

강서구는 **서울 지역 내 아동 비율**이 높은 편이다. 강서구 내 지역별 차이를 추가적으로 분석하였을 때, 2024년 기준 강서구 우장산동 아동 수는 약 7,288명으로, 아동 수가 가장 적은 가양2동(706명)과는 6,582명 차이가 나고 있다. 이러한 경황을 고려할 때 강서구의 전체 학생 수와 학급당 학생 수의 차이가 두드러지고 있음을 알 수 있다. 시간이 지남에 따라 이 격차는 더더욱 벌어질 것으로 예측된다.

경서중학교 내 재학생 수의 변화 현황

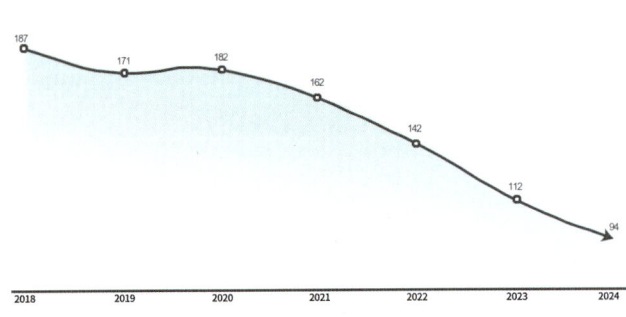

경서중학교는 현재 학생 수가 **100명 미만**인 상황이다. 이는 지역 내 전체 학생 수가 감소했기 때문인 것으로 파악된다.

인근 초등학교의 학생 수와 초등학교의 휴교로 인해 같은 지역에 위치한 공진중학교가 폐교되면서 학생들은 경서중학교로 이동했지만, 학생 수는 크게 변하지 않은 상황이다.

결과적으로, 경서중학교는 2025년에 신입생을 받을 계획이 없으며 2027년에 **폐교**될 예정이 되었다.

가양동 내 연령별 인구 현황

평균 연령 비교

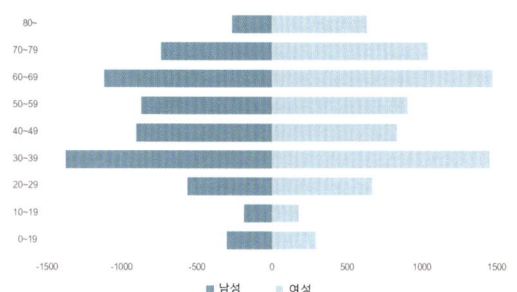
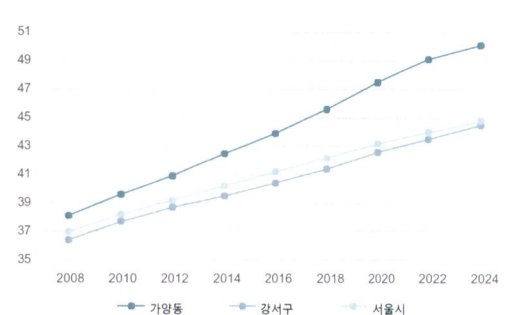

가양동의 주요 연령대는 **고령층**이다. 60세 이상은 가양동 전체 인구의 33%를 차지하며, 이는 20~30대 젊은 층보다 많은 수치이다. 강서구와 서울의 평균 연령과 비교해도 4세 이상의 차이가 있으며, 해가 갈수록 격차가 커지는 경향을 보이고 있다. 이러한 현상은 결국 젊은 세대가 발걸음을 끊는 **악순환**을 반복하며 해당 지역이 점점 더 **고립**되고 있음을 알 수 있다.

주변 학교 현황

주변 학교 학생 수 현황

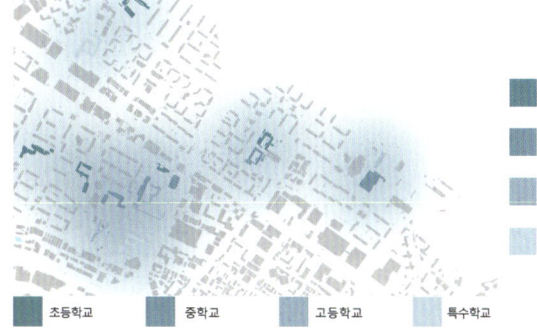

가양 3동과 강서구의 전반적인 **고령화**로 인해 학생들의 수는 점차 줄고 있는 현황을 보이지만, 사이트 주변의 교육환경의 경우 다양한 종류의 학교들이 위치하여 있는 점을 알 수 있다.

주변 건축물 노후화 현황

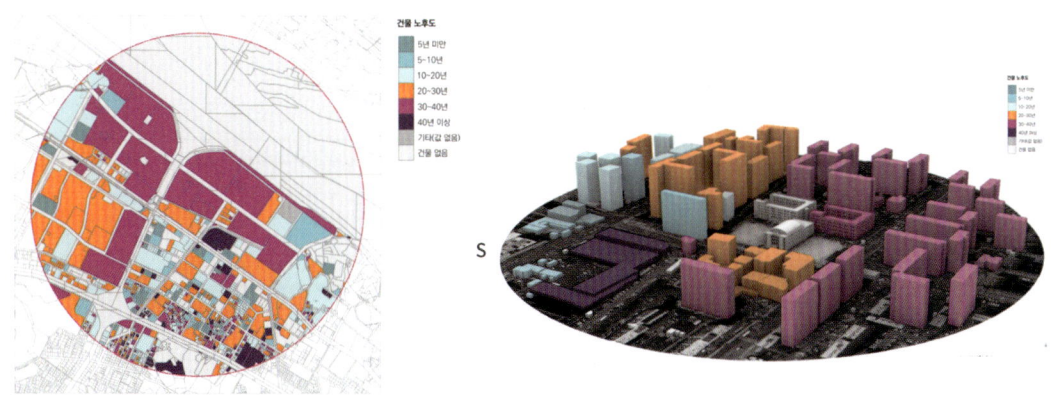

사이트 기준 정북방향으로는 노후화가 상당히 진행된 **아파트**들이 위치해 있으며 남쪽방향으로는 상대적으로 노후도가 낮은 신축 아파트 및 상가 건물들이 배치되어 있는 상황이다.

물리적 현황

부지 주변에는 **다수의 아파트 단지**와 **상업시설**이 배치되어 있으며, 그 중 아파트 단지가 가장 큰 비중을 차지하고 있다. 아파트 단지의 경우 개방된 공간이 거의 존재하지 않고 밀집된 간격으로 위치해 있다. 부지 상단, 우측, 좌측에는 아파트가 높은 반면 하단에는 상업시설이 낮게 위치해 있어 부지 하단의 조망이 상대적으로 탁 트인 편이다.

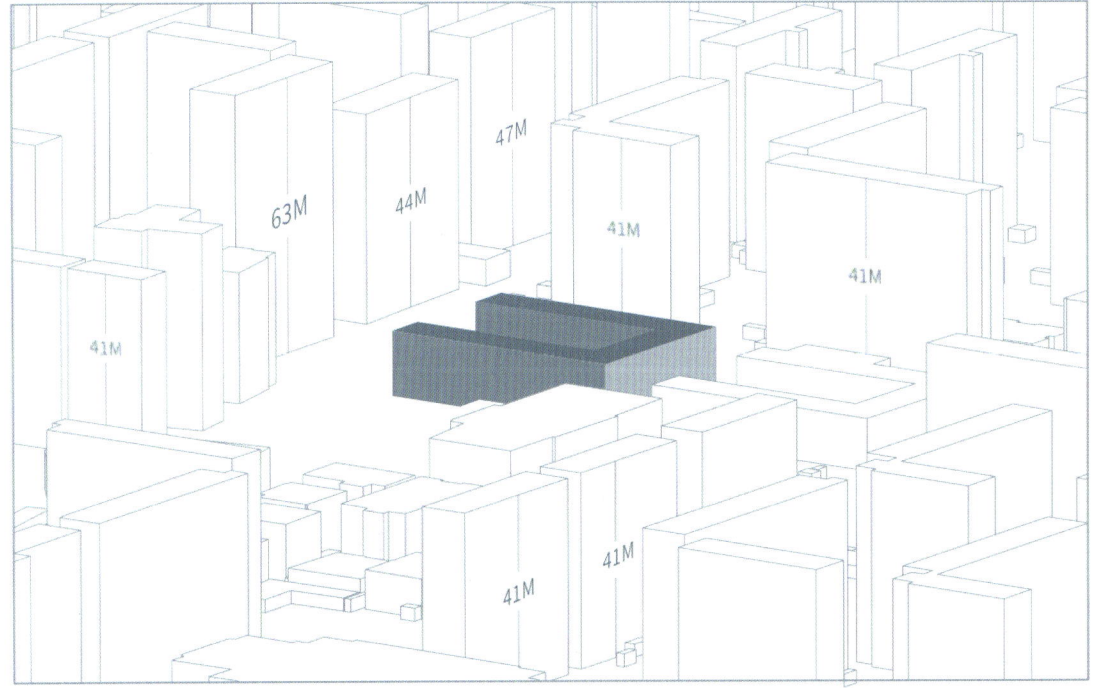

북동쪽에서 바라본 뷰

현재 경서중학교 부지는 매우 높은 아파트 건물로 둘러싸여 있어 **고립**되어 있다. 그렇기 때문에 북동쪽에서 사이트를 바라보면 밀집된 아파트 단지 때문에 답답해 보일 수 있다. 이러한 고립감을 어느 정도 완화하면서도 주변 아파트에도 긍정적인 영향을 미칠 수 있는 **건축적 대책**이 필요하다.

주변환경 및 가로망 분석

주변환경 분석

대상지 서쪽 아파트 주차장

대상지는 뒤쪽에 위치한 아파트와는 완전히 단절되어있다.
또한 나무가 일렬로 배치되어 있어 시각적으로도 차단한다.

대상지 남쪽 선형공원

경서중학교 옆 산책로가 조성 되어있는 선형공원은 사람들이 빈번하게 이용한다.
주민들은 차로를 이용하기 보다는 산책로를 주로 이용한다.

주변 임대아파트 현황

Figure & Ground

임대아파트 현황

대상지 주변은 저층 고밀형이 아닌 고층 저밀형의 일반적인 아파트 단지들로 이루어져있다. 이 아파트들은 대부분 조그만한 평수의 **임대아파트**이다.

최근 들어 맞은편으로는 분양 아파트들이 점차 늘어가는 추세로, 경서중학교를 기준으로 아파트 시세의 격차가 커지고 있다.

가로망 구성

대상지 주변도로는 북쪽으로 허준로, 동쪽으로 양천로 59길, 남쪽으로 화곡로 27길로 구성된다. 그외에 양천로27길과 화곡로로 구성되고 대상지 북쪽에는 가양대교로 가는 큰 대로가 있지만 그 밖에는 큰 대로가 없어 교통량도 많지 않다.

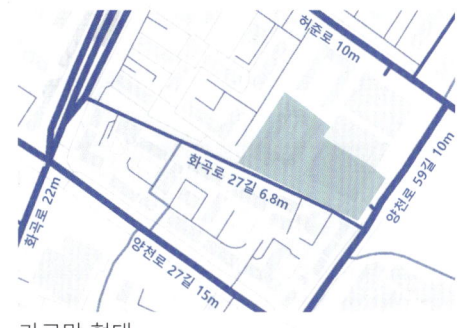

가로망 형태

경서중학교 분석

대상지 필지 구성

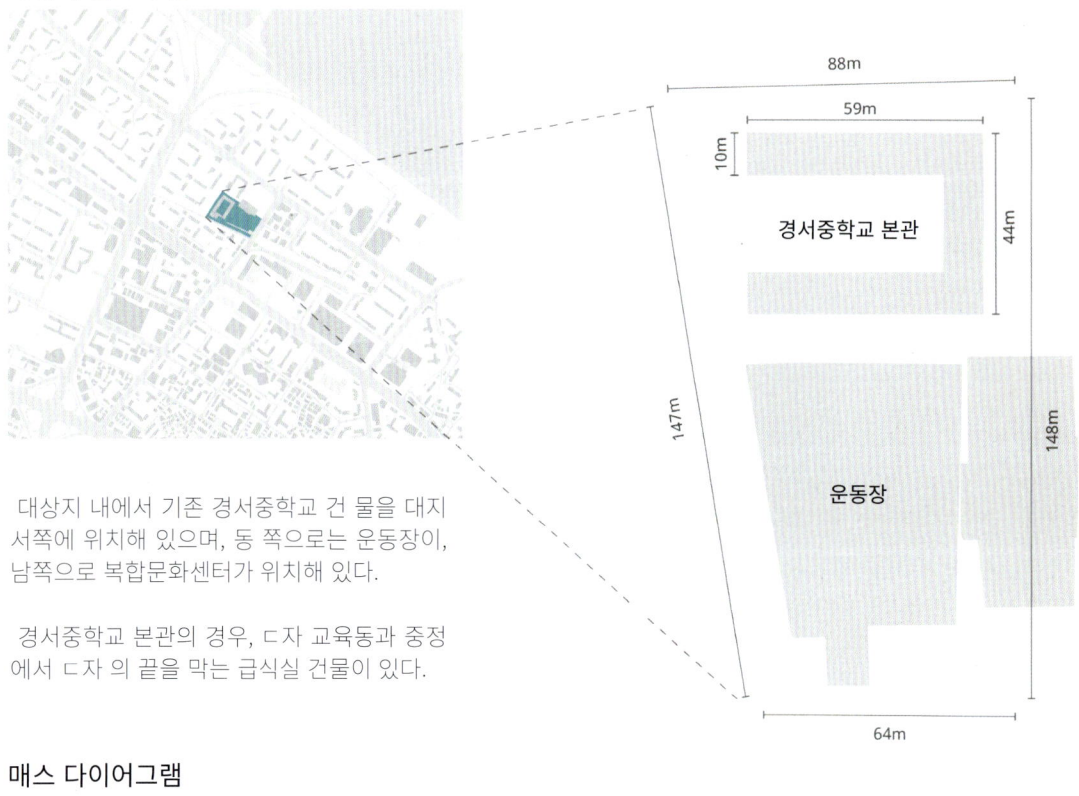

대상지 내에서 기존 경서중학교 건물을 대지 서쪽에 위치해 있으며, 동 쪽으로는 운동장이, 남쪽으로 복합문화센터가 위치해 있다.

경서중학교 본관의 경우, ㄷ자 교육동과 중정에서 ㄷ자 의 끝을 막는 급식실 건물이 있다.

매스 다이어그램

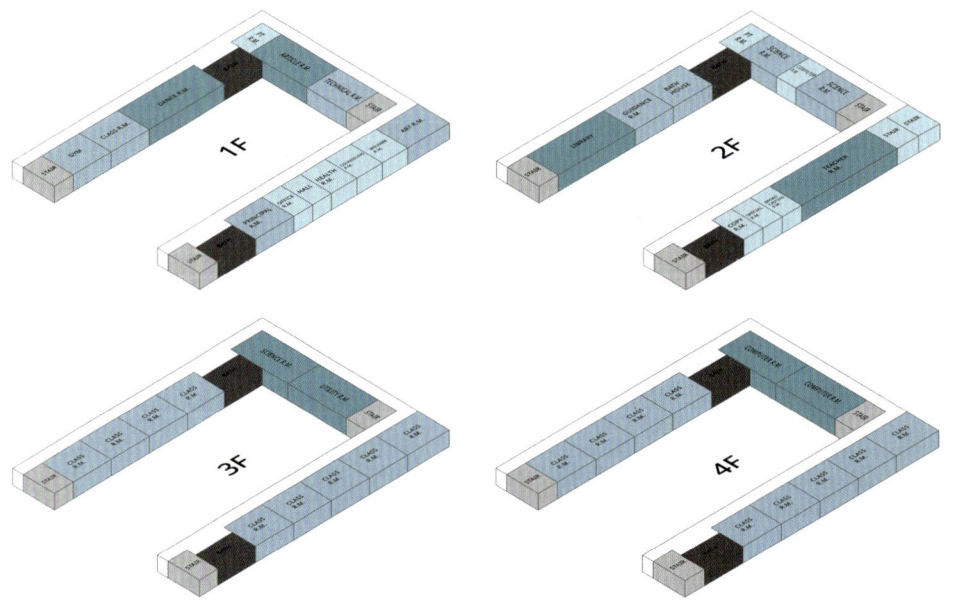

경서중학교의 매스 레이아웃은 일반적인 한국식 학교의 형태를 띄고 있다. 교실은 긴 복도에 위치해 있으며, 각 교실은 용도에 따라 S, M, L 크기로 배치되어 있다. 독특한 점은 매스가 **C자 모양**으로 배열되어 있기 때문에 중앙에 거대한 녹지공간 중앙정원이 있다는 것으로, 이 안뜰은 현재 매우 잘 관리된 정원으로 학생들이 수업에 참석하거나 학교 주변을 이동할 때 녹지공간의 배경 역할을 하고 있다.

경서중학교 본관 구조분석

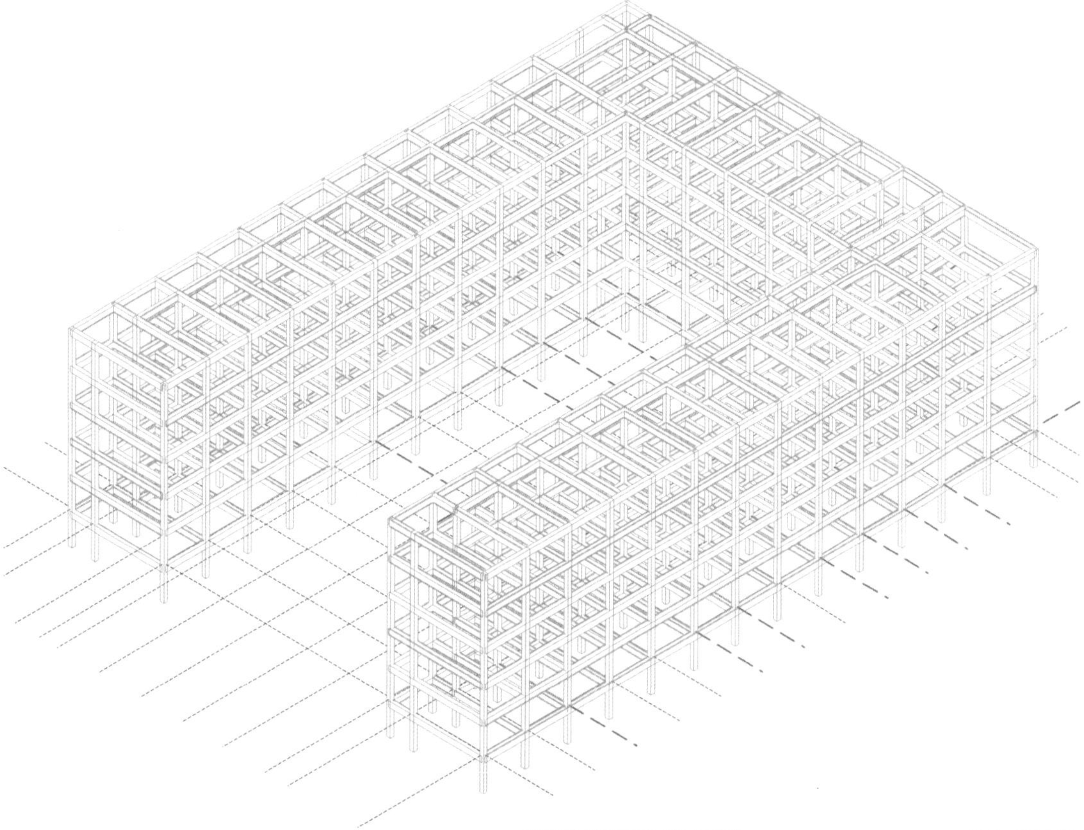

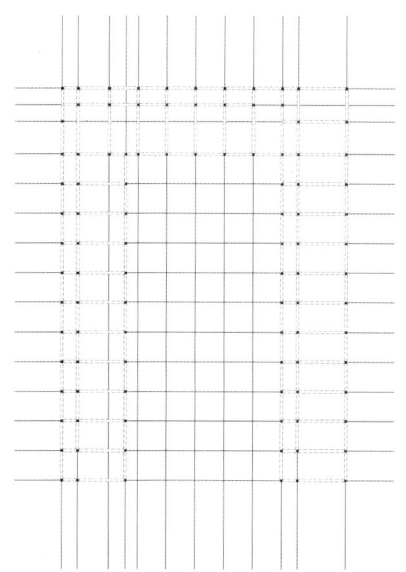

경서중학교는 **철근 콘크리트** 구조물이며, 지하 1층과 지상 5층으로 구성되어 있다.
교실과 복도의 폭 차이로 인한 구조 계획의 격자 차이를 확인할 수 있다. 교실의 배치와 크기는 격자 간격에 따라 결정되며, 빔이 부서지는 부분은 계단이 배치되는 공간이다.

건물은 총 3개의 계단과 2개의 화장실로 구성되어 있으며, 상대적으로 작은 방이 저층에 집중되어 있다.
3층부터 5층까지는 동일한 형태로 구성되어 있으며, 학생들의 생활 공간인 교실이 밀집되어 있기 때문에 저층보다 더 넓은 공간들로 구성되어 있다.

NEO HARMONIUM
마이크로그리드 신재생에너지 체험센터

이규연	GYUYEON LEE
	STUDIO 1 prof.
이경선	KYUNG SUN LEE
김시원	SIWON KIM

　가양3동은 저출생과 고령화로 인해 인구가 감소하고 지역 활력이 점차 저하되며 쇠퇴하고 있는 상황이다. 이러한 문제를 해결하기 위해 폐교를 **마이크로그리드** 기반 **재생에너지 체험센터**로 조성하는 방안이 제안되었다. 체험센터는 재생에너지의 중요성을 알리고 에너지 자립 모델을 경험할 수 있는 교육의 장으로 활용하고자 한다. 이를 통해 지역 주민들의 참여를 유도하며 세대 간 소통과 공동체 결속력을 강화하는 동시에, 지역 사회의 지속 가능성과 재생 가능성을 높이는 데 기여할 것으로 기대된다.

　본 설계안은 제로 에너지 마이크로그리드 전력 시스템을 기반으로 스스로 에너지를 자급자족하는 공간을 구현하는 것을 목표로 설정하였다. 주로 태양광 패널과 지열 시스템을 활용하여 친환경 에너지를 생산하도록 설계하였다. 이러한 에너지 시스템은 단순히 전력을 공급하는 데 그치지 않고, **지속 가능한 에너지 모델**을 지역 사회에 제시하며 주민들에게 환경 문제에 대한 새로운 인식을 심어줄 수 있을 것이다.

　더불어 주민들을 위한 편익시설과 열린 광장을 조성하여 체험센터를 지역 커뮤니티의 중심지로 기능하도록 하였다. 건물 주변의 넓은 오픈 스페이스는 지역 주민과 방문객이 자유롭게 이용할 수 있는 휴식과 소통의 장소로 활용될 수 있다. 이 공간에서는 지역 문화 행사는 물론 에너지와 환경에 관한 다양한 교육 프로그램도 운영될 예정이다. 이러한 시설은 지역 주민들에게 실질적인 편익을 제공할 뿐 아니라, 커뮤니티 내 소통과 연대를 강화하는 계기가 될 것으로 기대된다.

　체험센터는 단순한 시설의 재활용을 넘어, 에너지 자립을 목표로 하면서도 지역 주민들과 함께 성장하는 공간으로 자리 잡을 것이다. 이 공간은 환경과 사람이 **조화롭게 공존할 수 있는 매개체**로서, 지역 사회와 미래 세대를 위한 지속 가능한 비전을 제시한다. 나아가 폐교는 지역사회의 새로운 중심지로 거듭나며, 가양3동의 활력을 되찾는 데 기여할 수 있을 것이다.

SITE ANALYSIS

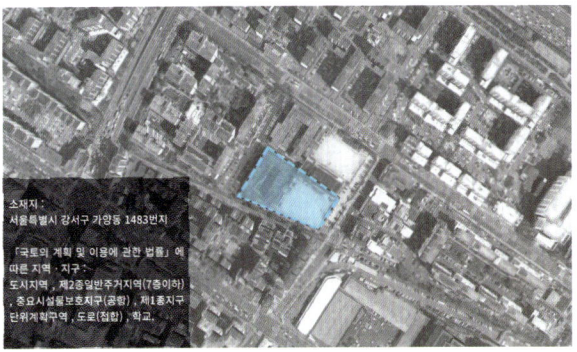

건폐율 : 15.49% 건축면적 : 11,187.5㎡
용적률 : 40.01% 연면적 : 4,982.77㎡
대지면적 : 11,187.5㎡ 높이 : 21.85m

건폐율
최대 : 60% (제2종 일반주거지역)
건축 가능면적 : 6,712.5㎡
추가 가능면적 : 4,995.65㎡

용적률
최대 : 200% (제2종 일반주거지역)
건축 가능 연면적 : 22,375㎡
추가 가능 연면적 : 17,392.15㎡

CONCEPT

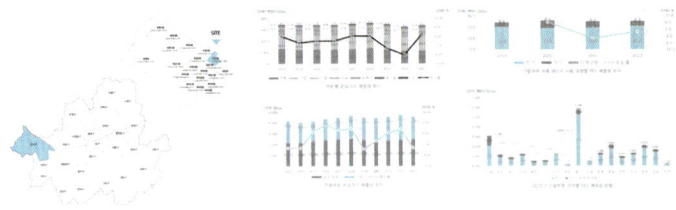

지속적인 증가 추세를 보이는 건물 부문의 온실가스 배출량 건물 부문 에너지원별 온실가스 배출량은 가스 및 지역난방보다 전기 사용으로 인한 배출량이 월등히 많으며, 특히 난방기기, 취사기기 등의 전력화 추세에 따라 건물부문의 **전기 사용량**은 **지속적으로 증가**할 것으로 예측되는 상황

가양3동은 저출생과 고령화로 인해 지역 활력 저하로 쇠퇴하고 있는 상황이다. 이에 따라 폐교 예정인 경서중학교 부지를 활용하여 마이크로그리드 기반 재생에너지 체험센터를 조성하는 방안을 제안할 수 있다.

마이크로그리드는 소규모 지역에서 에너지를 생산, 저장, 소비하는 분산형 전력 시스템으로, 에너지 효율성과 자립도를 높이는 것이 특징이다. 이러한 체험센터는 인근 학생들에게는 **체험학습의 기회**를, 시민들에게는 **신재생에너지 교육**을 제공함으로써 지역사회에 긍정적인 영향을 미치고 활력을 불어넣는 공간으로 활용될 수 있다.

SITE ZONING & PROGRAM

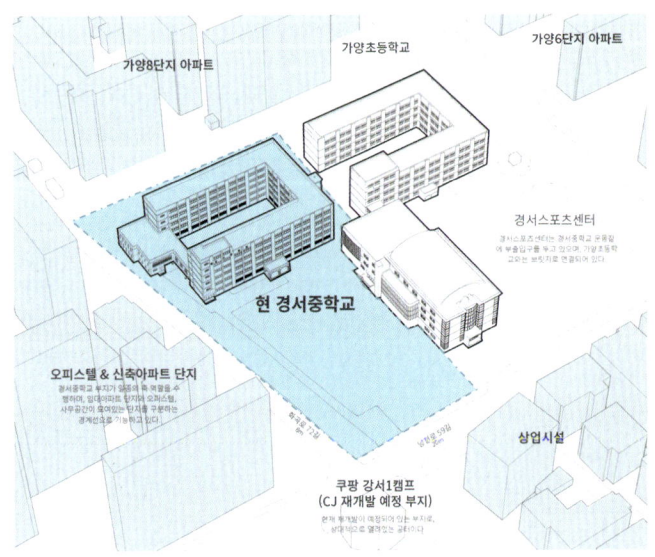

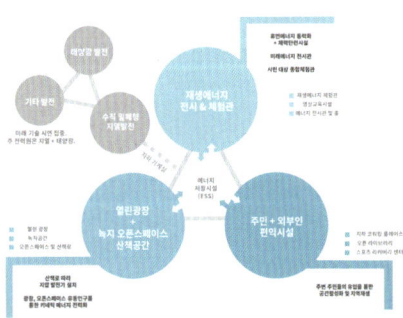

주된 프로그램은 마이크로그리드 전력체계로 작동하는 재생에너지 전시 및 체험관이다. 순환동선의 전시관과 갤러리, 영상체험관 등이 포함되며, 열린 광장, 녹지 오픈 스페이스 및 산책공간들이 해당 공간들을 연결한다.

마지막으로 전시관을 찾은 외부인들을 위한 각종 편의시설 및 주민 편익시설들이 추가될 수 있다. 생산된 전력들은 ESS를 통해 저장되고 각 시설들로 재분배된다.

MASS DIAGRAM

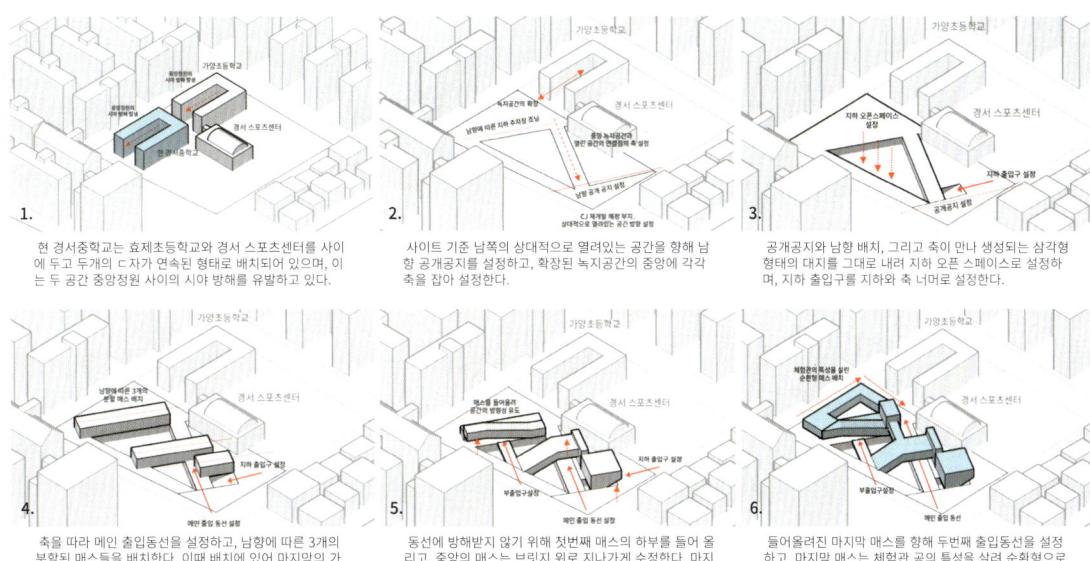

1. 현 경서중학교는 효제초등학교와 경서 스포츠센터를 사이에 두고 두개의 ㄷ자가 연속된 형태로 배치되어 있으며, 이는 두 공간 중앙정원 사이의 시야 방해를 유발하고 있다.

2. 사이트 기준 남쪽의 상대적으로 열려있는 공간을 향해 남향 공개공지를 설정하고, 확장된 녹지공간의 중앙에 각각 축을 잡아 설정한다.

3. 공개공지와 남향 배치, 그리고 축이 만나 생성되는 삼각형 형태의 대지를 그대로 내려 지하 오픈 스페이스로 설정하며, 지하 출입구를 지하와 축 너머로 설정한다.

4. 축을 따라 메인 출입동선을 설정하고, 남향에 따른 3개의 분할된 매스들을 배치한다. 이때 배치에 있어 마지막의 가장 큰 매스가 지하 오픈 스페이스와 겹치게 배치한다.

5. 동선에 방해받지 않기 위해 첫번째 매스의 하부를 들어 올리고, 중앙의 매스는 브릿지 위로 지나가게 수정한다. 마지막 매스 역시 들어올려서 공간의 방향성을 유도한다.

6. 들어올려진 마지막 매스를 향해 두번째 출입동선을 설정하고, 마지막 매스는 체험관 공의 특성을 살려 순환형으로 구획할 수 있다.

현 경서중학교와 인접한 가양초등학교의 ㄷ자 매스로 인해 두 공간이 서로 단절되고 있는 문제를 해결하고자 하였다. 먼저 제로 에너지 건축물에 필수적인 **남향 배치 방향의 축**을 잡고 가양초등학교의 중앙정원 녹지를 확장시킨 후, 남향의 공개공지를 설정하였다. 이후 상대적으로 열려있고, 재개발이 예정되어 있는 물류센터 방향으로 축을 연결시켜 메인 진입 동선을 구획하였고, 3개의 매스를 방향성을 유지한 채로 배치한 후 사용자 동선에 맞추어 변형시켜 **동선을 유도**하고자 하였다.

MICROGRID SYSTEM DIAGRAM

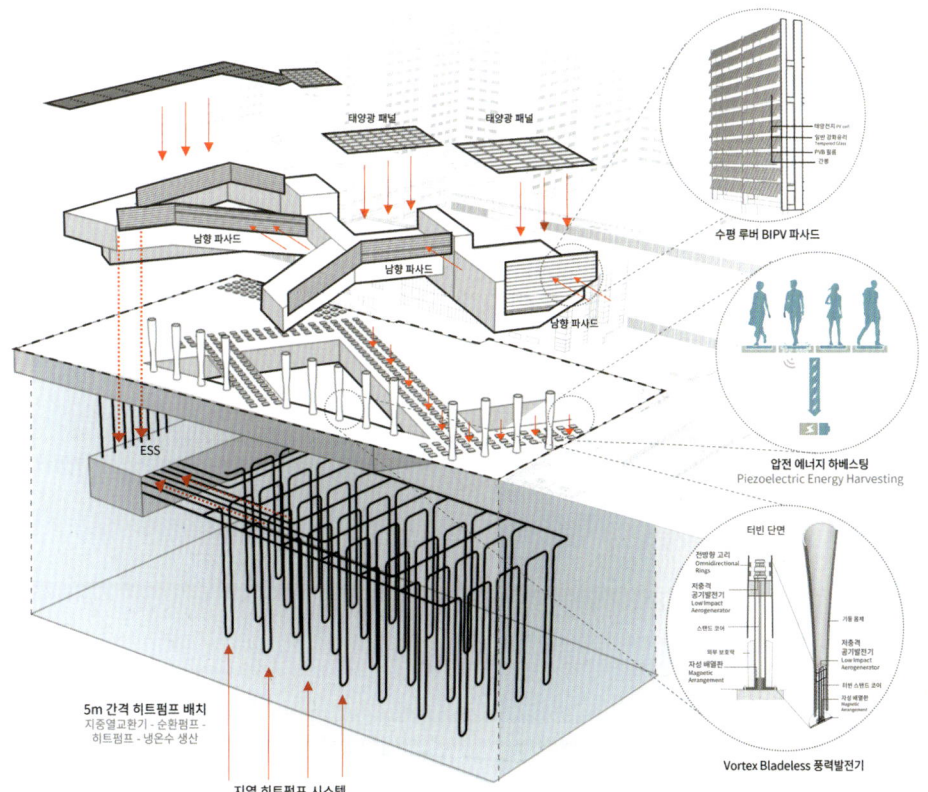

수평 루버 BIPV 파사드

태양광 발전 패널을 루프탑에 설치하고 BIPV파사드를 남향 방향의 매스에 설치하여 마이크로그리드 시스템의 일부로 작용할 수 있게 배치한다.

압전 에너지 하베스팅

동선 축을 포함한 유동인구가 많은 브릿지, 오픈 스페이스를 중심으로 압전 에너지 하베스팅을 배치하여 에너지를 생산한다.

풍력 발전 & 지열히트펌프

Vortex Bladeless 풍력 발전기를 공개공지를 포함한 녹지공간에 배치하여 에너지를 생산하고, 지열 히트 펌프 시스템을 활용하여 에너지원으로 삼는다.

PLAN

지상 3층 평면

지상 2층 평면

지상 1층 평면

지하 1층 평면

SPACE PROGRAM

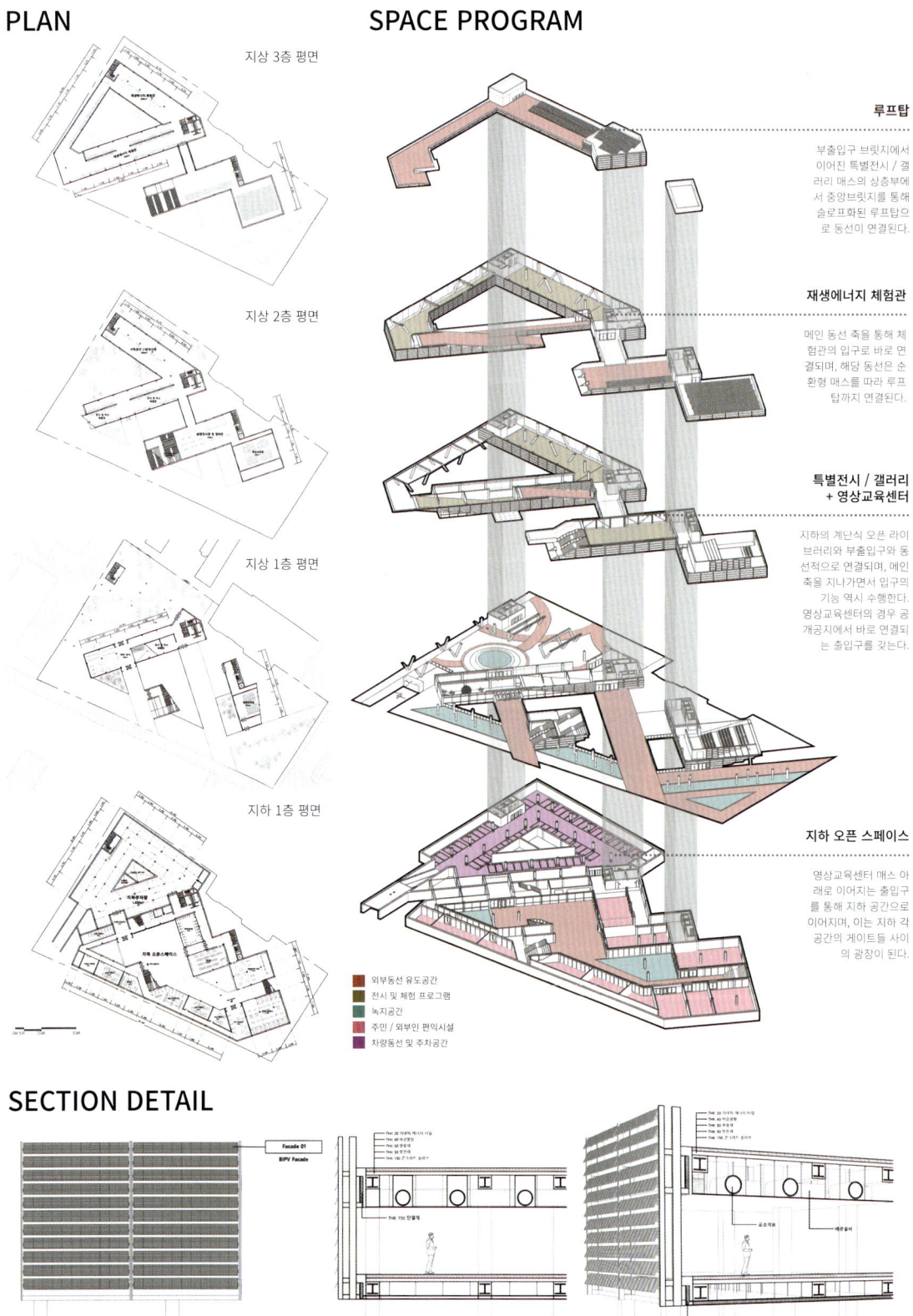

루프탑
부출입구 브릿지에서 이어진 특별전시 / 갤러리 매스의 상층부에서 중앙브릿지를 통해 슬로프화된 루프탑으로 동선이 연결된다.

재생에너지 체험관
메인 동선 축을 통해 체험관의 입구로 바로 연결되며, 해당 동선은 순환형 매스를 따라 루프탑까지 연결된다.

특별전시 / 갤러리 + 영상교육센터
지하의 계단식 오픈 라이브러리와 부출입구와 동선적으로 연결되며, 메인 축을 지나가면서 입구의 기능 역시 수행한다. 영상교육센터의 경우 공개공지에서 바로 연결되는 출입구를 갖는다.

지하 오픈 스페이스
영상교육센터 매스 아래로 이어지는 출입구를 통해 지하 공간으로 이어지며, 이는 지하 각 공간의 게이트들 사이의 광장이 된다.

- 외부동선 유도공간
- 전시 및 체험 프로그램
- 녹지공간
- 주민 / 외부인 편의시설
- 차량동선 및 주차공간

SECTION DETAIL

수평방향 루버로 기능하는 **BIPV(Building Integrated Photovoltaic)** 파사드는 건물 외벽에 태양광 발전 기능을 통합한 형태로, 일사 방향에 따라 회전하며 태양광 발전 효율을 극대화하는 동시에 자연 채광과 실내 온도 조절에 기여한다. 루버 형태의 디자인은 빛의 투과와 차단을 조절하여 건물의 에너지 효율을 높이고 쾌적한 실내 환경을 제공하며, 마이크로그리드 체계의 일부로 작동하여 자립형 에너지 시스템 구축에 기여한다.

SITE PLAN

메인 출입동선
남향의 공개공지를 통해 하나의 축으로 연결된 메인 동선을 따라 사이트 남쪽의 상업시설 및 오피스 단지 등의 진입로를 구획하였다.

지하 진입동선
메인 진입로를 마주보는 첫번째 매스의 아래를 따라 지하 오픈스페이스로 향하는 지하 진입로를 추가하였다.

주거지역 방향 진입
두 중앙정원 사이의 진입로를 통해 주거지역의 접근성을 높였고, 체험관 매스 사이의 녹지공간이 주거지역과 연결되어 있어 이를 극대화시켰다.

VERTICAL SECTION

3F ~ RF
재생에너지 체험관
전시 관련 사무공간
루프탑 오픈 스페이스

2F
중앙 브릿지
재생에너지 체험관
특별전시관 및 갤러리
계단식 열람실

1F
메인 로비
오픈 라이브러리
영상교육센터
중앙정원 산책로

-1F
지하 오픈스페이스
체력단련실
코워킹 플레이스
다용도 프로그램실
외부인 및 주민편익시설
지하주차장

-2F
기계실
ESS
지열 히트펌프

두개의 메인 출입동선은 브릿지 형태로 구성되어 있으며, 보행자들은 동선의 유도에 따라 메인 로비와 체험관 입구로 접근할 수 있다. 또한 대지 정면의 공개공지를 바라보는 맨 앞의 영상교육센터의 우측 하단의 깎인 매스를 따라 지하 오픈 스페이스로 진입하는 출입구가 있으며, 이는 메인 로비로 향하는 두번째 브릿지와 다시 연결된다.

PERSPECTIVE

재생에너지 체험센터

메인 로비

중앙 브릿지

지하 오픈스페이스

지하 오픈스페이스

전체 공간은 지하 오픈 스페이스와 3개의 지상 매스로 구성되어 있다. 지하 오픈 스페이스 중앙의 광장을 따라 주민 및 외부인들을 위한 편의 시설들이 배치되어 있으며 3개의 지상매스는 영상교육센터와 특별전시관 및 갤러리, 순환동선 형태의 재생에너지 체험관으로 구성되어 있다.

SECTION PERSPECTIVE

A-A' SECTION PERSPECTIVE

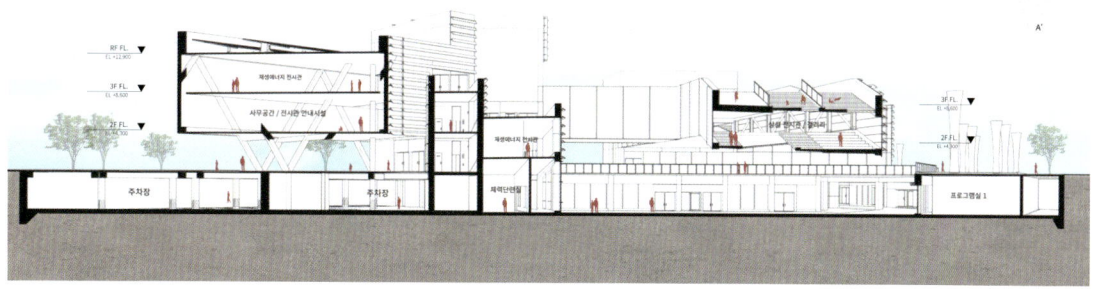

A'-A SECTION PERSPECTIVE

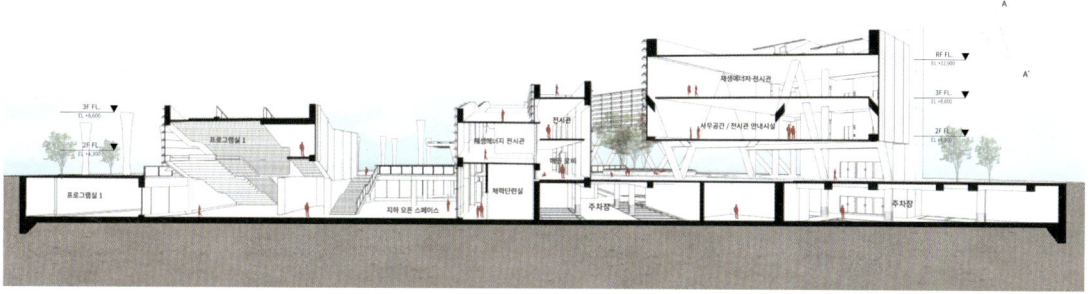

MODEL

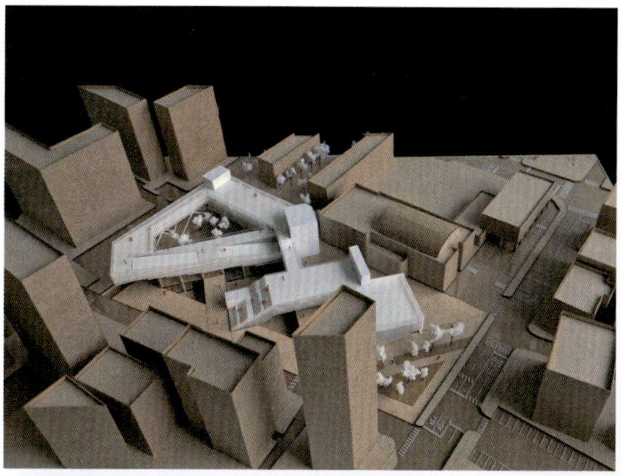

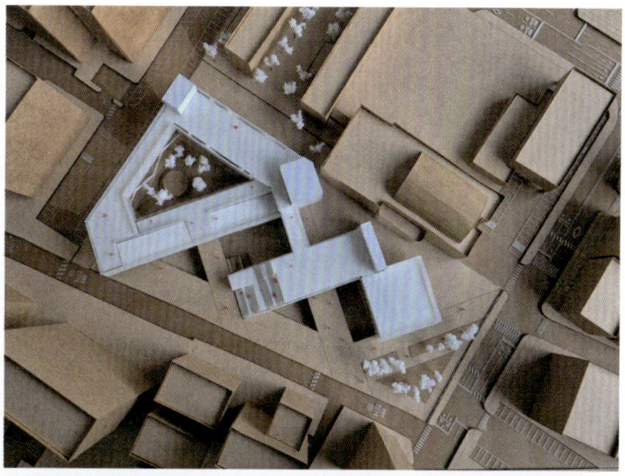

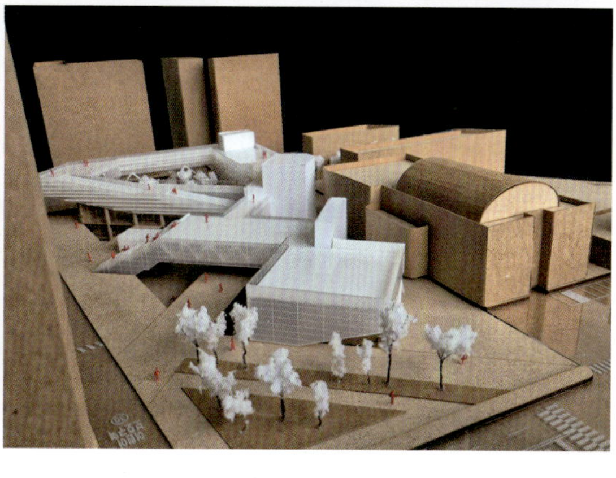

최수현 | SUHYEON CHOI

STUDIO 1 prof.
이경선 | KYUNG SUN LEE
김시원 | SIWON KIM

서울 강서구 가양동은 한때 김포평야의 풍요로운 농경지로, 서울의 농업 역사를 품고 있던 곳이다. 시간이 흘러 도시화와 주택 개발이 이루어졌지만, 이곳은 여전히 자연과 인간이 공존하던 기억을 간직한 장소이다. 이제 가양동은 단순한 과거의 흔적을 넘어, 지속 가능한 미래를 열어갈 혁신의 무대로 새롭게 변모할 것이다.

현대 사회는 급증하는 식량 수요와 환경 보존의 필요성을 해결해야 하는 도전에 직면해 있다. 이에 대한 해답으로 떠오른 **그린 바이오 산업**은 농식품과 생명공학 기술을 융합하여 지속 가능성과 고부가 가치를 창출하는 혁신적 산업이다. 종자, 곤충, 미래 식품 소재 등 다양한 분야를 아우르는 이 산업은 화석 연료 중심의 생산을 바이오 기반으로 전환하며, 인류가 직면한 문제들을 해결하는 열쇠가 되고 있다.

그린 바이오 산업의 중심지가 될 가양동의 경서중학교 부지는 단순한 공간이 아니라, 사람들이 혁신을 직접 보고, 느끼고, 참여할 수 있는 다이나믹한 체험의 장으로 설계되었다. 이곳의 공간 구성은 기존의 단조로운 형태에서 벗어나 프로그램 모듈들을 계단식으로 조합하여 각 공간이 서로 유기적으로 연결되도록 설계되었다.

곤충 체험장, 스마트 농업 체험 공간, 미래 식품 쿠킹 클래스, 그리고 Farm-to-Table 레스토랑에 이르기까지, 각 공간은 물리적 층위와 시각적 흐름을 통해 방문객들에게 새로운 감각의 여정을 제공한다. 계단식 배치는 단순히 공간을 연결하는 것을 넘어, 자연스럽게 사람들을 끌어당기고, 각 층에서 색다른 경험을 선사하며 그린 바이오 산업의 잠재력을 몸소 느끼게 한다. 이러한 공간 배치는 이동이 곧 체험이 되는 특별한 여정을 제공한다.

이 곳은 연구, 창업, 그리고 방문자 체험이라는 세 가지 주요 기능이 서로를 보완하며 활발하게 상호작용할 수 있는 환경이 조성되어있다. 청년 창업자와 스타트업은 창의적인 연구개발의 장을 얻고, 지역 주민과 방문객은 세대와 세대를 연결하는 새로운 문화와 기회를 만나게 된다. **단순히 산업을 지원하는 것을 넘어, 지속 가능한 발전을 이끄는** 가양동의 새로운 심장이 될 것이다.

SITE ANALYSIS

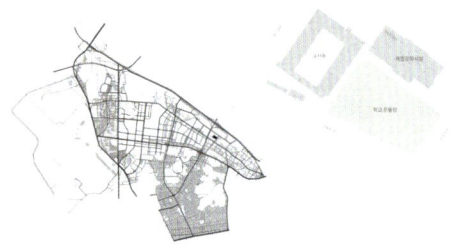

과거 강서구는 농경지로 비옥한 김포평야에 속한 지역으로, 1970년대까지 넓은 농경지를 보유하고 있었다.

현재 가양동은 주택지로 개발되어 직교형 가로망의 시가지가 되었고, 오곡동과 개화동만 서울에서 유일하게 벼농사가 이루어지는 지역으로 남아 있다.

PROGRAM

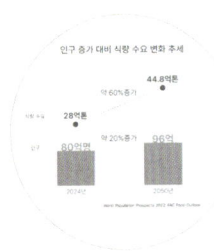
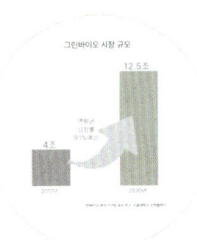

경서중학교 부지는 농식품과 관련된 그린 바이오 산업을 중심으로 한 교육의 거점으로 탈바꿈할 것이다.

이곳에서는 청년들의 창업과 벤처 및 스타트업의 연구개발을 지원하며, 외부 방문객들에게 곤충 체험, 미래식품 쿠킹 클래스와 같은 다양한 프로그램을 제공한다.

CONCEPT - (PROGRAM in MODULE)

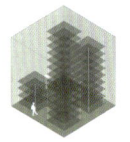
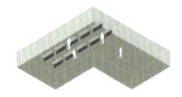

SPACE	씨앗 도서관	씨앗 은행	미래식품 쿠킹클래스	곤충 스마트 공장
EXPERIENCE	씨앗 대출과 생태 교육을 통한 식물 재배 체험	종자 재배 시설 관찰 및 교육	곤충 쿠키와 단백질 바 만들기 체험 프로그램	곤충 양식과 가공 과정 체험

SPACE	스타트업 팝업스토어	farm to table 레스토랑	곤충체험관	스마트팜 체험
EXPERIENCE	그린바이오 산업 관련 제품물 체험하고 구매	자체적으로 생산되는 신선한 농산물 기반 식품을 맛봄	곤충을 오감으로 느낄 수 있는 체험 제공	실제 사용되는 스마트팜에서 작동원리를 보고 농산물을 수확

MASS PROCESS

1. front yard
2. urban passage
3. green bio community
4. connection
5. glass house

FACADE

terracotta
glass
kinetic louver
polycarbonate

SPACE PROGRAM

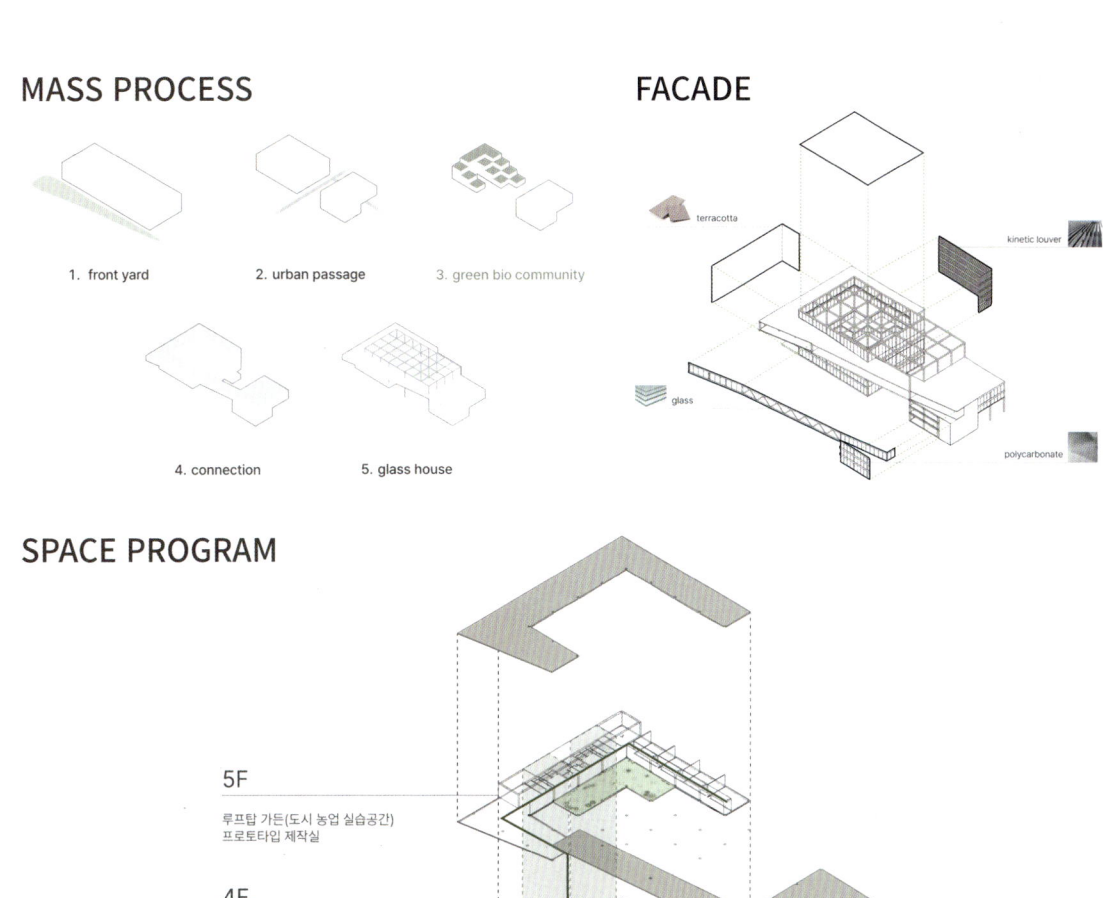

5F
루프탑 가든(도시 농업 실습공간)
프로토타입 제작실

4F
VR 농업 미래 체험 공간
green bio 이론 수업 공간
테라스

연구자 전용 라운지
연구 성과 전시관

3F
스타트업 사무공간
협업공간
회의실
휴게실
네트워킹공간
생산 및 연구 데이터 전시공간
테라스

분석실
첨단 R&D 실험실

2F
곤충농장
곤충체험존
미래식 쿠킹클래스
친환경카페
어린이 친환경 체험공간
테라스

오픈 스터디룸

1F
스마트팜
씨앗은행
씨앗도서관
farm to table 레스토랑
스타트업 팝업존
세미나실
기프트샵

INSECT   GREEN BIO   CORE
SEED   START-UP   VISITOR
FOOD   R&D   WORKER

SITE PLAN

SECTION PERSPECTIVE

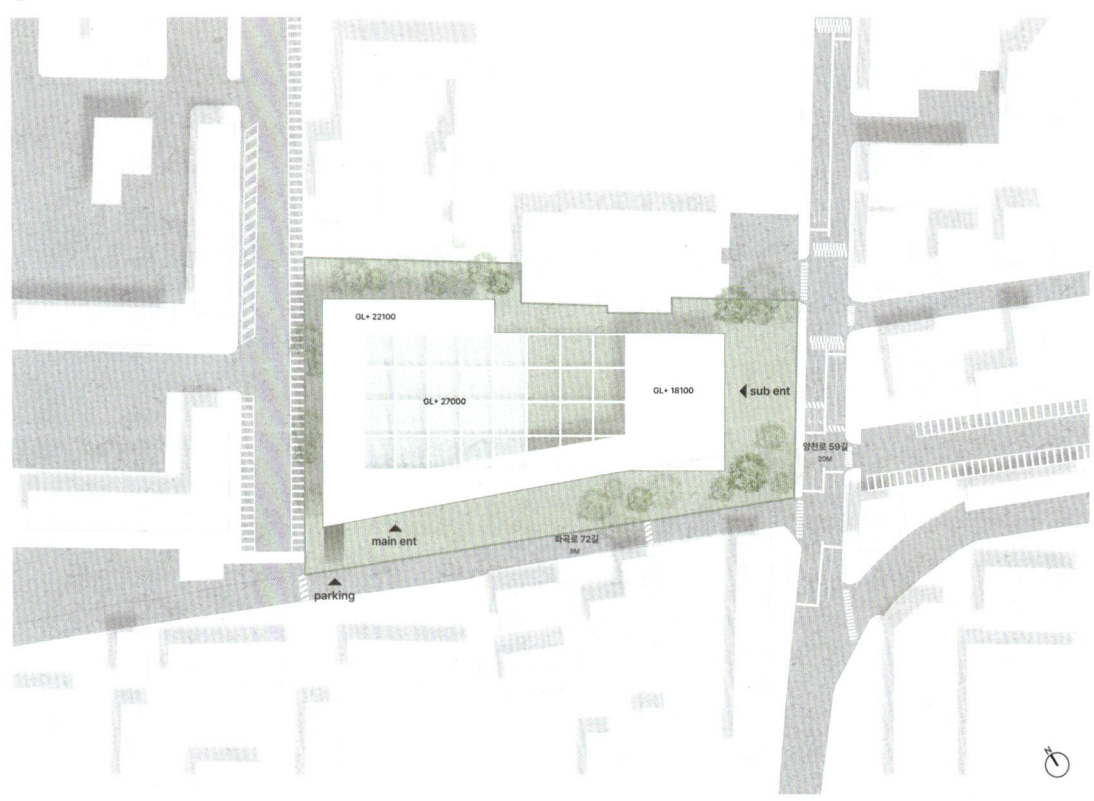

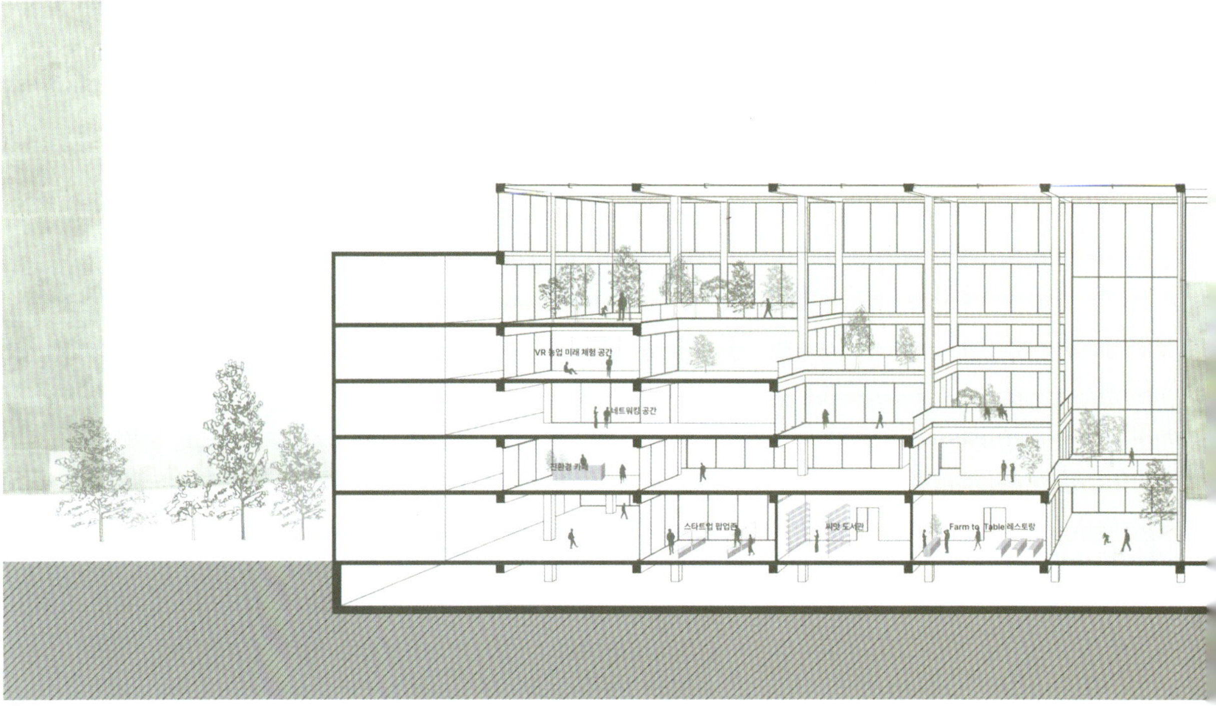

PLAN

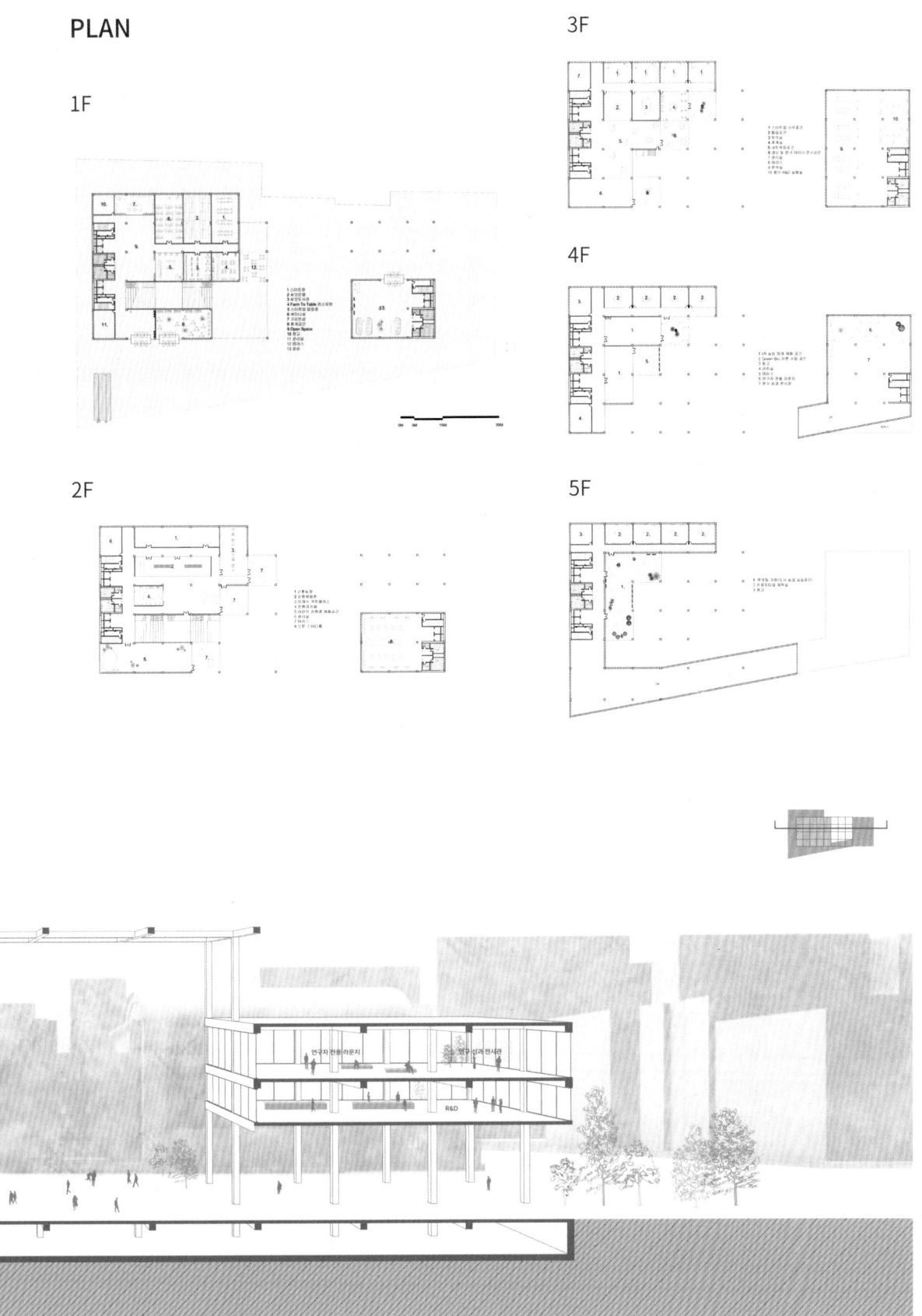

PERSPECTIVE

ROOFTOP GARDEN

SQUARE

MODEL

UPCYCLING LOOP
업사이클링 산업 교육 센터

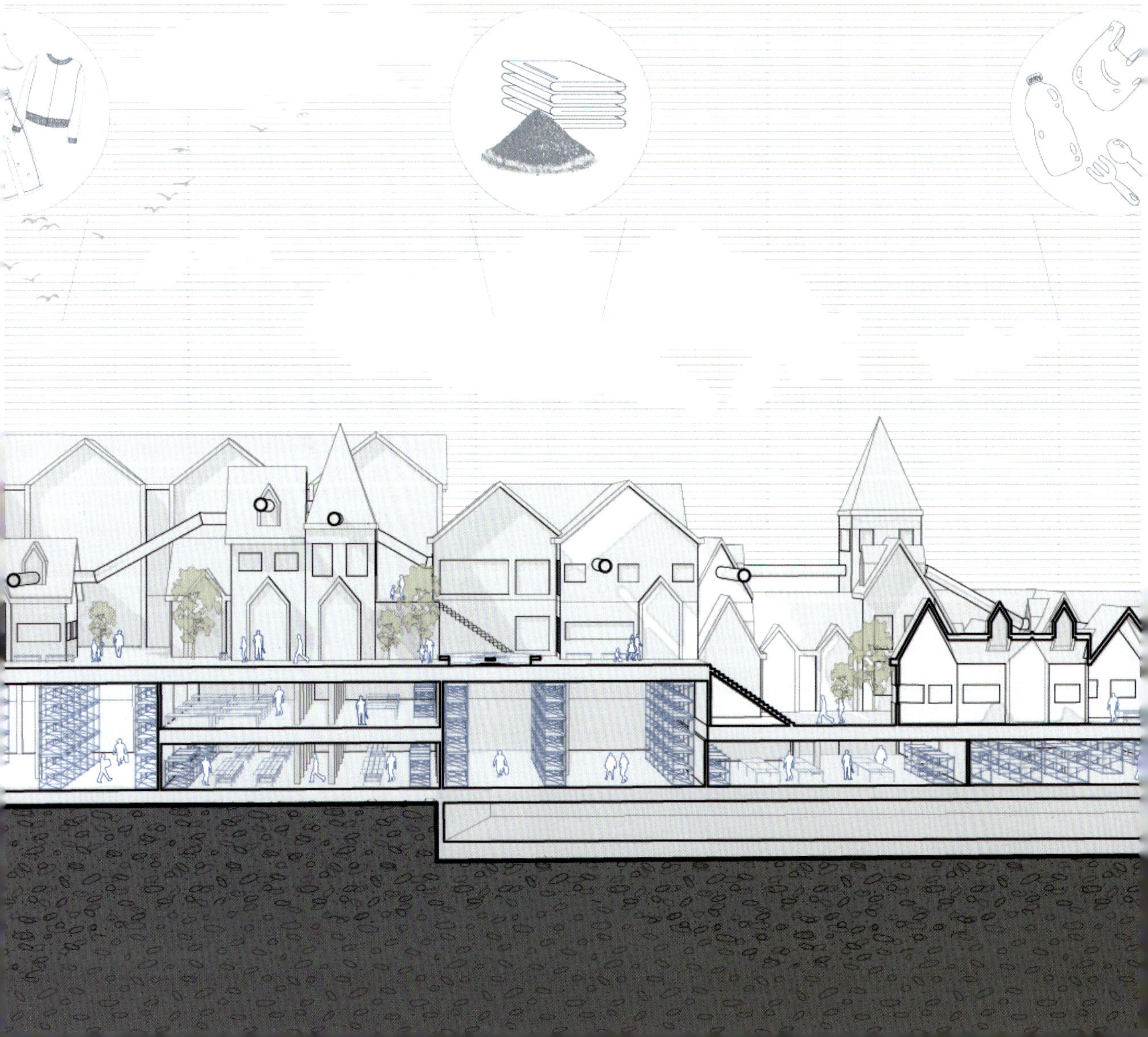

정다희 | DAHEE JEONG

STUDIO 2 prof.
김희진 | HEE JIN KIM
양원모 | WON MO YANG

  'UPCYCLING LOOP'은 폐자원이 새생명을 얻는 과정을 경험하며 순환의 가치를 배우는 공간이다. 이곳을 방문한 사람들을 내 외부로 이동하는 업사이클링 컨베이어 관을 관람하며, 재활용에 대한 흥미 갖게 도운다. 이는 시각적 교육으로 작용한다.
  대상지가 위치한 강서구는 주민 1인당 생활폐기물 배출량이 서울특별시에서 가장 높은 수치를 지녔다. 반면, 이를 재활용하는 재활용률은 가장 적은 수치를 나타내 특이점을 자아냈다. 이러한 점에 주목하여, 대상지를 통해 재활용 인식개선을 위한 프로그램을 제안한다. 재활용(recycle)과 개선하다(upgrade)를 합친 합성어인 upcycling의 개념을 사용한다.
  실제로 업사이클링 센터가 위치한 성동구의 경우, 강서구와는 반대로 낮은 폐기물 배출량과 높은 재활용률을 나타냈다. 앞선 사례를 바탕으로 강서구의 업사이클링 센터를 만든다. 업사이클링을 만드는 공장으로 시작해, 제작하는 것을 배우는 교육장, 그것을 판매 하는 상업시설로 프로그램을 구분해 업사이클링의 모든 것을 이 대상지에서 느낄 수 있다.
  강서구 가양 3동은 과거 서울의 주택난으로 인해 생겨난 대규모 택지 개발의 결과물이다. 이로 인해 대상지는 높은 수치의 고령화 시대로 발전되었다. 노인이 필요한 요구를 분석한 결과, 노인은 소득과 일자리 제공에 대해 높은 관심을 가졌다. 또한 100세 시대와 정년 퇴임에 초점을 맞추어 '제 2직업 교육'을 제공한다. 정년 퇴직이나, 거동이 불편해졌지만 새로운 직업이나 직장을 가지고 싶어하는 세컨드 삶을 지향한다. 세컨드 삶을 원하는 교육자에게 업사이클링 산업교육을 제공해 새로운 직장을 제공해준다.
  상업시설을 방문한 외부인은 상업시설과 공장으로 연결된 컨베이어 관을 보면서 재활용에 대해 관심을 가진다. 컨베이어 관을 통해 주출입구에서는 업사이클링 제품을 보면서 쇼핑의 흥미를 가진다. 관심을 이어 안쪽 공간까지 가다보면 업사이클링 제품을 만들기 위해 사용되었던 가공된 소재들을 볼수 있다. 사용자는 이곳에서 더욱 재활용에 흥미를 가진다. 마지막으로 안쪽으로 이어질때는 자신들이 구경했던 제품이 재활용품이라는 사실을 자연스럽게 알게 되면서 재활용의 인식을 개선하게된다.

SITE ANALYSIS

대지 분석

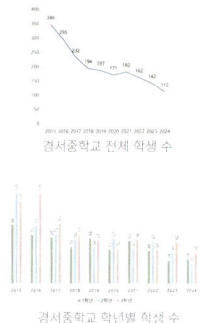

경서중학교 전세 학생 수

경서중학교 학년별 학생 수

대상지는 현재, 경서중학교가 위치한 서울특별시 강서구 양천로59길 31 이다. 대상지 주변은 저층 고밀형이 아닌 고층 저밀형으로 이루어진 일반적인 아파트 단지들로 구성되어 있다. 이는 1980년대. 서울의 주택난이 심각해지면서 수도권 지역에 대규모 택지 개발을 추진하게 된 결과물로 임대 아파트 단지로 구성된다.

경서중학교가 위치한 가양3동은 젊은 층 유입이 줄어듬과 동시에 고령화 되어간다. 그에 반해 주위에 상단한 학교의 수가 자리를 차지하고 있어, 청소년들의 수요에 비해 학교가 과잉 공급된다. 이로 인해 경서중학교는 2027년 폐교를 앞두고 있다.

주제

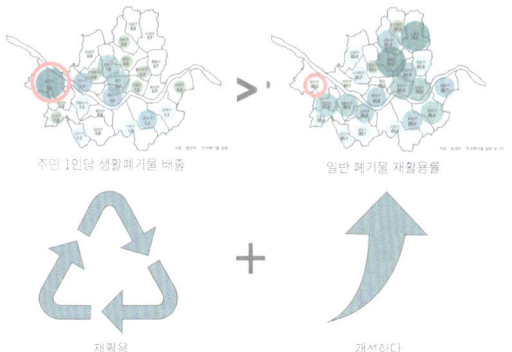

주민 1인당 생활폐기물 배출 / 일반 폐기물 재활용률

재활용 + 개선하다

대상지가 위치한 강서구는 폐기물과 관련하여 큰 특징을 지닌다.

1. 넘쳐나는 폐기물의 양
2. 적은 재활용률

강서구의 폐기물을 줄이고 재활용 인식 개선을 위한 프로그램을 제안한다. 재활용(Recycle)과 개선하다(Upgrade)가 결합된 새활용(Upcycling) 개념을 사용하고자 한다.

사용자 분석

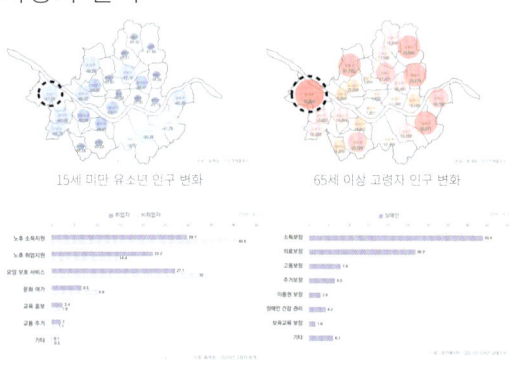

15세 미만 유소년 인구 변화 / 65세 이상 고령자 인구 변화

노후를 위한 사회의 역할 / 장애인의 복지서비스 수요

대상지가 위치한 강서구는 인구 특징을 지닌다.
1. 감소하는 유소년 비율
2. 증가하는 고령화 비율
그들이 사회적으로 요구하는 것을 조사한다.
1. 소득
2. 일자리 의 필요성

100세 시대와 이른 정년 퇴직으로 인한 차이를 바탕으로 '제 2 직업 교육'을 제공하고자 한다.
앞써 언급한 노인과 사회적 약자를 포함하여 세컨드 직장을 얻고 싶어하는 사람들을 위한 프로그램을 제안한다.
이는 생계나 삶의 재미를 위해 머리를 쓰는 것이 아닌 단순작업 교육을 요한다.

정년 퇴직 관련 기사

제 2직업 교육자

PROGRAM PLANNING

사용자 분석

업사이클링 공장

제 2 직업 교육 시설

업사이클링 판매 시설

업사이클링을 생산하는 공장, 생산법을 가르키는 제 2직업 교육 시설, 만든 제품을 판매하는 상업시설까지 업사이클링의 모든 것을 제안한다.

공장 입고 업체

(주)세강 강서영업소 (폐차장)

강서구 재활용 센터

헌옷 수거 업체

업사이클링 공장의 첫단계인, 재활용품 공급의 경우

1. 대상지 근처 업체에서 구한다.
2. 이미 한번 업체에서 분리되어서 온 재활용품을 받아서 사용한다.

프로그램 다이어그램

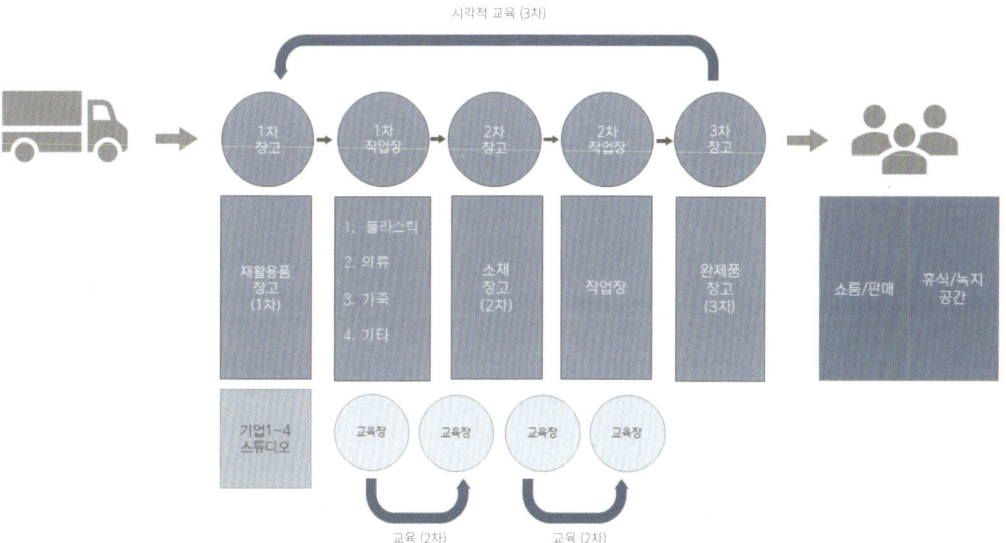

교육 (1차)

- 재활용품의 각각의 종류와 규격에 맞게 재단, 세척, 건조, 분해를 하여 디자인 전 작업을 하는 과정을 교육 받는다.

- 재료별 교육
- 플라스틱 / 의류 / 가죽 / 기타
- 교육생

교육 (2차)

- 가공된 소재를 디자인에 맞게 봉제, 압출, 조립하는 과정을 교육받는다.

- 제작법 별 교육
- 봉제(의류) / 봉제(가죽) / 조립 / 사출,압출
- 교육생

시각적 교육 (3차)

- 업사이클링의 과정을 한눈에 보며 재활용 인식 교육을 받는다.

- 시각적 교육
- 외부인

CONCEPT AND MASS PLANNING

컨셉 다이어그램

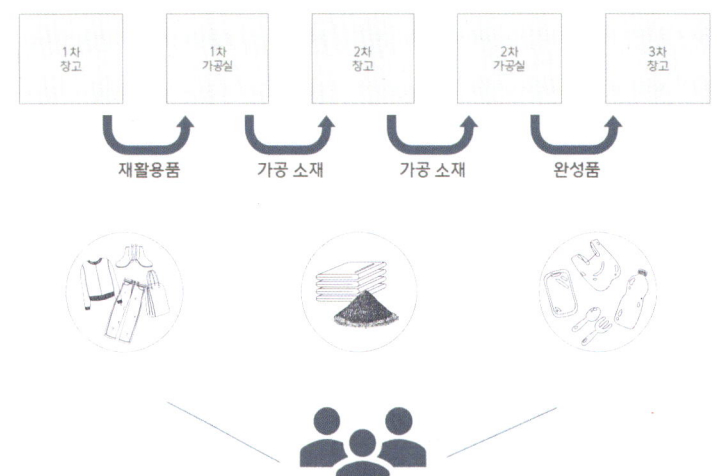

시각교육 (3차)는 건축적인 표현을 배운다.

바로 공장의 '이동 경로'를 바탕으로 진행된다.
각각의 공장의 물품이 다른공장으로 이동할때 마다 변화하는 과정을 시각적으로 바라볼 수 있다. 재활용품 > 1차 소재 > 완성품이 되는 과정을 관찰하며 재활용 인식은 배운다.
각각의 이동하는 물품의 특징에 따른 '컨베이어 벨트'를 통해 보여진다

매스 관계

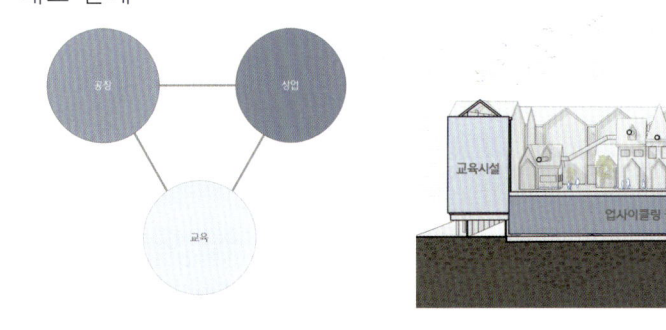

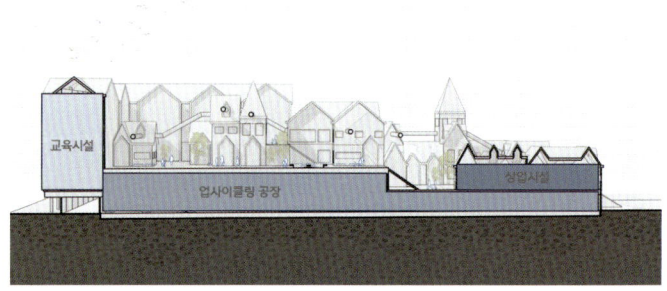

큰 매스

실내공간 활용 용이
외부공간 활용 불리

작은 매스

실내공간 활용 용이
외부공간 활용 불리

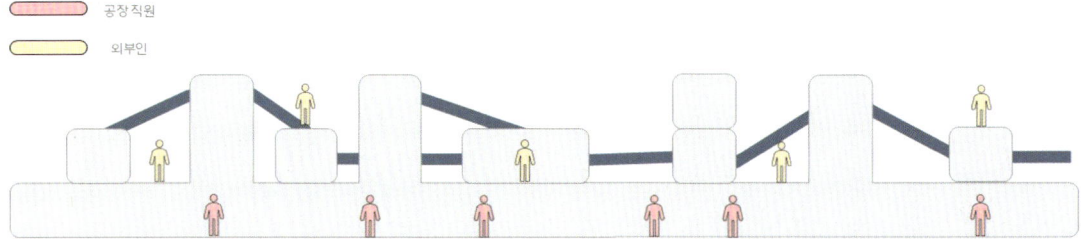

MASS PLANNING

매스 다이어그램

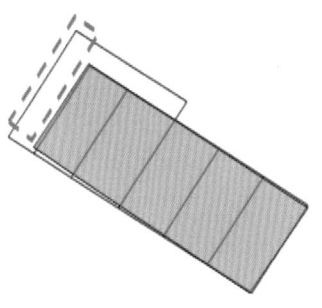
기존 건물에 축을 기준으로
공장을 일렬 실 배치 (1차 분할)

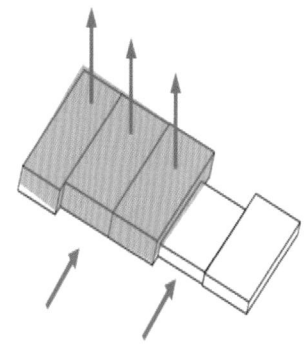
공장의 면적에 맞추어
높이, 길이 조절

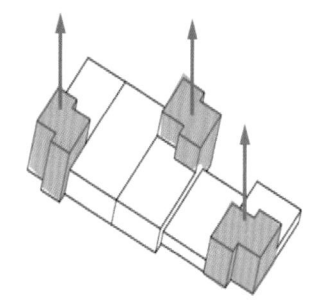
창고 높이 조절
(2차 분할)

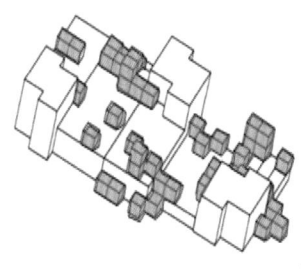
상업 공간 배치
(3차 분할)

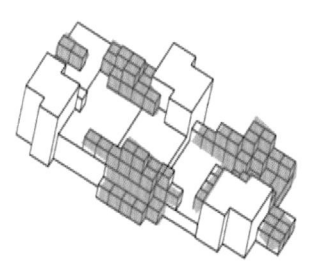
상업공간 연결

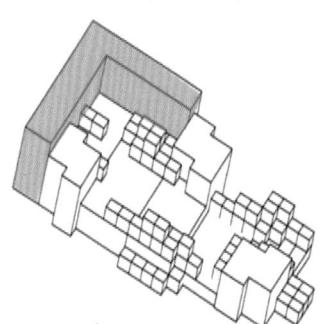
기존건물 일부 철거

기존건물 구조 다이어그램

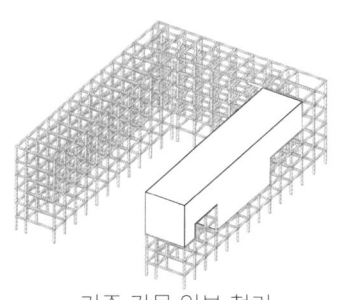
기존 간물 일부 철거

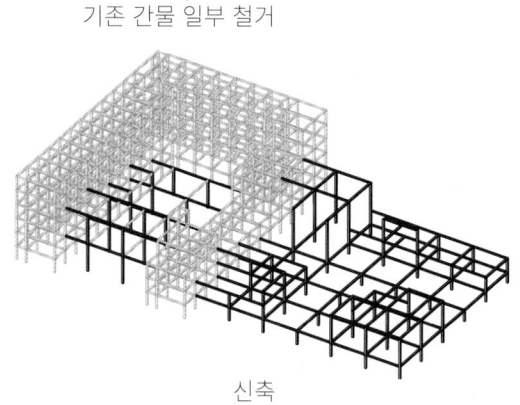
신축

해체 다이어그램

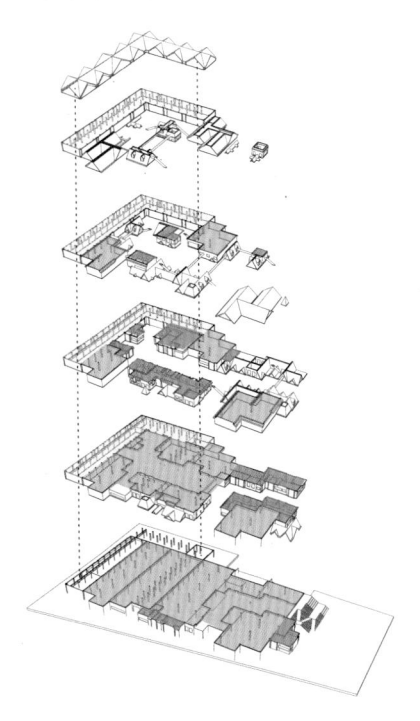

PLAN

배치도

평면도

단면도 및 입면도

입면 상세도

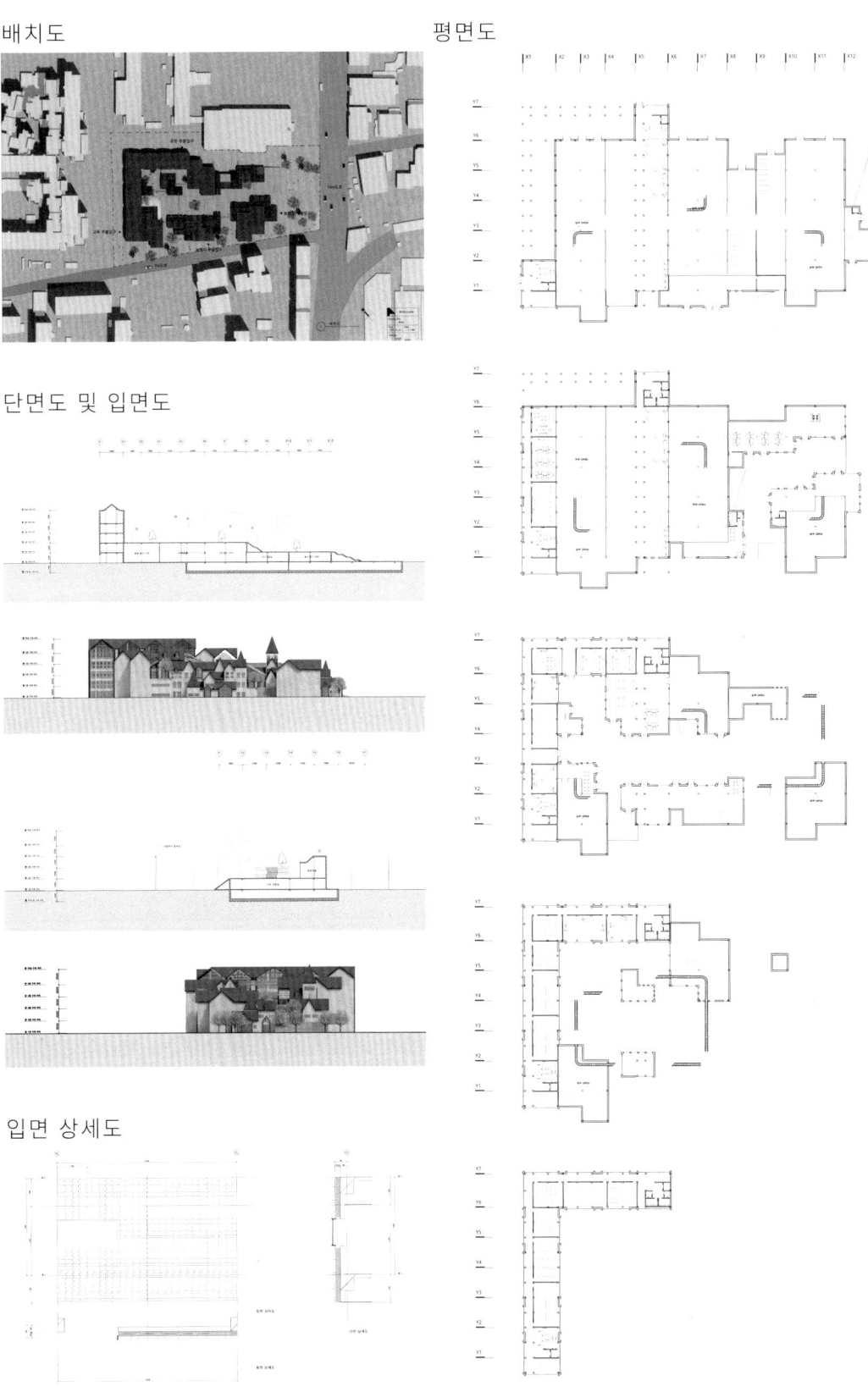

PERSPECTIVE

단면 투시도

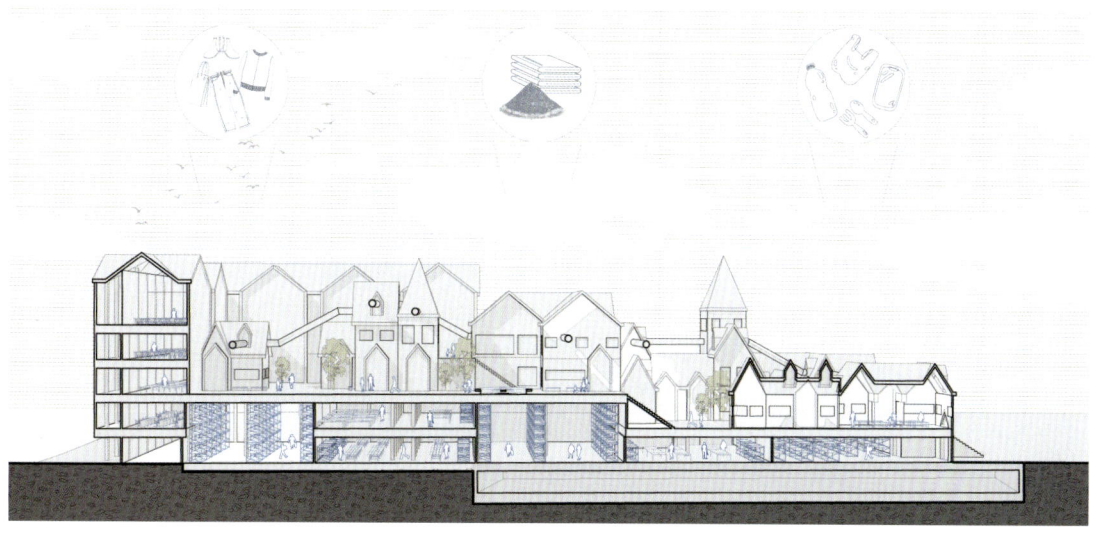

실내 투시도

MODEL

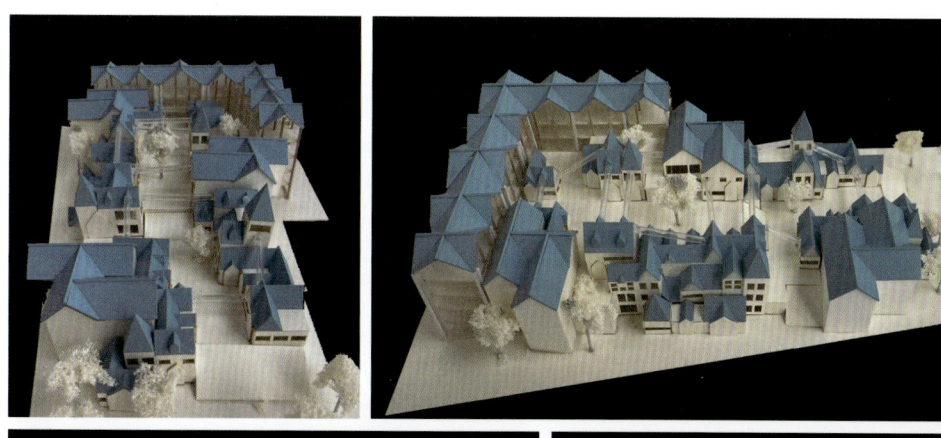

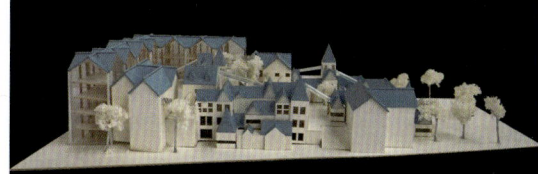

최규진	GYUJIN CHOI
이소민	**STUDIO 3 prof.** SO MIN LEE
국현아	HYUNA KOOK

서울특별시 강서구는 1인 가구 비율이 높은 지역이며, 서울에서 3번째로 많은 반려동물이 등록되어 있는 지역구이기도 하다. 오늘날 대한민국 전체 가구의 약 1/4이 반려동물을 양육하고 있으며, 특히 1인 가구의 반려동물 양육 비율이 지속적으로 증가하고 있는 추세다. 그러나 이러한 현실에 비해 반려동물과 반려인을 위한 공공시설은 매우 부족한 상황이며, 반려동물 공공시설에 대한 니즈는 나날이 증가하고 있다

본 프로젝트는 이러한 문제를 해결하고자, 1인 반려가구의 증가와 반려동물 양육 문화의 변화를 반영한 공공시설을 목표로 한다. 반려동물과 반려인이 함께 사용할 수 있는 공공시설을 계획했으며, 이번 학기의 주제인 "서울, 배움으로 연결하다"를 바탕으로, 인간과 인간의 연결뿐만 아니라 인간과 반려동물 간의 교감을 통한 배움의 가치를 구현하고자 하였다. 특히, 성숙해진 반려동물 의식에 비해 부족한 반려동물 교육시설을 포함하여, 반려동물 복지와 시민 교육을 함께 실현할 수 있는 공공공간을 제안한다.

인간과 반려동물 간 교감을 중심으로, 소통과 배움의 가치를 실현하는 공간을 컨셉으로 잡았으며, 기존 건물을 리노베이션하여 반려동물 공원, 수영장, 워크스페이스, 병원, 호텔 등 다양한 프로그램을 배치하였다. 각 층은 1인 반려가구와 일반 주민들의 필요를 고려해 구성되었다. 자연친화적인 설계를 통해 반려동물과 인간이 함께 어우러지는 삶의 질 향상을 목표로 했으며, 기존 학교 건물을 리노베이션하였다. 남측 골목길을 열어 동선의 흐름을 개선하고 중앙 매스를통해 두 개의 중정 공간을 형성하였다. 각 층은 반려동물과 인간의 상호작용을 고려해 녹지와 다양한 프로그램을 조화롭게 배치하여 기능성과 커뮤니티 공간을 강화했다. 성숙해진 반려동물 의식에 비해 부족한 반려동물 교육시설을 포함하여, 반려동물 복지와 시민 교육을 함께 실현할 수 있는 공공공간인 이 프로젝트는 반려동물과 인간이 함께 성장하고 교감할 수 있는 서울 강서구 Petmily Oasis가 되어줄 것이다.

SITE ANALYSIS

PETMILY SITUATION

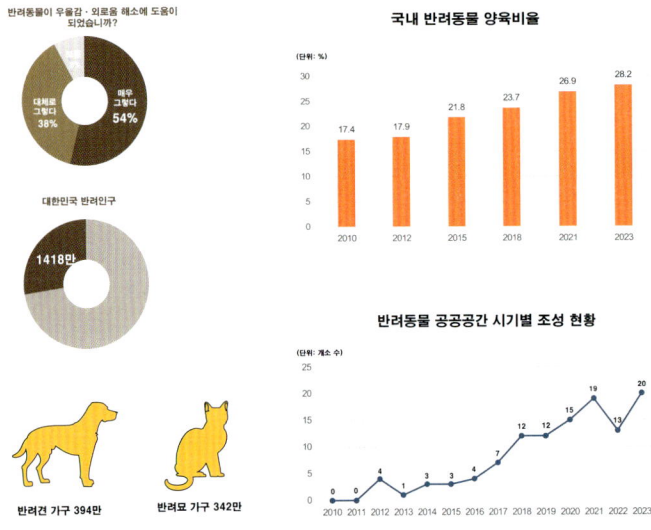

이번 프로젝트는 1인 반려가구의 증가와 반려동물 양육 문화의 변화를 반영한 공공시설을 목표로 한다.

사이트가 속한 서울특별시 강서구는 1인 가구와 반려동물 수가 많음에도 관련 인프라 시설이 부족한 실정을 보인다. 프로젝트는 인간과 반려동물 간 교감을 중심으로, 소통과 배움의 가치를 실현하는 공간을 제안한다. 기존 건물을 리노베이션하여 반려동물 공원, 수영장, 워크스페이스, 병원, 호텔 등 다양한 프로그램을 배치하였으며, 각 층은 1인 반려가구와 일반 주민들의 필요를 고려해 구성되었다. 자연 친화적인 설계를 통해 반려동물과 인간이 함께 어우러지는 삶의 질 향상을 목표로 한다.

기존 학교 건물을 리노베이션하여 설계되었으며 남측 골목길을 열어 동선의 흐름을 개선하고 중앙 매스를 통해 두 개의 중정 공간을 형성하였다. 각 층은 반려동물과 인간의 상호작용을 고려해 녹지와 다양한 프로그램을 조화롭게 배치하여 기능성과 커뮤니티 공간을 강화했다.

SITE POPULATION

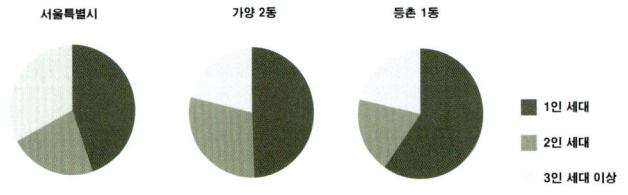

SITE FACILITY

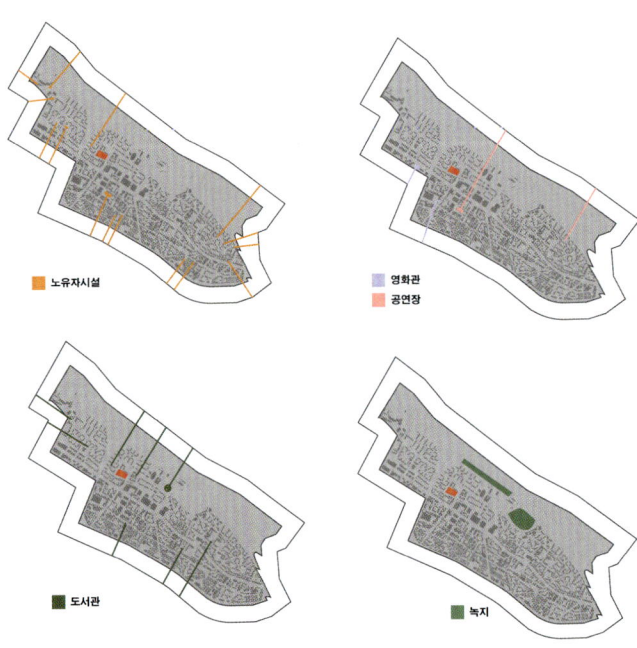

PET INFRASTRUCTURE

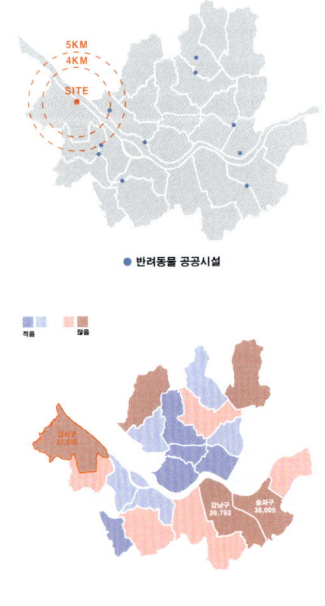

SPACE PROGRAM

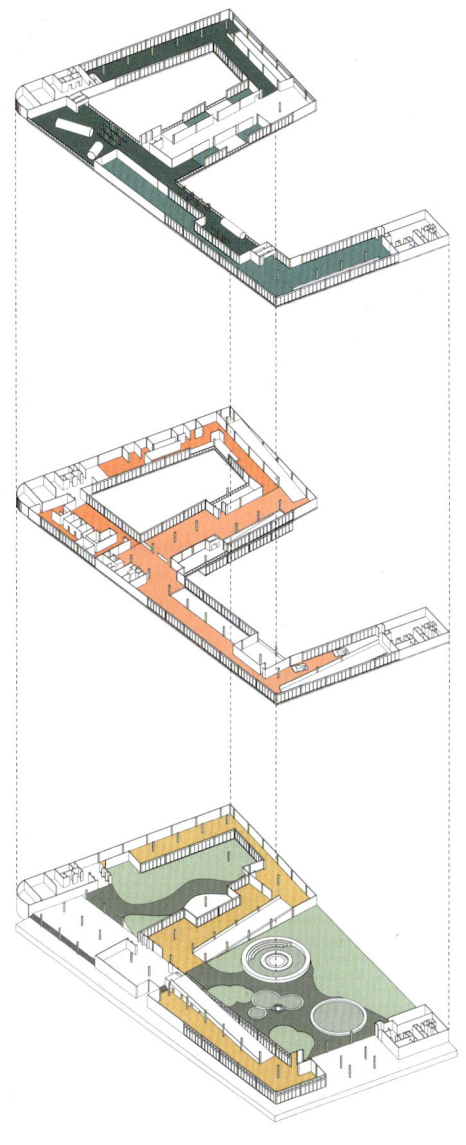

3

DOG TRAINING
DOG OUTDOOR AGILITY
PET CLASS
PET RESTAURANT

반려동물 교육과 훈련 프로그램.
반려동물과 반려인이 함께
성장할 수 있는 환경 조성,
실외 도그 어질리티 공간을
배치해 신체 활동과 교감을
강화하는 공간을 제공

2

PET HOTEL
PET MEDICAL
DOG IN - PLAYGROUND
PRIVATE WORKSPACE

반려동물 중심의 시설
반려동물의 크기에 따라
공간을 분리하여,
스트레스를 최소화하고
채광을 고려하여 설계

1

LIBRARY
CAFE
OPEN WORKSPACE

지역 주민과 반려동물이
함께 사용하는 공간.
1인 가구의 니즈를 반영한
워크스페이스는 반려동물과
함께 머물면서 일하거나
소통할 수 있는 공간으로 설계

OUTDOOR

PET PARK
PARK
PET SWIMMING POOL
PET RESTAURANT

동측의 활기찬 공간과
서측의 조용하고 정적인 공간을
분리하여 각각의
용도와 성격을 부여

MASS DIAGRAM

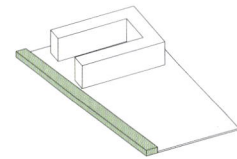 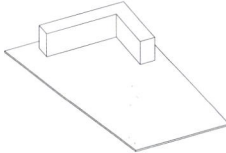 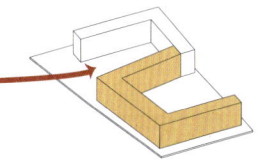 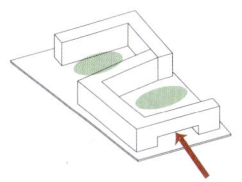

기존 현황 | 남측 골목길로의 진입을 막는 녹지 제거 | 남측 골목길에서의 진입 유도, 도로변을 따라 매스 형성 | 2개의 중정 공간 형성, 동측에서의 진입을 고려해 매스를 덜어냄.

PERSPECTIVE

1F PARK

2F CAT HOTEL

3F OUTDOOR AGILITY

SITE PLAN

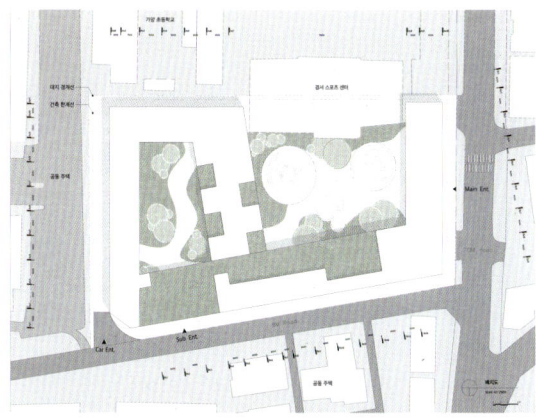

1F PLAN

2F PLAN

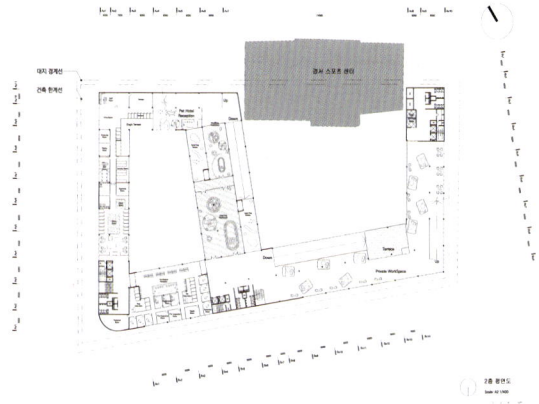

3F PLAN

MODEL

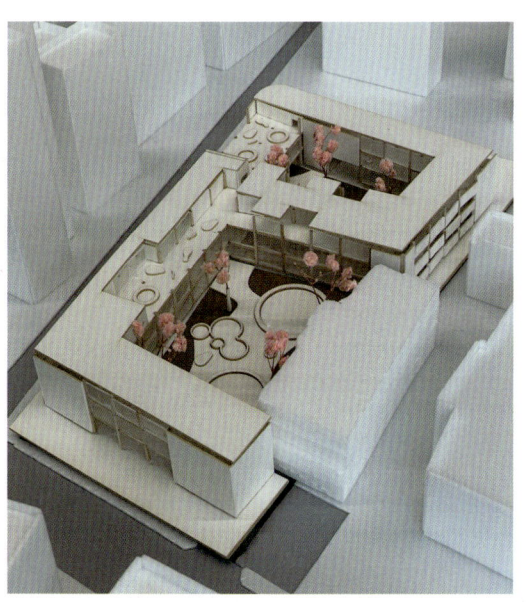
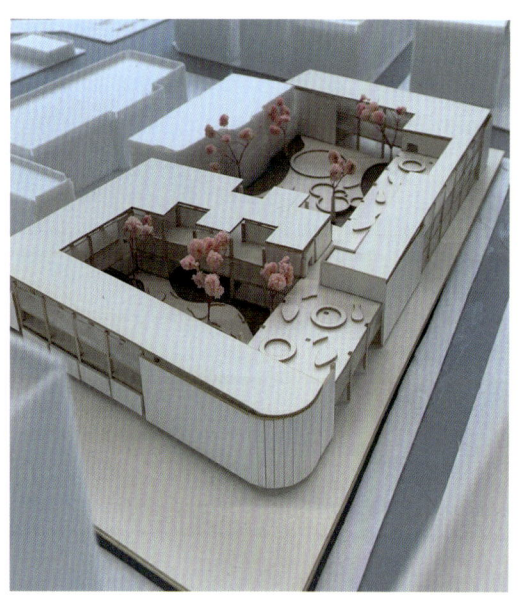

SOUTH ELEVATION

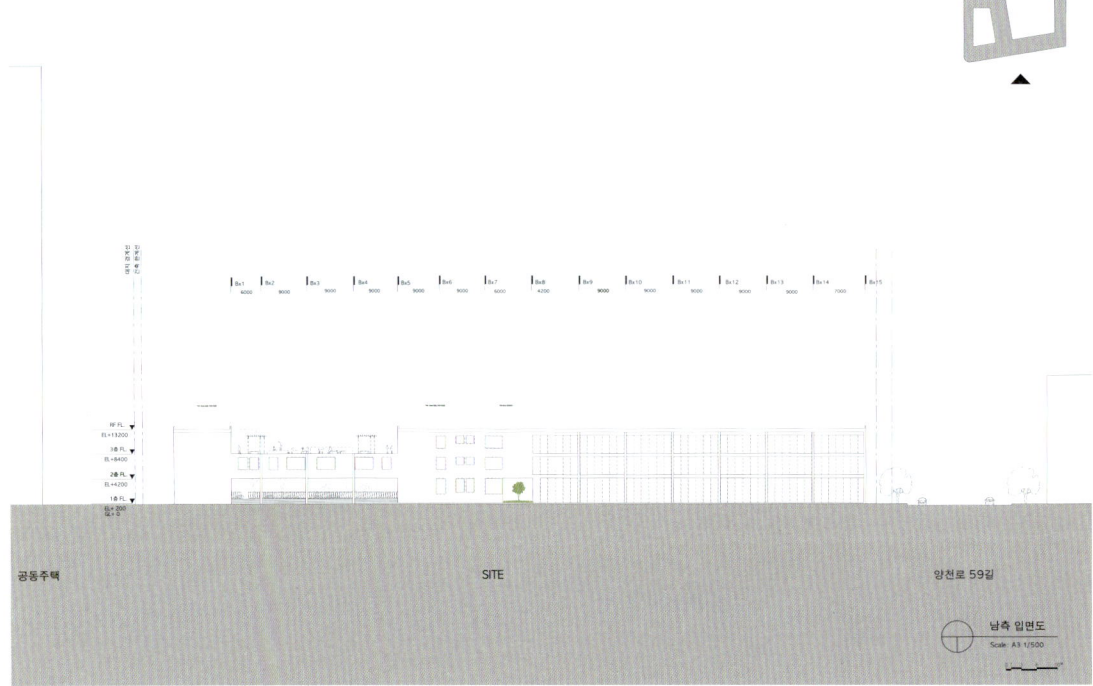

SECTION AA'

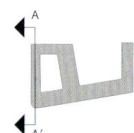

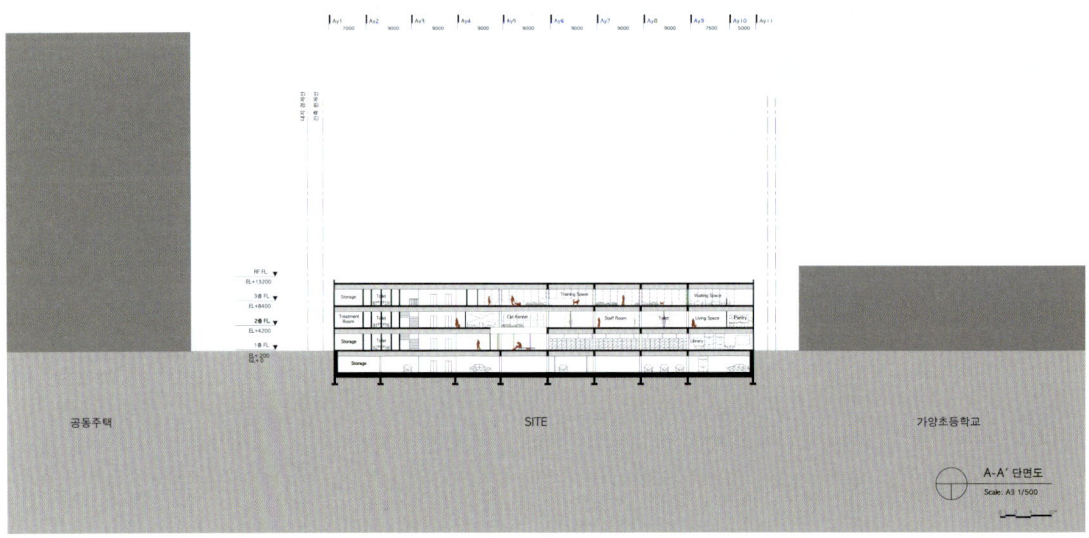

SECTION BB'

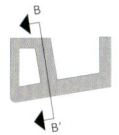

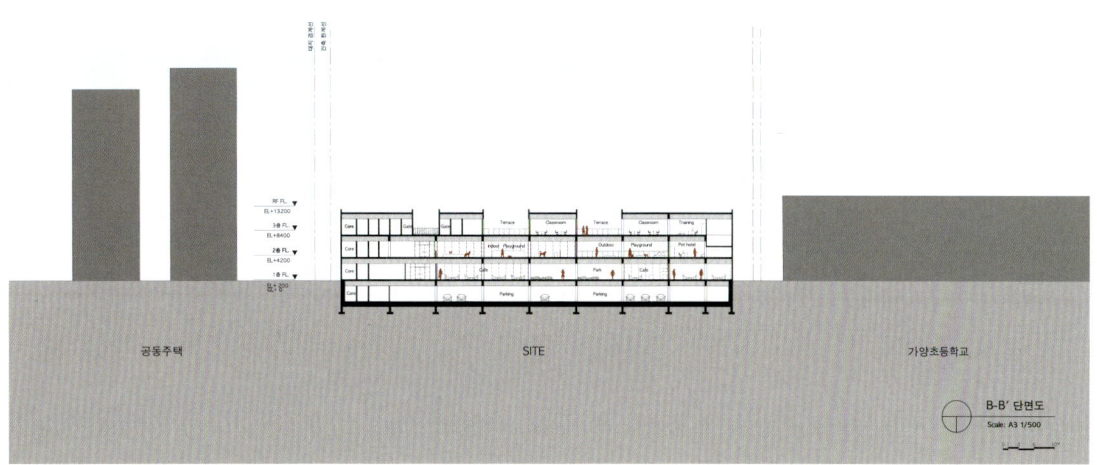

SECTION CC'

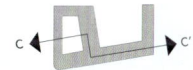

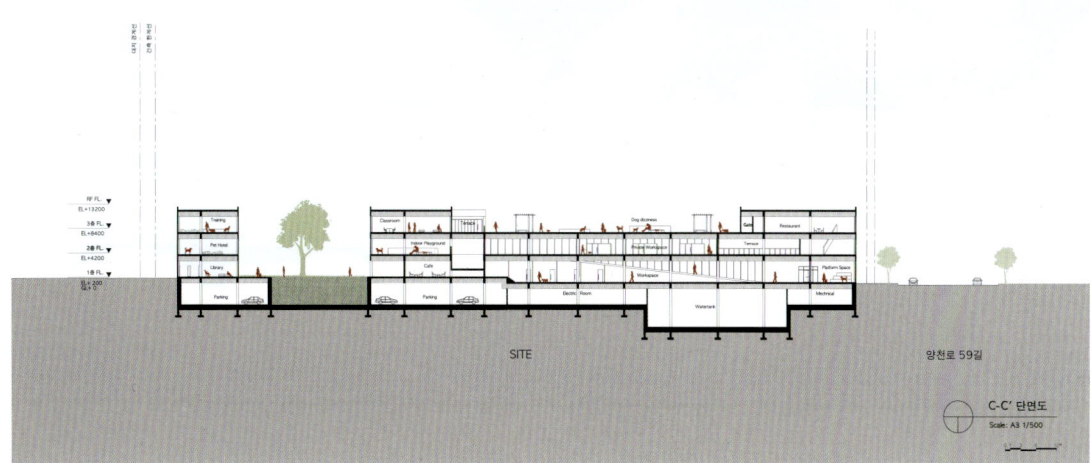

MINDFULNESS JOURNEY
Mental Health · Community Hub

| 최경진 | KYUNG JIN CHOI |

STUDIO 6 prof.
| 이진미 | JIN MI LEE |
| 이문주 | MOON JOO LEE |

MINDFULNESS JOURNEY

임대 아파트가 즐비한 동네, 고층 빌딩에서 살아가는 우리.

강서구 가양3동은 노년 인구가 많고 청년과 유소년 비율이 낮은 지역이다. 또한 사이트 주변으로 오래된 임대 아파트가 둘러싸여 있다. 따라서, 청년층의 유입과 거주민들을 위한 공간을 형성하기 위한 보편적이고도 흥미로운 주제로 강서구의 강점 키워드 중 하나인 '건강'을 선택하였다. 특히 주목받지 못했던 정신 건강에 초점을 맞추기로 하였다. 일반적으로 신체 건강만 떠올리기 쉬운 '건강'의 개념에 내면의 치유를 더하고자 하였다.

우리는 모두 마을에 살고 있으나 그 개념은 다르다. 우리는 가구가 가득 찬 작은 방에서 생활하며 내가 머무는 공간 그 자체를 경험하기 힘들다. 따라서 도심 속에서 소규모의 공간을 경험할 수 있는 small village를 프로젝트의 디자인 개념으로 설정하였다. 이때 기존 빌리지의 이미지와 달리, 'mental health'와 더 적합하도록 더 오픈되어 있고, 더 개인화된 이형의 건물을 섞어 배치하고자 하였다.

오래된 중정은 자연의 기억을 간직한 시작점이자 중심축이 되어, 자연과 사람을 잇는 main path로 확장되었다. 이 길은 *Rest, Read, Exercise, Media, Outdoor, Stay, Record*라는 7개의 테마로 이어져, 이용자가 각기 다른 경험을 통해 내면과 연결될 수 있도록 하였다.

특히, 1인 명상 공간인 '*Cell*'을 통해 개인화된 경험을 강조하고자 하였다. 4m 큐브에서 시작된 Cell은 공간을 확장하거나 연결하며, 사용자의 선택에 따라 독창적인 여정을 만들어낼 수 있도록 하였다. 이는 자신의 마음을 탐색하고, 나만의 길을 그려 나가는 경험을 제공한다.

조경 또한 기존의 자연을 이어받아 설계하였다. 중정에서 흩뿌려지듯 뻗어 나온 녹지와 물길은 건물과 자연이 조화롭게 연결되는 길을 만들어내도록 하였다. 이곳에서 사람들은 물을 보고, 만지고, 느끼며 더 가벼운 마음으로 정신 건강에 다가갈 수 있도록 하였다.

SITE ANALYSIS

경서중학교
서울특별시 강서구 양천로 *59길 31*

10,159.47㎡ (3,078py)
용적률: 60% 미만
건폐율: 200% 미만

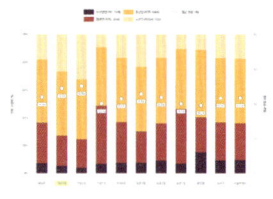

연령별 인구 현황

낮은 비율의 청년 및 유소년 인구와 높은 비율의 노인 인구

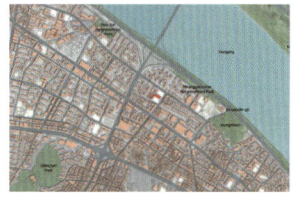

녹지 분포 현황

사이트 근처, 특히 15분 보행권 내 녹지 공간의 부족

지역적 맥락

강서구 내 다양한 건강 시설 존재 및 관련 표창 다수 수상

CONCEPT KICK-OFF PROJECT

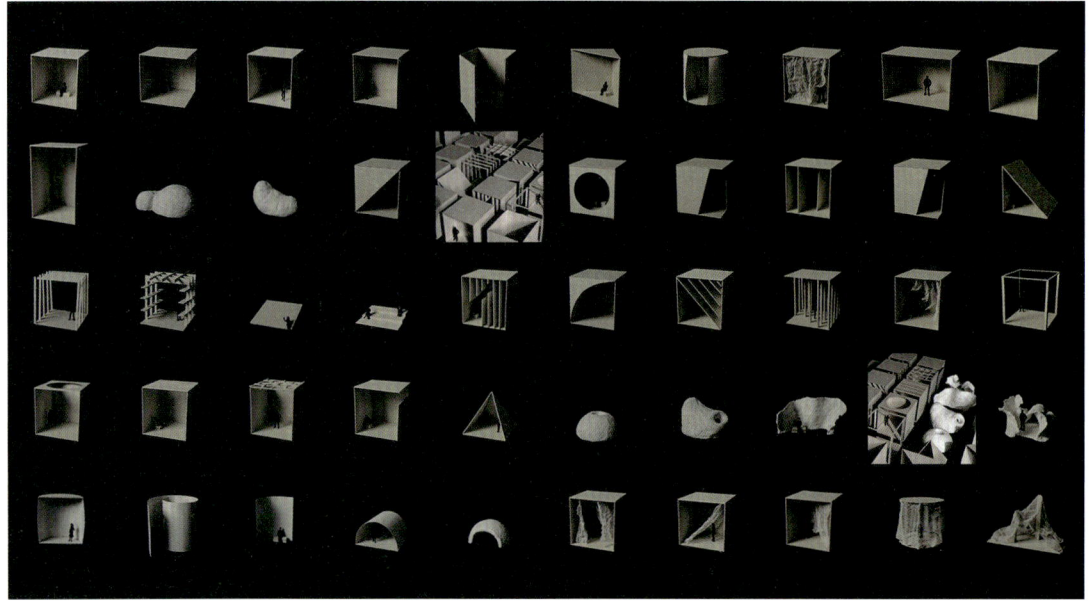

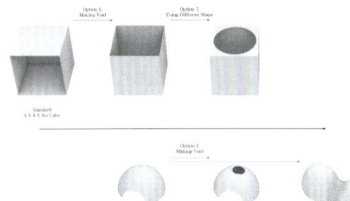

개인 명상 공간 프로토타입인 'CELL'은 프로젝트가 개인화된 경험에 중점을 두고 있다는 점을 강조한다. 4m의 정육면체로 시작하는 CELL은 단계를 거쳐가며 다양한 형태로 변화한다. 이렇게 형성된 다양한 형태의 CELL은 여정의 경험에 따라 확장되거나 연결되며 배치된다. 이러한 유연성은 내면의 발견을 위한 공간을 만들어나간다.

CELL을 프로그램 분야의 특성과 필요에 따라 분류하였는데, 개방 정도, 규모에 따른 크기, 빛의 필요성 등에 따라 분류 및 확장, 연결하여 각 영역에 배치하였다.

PROGRAM

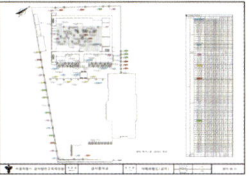

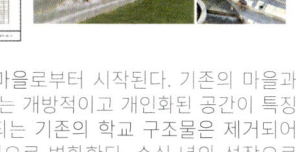

우리는 모두 마을에 살고 있으나 그 개념은 다르다. 우리는 가구가 가득 찬 작은 방에서 생활하며 내가 머무는 공간 그 자체를 경험하기 힘들다.

따라서 도심 속에서 소규모의 공간을 경험할 수 있는 'small village'를 프로젝트의 디자인 개념으로 설정하였다. 이때 기존 빌리지의 이미지와 달리, 'mental health'와 더 적합하도록 더 오픈되어 있고, 더 개인화된 이형의 건물을 섞어 배치하고자 하였다.

'MINDFULNESS JOURNEY'는 거주민들을 위한 커뮤니티 허브와 녹지 공간, 마음챙김의 경험, 일일 기록의 세 분야로 구성된다. 이용자는 녹지 공간 속에서 휴식을 취하고, 마음챙김의 경험과 기록 및 보관을 직접 체험하며 자신만의 여정을 완성할 수 있다.

디자인은 도심 속의 작은 마을로부터 시작된다. 기존의 마을과 달리 정신 건강을 우선시하는 개방적이고 개인화된 공간이 특징으로, 이러한 비전과 상충되는 기존의 학교 구조물은 제거되어 기존의 중정이 개방된 정원으로 변화한다. 수십 년의 성장으로 형성된 녹지는 자연스레 퍼져나가며 공간을 채워나가고, 정신 건강의 회복 및 마음챙김의 실현의 시작점이 된다.

조경은 기존의 중정으로부터 녹지가 퍼지듯 확장되며 건물과 자연을 원활하게 연결한다. 이러한 녹지의 조성은 이용자가 주변 환경과 상호작용하도록 유도하여 내면의 평온에 도달하도록 하는 차분한 감각 경험을 제공한다.

이와 더불어 정원과 길의 일부로서 순환하는 수공간을 디자인했는데, 이용자들은 길을 따라 흐르는 물과 서로 상호작용하며 새로운 경험을 얻을 수 있다.

DESIGN

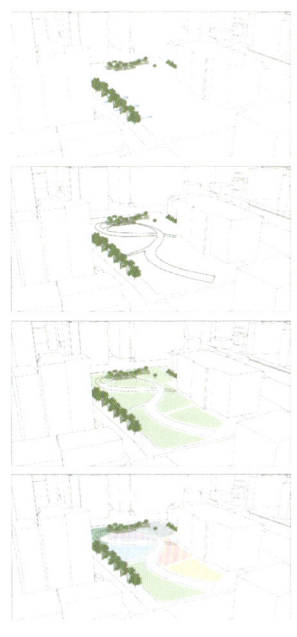
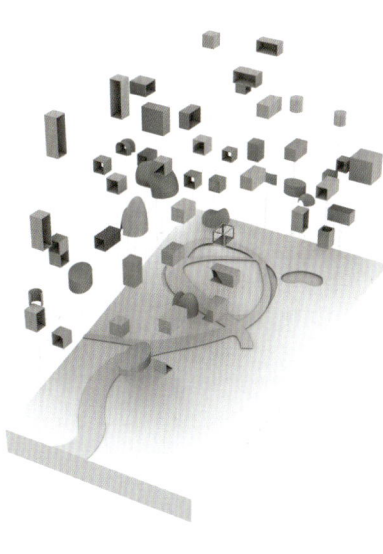

디자인의 개념과 기존 학교 건물이 컨셉에 잘 맞지 않다고 판단하여 기존 건물을 철거하고 새로운 건물을 디자인하기로 결정했다. 그 과정에서 '둘러싸여 있던 중정'이라는 가능성을 발견했다. 따라서 기존의 기억을 이어가고 내면의 여정을 형성하기 위해 중정을 복원하고자 했다.

또한, 영역을 분할하고 카테고리를 설정함에 있어 여정의 순서를 고려하였다. MINDFULNESS JOURNEY는 평소 경험할 수 있던 일상적인 분야에서부터 시작해 점차 더 깊어지고 느끼지 못했던 경험의 방향으로 진행이 되며, 기록 공간을 거쳐 여정의 종착점으로 다다른다.

중심 동선을 따라 7개의 카테고리 영역이 조성되어 있으며 각 영역에는 CELL이 배치되어 있다. 디자인을 하며 고려한 사항은 '이용자가 경로를 따라 자신만의 경로를 만들 수 있다'는 것이었다. 따라서 CELL을 배치할 때 공간의 폭을 조절하여 빈 공간을 형성하거나 통로로서의 가능성을 주어 무한한 여정의 형성이 가능하도록 하였다.

SITE PLAN

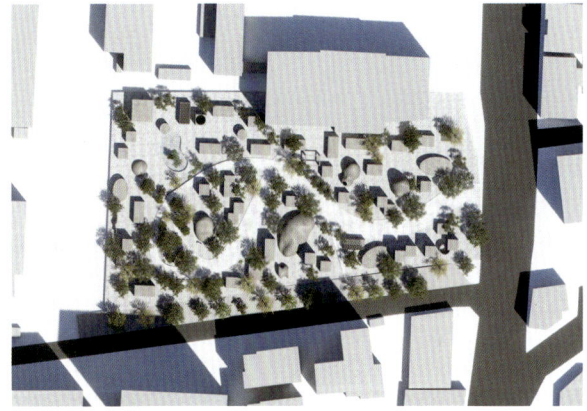

STRUCTURE DETAIL

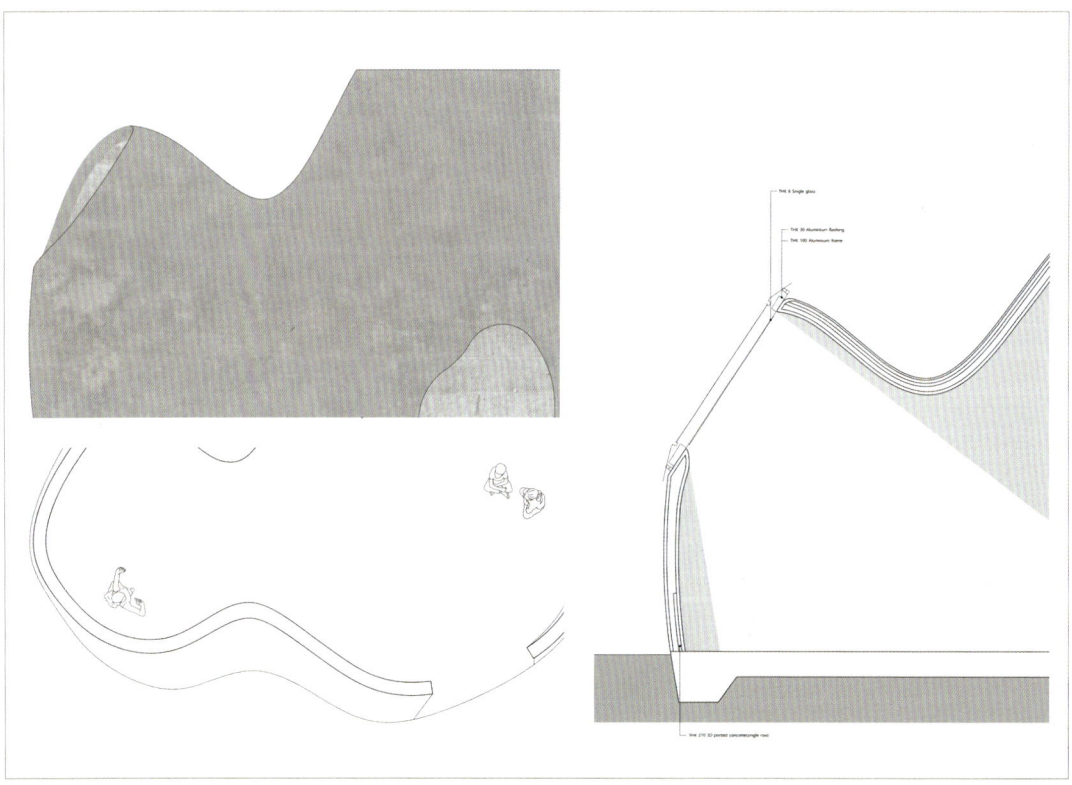

정신 건강과 어울리는 차분하고 무거운 분위기를 주며 빛의 활용이 가능한 재료를 선정해 공간을 디자인하고자 했다. 또한 CELL의 이형을 제작할 수 있도록 곡선이나 변형된 모양을 쉽게 만들 수 있어야 했다. 따라서 콘크리트와 빛을 투과하는 천 소재를 선정해 디자인하였다.

그 중에서도 다양한 유형의 건물을 짓는 데 가장 편리하고 효율적인 방식인 '3D printed concrete' 구조를 이용하고자 하였다. '3D printed concrete' 구조를 적용하여 건물의 다양한 형태를 만들고자 하였다. 이때 전용 콘크리트를 사용하여 구조를 쌓아올리고 빈 공간에 단열재를 채워 벽을 형성하였다.

또한, 조경 디자인과 지하 공간의 활용을 위해 4m 두께의 흙 층을 추가하고 지하층의 바닥 높이를 -8m로 설정하였다. 공간이 다양한 형태로 흙 층에 관입함으로써 이용자들은 CELL의 지하 공간을 경험하며 도심 속에서 새로운 공간을 발견하고 공간을 오롯이 느낄 수 있다.

PLAN

1F PLAN

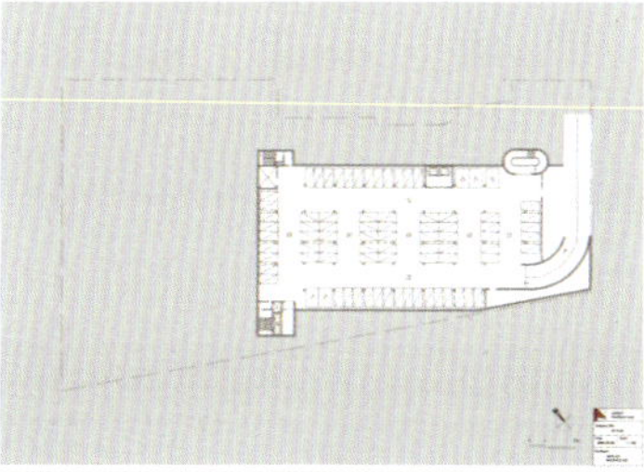

B1 PLAN

ELEVATION

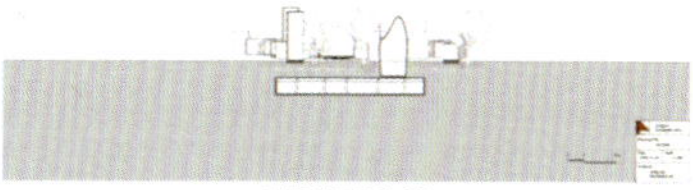

SECTION

67

SECTION DRAWING

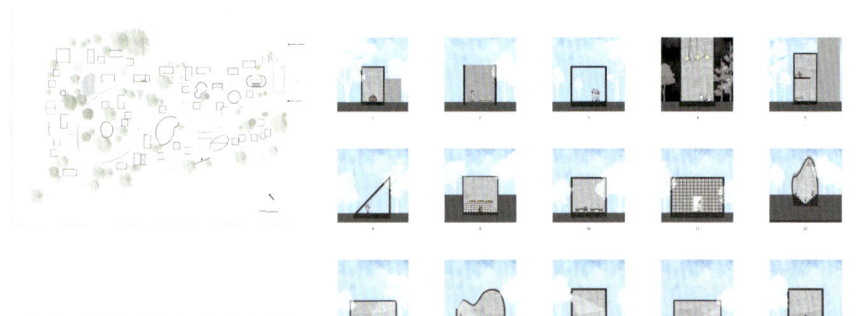

각 카테고리 영역에 배치된 건물은 사용자에게 분야에 따라 각기 다른 독특한 경험을 제공한다.

기능 목적의 건물(화장실, CORE 등)을 제외하고 MINDFULNESS JOURNEY의 흐름에 따라 내면의 경험을 제공하는 49개의 건물에 번호를 매기고 각 건물에서 발생하는 행동을 단면으로 표현하였다.

평면도의 번호를 대조함으로써 각 CELL에서 일어나는 경험에 대해 알 수 있으며, 이를 바탕으로 무한히 생겨날 수 있는 경험의 가능성을 상상할 수 있다.

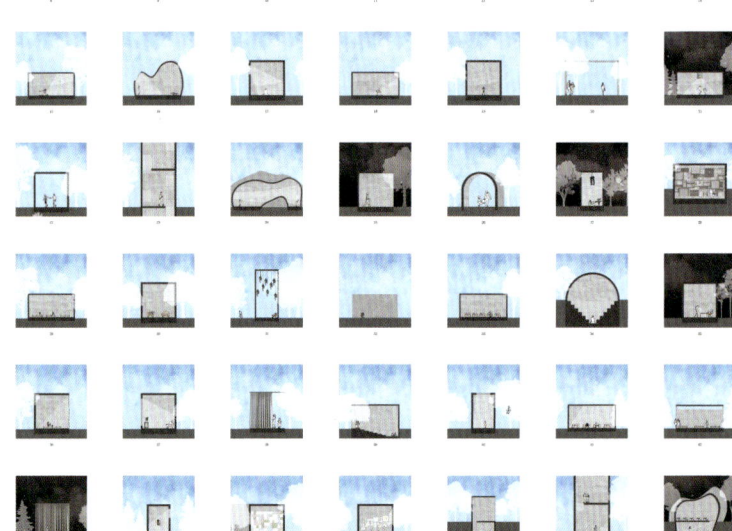

PERSPECTIVE

Secondary entrance

Exercise_16

Stay_35

Stay_37

MODEL

GYEONGSEO ART SCHOOL
: A feeling of specialness in everyday places

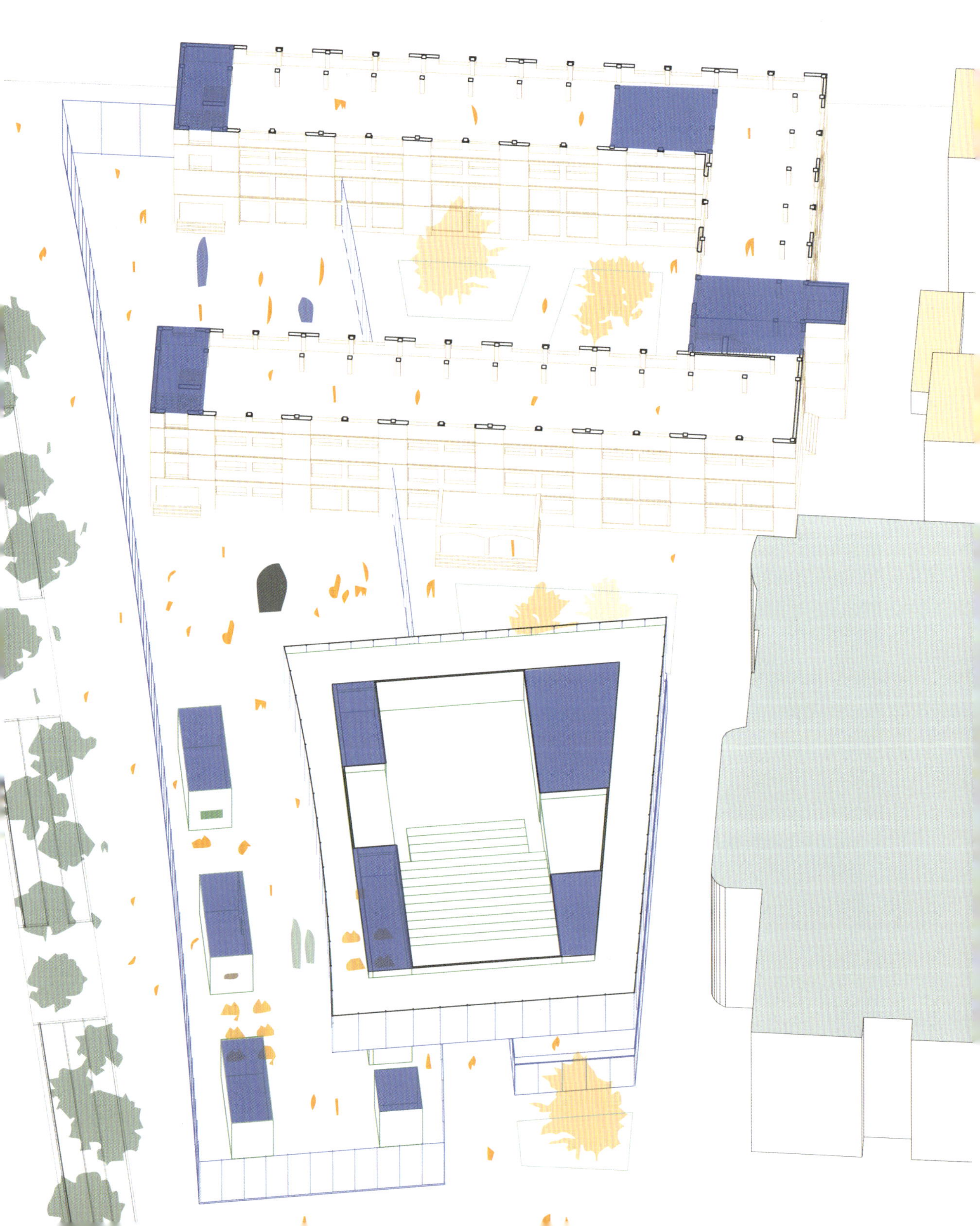

최주형 | JUHYEONG CHOI

STUDIO 4 prof.
권병용 | BYUNG YONG KWON
이경재 | KYUNG JAE LEE

세대를 통합하는 경서예술학교

　가양동 주민들은 경서중학교에 대한 그들만의 기억을 가지고 있다. 경서중학교는 그들의 일상이 벌어지는 가양동이라는 무대에서 그들 곁에 늘 존재 해왔다. 하지만 그 무대속 배경은 학생들을 제외한 주민들에게는 닿을 수 없는 배경으로만 인식되어 왔다. 지금까지의 경서중은 학생들만을 위한 무대였다. 경서중학교는 이제 학생들만을 위한 곳이 아닌, 가양동 주민들을 위한 새로운 무대로 바뀌어야 한다.

　그 변화는 기존 학교를 파괴하는 방식을 따르지 않는다. 경서중학교 학생들과 가양동 주민들이 가진 소중한 기억들을 보존하기 위해 기존 형태를 유지하면서 새로운 요소를 더하는 방식으로 변화는 이루어질 수 있다. 또한 더해질 요소가 도시에 사는 다양한 세대를 통합할 수 있는 기능을 가진다면, 경서중학교의 변화는 매우 의미 있는 방향으로 이루어질 수 있을 것이다.

　본인은 그 특별한 기능으로 미술전시관과 미술거점학교의 기능을 융합한 새로운 프로그램을 제안한다. 현재 한국에서는 학생 수가 지속적으로 감소함에 따라 다양한 학교의 학생들이 특정 학교에서 일부 수업을 함께 수강하는 거점학교 프로그램이 활발히 진행되고 있다. 가양동에는 미술 관련 기능을 갖춘 도시 인프라가 매우 부족한 상황이다. 따라서 가양동에서 살아가고 있는 다양한 세대에게 미술 관련 과목을 교육하는 거점학교의 기능을 경서중학교에 새롭게 부여하고, 학생과 주민의 교육 활동을 통해 제작된 미술 작품을 전시하는 새로운 장소를 마련하여 경서중학교가 가양동의 새로운 예술 거점으로 탈바꿈할 수 있도록 계획했다.

SITE ANALYSIS

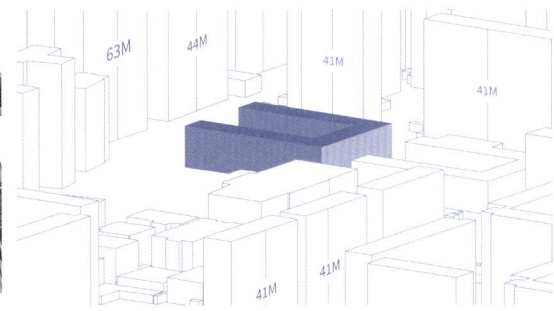

가양동, 아이들과 어르신들이 공존하는 곳
가양동에는 아이들을 위한 장소와 어르신들을 위한 장소들이 동시에 존재하고 있다. 또한 그들은 엄격히 구분된다.

대지를 둘러싼 아파트들
현재 경서중학교 부지는 매우 높은 아파트에 둘러싸여 있어 고립되어 있으므로, 이를 고려한 디자인 전략이 요구된다.

가양동의 주민들의 교차점
가양동의 도서관, 운동시설, 스포츠 센터 등은 주민들이 함께 공유하는 공간으로 모든 세대가 활발히 이용한다.

가양동에 존재하는 닫힌 장소들
복지시설과 학교는 특정 세대들만을 위한 닫힌 장소이다. 많은 세대들이 함께 이용할 수 있는 열린 장소가 필요하다.

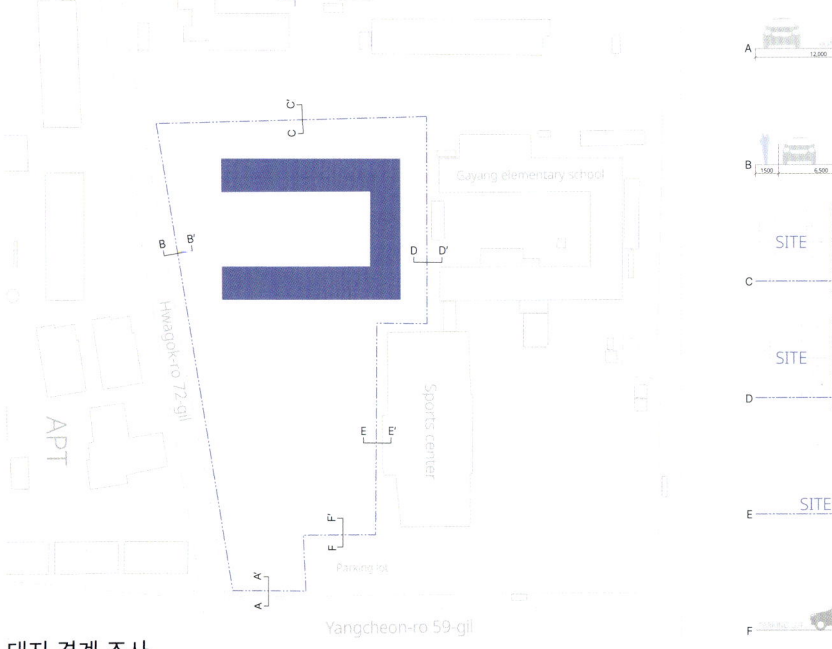
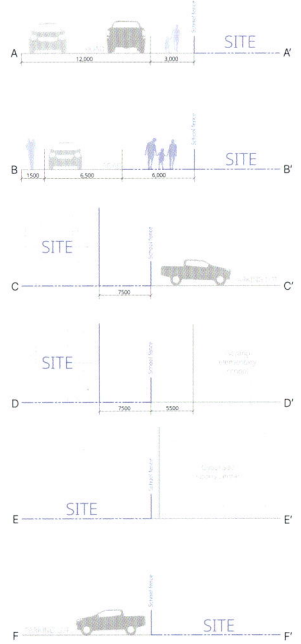

대지 경계 조사
경서중학교의 경계는 다양한 조건을 가지고 있다. 아파트 주차장, 초등학교, 스포츠센터, 도로 등에 인접해 있으며, 이러한 대지의 조건은 모든 설계 디자인 단계에서 신중하게 고려되어야 한다. 인접한 대상이 어떤 성격을 가지는지, 어느정도의 폭을 가지는지에 대한 세부적인 정보들을 표시하여 설계에 보다 면밀히 적용될 수 있도록 하였다.

PROGRAM

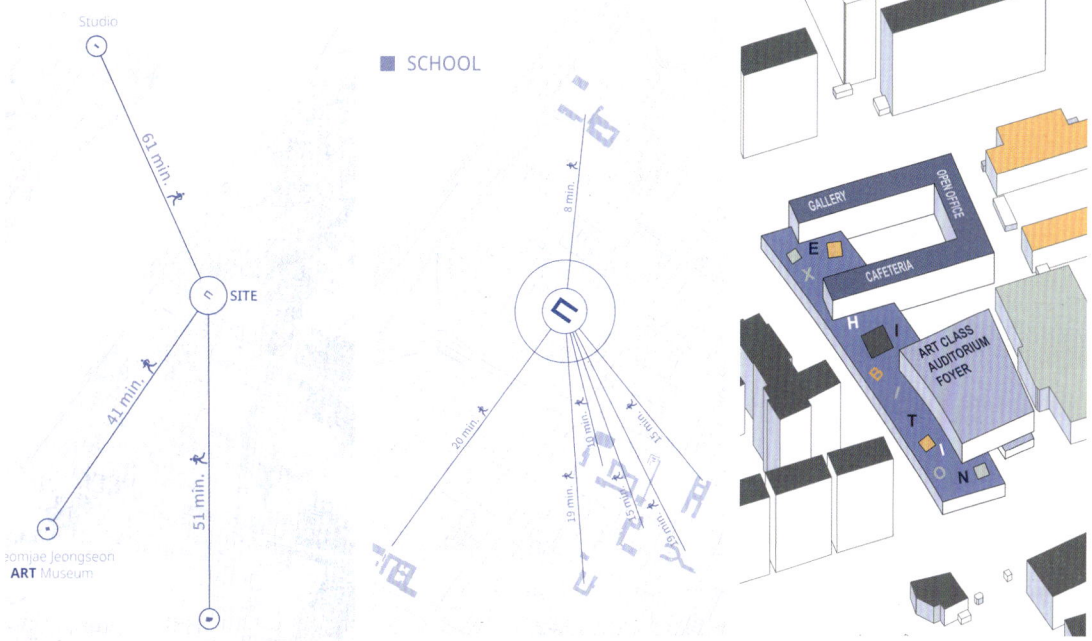

예술이 없는 도시

사이트 주변에는 주민들이 이용할 수 있는 문화센터나 미술관이 존재하지 않는다. 이러한 사이트 특징에 따라 경서중학교를 가양동의 새로운 미술관으로 탈바꿈하여 지역 주민들의 문화적 인프라를 확보하는 것을 목표로 한다.

예술 거점 학교

예술 거점 학교는 다른 학교의 학생들에게 예술 관련 수업을 제공한다. 경서 중학교는 부지 주변에 있는 많은 학교의 예술 거점 학교로 사용될 수 있는 가능성을 가진다. 물론 인근 지역 주민들에게도 예술 교육을 제공할 수 있다.

모두를 위한 전시관

전 세대를 대상으로 다양한 미술교육과 문화시설을 제공하는 경서예술학교에서 가양동 지역 주민들은 가장 익숙한 장소에서 가장 특별한 경험을 하게 된다. 서로의 작품을 공유함으로써 그들은 새로운 방식으로 소통할 수 있다.

Art school for all generation

한국에서 발생하는 세대 간 갈등은 세대 간의 너무 직접적이고 일방적인 소통에서 비롯되는 듯하다. 이 프로젝트에서 그들은 자신의 예술을 통해 소통한다. 그들은 전시장에서 자신의 작품을 전시할 것이다. 이를 통해 학교는 서로를 더 깊이 이해할 수 있는 양방향 소통의 장소가 됨으로써 모두를 위한 예술 학교로 거듭나게 될 것이다

PLAN

A - A' SECTION

GAYANG
ELEMENTARY
SCHOOL
GYEONGSEO
SPORTS CENTER
APRTMENT
PARKING LOT
12M WIDE
ROAD
GANGSEO-GU
VEHICLE
STORAGE
6M WIDE WALKWAY
7M WIDE ROAD
MAIN ENT
1
MASTER PLAN

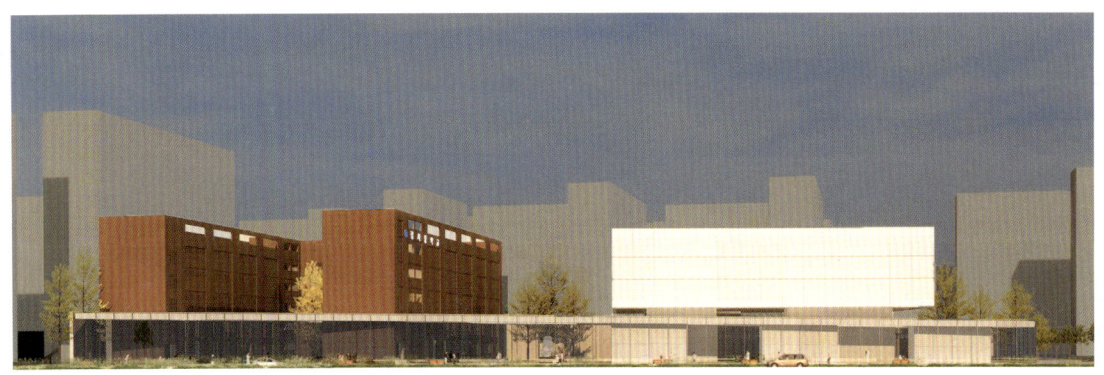

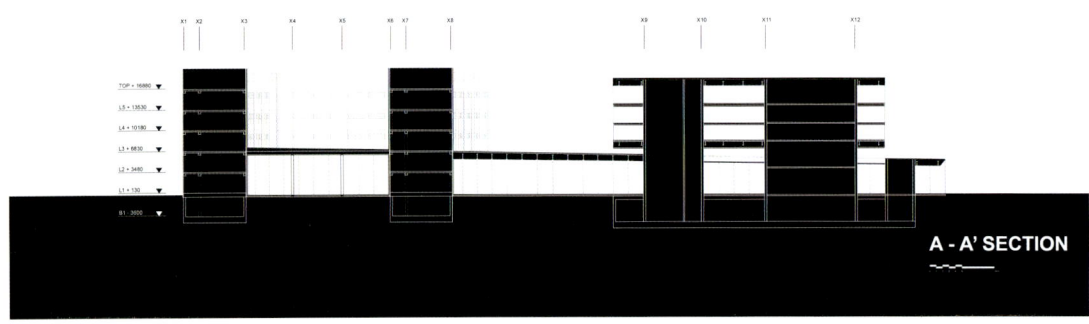

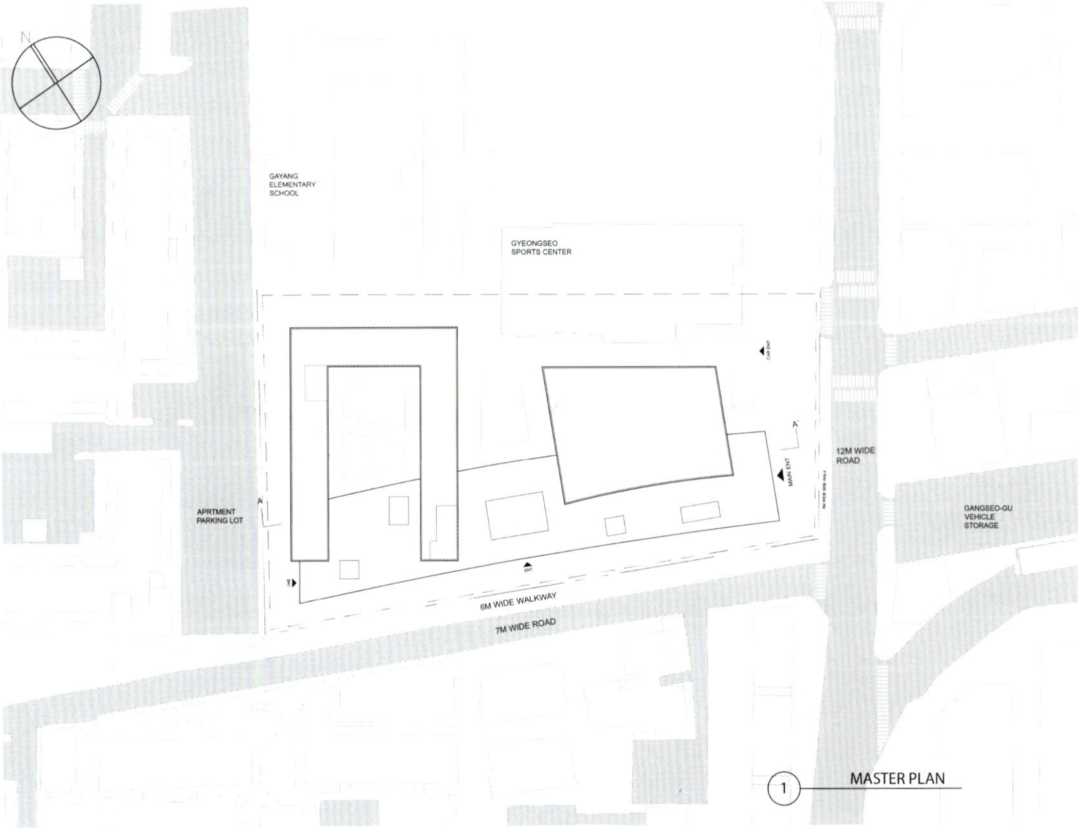

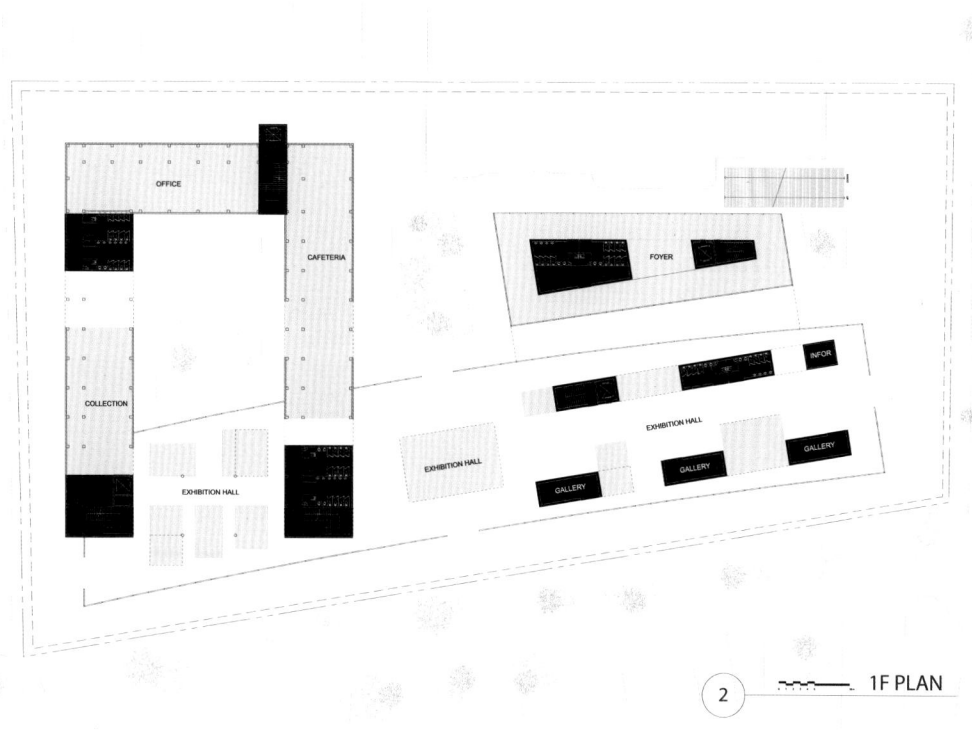

2 1F PLAN

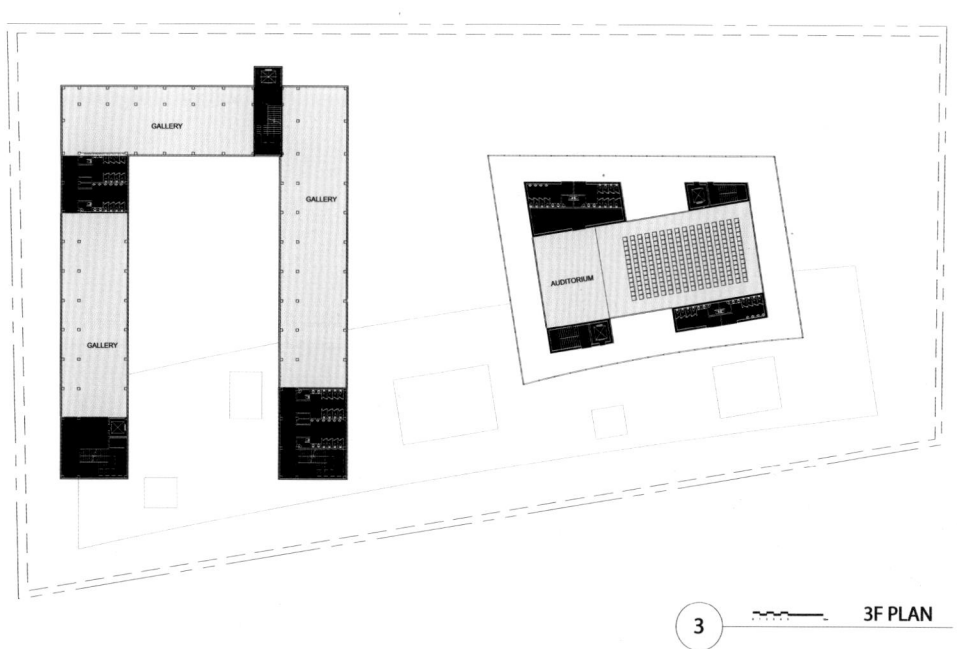

3 3F PLAN

PERSPECTIVE

Before walkroad view | After walkroad view

Before front view | After front view

Exhibition hall view

Gallery view

DETAIL & MODEL

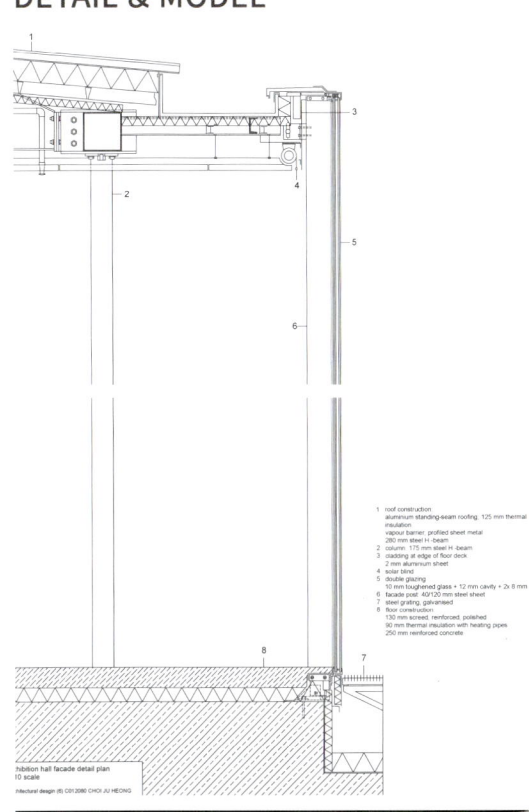

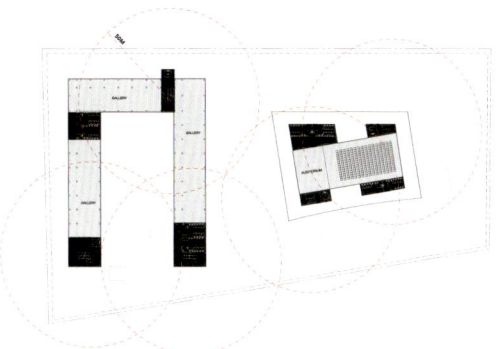

Evacuation plan

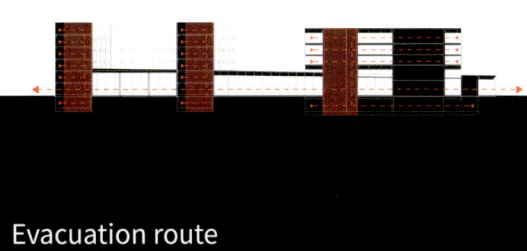

Evacuation route

Model

Model

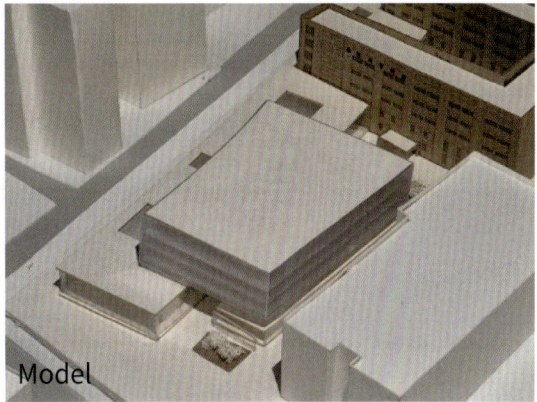
Model

김동현 | DONG HYUN KIM

STUDIO 4 prof.
권병용 | BYUNG YONG KWON
이경재 | KYUNG JAE LEE

    반려동물, 인생의 동반자를 뜻하는 **'반려'**로서 인간과 더불어 사는 동물을 뜻하는 말이다. 과거 '애완'으로 취급됐던 동물들은 이제 **가족 구성원**으로서 희로애락을 함께하며 단순한 동물이 아닌 **'반려자'**로서의 역할을 하고 있다. 1200만이 넘는 반려인들은 지금도 계속 늘어나고 있으며, 이와 관련해 반려동물 사업도 증가하는 지금, 반려동물은 하나의 **문화**로서 자리매김하고 있다.
    그러나 반려동물에 대한 **사회적인 관심과 수요**가 꾸준히 증가하면서, 반려동물 사육이나 반려동물로 인한 **문제**도 같이 늘어나고 있다. 이를 예방하기 위해서는 반려가구 교육 또한 cultural context로서 자리잡아 양육자 비양육자 모두 사회적 윤리와 예절을 지키고 **올바른 반려동물 문화**를 준수하도록 해야 한다.

Coexist: 반려동물 교육 시설은 남녀노소, 양육자 비양육자 모두 포용하는 공간이어야 한다. 테마파크 형식의 전시 체험 공간들은 비양육자들로 하여금 반려동물에 관심을 가지도록 하고 이들이 반려동물에 대해 올바른 인식과 문화를 준수할 수 있도록 기초적인 교육 프로그램들이 있다.

Care: 다양한 반려동물들을 키우는 양육자들을 위한 맞춤 교육 시설들과 종합 동물병원이 위치해 있다. 반려동물 뿐만이 아니라 양육자들을 대상으로 한 교육을 통해 책임 있는 사육문화를 조성한다.

Specialize: 양육자가 숙련된 반려동물 전문가로 성장할 수 있도록 도와주는 공간은 사람과 동물의 조화로운 공존에 이바지할 수 있도록 한다. 다양한 전문 기술들을 습득하고 종합 동물병원과도 연계해 지식과 능력을 갖춘 전문가가 된다.

SITE ANALYSIS

위치:
서울특별시 강서구 양천로 59길 31

면적: 11,187.5㎡

건폐율: 46.3% (5181.7㎡)

용적률: 155.4% (17390.1㎡)

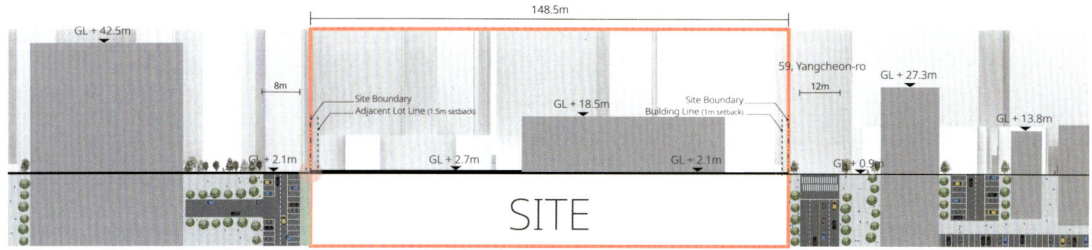

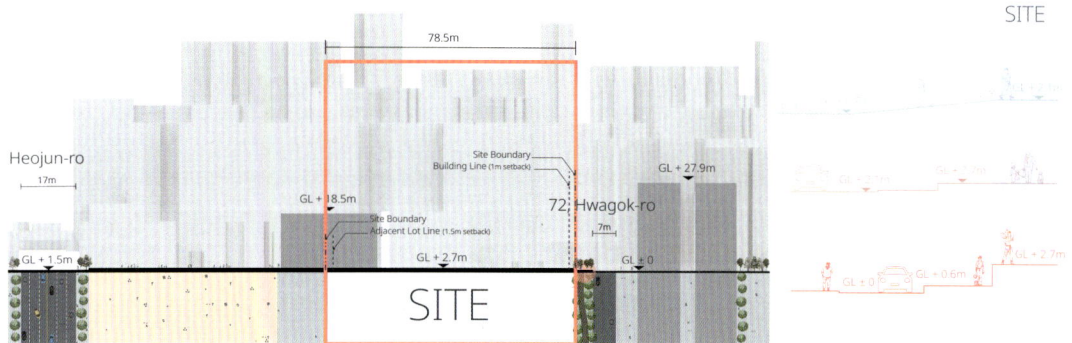

경서중학교 사이트는 수많은 고층 건물들로 인해 고립되어 있다. 밀집된 임대아파트들로 이루어진 가양동은 공공 공간의 부재로 인해 주민들의 삶의 질을 떨어트리고 있다. 이러한 문제점을 해결하기 위해 이번 프로젝트 에서는 교육이라는 프로그램 하에 공공공간을 제공하고 주민들의 만남과 교류를 촉진시키는 것이 중요하다.

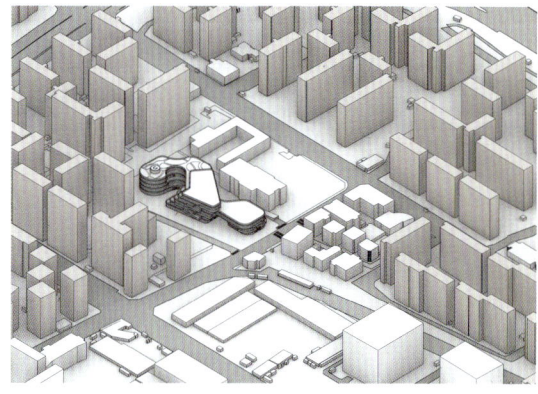

CONCEPT

우리는 이 지구에서 유일한 존재가 아니다

반려동물을 매개체로 사람들은 **연결**되고, 함께 배우는 **공존 교육 프로그램**을 제공한다. 이 프로그램은 **인간과 동물의 상호작용**을 중심으로, 사람과 반려동물이 함께 성장하며 **지속 가능한 관계**를 구축할 수 있도록 돕는다.

가양초 학생
- 반려동물 분양을 알아보는중
- 활기참
- 털 알러지가 있다

초보 반려인
- 최근 반려 뱀을 분양받음
- 뱀을 키우는데 정보가 부족함
- 커뮤니티에 가입해 정보를 공유하고 싶어함

1인 가구 주민
- 임대 아파트 거주중
- 외로움
- 좁은 공간에서도 키울 수 있는 반려동물을 알아보는중

40대 주부
- 강아지 4마리와 함께 사는중
- 강아지를 키우는데 돈이 너무 많이 들어서 미용같은 기술들을 배워 직접 하려함

MASS PROCESS

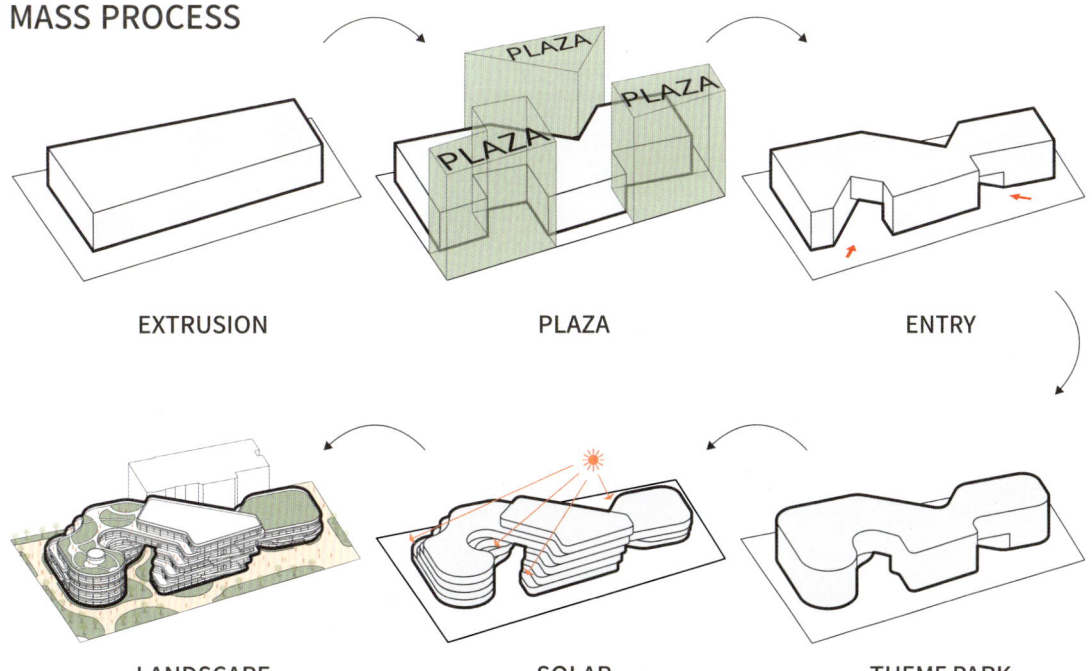

EXTRUSION — PLAZA — ENTRY — THEME PARK — SOLAR — LANDSCAPE

SPACE PROGRAM

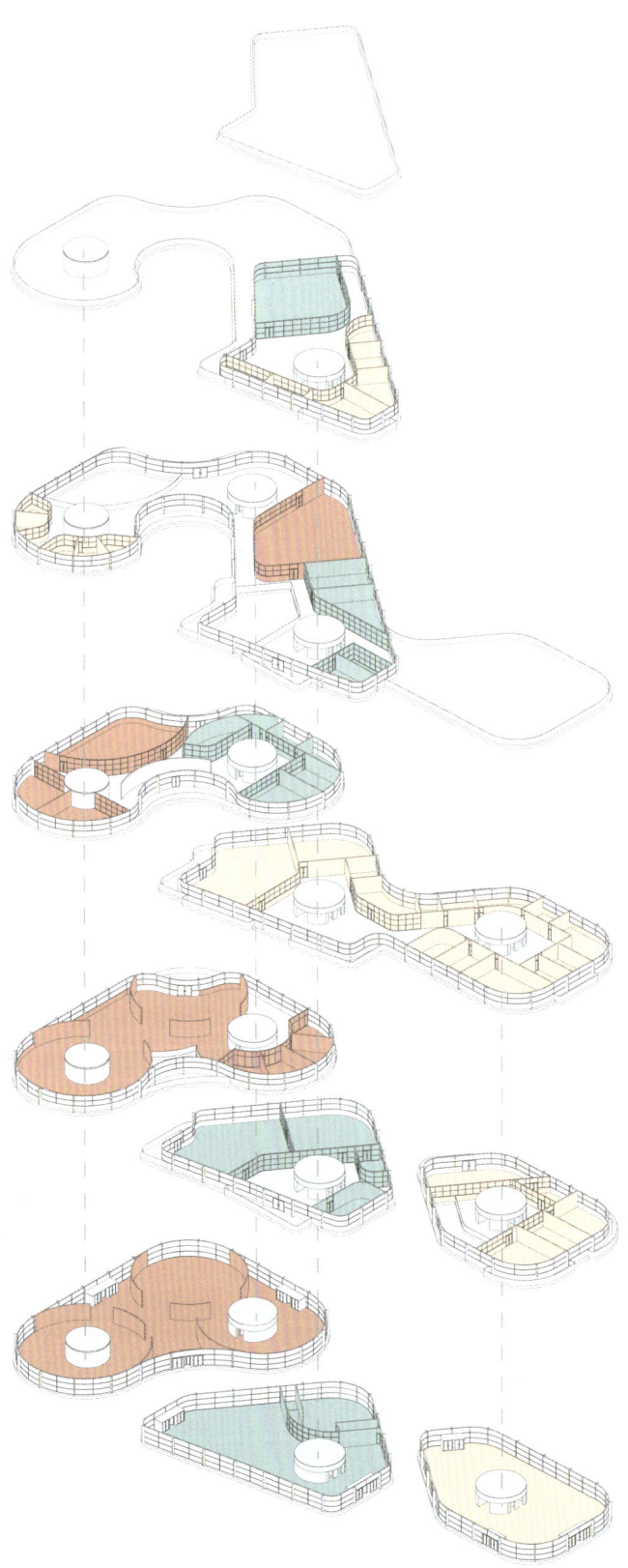

COEXIST

전시 체험 공간들은 비양육자들로 하여금 반려동물에 관심을 가지도록 하고 이들이 반려동물에 대해 올바른 인식과 문화를 준수할 수 있도록 기초적인 교육 프로그램들이 있다.

- Bird Habitat Experience
- Mammal Species Experience
- Aquatic Species Exhibition
- Amphibian Habitat Exhibition
- Reptiles Habitat Exhibition
- Multimedia Exhibition
- WorkShop Exhibition
- Behavior Understanding
- Ecology Conservation Education

CARE

반려동물 뿐만이 아니라 양육자들을 대상으로 한 교육을 통해 책임 있는 사육문화를 조성한다.

- Indoor Training Field
- Animal Aquatic Center
- Training and Behavior Education
- Nutrition and Health Management
- Resource Room
- Library
- Special Pet Care Education
- First Aid and Disease Prevention
- Offline Community Space

SPECIALIZE

양육자가 숙련된 반려동물 전문가로 성장할 수 있도록 도와주는 공간은 사람과 동물의 조화로운 공존에 이바지할 수 있도록 한다.

- Complex Veterinary Hospital
- Animal Rehabilitation Center
- Groomer Training
- Nutritionist Training
- Therapy Certification Education
- Animal Friendly Cafe
- Pet Store
- Animal Daycare

PLAN

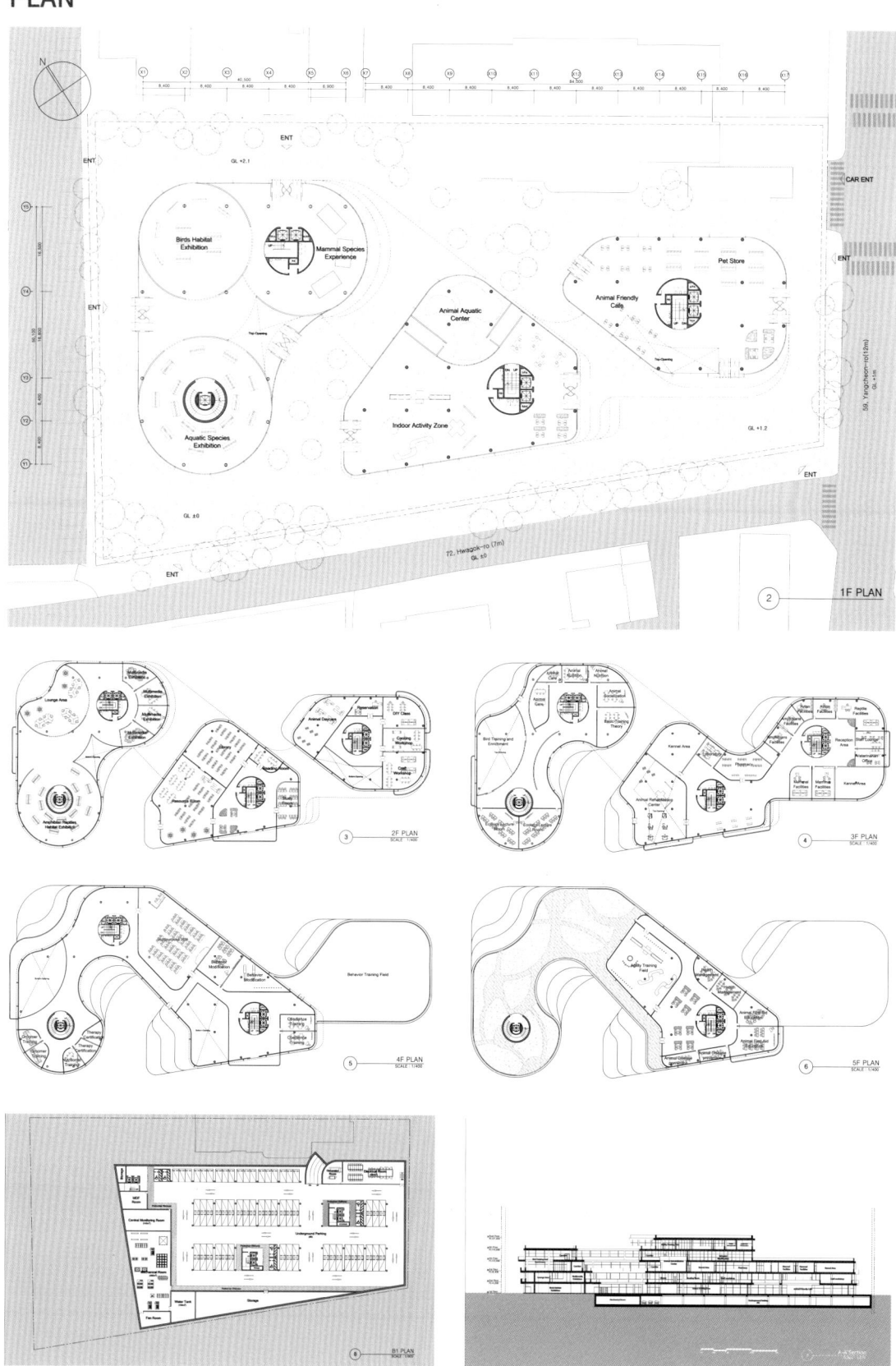

FACADE

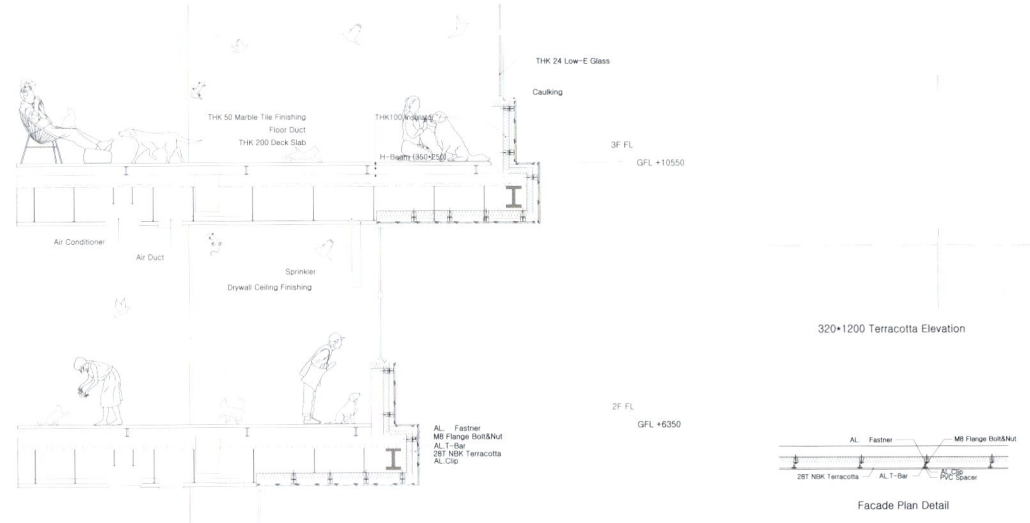

붉은색의 **테라코타 파사드**는 칙칙한 콘크리트 빌딩들 사이에 생기를 불어넣는다. **띠 창**과 튀어나온 슬래브는 매스의 **가로의 느낌**을 더욱 부각시키며 반려동물들이 내부에 더 집중할 수 있도록 창 밑의 벽이 **동물들의 시선을 차단**하고 이용자들에겐 **개방된 조망**을 제공한다.

PERSPECTIVE

MODEL

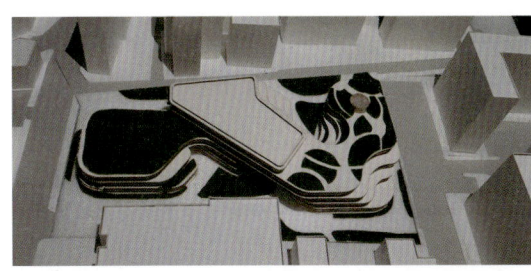

N.

도원초등학교
Dowon Elementary School

박세준, 김지원, 이성우, 안다원, 강지우, 임철우

도원초등학교

" Seoul, Linked by Learning "

- 위치 : 서울특별시 도봉구 도봉동 624 105 외 9필지
- 대지면적 : 5,342㎡
- 건축면적 : 3,205㎡
- 높이산정 : 30m(법정 7층 이하)
- 기존용도 : 주차장(건물 없음)

개요

도봉구는 산으로 둘러싸인 지역으로, 자연경관이 뛰어난 특징을 가진다. 거주민 연령대는 0 19세가 가장 적고, 60세 이상이 가장 많으며, 전체 인구는 점차 감소하고 있다. 특히, 0~19세 인구는 줄어드는 반면 60세 이상은 증가하는 고령화 추세를 보인다. 주 산업은 상업활동이며 20~60세 인구가 줄어들고 60세 이상 인구가 증가함에 따라 상업활동의 비율이 2016보다 증가하였다.

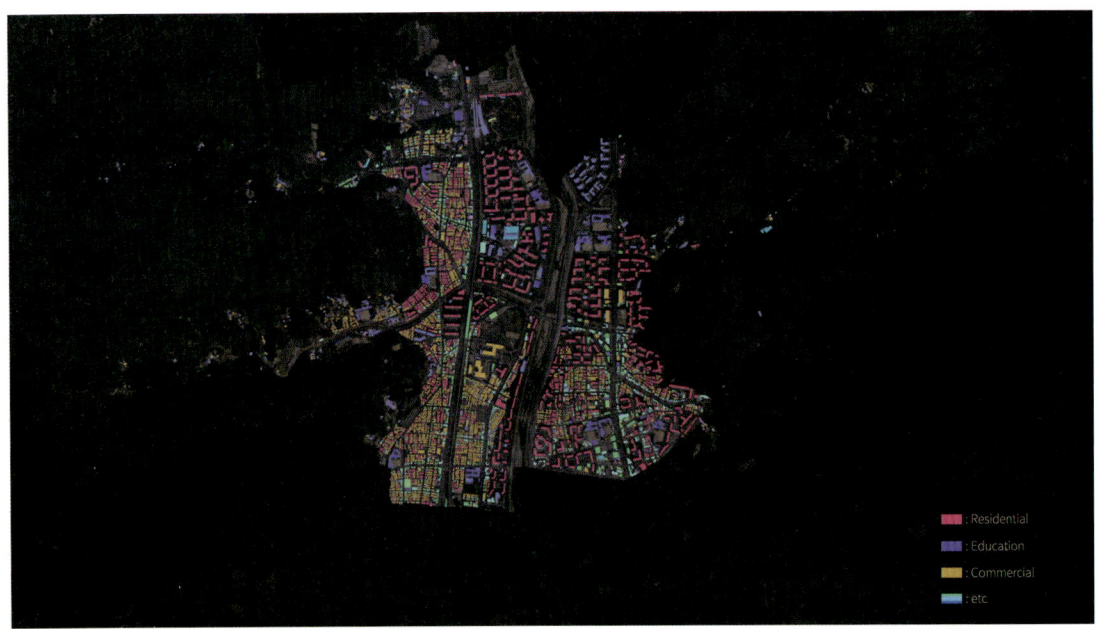

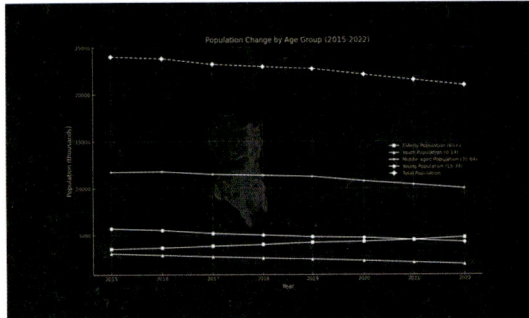

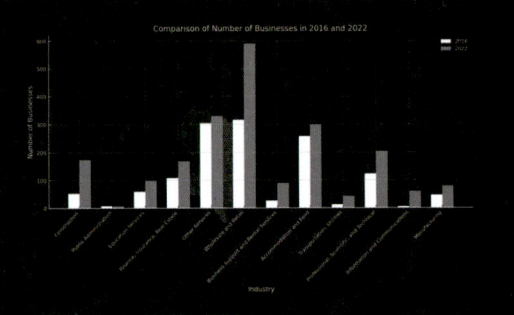

도봉 2동은 상계 1동과 도봉 1동 사이에 위치하며, 주거 중심의 개발이 진행되고 있는 지역이다. 이곳은 상업 지역과 주거 지역이 명확히 구분되도록 계획되고 있으며, 주민들의 생활 중심지로 자리 잡아가고 있다. 도봉 2동은 지리적으로 수락산과 도봉산 사이에 위치하여 두 산의 경관을 잘 감상할 수 있는 장점이 있지만, 두 산의 자연적 영향권에 직접 포함되지는 않고 간접적으로만 영향을 받고 있다. 0~19세 인구가 감소하고 있어 현 사이트에 개발예정 이였던 도원초등 학교 개발이 중단된 상태에 놓여 있다. 또한 재개발로 인해 기존에 있었던 커뮤니티가 없어지기도 하는등 여러 상황이 존재하고 있다.

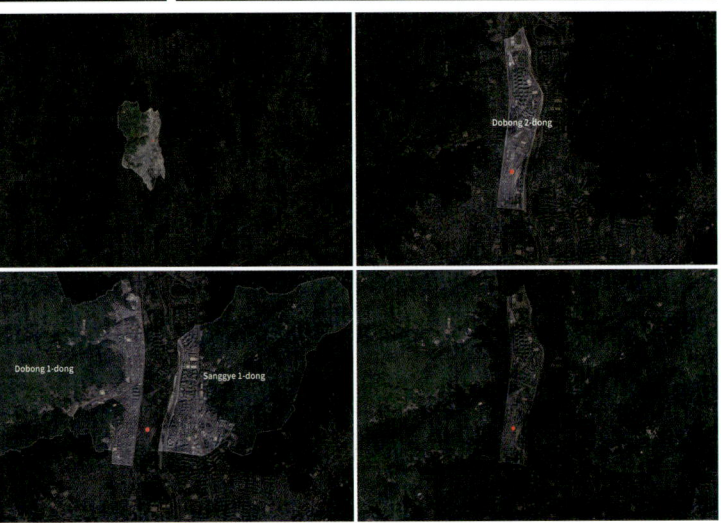

대상지 현황

도원초등학교 부지

위치 | 서울특별시 도봉구 도봉동 624-105 외 9개 합필
용도 | 제2종일반주거지역
대지면적 | 5,342m2
연면적 | 최대 용적률 고려 10,648m2 부근
최대높이 | 30M (법정 7층 이하)
공개공지 | 373m2 (법정 7% 이상)
조경면적 | 801m2 (법정 15% 이상)
주차계획 | 법정 105대 이상

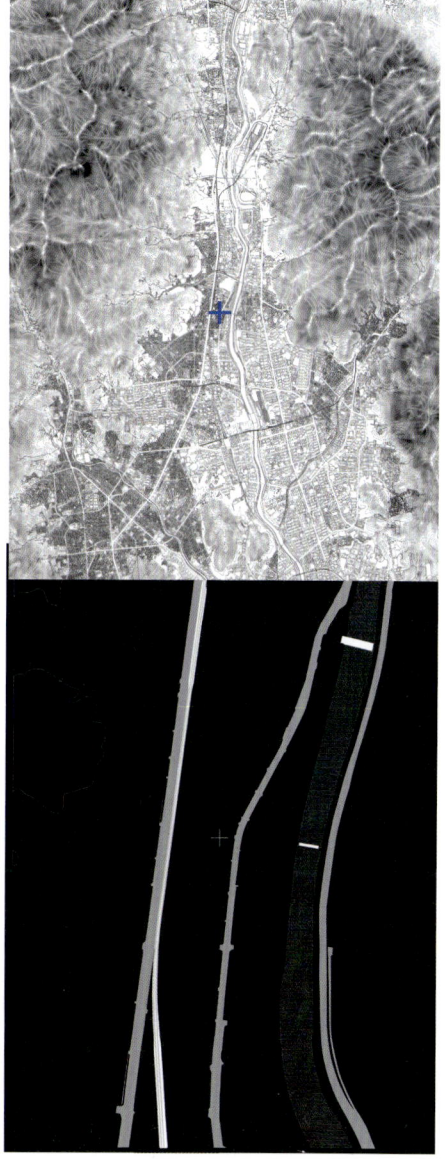

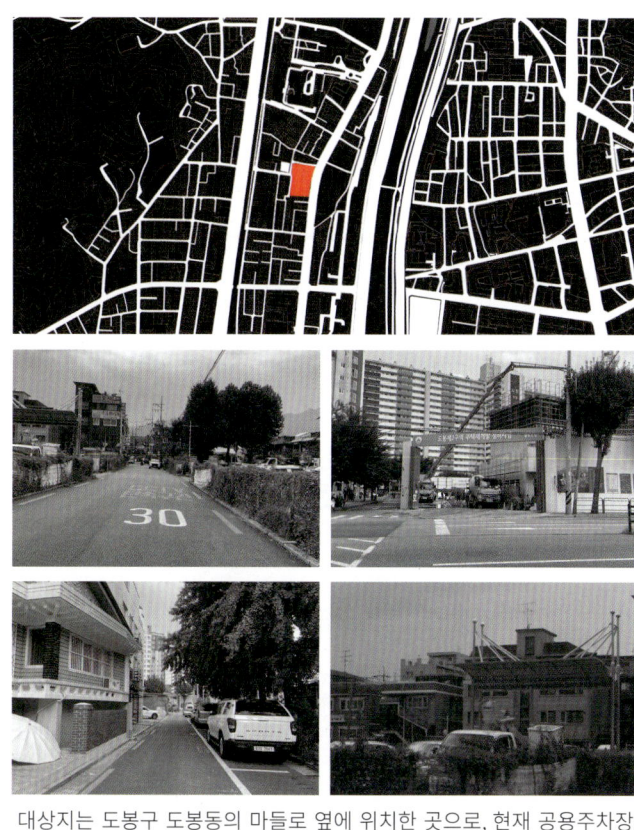

대상지는 도봉구 도봉동의 마들로 옆에 위치한 곳으로, 현재 공용주차장으로 사용되고 있다. 처음 대상지에 방문했을 때, 지상철이 운행되는 방학역 아래를 지나 도봉동 사이사이의 골목을 경험할 수 있었다. 낡고 바랜 간판들 사이로 오랫동안 자리잡은 건물들이 자리해 있다.

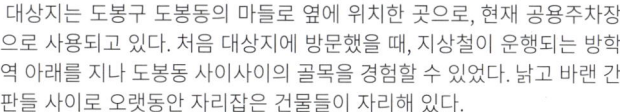

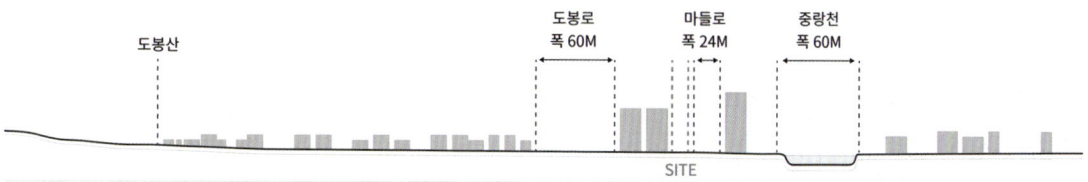

대상지 서쪽에는 도봉산, 동쪽에는 중랑천이 위치해있으며 대상지의 경사는 평지에 속하는 편이다. 도봉로와 마들로를 기준으로 가로망에서의 건물 높이 차가 크게 나는 편이며, 중랑천을 바라보는 아파트의 높이 와 도봉로 골목의 건물들의 높이가 크게 대비된다. 이는 도봉산림을 위한 고도제한 규제로 인해 나타나는 현상이다.

물리적 현황

도봉 2동은 동부간선도로와 내천, 그리고 1호선으로 둘러싸여 있다. 이 두 요소는 주민들의 시야를 제한하고 상계 1동 및 2동으로의 접근을 어렵게 만들어 여러 커뮤니티의 확장을 가로막고 있다. 이로 인해 도봉 2동은 도봉구 내에서 고립된 상태로 남아 있다. 또한, 도봉산과 수락산의 경관을 간접적으로만 감상할 수 있을 뿐, 직접적인 접근이 제한된다.

Green

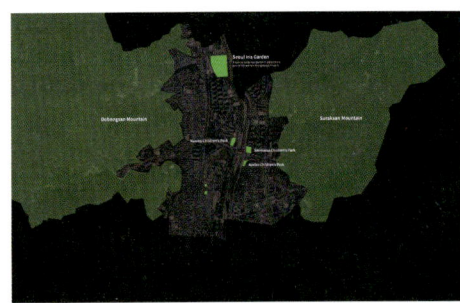

도봉1동과 상계1동 사이에 있는 도봉2동은 수락산과 도봉산의 영향을 받는 것처럼 보이지만 2개의 선으로 인해 접근이 힘들뿐 아니라 제한된다. 공원이 존재하지만 규모가 작으며 접근이 힘들다.

Market

도봉1동에 있는 도봉시장은 2020년 코로나 시기때 문을 닫았다. 도봉2동에 있는 신도봉시장과 방학동 도깨비시장, 상계중앙시장은 두개의 선 때문에 접근이 제한되어 현재 도봉2동에는 시장이 없다.

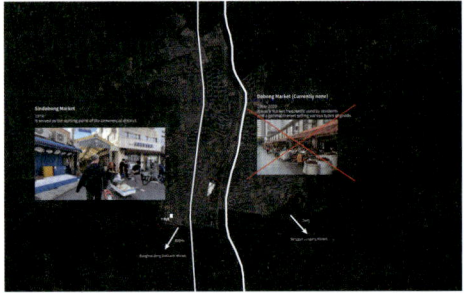

Museum

도봉1동에서는 여러 예술적인 활동을 볼 수 있다. 직접 주민들이 벽화를 조성하거나 식물들과 어울리는 벽화를 그려넣어 예술정원을 만들기도 한다. 주민들은 예술에 관심이 있는 것을 확인 할 수 있다. 하지만 도봉에는 미술관련 시설이 없다

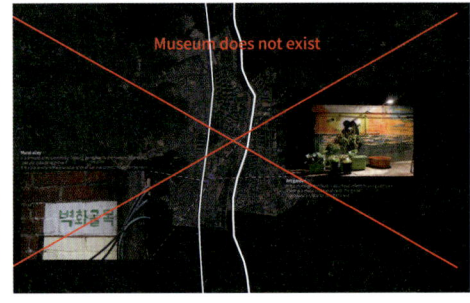

교통환경 분석

대상지는 서울과 의정부를 이어주는 왕복 8차선의 도봉로와 5차선 마들로 사이에 위치한다. 관문도시의 역할을 하는 도봉구는 통행량이 많아 차량으로의 접근이 어렵다. 또한 대부분의 차량은 대상지를 지나쳐간다.

한편, 대중교통을 이용한 대상지의 접근성은 좋다. 도봉로와 마들로를 따라 각각 12개, 4개 노선의 버스정류장이 위치하고, 방학역과 도봉역도 도보 10분 내에 있다. 대로에서 뻗어 나가는 좁은 골목들로 단지가 형성되어 있으며 이를 통해 대상지에 비교적 쉽게 접근할 수 있다.

도봉구는 서울 외각에 위치하고 있으며 강남, 홍대, 중구 등 서울 메인 도심 지역까지의 접근이 매우 불편하다.

백화점, 대형마트 등 편의시설이 위치한 가장 가까운 서울인 미아사거리역보다, 의정부역이 더 거리가 가깝다.

사이트-의정부역   사이트-미아사거리역

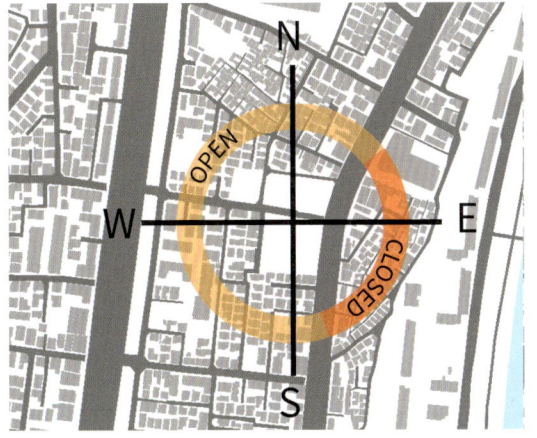

향, 조망   보행동선

주변환경 분석

인접환경 분석

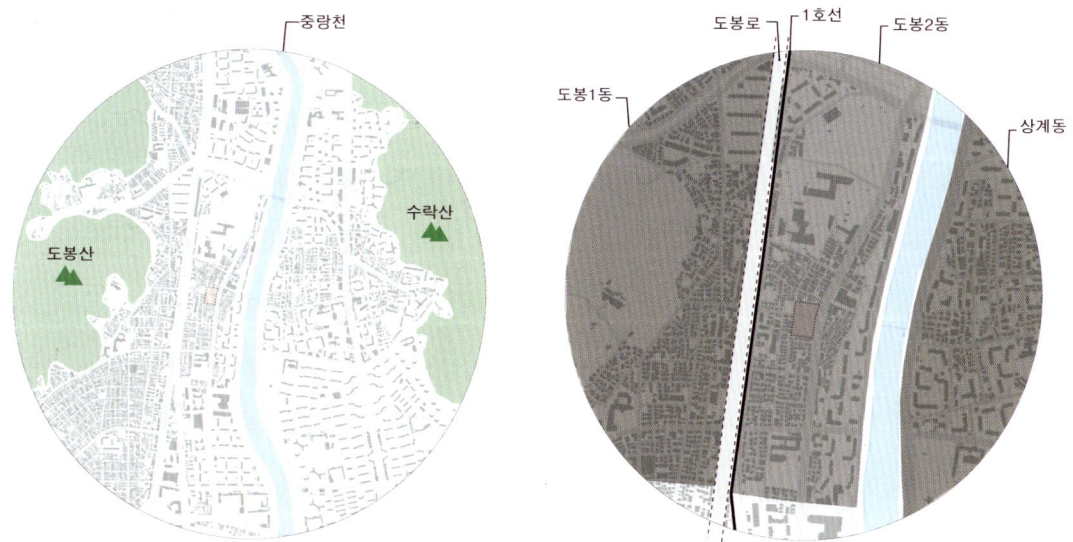

 도봉구는 의정부시와 서울도심을 연결하는 도봉로를 기본 교통축으로 주택가가 형성되어 있고 도봉산과 수락산 사이에 형성된 분지형태의 지역이며 중랑천을 경계로 노원구와 인접해 있다. 도봉로와 함께 1호선은 도봉동과 도봉2동을 나누는 경계에 위치해 있다.

주거환경 분석

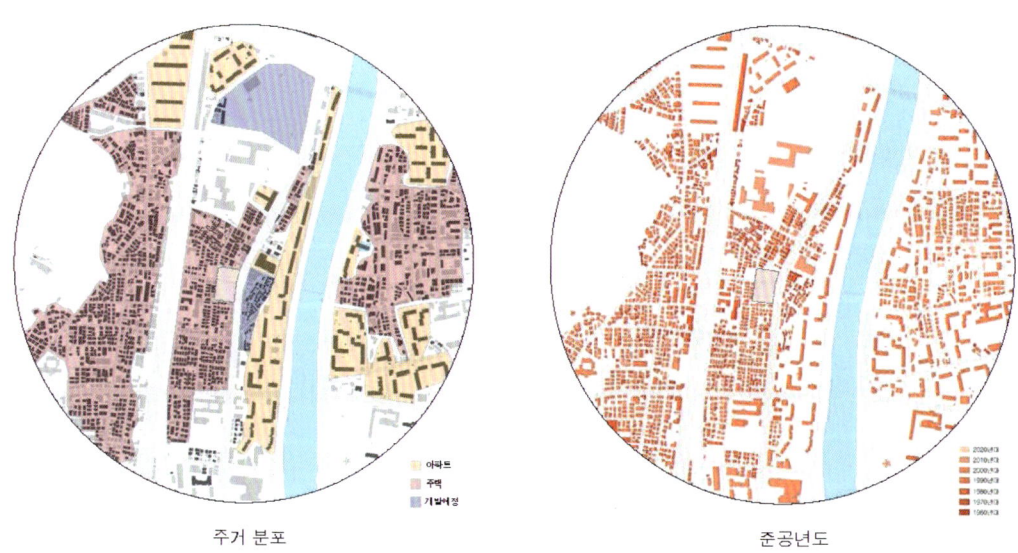

주거 분포　　　　　　　　　준공년도

1960년대 초 도심 재개발사업으로 철거된 이주민이 중랑천 변에 밀집되어 거주하였으며 1960년대 중반부터 토시구획정리사업이 시작되어 1960년도 주택시 조성사업이 완료되었으며 1960년 중반부터 택지개발사업 등의 시행으로 아파트촌이 들어서게 되었다. 최근 도봉구에 대단위 아파트가 건립되어 공동주택단지로 개발되는 추세이지만 도봉동은 그에 비해 더딘 편이다.

법적 규제들로 인해 재개발이 진행되지 않았기에 노후화된 저층주택이 다수 존재하며 주거시설에 비해 문화시설 등의 인프라가 부족하여 시외곽베드타운의 모습을 보이고있다.

주변 건축물 특성

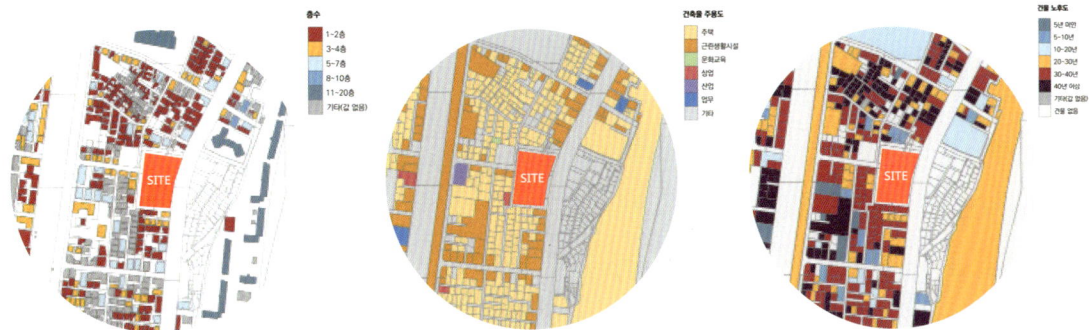

도봉구는 오랜시간 개발제한 규제 및 고도제한 규제를 받고 있었다. 이로 인해 사이트 주변에 5층 이하의 저층 건축물이 주로 분포하고 있다. 또한 도봉 2동은 다양한 건물의 형태가 공존하는 특징을 갖고 있다. 이 지역에는 과거에 지어진 30년 이상 된 노후 주택과 새로 지어진 상가들이 연이어 골목을 이루고 있다.

최근에는 도시 재생사업의 영향으로 이러한 주택들이 재건축되거나 철거되어 새로 아파트가 들어서는 등 주거 환경이 변화하고 있다. 이로 인해 오래된 다세대 주택과 현대적인 아파트가 혼재하는 모습이 나타나고 있다.

녹지환경 분석

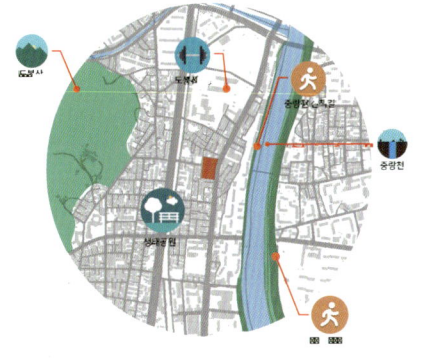

서울의 북부 외곽지역에 위치한 도봉구는, 전체면적 44,548km² 중 23,148km²의 녹지지역으로 구성되어 전체면적의 약 52%에 이른다.

도봉동의 산지는 매우 낮고 평탄한 충적성 곡저 평지를 형성하고 있다. 식생과 토양 분포를 보면, 해당지역 서부에 도봉산이 위치하여 삼림이 울창하며, 곳곳의 생태공원은 시민의 휴식공간으로 사랑받고 있다.

평지 주택지역에도 각 주택에 유실수로 녹화된 정원이 많고, 도보 10분 내외로 중랑천이 위치해 있다.

도봉산

중랑천

도봉산은 서울의 대표적인 산 중 하나로, 도봉구와 경기도 의정부시에 걸쳐 있다. 높고 험준한 산세를 자랑하며, 등산과 자연 체험을 즐기기에 좋은 곳이다. 도봉산 일대는 다양한 등산로와 기암괴석, 그리고 사찰들이 있어 시민들에게 휴식처를 제공한다.

중랑천은 서울 동북부를 가로지르는 하천으로, 도봉구를 포함해 여러 지역을 통과한다. 중랑천은 하천변을 따라 조성된 자전거 도로와 산책로가 있어 도심 속에서 자연을 즐기기에 좋다. 하천을 따라 녹지 공간이 잘 조성되어 있어 시민들이 운동과 휴식을 즐기는 장소로 사랑받고 있다.

사용자 분석

구청 직원 | 30대

활동범위
도봉구청, 방학동
활동시간
00 07   19 24

주로 어디 다니세요?
저는 쇼핑할 때 주로 강남보다 의정부를 더 많이 가요. 강남까지 내려가기 너무 멀거든요.

청년창업센터에 청년이 많이 오나요?
청년창업센터에서 일을 하고 있는데, 도봉구에 청년이 많아서가 아니고 청년 유치를 위해 센터가 만들어진거에요.

청년이 도봉구에 올만한 이유가 있을까요?
기업이 유치되면 좋은데 기업이 들어올 이유가 없죠. 도봉구 청년 유입을 위해 기업이 들어온다고 해도 그것대로 역차별이에요.

노인분들이 정말 많이 보이네요?
노인분들이 정말 많아요. 그런데 그분들이 공원이나 주민센터 말고는 갈데가 없어요. 지금 청년창업센터 앞 쉼터에도 노인분들밖에 없어요. 갈데가 없어서 그래요. 그래서 청년들도 갈데가 없다. 자기들 가는데마다 노인분들이 너무 많으니까요. 갈등도 있죠.

키즈카페 직원 | 30대

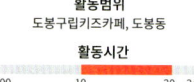

활동범위
도봉구립키즈카페, 도봉동
활동시간
00   10   20 24

도봉구에 키즈카페가 많나요?
도봉구 자치키즈카페는 올해 내로 10곳이 지어질 계획이고, 현재 3곳이 완공되었어요. 서울시에서 예산이나 교육 지원을 적극적으로 해주는 편이에요. 위탁소 운영, 계절/분기별 놀이활동 변경 등 활동적으로 운영돼요.

유아층이 살기 좋은 동네인가요?
네. 아무래도 천이 가깝고 조용하니까요. 학부모가 아이와 함께 놀기 위해, 저렴하고, 집 근처여서 많이들 오세요. 타 자치구에 살고 있는 부모가 친정댁이 여기여서 아이들을 데리고 조부모님 댁에 방문할 때에도 이곳에 오기도 해요. 조부모가 케어해주는 경우도 많구요.

수요가 많나요?
마감은 주말에 다 차는 편이고, 그것도 모자라 4회차로 늘렸어요. (시간별로 회차 운영)

도봉중학교 학생 | 10대

활동범위
도봉중학교, 도봉동
활동시간
00   07   19 24

주로 어디 다니세요?
근처에서 놀만한 곳이 없어요. 심심해요.

학원이나 사교육이 잘 되어 있나요?
학원 같은 교육시설이 잘 조성되어 있지 않은 것 같아요. 통계로 보았을 때에도 도봉구가 워낙 학업 성취도가 낮기 때문에, 학생들은 창동과 쌍문동으로 이사를 많이 가거나 학원을 가요.

양말상회 직원 | 40대

활동범위
도보양말상회, 도봉동
활동시간
00   07   19   24

양말상회는 무엇인가요?
도봉구에서 생산되는 양말은 전국 40% 비율로, 서울시의 70%를 생산하고 있어요. 양말제조업이 특화산업이고, 도봉양말상회는 현재 남아있는 공장들 대상으로 유통판매를 함께 하고 있어요.

지금도 양말공장이 보존되어 있나요?
옛날에는 양말공장이 300개였는데, 240개로 감소했어요. 원래 시내에 양말 공장들이 많았는데 세가 비싸지면서 점점 외곽 지역으로 쫓긴 경우 많거든요.

수요가 있나요?
납품처는 많아요. 최근에는 LA에도 수출하러 갔었고, 올림픽 브레이킹댄스팀 양말도 만들어줬어요. 도봉구의 양말품질과 양말문화를 알리려고 노력해요.

양말문화를 더 알리기 위해 어떤 방법이 있을까요?
공장을 24시간 가동하기 때문에, 많이 사도 수요를 맞출 수 있어요. 유통을 늘릴 수 있도록 집적지가 있으면 좋겠다고 생각해요. 마켓이나 샵 골목이 있으면 더 잘 팔리고 알려지겠죠.

조망 및 관련 법

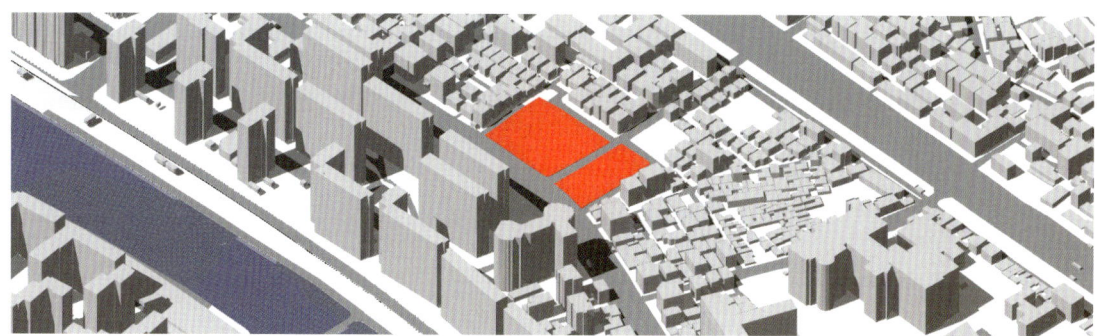

남동향

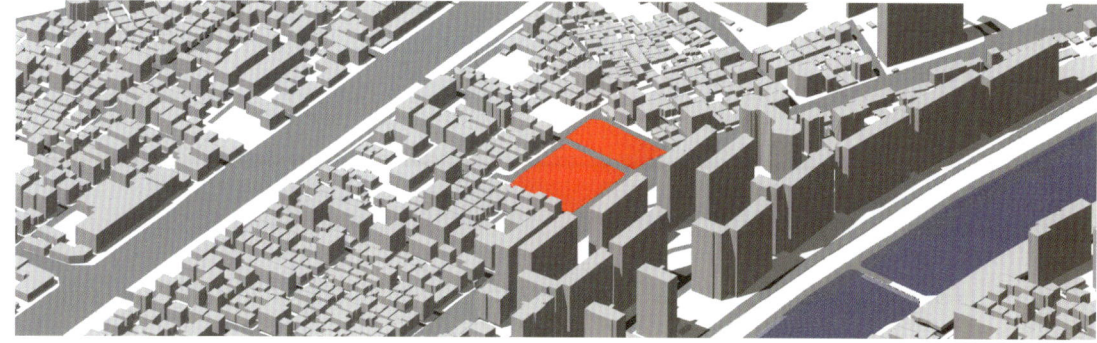

북동향

 대상지는 동쪽에 중랑천, 서쪽에는 도봉산을 두고있는 배산임수의 지형에 위치에 있지만, 중랑천은 아파트에 인식되지 않는다. 마찬가지로 도봉산을 바라보는 인도의 폭이 좁아 전체적으로 자연경관에 대한 시야와 폭이 확보되지 않고 있다. 도봉산 인근 개발제한구역으로 인해 필지로의 향 유입은 고르게 나타나고 있으며, 사이트 동쪽에 폭 24m의 마을로가 있어 일조가 충분하게 든다. 사이트의 남측과 북측은 저층 건물이 위치하여 일조에 방해받지 않는다.

제2종 일반주거지역
-면적 산정조례에 따라
건폐율 60%로 건축 면적 최대 3,453.72㎡, 용적률 200%로 연면적 최대 11,512.4㎡ 이다.-높이/용도 산정 조례에 따라 5층 이하의 건축물이 밀집한 지역으로서 스카이라인의 급격한 변화로 인한 도시경관의 훼손을 방지하기 위하여 시 도시계획위원회의 심의를 거쳐 시장이 지정·고시한 구역안에서의 건축물의 층수는 7층 이하로 한다.

가축사육제한구역
「가축분뇨의 관리 및 이용에 관한 법률」에 따라 소·돼지·말·닭을 사육하는 활동이 제한되거나 금지된다. 다만, 애완 또는 방범용으로서 해당하는 경우는 허용된다.

상대보호구역
「교육환경 보호에 관한 법률」에 따라 학교 경계 200m 이내의 구역인 상대보호구역 내에서는 일부 상업시설은 학교와의 거리를 고려해 허용 가능하지만 학교 환경에 부정적인 영향을 미칠 수 있는 유흥시설의 설치는 금지된다.

대공방어협조구역
「군사기지 및 군사시설 보호법」에 따라 항공기 이착륙 및 군사 작전 활동에 영향을 미치지 않도록 지역 내에서 건축물을 신축할 경우 77m 이내의 높이에 대해서는 추가적인 협의 없이 허용될 수 있다.

Golmok Hill
Community : Market, Museum, Mountain

| 박세준 | SEJUN PARK |

STUDIO 6 prof.
| 이진미 | JIN MI LEE |
| 이문주 | MOON JOO LEE |

우리는 인종, 성별, 세대, 성격, 취미 등 다양한 인문적 요소에서 유대감을 느낀다. 건축적으로는 같은 '방'에서 물리적으로 만날 때, 그 공간의 기능에 따라 의도된 유대감을 경험하며 새로운 커뮤니티가 형성된다. 도봉 2동 주민들은 이러한 공동체를 위한 방들을 스스로 만들어왔다. 도시계획에 포함되지 않은 땅에서 필요성을 느껴 자발적으로 공간을 조성했고, 이 과정에서 단단한 커뮤니티가 자리 잡았다.

그러나 현재 도봉 2동에서는 시장이 사라지고 정원도 점차 없어지고 있다. 1호선과 동부간선도로로 인해 도봉 2동은 고립되어 커뮤니티가 다른 지역으로 확장되기 어려운 상황이다. 그럼에도 불구하고, 사라진 공간에는 시장의 잔향이 남아 있고, 정원에서는 예술이라는 새로운 가능성이 발견되고 있다. 이 프로젝트는 시장의 맥을 되살리고 예술의 불씨를 키우는 역할을 하며, **도봉 2동의 새로운 커뮤니티 형성을 목표로 한다.**

시장은 사람들을 모이게 하는 가장 효율적인 '방'으로 기능한다. 주민들은 시장에서 물건을 사고팔며 자연스럽게 커뮤니티를 형성해왔다. 하지만 도봉시장이 사라진 이후 거리의 상권은 쇠퇴하고 있었다. 이를 소생시키기 위해 사이트와 상권을 연결하는 세 갈래의 길을 설계했다. 이 길은 내부의 활동이 외부로 확장되는 통로가 되며, 시장은 주민들에게 익숙한 골목 형태로 설계되어 작은 '방'들이 모인 구조를 갖춘다. 주민들은 각 방에서 상호작용하며, 이러한 공간에서 파생된 마당은 또 하나의 '방'이 되어 정원의 기능을 한다.

예술은 직접적인 소통 없이도 커뮤니티를 형성할 수 있는 강력한 매개체다. 주민들은 벽화나 정원 조성 등 주도적인 예술 활동을 통해 유대감을 형성해왔다. 이 프로젝트는 예술이 정적인 공간을 활기찬 커뮤니티 공간으로 변화시키며, 도봉 외부의 사람들을 끌어들이는 매개체로 작용한다. 지역 예술가와 외부 작가의 협업을 통해 도봉 2동이 예술적 교류의 장으로 기능하면서도, 주민들이 중심이 되고 예술이 이를 보조하는 구조로 설계되었다. 예술 공간은 시장과 정원에 자연스럽게 통합되어 주민들의 일상 속에서 유기적으로 작동하며 방문객에게도 접근 가능한 형태로 제공된다.

COMMUNITY
Community = bond + communication

우리는 인종, 성별, 세대, 성격, 취미 등 다양한 인문적 요소에서 유대감을 느낀다. 건축적으로는 같은 '방'에서 물리적으로 만날 때, 그 공간의 기능에 따라 의도된 유대감을 경험하며 새로운 커뮤니티가 형성된다. 커뮤니티는 이러한 과정을 통해 시작된다. 유대감이라는 전제가 형성된 상태에서 소통이 더해지면 커뮤니티가 만들어진다. 이렇게 커뮤니티가 없어지고 생기고를 반복한다.

커뮤니티가 발생하기 위해서는 유대감이 전제가 되어야한다. 상점앞에 가면 여러사람들 간의 유대감이 생기고 미술품을 보면 그 미술품을 보는 사람들간의 유대감과 작가와의 유대감이 생긴다.

PROGRAM
Market

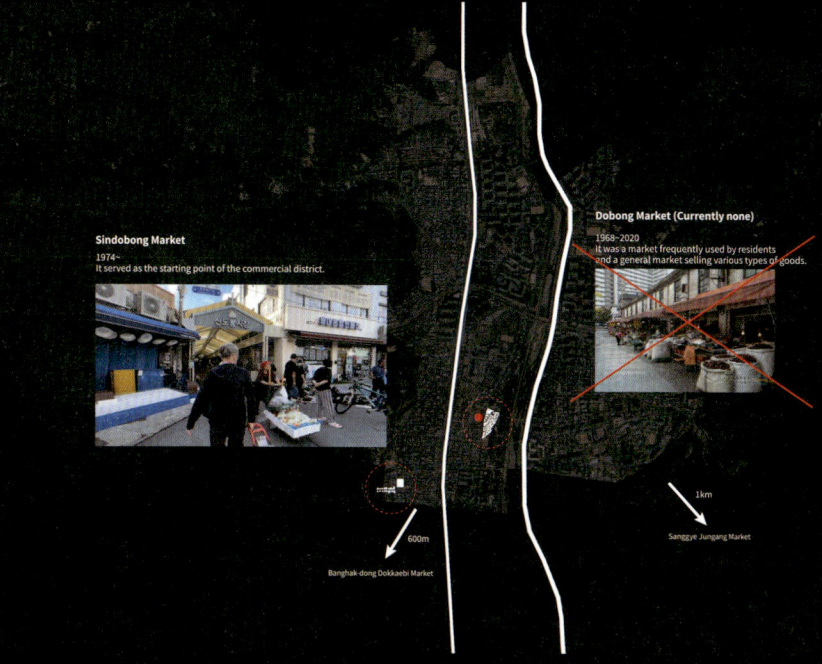

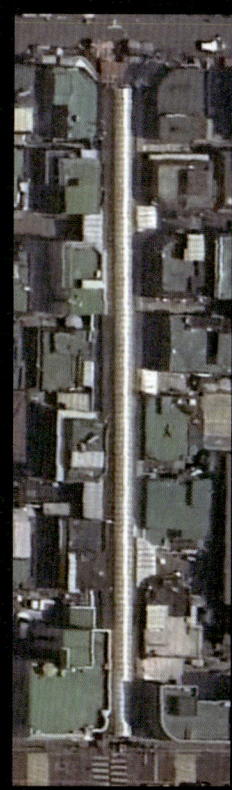
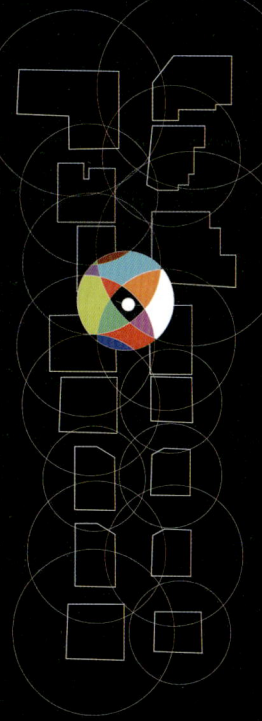

시장은 사람들을 모이게 하는 가장 효율적인 '방'으로 기능한다. 사람들은 시장을 다니며 여러 상점들의 상인들과 만나며 유대감을 느낄 수 있는 각각의 상점에서 상인들과 소통을 하며 커뮤니티를 형성한다. 이곳 주민들은 시장에서 물건을 사고팔며 자연스럽게 커뮤니티를 형성해왔다.

장은 시장 공간 내에서만 상권이 있는 것이 아니고 점점 확장하는 성격을 띤다. 또한 그 내에서 계속해서 변화하며 상권의 중심으로써 작용한다. 하지만 도봉시장이 사라진 이후 거리의 상권은 쇠퇴하고 있었다. 2014, 2024와 비교를 해보면 식당, 마트가 없어지고 부동산이 생기고 아파트가 들어서는 등 상권이 점점 약화되고 있다.

그러나 아직 도봉시장의 잔향이 남아있었고 그것을 살리고 커뮤니티를 소생시키기 위해 시장이라는 프로그램을 제안 하게 되었다.

PROGRAM

Museum

예술은 직접적인 유대감을 넘어 커뮤니티를 형성할 수 있는 강력한 매개체다. 도봉 1동 주민들은 동네 간판 벽화를 그리며, 주민들만이 알아볼 수 있는 상징을 통해 유대감을 형성해왔다. 이러한 활동은 주민들의 일상과 예술을 자연스럽게 연결하며, 지역의 정체성을 강화하는 역할을 했다.

주민들과 외부인들이 함께 조성한 벽화 골목과 예술 정원은 이러한 활동의 대표적인 예시로, 주민들은 골목 벽을 캔버스로 활용해 그림을 그리고 이를 자연스럽게 전시하며 소통과 교류의 장을 만들어왔다. 이 공간은 주민들의 예술 활동에 대한 높은 관심을 보여주는 동시에, 도봉 1동에서는 볼 수 없었던 새로운 커뮤니티 가능성을 제시했다. 그러나 이를 구체화할 예술 관련 시설, 교육 공간, 전시관, 미술관 등이 부재했기에, 주민들의 예술적 잠재력을 발전시키기 위해 미술관을 프로그램으로 제안하게 되었다.

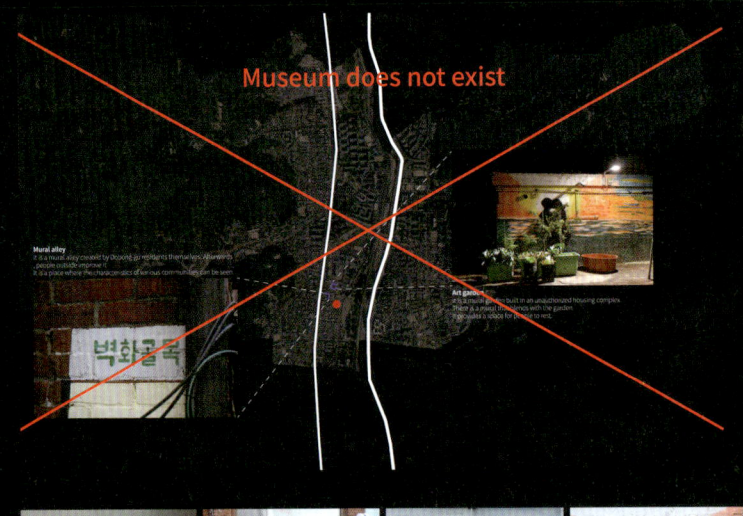

Hill

도봉 1동은 옆 동네에 비해 개발된 녹지 공간이 많은 편이나, 가장 큰 녹지 공간인 창포원이 지역 끝자락에 있어 접근성이 떨어진다. 사이트 근처의 어린이 공원은 규모가 작아 이용자들이 항상 공간 부족을 겪고 있으며, 주민들이 직접 조성한 정원은 개발로 인해 사라질 위기에 처해 있다. 상계 1동과 도봉 1동은 수락산과 도봉산이 접해 있어 넓은 녹지공간을 누릴 수 있지만, 도봉 2동은 동부간선도로와 1호선으로 인해 이 녹지에 쉽게 접근하지 못하고 있다.

이에 도봉 2동의 부족한 녹지 환경을 개선하기 위해, 도봉 2동만의 독창적인 산을 형성하여 주민들이 자연을 가까이에서 즐길 수 있는 기회를 제공하고자 한다. 따라서 단순한 쉼터를 넘어 주민들이 모이고 교류하는 커뮤니티 공간으로 활용될 수 있는 언덕 공원을 프로그램으로 제안하게 되었다.

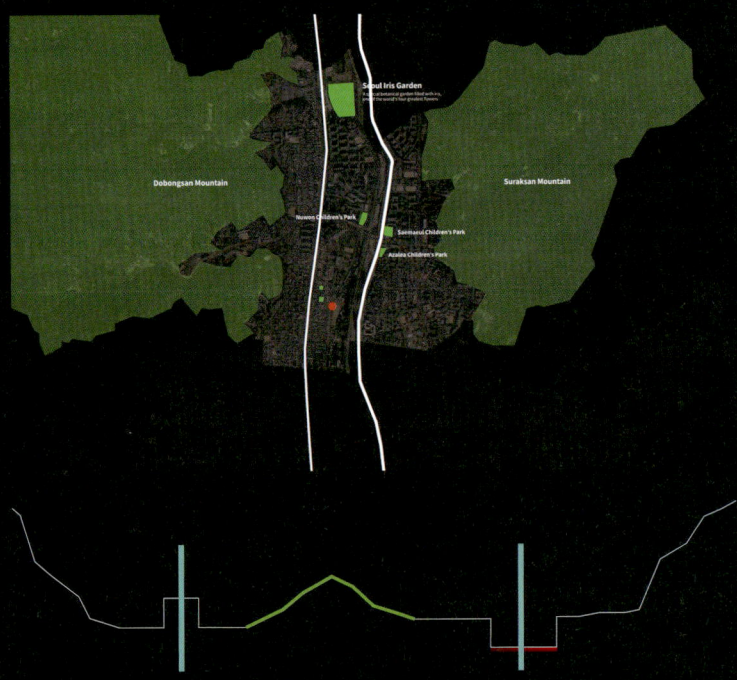

SPACE

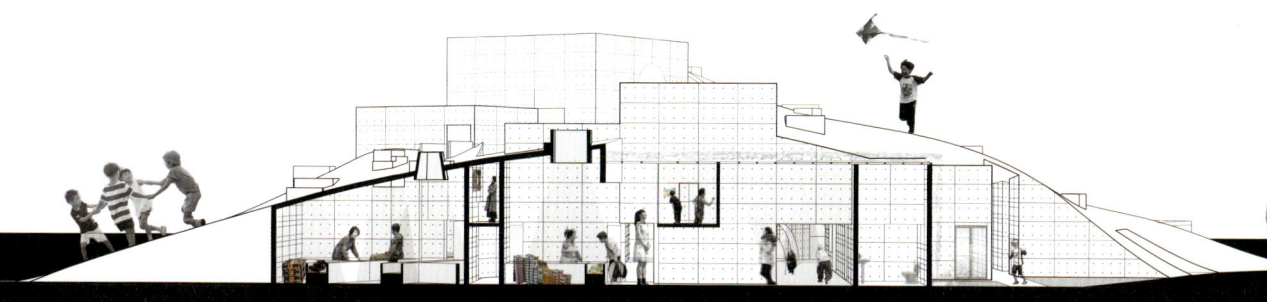

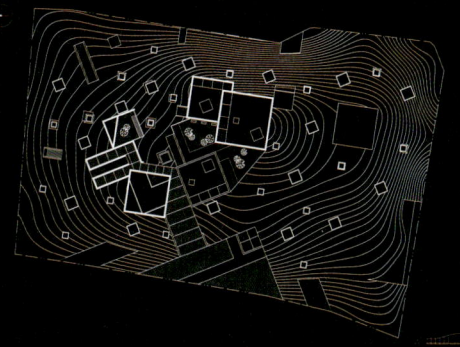

+GL 9999999999999...

언덕을 자유롭게 올라갈 수 있게 완만한 경사를 사용하였다. 1층으로 빛을 보내기 위해서 천창을 뚫었고 그곳을 통해 사람들이 밑을 볼 수 있도록 적당한 높이와 의자로 만들어 1층의 채광과 3층의 쉼을 만들었다. 중력을 사용하여 위층에서 자연스럽게 떨어지는 분수를 통하여 미술관 입구쪽이 강조되며 언덕 위 사람들에게 또다른 경험을 준다. 또한 물 움직이는 길을 유리로 만들어서 물을 통해 빛이 들어가 1층에서 특별한 경험을 하게 된다.

+GL 10000

언덕 위 모든 곳에서 접근이 가능하게 만들었다. 각 입구 쪽에만 따로 마감을 하여 사람들이 초기에 등산을 하여 길을 만들 듯이 자연스럽게 길이 만들어지게 하였다. 사람들이 잔디를 밟으며 편하게 이동하다 보면 시간이 흐른뒤에 길이 생기게 된다.

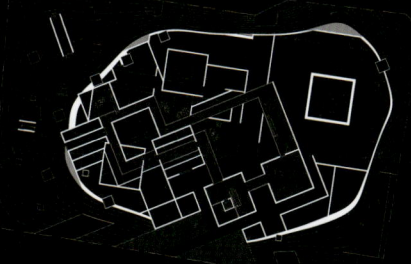

+GL 5000

브릿지로 전시를 관람하며 밑에 있는 시장사람들과 소통을 한다. 또한 보를 길게 하여 벽으로 만들어 전시를 함과 동시에 천창의 빛을 조절하여 시장은 밝게 미술관은 어둡게 조절한다.

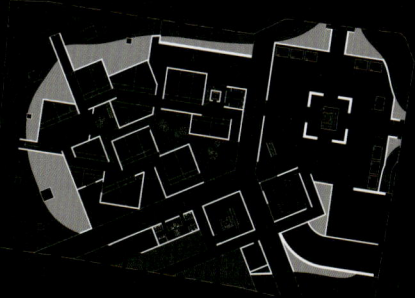

+GL 2500

골목같은 시장을 걸으며 2층에 미술관을 관람하는 사람들과 소통한다. 미술관 벽을 타고 들어오는 빛말고도 옥상층 빛 천창과 분수 천창을 통하여 빛이 들어와 채광을 조절한다.

SPACE

언덕 위는 사람들이 쉬거나 산책하거나 모일 수 있다. 따로 길을 만들지 않아 자유롭게 올라가서 길이 형성된다. 1,2,3층에 있는 공간으로 들어갈 수 있는 입구가 존재한다. 1,2층으로 들어가는 입구 램프에는 양옆에 물이나 화단을 설치하여 들어가고 나올때의 새로운 경험을 느낄 수 있다.

3층은 레스토랑과 카메, 전망대가 있다. 외부 언덕을 올라가서 자유롭게 접근 할 수 있고 엘레베이터를 통해 접근 할 수 있다. 시장의 재료를 이용하여 음식과 음료를 만들 수 있어 시너지 효과가 나타난다. 전망대에서는 도봉산과 시야를 제한했던 1호선 너머를 볼 수 있고 3층높이에서 내부를 볼 수 있다

2층은 미술관은 골목의 형태와 특성을 이용했고 도봉2동에서 봤던 예술적 행위인 벽화를 컨셉으로 삼아 설계하였다. 벽화처럼 골목을 돌아다니며 벽에 걸려있는 그림을 보며 전시를 관람한다. 1층을 브릿지로 관통하고 반대편 브릿지가 시각적으로 보이지만 못가는 골목의 형태,기능을 담았다.

1층 공간은 2개의 시장이 있다. 왼쪽은 골목시장이고 오른쪽은 오일장이나 플리마켓이 열리는 곳이다. 골목시장은 사이트 주변에 있는 골목의 특성을 이용하여 설계되었다. 정원이 있고 구불구불하고 여러개의 선택이 있고 순환하기도 하는 주변 골목의 형태,기능을 담았다.

MODEL

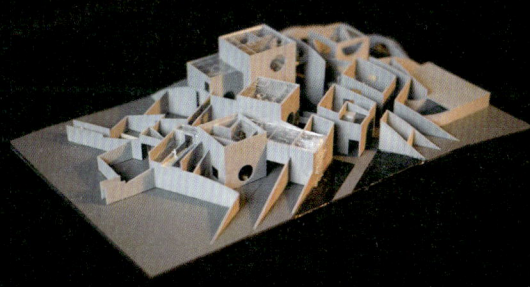

WearHaus :
순환자원 연구개발 교육시설

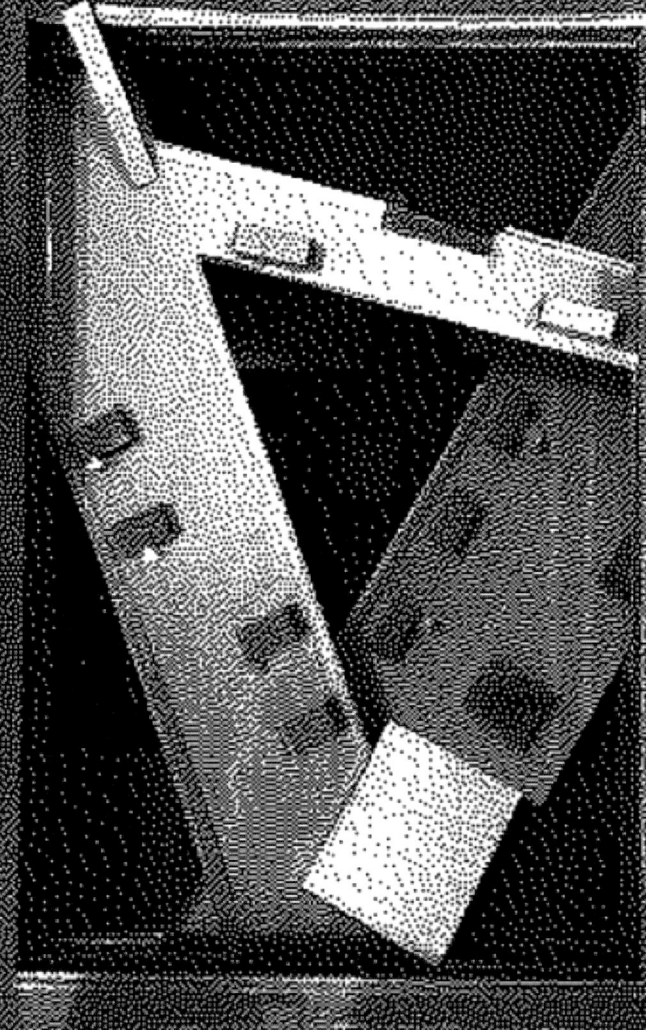

김지원 | JIWON KIM

STUDIO 10 prof.
임근영 | KEUN YOUNG LIM
백승욱 | SEUNG WOOK PAIK

TRANSMISSION
A~=A'~=A''

재료와 지식의 공유 | 또다른 형태의 전환

Transmission은 지식과 재료가 끊임없이 변형되고 재해석되는 과정이다.

이는 단순히 물리적인 전달을 넘어, 다양한 아이디어와 자원이 서로 상호작용하고 재구성되며 새로운 형태로 전달되는 개념이다.

교육과 업사이클링의 유사성을 내포하며, 지속 가능한 발전을 위한 지식의 순환과 자원의 재활용을 가능하게 만든다.

CONCEPT

한국의 폐기물 발생량

한국은 매년 약 **5억 톤**의 폐기물이 발생한다. 그중 섬유 폐기물의 비율은 약 20%를 차지한다.

섬유 폐기물로 인한 손해액

매립 및 소각 비용, 환경적 손실, 탄소 배출 비용 등 **수천억 원**에 달한다.

지역산업 기반의 **폐섬유 집적지**가 되고 지속 가능한 **순환자원**을 형성하는 **연구개발 교육시설**을 제안한다.

SITE ANALYSIS

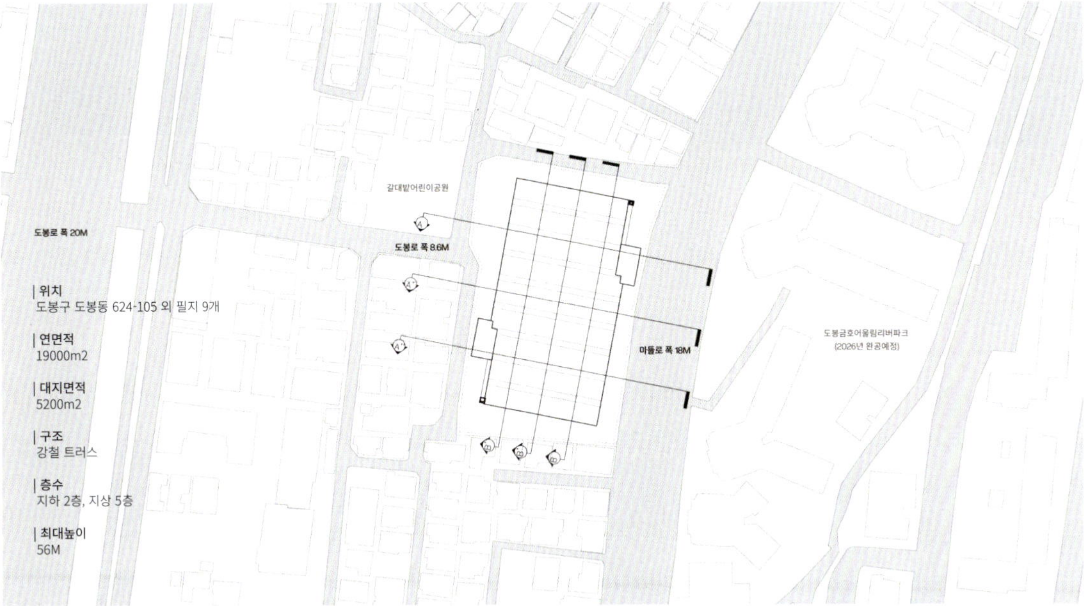

| 도봉로 폭 20M
| **위치**
  도봉구 도봉동 624-105 외 필지 9개
| **연면적**
  19000m2
| **대지면적**
  5200m2
| **구조**
  강철 트러스
| **층수**
  지하 2층, 지상 5층
| **최대높이**
  56M

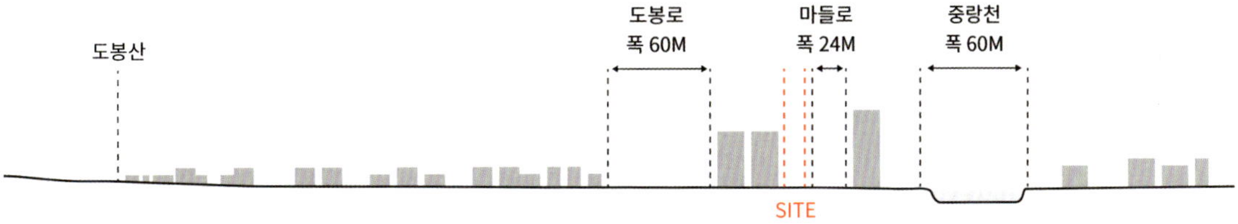

사이트는 **도봉구**에 위치하며, **도봉산**의 경관을 뒤로 둔다. 정면에는 2026년 완공 예정인 18층 규모의 아파트 단지가 있으며, **중랑천**을 앞에 두고 있다. 방학역과 의정부 사이로 서울과 경기도의 연결고리 지점이 되는 도봉구의 **섬유산업**을 기반으로 **순환자원 연구개발 교육시설**과 엮고자 한다.

PROPOSAL

도봉동의 골목에서 발달된 양말 산업은 섬유 관련 제품으로 확장 가능함과 함께 **업사이클링**과 지속 가능한 패션 분야에서 새로운 기회를 창출할 수 있다.

DESIGN LOGIC

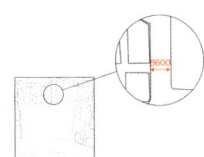
CONTEXT
도로 폭 8.6M을 기준으로
그리드 설정

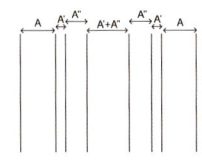
INTERACTION
프로그램에 맞게 축을 설정하여
공간의 흐름 정의

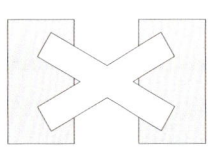
XY INVASION
오픈스페이스의 축을 침입시켜
공간 상호작용 강화

MASS PROCESS

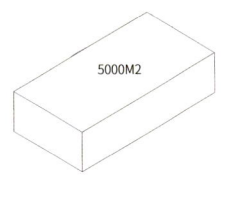
1. UP

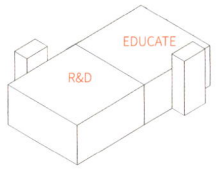
2. DIVIDE

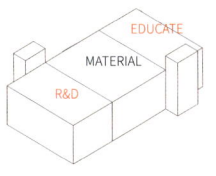
3. SHARE

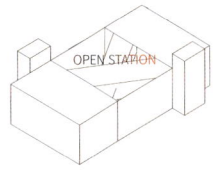
4. LINK

SPACE PROGRAM

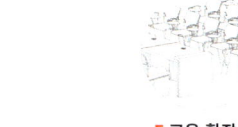

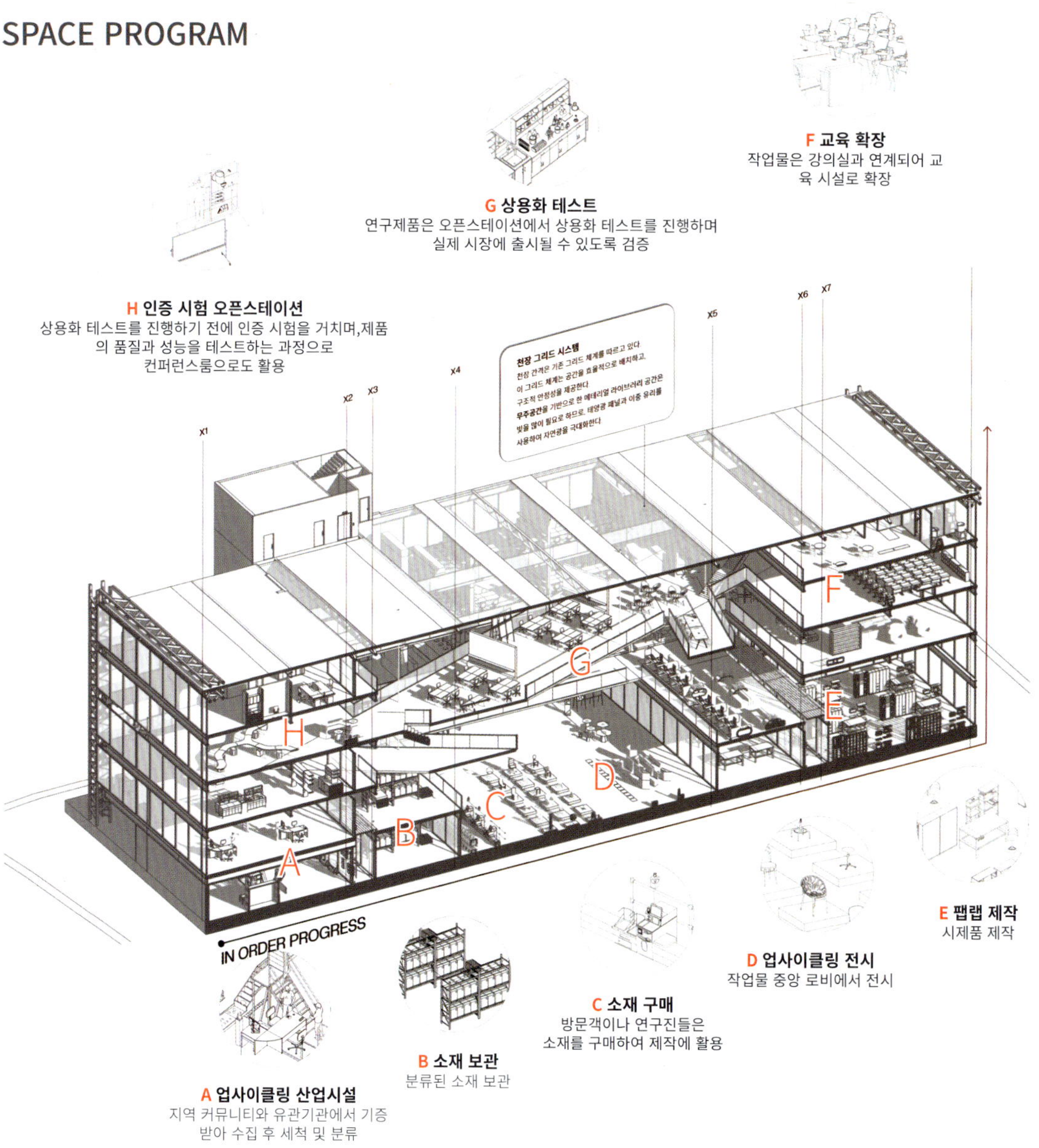

F 교육 확장
작업물은 강의실과 연계되어 교육 시설로 확장
G 상용화 테스트
연구제품은 오픈스테이션에서 상용화 테스트를 진행하며 실제 시장에 출시될 수 있도록 검증
H 인증 시험 오픈스테이션
상용화 테스트를 진행하기 전에 인증 시험을 거치며,제품의 품질과 성능을 테스트하는 과정으로 컨퍼런스룸으로도 활용
천장 그리드 시스템
천장 간격은 기존 그리드 체계를 따르고 있다.
이 그리드 체계는 공간을 효율적으로 배치하고,
구조적 안정성을 제공한다
무주공간을 기반으로 한 메테리얼 라이브러리 공간은
빛을 많이 필요로 하므로, 태양광 패널과 이중 유리를
사용하여 자연광을 극대화한다
X1
X2
X3
X4
X5
X6
X7
A
B
C
D
E
F
G
H
IN ORDER PROGRESS
E 팹랩 제작
시제품 제작
D 업사이클링 전시
작업물 중앙 로비에서 전시
C 소재 구매
방문객이나 연구진들은 소재를 구매하여 제작에 활용
B 소재 보관
분류된 소재 보관
A 업사이클링 산업시설
지역 커뮤니티와 유관기관에서 기증받아 수집 후 세척 및 분류

BIOSWALE

Compacted Subbase (2 in, THK80)
Ductile Iron Grate Inlet
Geotextile
Filter Fabric
Inlet Connection
Controlled Discharged Pipe
Permavoid Water Storage

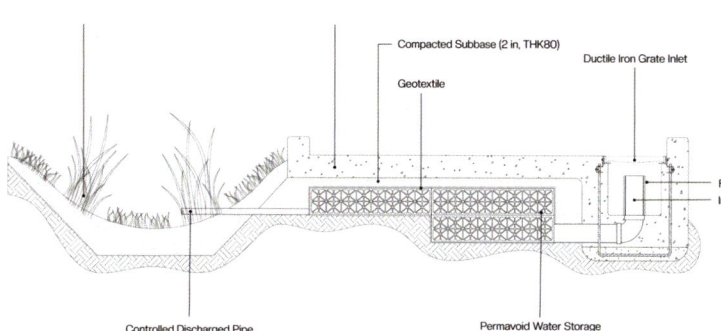

식생 바이오스웨일
식물을 이용하여 빗물이나 오염수를 여과하고 처리하는 녹지 공간

제어 배출관
특정한 조건에 따라 배출을 조절하는 파이프

콘크리트포장 (5 inch, THK120)
도로나 바닥을 콘크리트로 덮어 만드는 구조물

다짐기층 (2 inch, THK80)
도로 포장 등의 기초 구조에서 하부를 견고하게 다져 안정성을 확보하는 층

지오텍스타일
도로 건설에 사용되는 섬유로 토양의 침식 방지

퍼마보이드 물 저장 시스템
빗물 저장 관리로 토양 수분 유입 설계 시스템

STRUCTURE

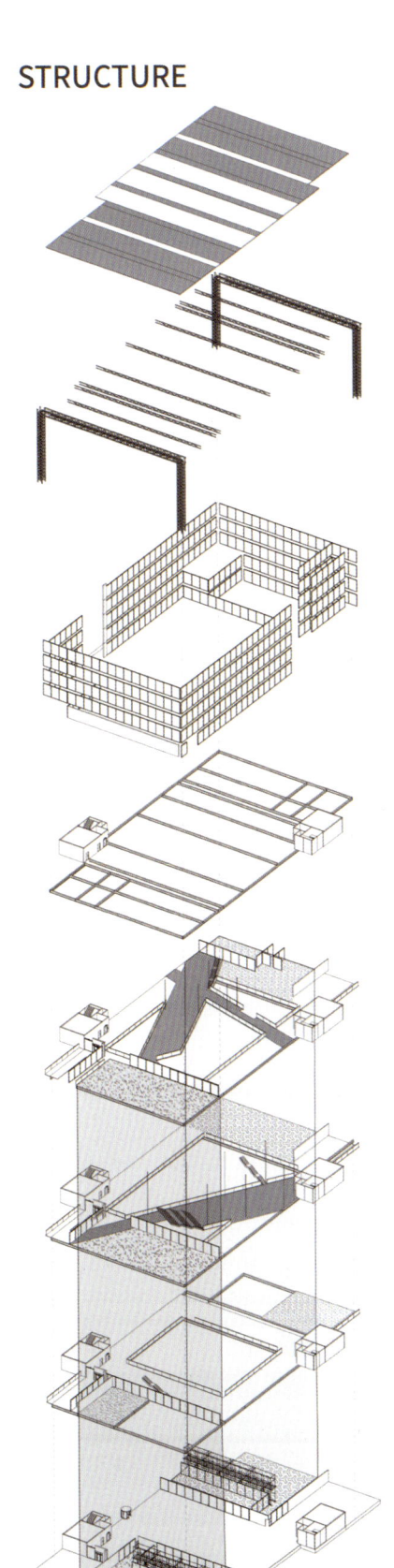

BIPV

BUILDING INTEGRATED PHOTOVOLTAIC
건물 외벽에 설치되는 태양광 모듈과 건물 외장재가 결합된 시스템

: 단열효과 적용하여 냉·난방 시 전력낭비 감소 + 높은 가시광선 투과율 통한 창호 역할

낮 ——————————————————————— 밤

MODULE STRUCTURE

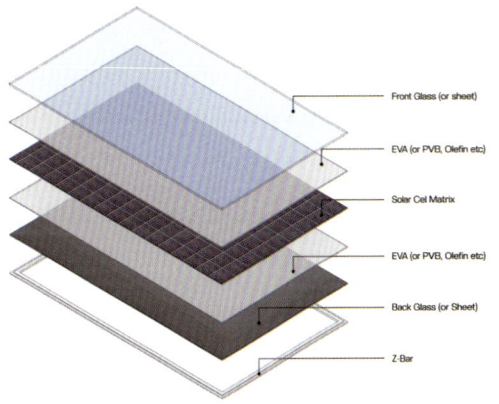

LINKAGE METHOD

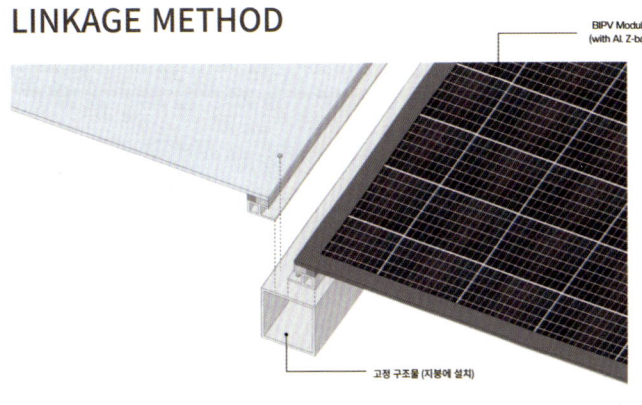

SECTION PERSPECTIVE

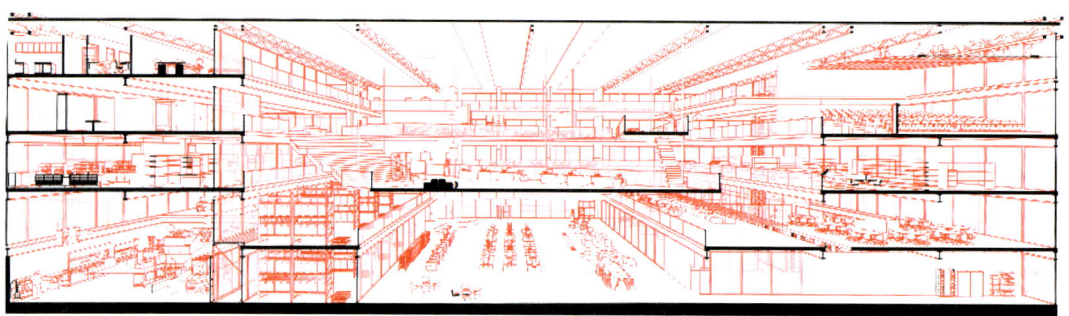

SECTION A

 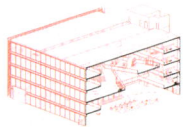 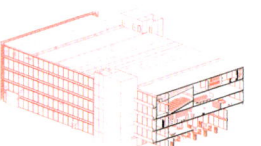

SECTION B

 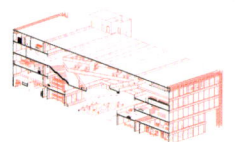 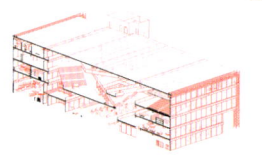

SECTION DETAIL   BRANDING

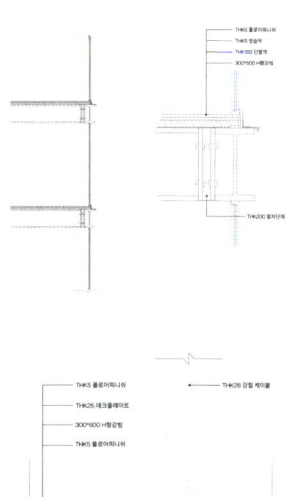
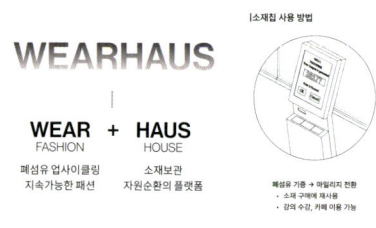

PLAN

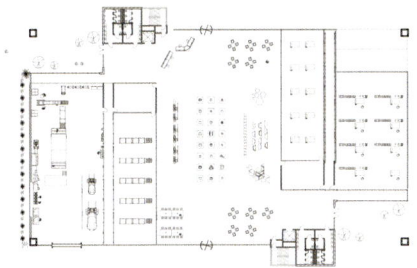

1F

소재구매대-소재보관창고

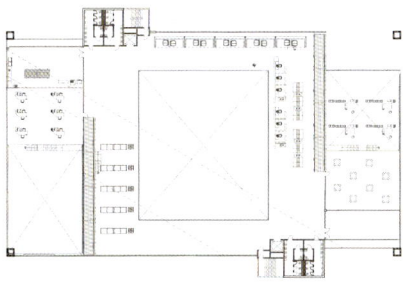

2F

오픈스테이션

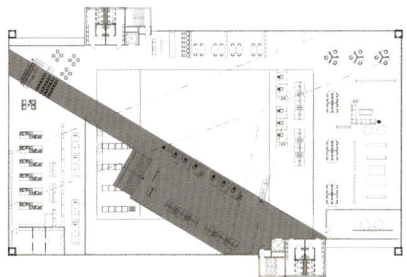

3F

팹랩 및 워크샵공간

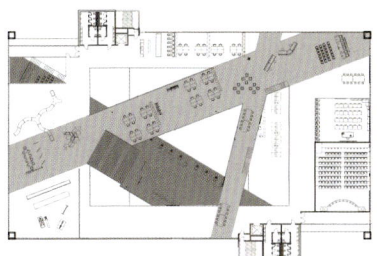

4F

주연구실

이성우	SUNG WOO LEE
임근영	STUDIO 10 prof. KEUN YOUNG LIM
백승욱	SEUNG WOOK PAIK

도봉구는 과거 젊은 세대가 많이 거주하던 지역이었지만, 현재는 지리적 위치의 불리함과 개발 제한으로 인해 청년들의 유입이 부족한 상황이다. 이러한 문제를 해결하기 위해 도봉구는 장기적으로 청년 인구를 증가시킬 방안을 모색하고 있다. 이를 위해, 유아를 성인까지 성장시킬 수 있는 환경을 조성하고, 도봉구에 거주하는 노인들을 위한 복지 시설을 통합적으로 활용하여 유치원과 노치원을 설계하고자 한다.

유아와 노인의 가장 큰 차이점은 할 수 있는 행위와 하고 싶은 행위가 명확히 구분된다는 것이다. 이러한 차이를 기반으로 두 세대가 서로 연결될 수 있는 프로그램을 제안한다. 이 프로그램은 각 세대의 특성과 요구를 반영하여 상호작용의 기회를 제공하며, 이를 통해 양극단의 세대가 관계를 맺고, 사회적 통합을 도모할 수 있는 기반을 마련하고자 한다.

이러한 유아와 노인의 관계는 점, 선, 면에 비유하여 정의된다. 점은 각각의 개인, 즉 유아와 노인을 나타내며, 선은 이들이 움직이고 상호작용할 수 있는 동선을 의미한다. 마지막으로 면은 이들의 관계가 완성되는 공간으로, 함께하는 활동과 소통을 통해 채워진다. 관계에서도, 공간에서도 궁극적으로 추구하는 하는 것은 면이며 이러한 면은 점과 선의 연결을 통해 비로소 형성된다.

우선 공간을 만들기 위해 면을 해체하여 새로운 점과 선이 존재할 가능성을 제시하였다. 면이 해체되어 만들어진 빈 공간은 유아와 노인의 행위로 채워지며, 새로운 상호작용과 관계를 형성하는 매개체가 된다. 즉, 점선면의 순환 구조를 통해 비로소 추구하는 면이 만들어지게 된다. 유아와 노인이 각자의 특성과 요구를 반영한 환경 속에서 자유롭게 교류하며 서로의 이야기를 만들어가는 공간으로 변화한다. 이때 네개의 각 공간은 유아와 노인의 특성에 맞춰 기존의 정형화된 공간 개념을 탈피하여 새로운 모습으로 구성하였다.

이 시설을 통해 유아와 노인이 함께 활동하며 세대 간 상호작용이 촉진되고, 새로운 관계 형성을 통해 사회적 통합을 실현할 수 있다. 동시에 젊은 가족의 유입을 유도하여 도봉구 지역사회의 활력을 증진시킬 수 있다. 이를 통해 도봉구는 세대 간 조화를 이루는 지속 가능한 도시로 거듭날 것이다.

SITE ANALYSIS

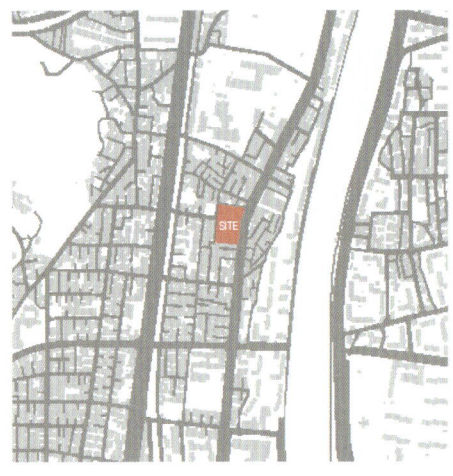
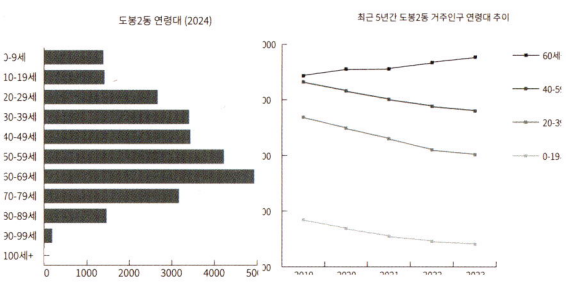

도봉구는 서울과 경기도의 경계, 서울 외곽에 위치하고 있다. 도봉구의 경우 대부분의 지역이 **개발제한구역**으로 묶여 있으며, **불리한 위치**와 **부족한 일자리** 등으로 인해 청년들의 유입이 이루어지지 않는다. 이에 도봉구에 **장기적인 청년의 유입**을 위해 유아들을 성장시키고자, **유아들을 위한 시설**을 제안한다.

SUBJECT

유아들의 성장을 위해 유아들이 살기 좋은 동네를 만들고자 한다.

유아들을 위한 시설 뿐만아니라 고령화된 도봉구의 노인들을 위한 시설을 함께하고자 한다.

PROGRAM

유치원과 노치원

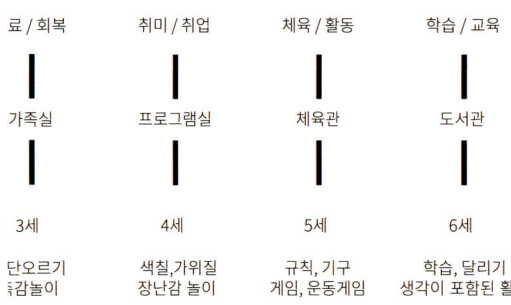

유치원과 노치원에서의 핵심은 노인의 **하고 싶은 행위**와, 유아의 **할 수 있는 행위**의 연계이다.

각 세대가 목적으로 하는 행위를 연결하여 네 가지 프로그램을 제안한다.

CONCEPT

유아기에 노인과 관계를 맺어나가는 것은 유아발달에도, 사회적으로도 도움이 된다.

노인들과의 교류를 통해 아이들은 **정서적으로 안정적으**로 성장하며 **아파트의 발달과 핵가족화**로 인해 발생되고 있는 **세대간 갈등의 해소**를 기대할 수 있게 된다.

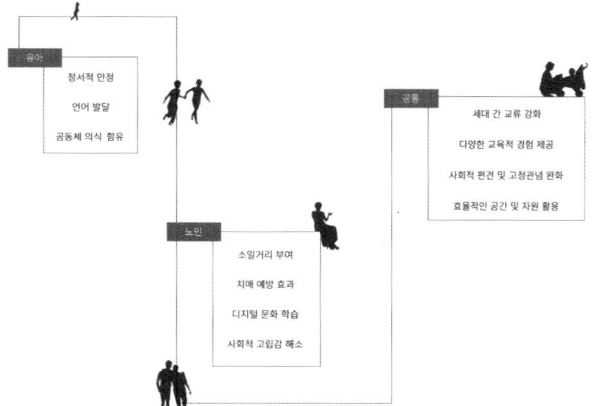

최근 시니어 비즈니스의 트렌드는 **하드웨어보다 소프트웨어**에 집중하고 있다.

더이상 건물의 시설이나 고급화에 집중하는 것이 아니라 **소속감을 느끼거나 자아를 실현할 수 있는 서비스**와 산업을 추구한다.

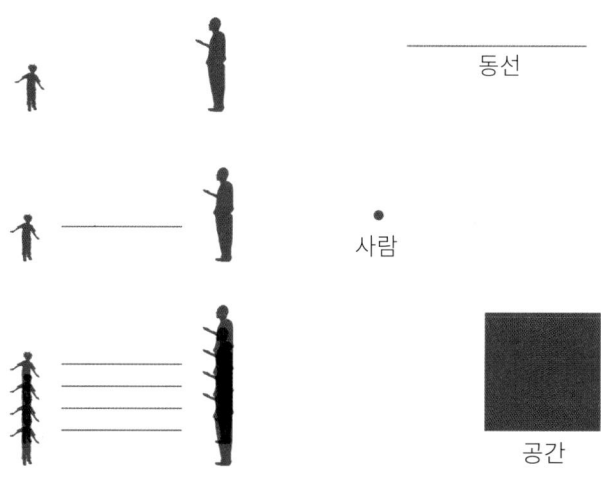

양 극단의 두 세대가 교류하는 방식을 **점, 선, 면**으로 구성하여 공간을 만들고자 한다.

관계에서도, 공간에서도 추구하는 것은 **면**이며 이러한 면은 사람들의 **동선과 시선의 교차**로 이루어진다.

SPACE DIAGRAM

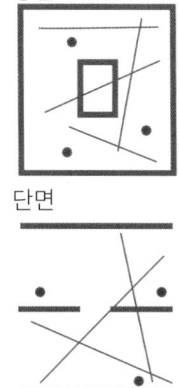

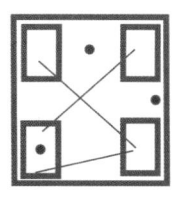
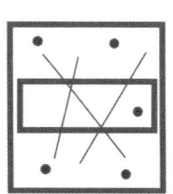
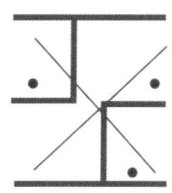
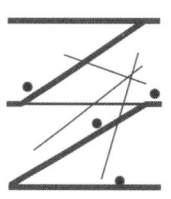

점, 선, 면은 **순환구조**이다. 면을 만들기 위하여 일반적인 면을 해체하여 **점과 선이 존재할 수 있는 가능성**을 열고자 하였다.

이후, 점과 선인 사람들의 행위를 통해 **새로운 면**이 만들어진다.

PERSPECTIVE

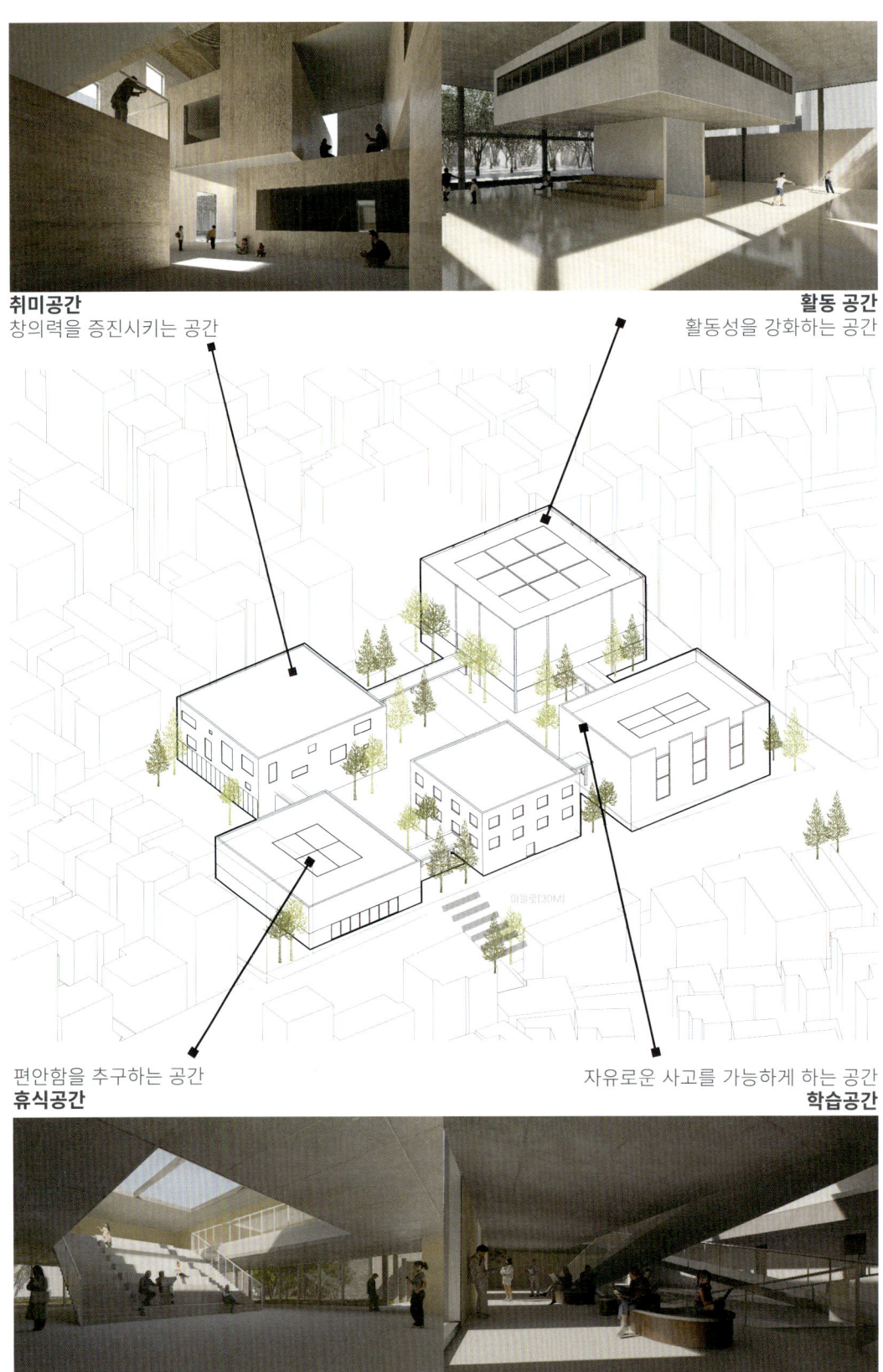

취미공간
창의력을 증진시키는 공간

활동 공간
활동성을 강화하는 공간

편안함을 추구하는 공간
휴식공간

자유로운 사고를 가능하게 하는 공간
학습공간

SECTION PERSPECTIVE

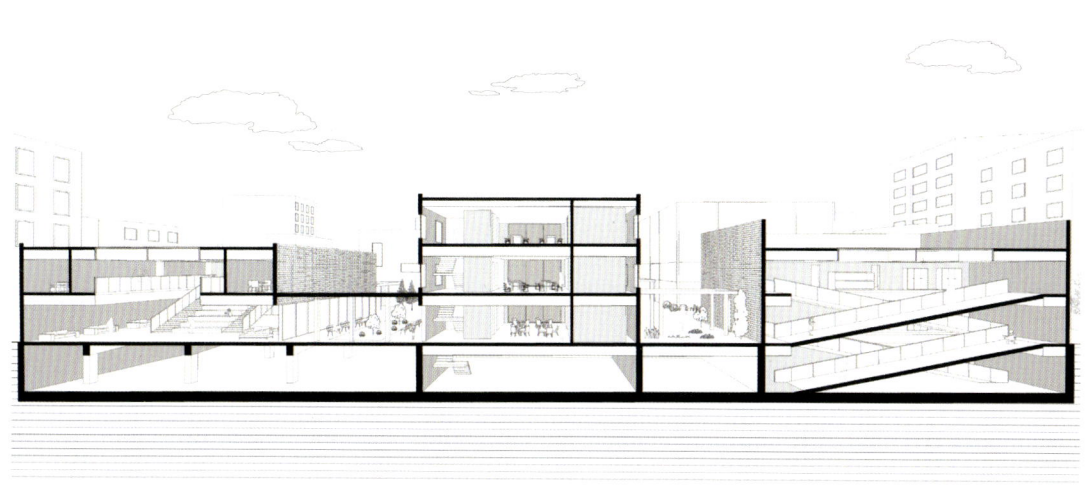

SPACE DIAGRAM

체육관
활동영역을 바깥으로 구성함으로써 외부와의 연계성을 강화하고 활동영역을 증대시켰다.

프로그램실
평면상의 복도에 이어지는 각 실들이 적층되는 구성이 아니라, 실들이 자유롭게 배치되는 공간을 구성하였다.

가족실
박스형 공간이 아니라, 공유된 공간에서 존재하는 여러가족의 교류가 필요하다고 생각하였다.

입구동
정적이고 구획된 공간 구성을 통하여 입구로써의 기능을 적절히 수행하는 공간을 구성하였다.

도서관
그리드 형식으로 짜여진 배치보다 자연스러운 동선의 도서관을 통해 만남의 가능성을 증대시켰다.

PLAN

ELEVATION

SECTION

SYSTEM DIAGRAM

SECTION DETAIL

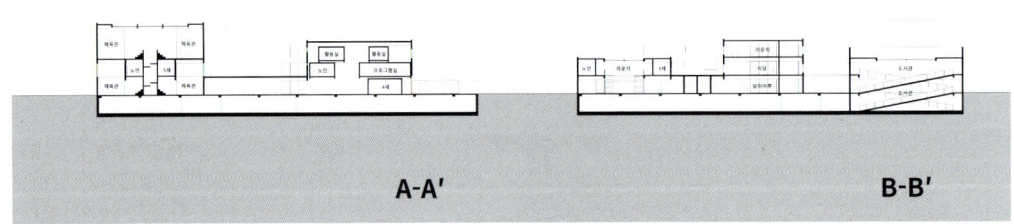
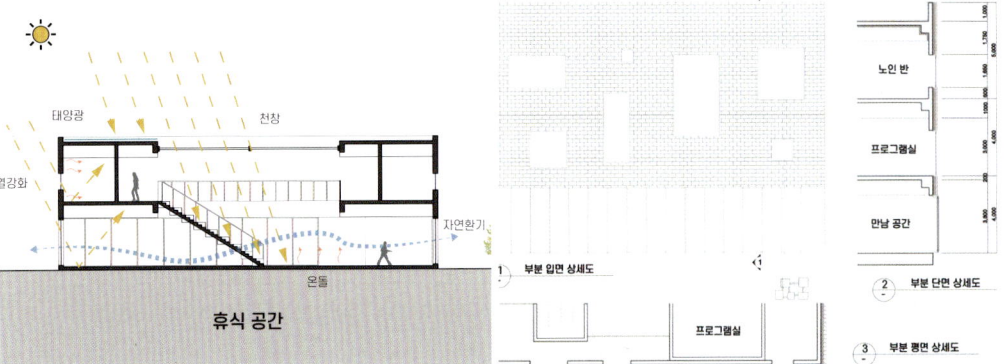

MODEL

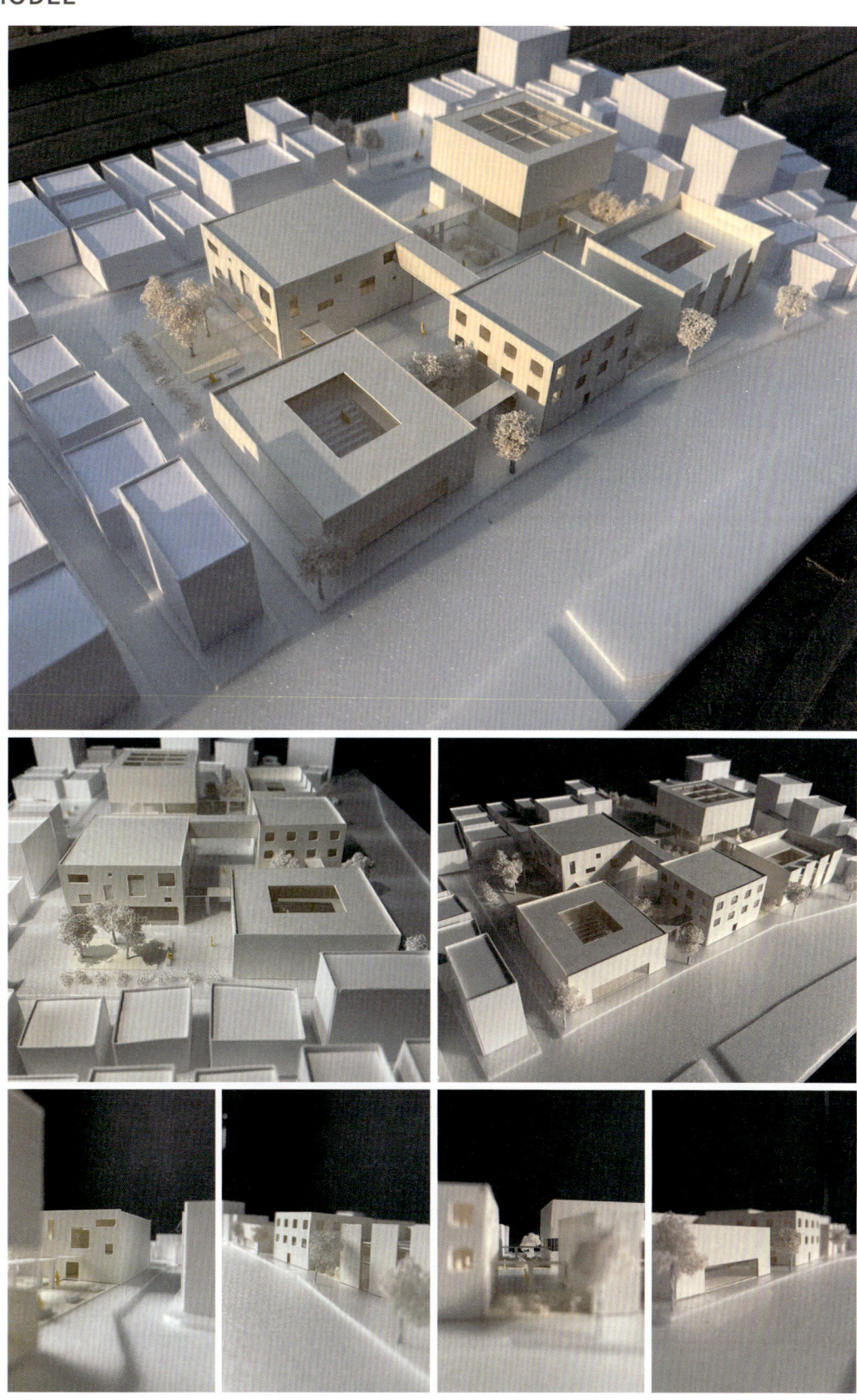

THE GROVE of CONNECTION
도심 속 작은 숲에서 교류하다

안다원 | DA WON AHN

임근영 | STUDIO 10 prof.
백승욱 | KEUN YOUNG LIM
　　　　 SEUNG WOOK PAIK

THE GROVE of CONNECTION은 단절된 도시와 자연, 사람과 사람을 연결하며, 도심 속 작은 숲으로서의 역할을 하는 공간이다. 이곳은 자연을 매개로 사람들이 직접 만나 지식과 경험을 나누는 배움의 장으로 설계되었다. 배움은 단순히 전달되는 정보가 아니라, 세대와 세대, 사람과 사람이 직접 연결되어 확장되는 살아있는 경험이라는 철학을 담고 있다. 이 공간은 자연과의 조화를 통해 지역 주민들이 단절된 환경에서도 숲의 편안함과 치유를 느낄 수 있도록 한다.

공유주방에서는 노년층이 젊은 세대에게 조리 기술을 전수하며, 야외 데크와 텃밭에서 함께 요리하고 수확의 기쁨을 나누는 활동이 이루어진다. 이는 단순한 요리 공간을 넘어 세대 간 배움과 경험의 연결을 촉진하는 장으로 기능한다. 중앙 정원을 중심으로 구성된 공유식당은 주민들이 모여 식사하며 소통하는 커뮤니티의 핵심 공간으로, 도시 속에서 자연스럽게 사람과 사람이 만나는 장면을 만들어낸다. 어린이들에게는 자연과 배움이 융합된 특별한 공간이 제공된다. 어린이 체험교실은 자연 속에서 흙을 만지고 배우며 또래와 교류하는 시간을 통해 학습이 경험으로 확장된다. 이 공간은 뒤편의 갈대밭 어린이공원과 연계되어, 어린이들이 놀이를 통해 자연스럽게 커뮤니티를 형성할 수 있도록 설계되었다. 이러한 설계는 어린이들이 자연을 이해하고, 또래 간의 유대감을 쌓으며 배움을 놀이로 경험할 수 있도록 돕는다. 온실정원은 다층 구조로 아래층과 위층이 시각적으로 연결되어 있으며, 방문객은 자연광과 푸른 식물을 다양한 각도에서 경험하며 도심 속에서도 숲속에 있는 듯한 치유와 편안함을 느낄 수 있다. 층간의 소통을 촉진하는 홀 공간은 3층까지 개방된 구조로 설계되어 자연광이 가득한 밝고 개방적인 분위기를 제공한다.

중앙 정원과 옥상 정원은 내부와 외부의 동선을 자연스럽게 이어주며, 주민들이 도심 속에서 하늘과 자연을 느끼며 휴식과 소통을 즐길 수 있는 특별한 공간이다. 창작과 전시의 경험을 제공하는 공방과 소규모 전시공간에서는 꽃꽂이, 식물 DIY 등의 활동을 통해 주민들이 자신의 창작물을 표현하고, 이를 통해 서로에게 새로운 영감을 제공한다. 도서관은 계단형 의자와 책장이 결합된 독특한 구조로 설계되어 독서와 토론을 자연스럽게 이어주는 공간이며, 2층으로 확장된 설계를 통해 다양한 층위에서 배움과 소통이 이루어지도록 설계되었다. 건물의 외부 파사드는 커튼월로 구성되어, 자연광과 외부 풍경을 최대한 실내로 끌어들이는 동시에 주변 환경과의 시각적 연결을 강화했다. 내부의 벽 또한 최대한 유리로 설계되어 공간 내부에서도 시야가 차단되지 않고, 모든 프로그램이 하나로 연결된 흐름을 느낄 수 있다. 이러한 설계는 건물 내부와 외부를 유기적으로 통합하며, 자연과 사람, 공간과 공간을 단절 없이 이어준다.

SITE ANALYSIS

1973
급속한 산업화 및 경제성장이 시작되며 서울특별시의 인구는 600만명에 이르게 되었다. 이때, 성북구에서 분리 신설되며 도봉산의 이름을 따 도봉구라고 지었다. 급속한 도시성장으로 인한 무질서한 확산을 제어하고 건전한 시가지 발전을 도모하기 위해 '개발제한구역'을 신설하였다.

1963
강력한 군사정권에 의한 국가발전 정책 아래에서 인구가 3백만을 넘어가며 외곽지역은 서울에 급속히 편입되어 새로운 주거지로 변모해 나갔다. 이때, 경기도의 일부가 추가 편입되며 도봉구도 서울로 편입되었다. 이로 인한 교통 혼잡, 환경오염, 빈약한 대중교통, 과밀한 주거 및 무허가 정착지 등 각종 도시문제를 안고 급격한 외형적 성장을 계속하였다.

1988
서울은 인구 1,000만 명인 도시가 되었고, 고질적인 주택부족 현실에서 정부의 주택 공급 정책과 함께 도봉구도 방학동, 창동, 도봉동 일대에 대규모 아파트 단지가 조성되면서 도봉구는 베드타운으로서의 성격을 더욱 확립하게 되었다.

2007
뉴타운 사업을 통해 강남북 지역 간 격차를 해소하고 기반시설을 확충 및 정비하고자 기존에 오래된 단독주택이나 연립주택이 밀집해 있던 방학동과 창동 일대에 뉴타운 사업을 통해 대규모 아파트 단지와 상업 시설이 새롭게 들어서며 주거 환경이 크게 개선되었다.

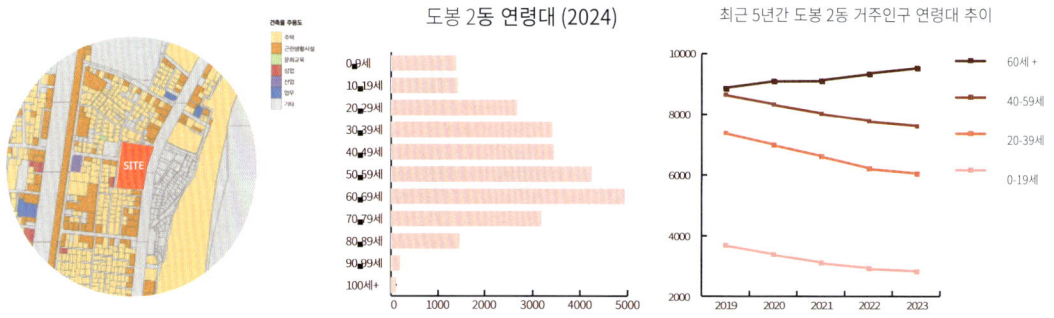

이 지역은 주택이 노후화되며 생활 환경이 쇠퇴하고 노년층의 인구 비율은 꾸준히 증가하고 있지만, 청년층은 일자리와 더 나은 생활 환경을 찾아 도시 중심지나 다른 지역으로 빠르게 유출되고 있다. 이로 인해 세대 간 자연스러운 교류와 소통의 기회가 급격히 줄어들고 있으며, 지역 내에서의 세대 간 관계 형성 역시 점차 단절되고 있다. 특히, 이러한 인구 구조의 불균형은 지역 커뮤니티의 연대감과 지속 가능성을 약화시키고, 세대 간 협력과 상호작용의 부재로 이어지고 있다.

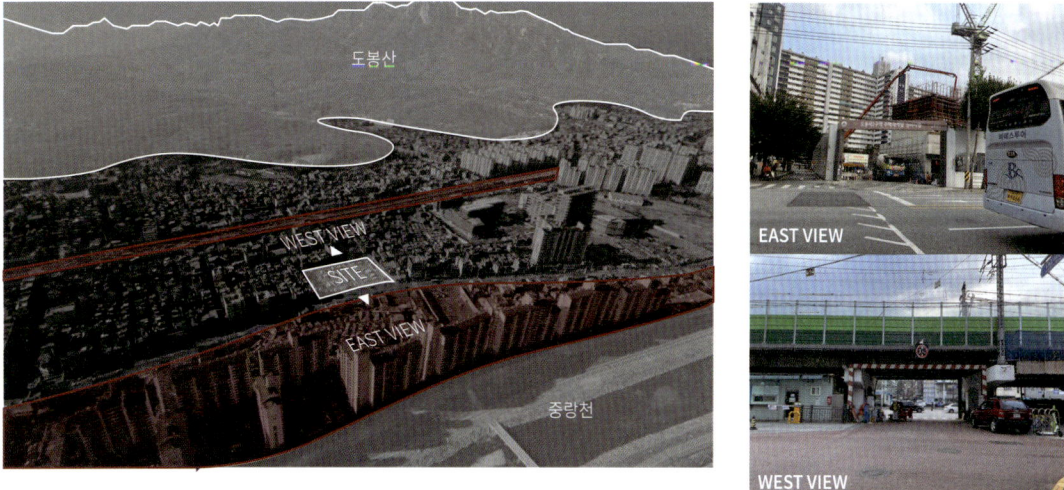

서쪽의 지상철 1호선은 물리적 장벽으로 작용해 도봉산과의 연결을 차단하고, 동쪽의 신축 아파트 단지는 중랑천과 대지 사이를 막아 시각적·공간적 단절을 심화시키고 있다. 이러한 단절은 자연을 느끼고 접할 기회를 제한하며, 도심 속에서 자연의 존재를 소외시키고 있다.

CONCEPT

배움이란 서로 다른 배경과 경험을 가진 사람들이 한 공간에서 만나 다양한 활동과 상호작용을 통해 서로의 생각과 가치를 공유하고 확장해 나가는 과정이다. 이는 단순히 지식을 받아들이는 일방적인 형태가 아니라, 사람들이 함께 소통하며 새로운 가능성을 발견해 나가는 과정인 것이다. 배움의 본질은 마치 톱니바퀴가 맞물려 돌아가는 공간과 같다. 각기 다른 사람들이 접점에서 만나 서로의 흐름과 움직임이 연결될 때, 경험과 지식은 상호작용 속에서 새롭게 해석되고 확장된다.

이 건축물은 단절된 대지를 자연과 연결하며, 사람들이 서로의 경험을 공유하고 새로운 관계를 형성할 수 있는 공간을 목표로 한다.
자연과 사람, 그리고 사람들 사이의 소통과 교류를 촉진하는 환경을 조성하는 데 중점을 둔다. 건축물의 내외부는 자연과 유기적으로 이어지며, 내부 공간에서는 다양한 활동과 프로그램을 통해 사람들이 자연스럽게 만날 수 있는 접점을 형성한다.
사람들은 이 공간에서 자신이 참여하고 싶은 프로그램을 선택해 이동하며, 이동 과정에서도 서로의 존재를 인지하고 교감하는 간접적 교류가 이루어진다. 복도와 계단, 열린 공간 등은 단순한 이동 통로를 넘어 사람과 사람이 연결되는 중요한 역할을 한다. 이러한 공간의 설계는 자연스러운 만남과 교류를 유도하며, 새로운 관계와 경험이 형성되는 기반을 제공한다.

DESIGN PROCESS

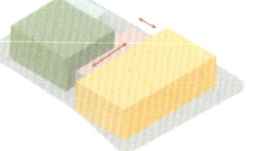
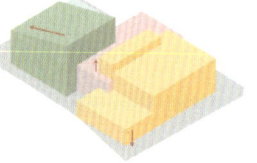

각 공간의 프로그램적 요구사항을 반영하여 매스를 초기 배치 | 각 매스 간의 공간적 연결성을 강화하기 위해 홀 형성한 뒤 매스를 중첩 | 매스의 기능적 필요와 공간적 역할에 맞게 높이와 형태를 조정 | 중앙에 중정을 형성하고 계단을 통해 내부 공간의 유기적 흐름과 시각적 연계를 극대화

SITE PLAN

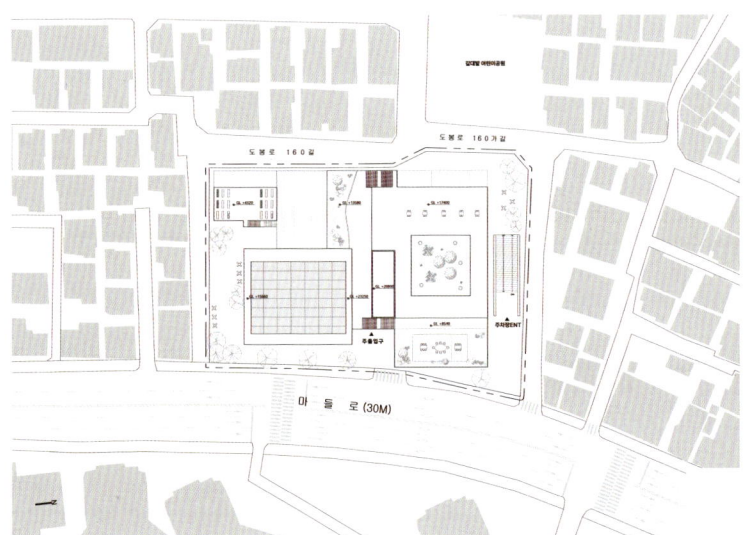

주출입구는 유동인구를 고려해 마들로에 인접한 방향에 배치하고, 외부에는 풍부한 식재를 조성해 도심 속 숲처럼 느껴지도록 설계했다.

SPACE PROGRAM

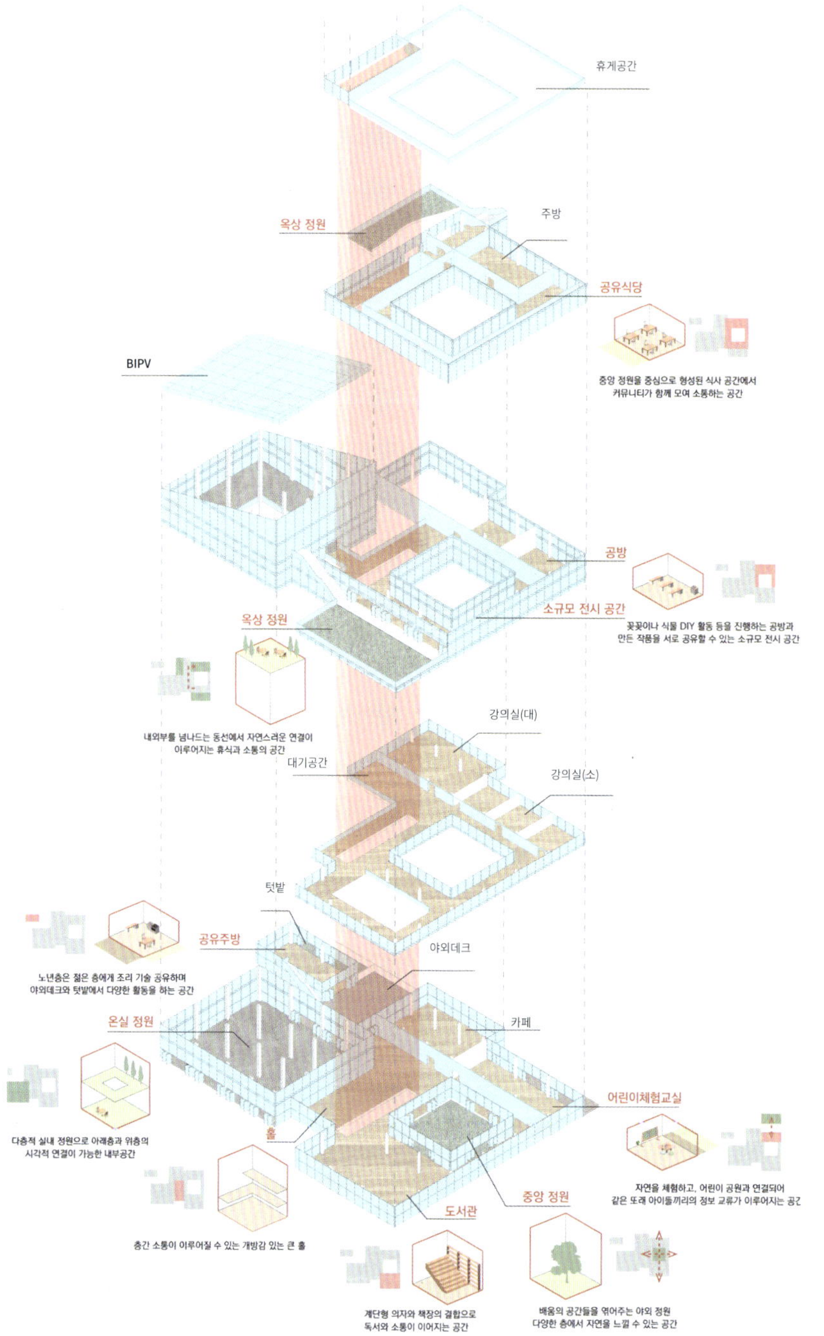

SECTION PROGRAM

PERSPECTIVE

도서관

홀

야외데크

온실정원

PLAN

B1 PLAN

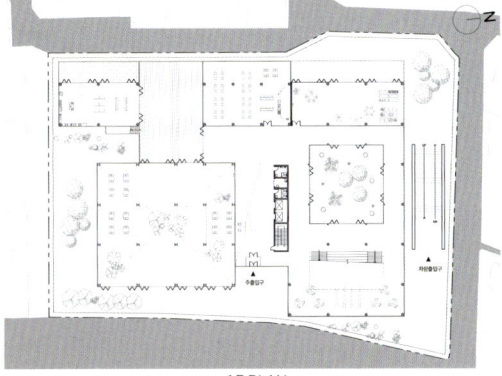
1F PLAN

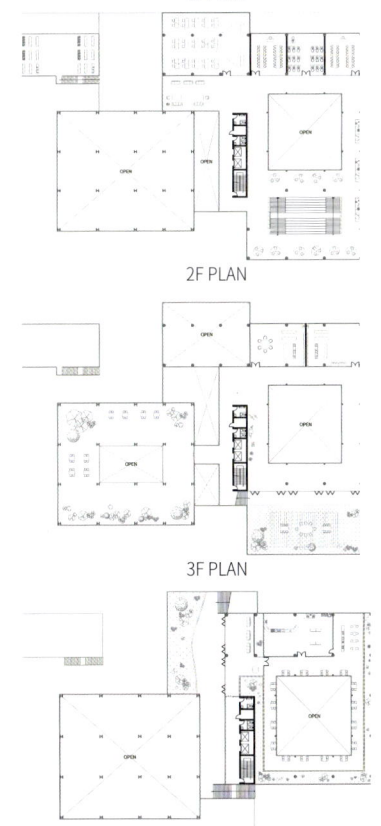
2F PLAN

3F PLAN

4F PLAN

A-A' SECTION PERSPECTIVE

B-B' SECTION

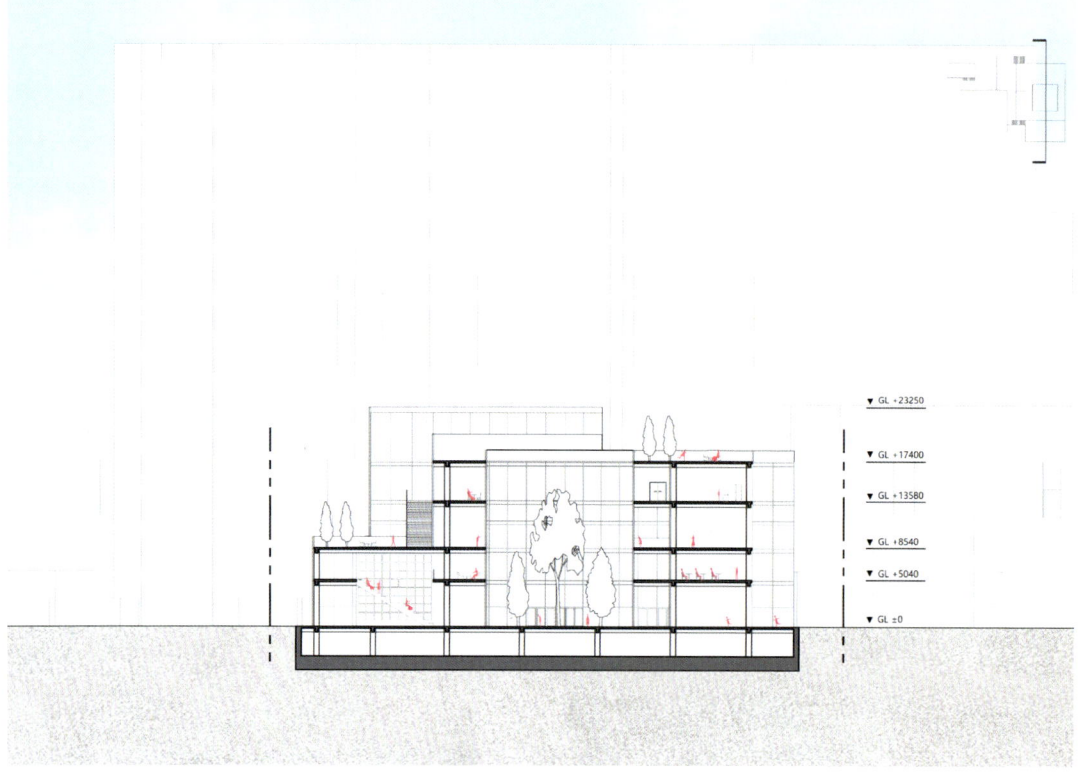

ELEVATION

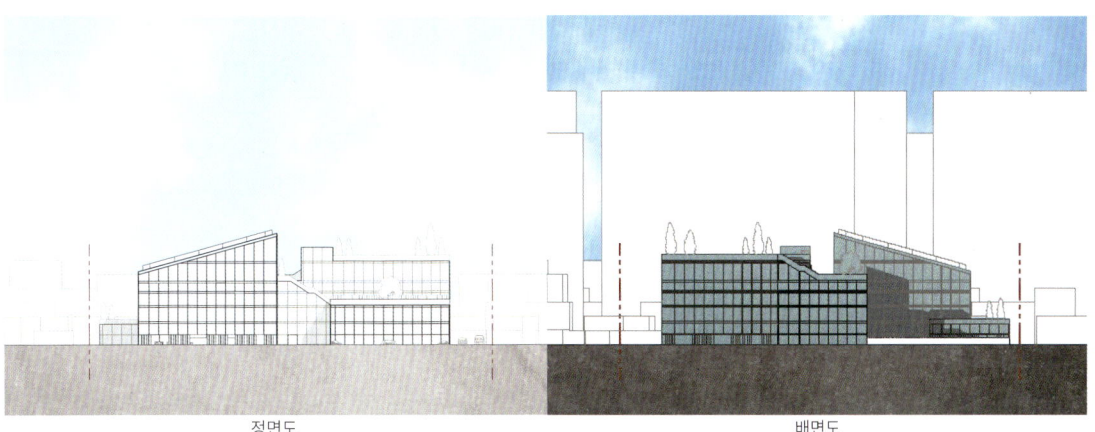

정면도 배면도

FACADE

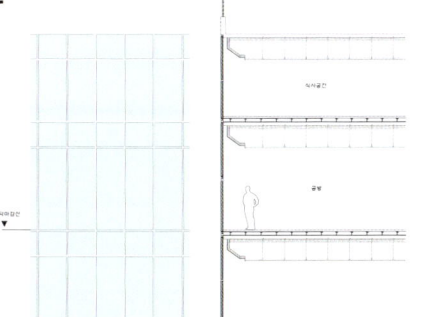

STRUCTURE

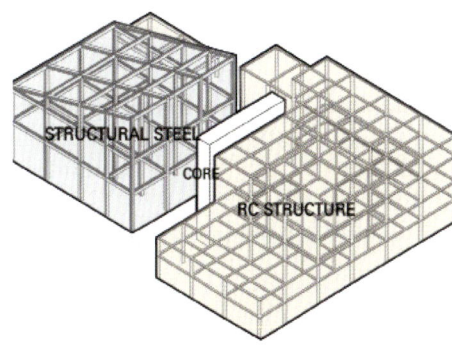

건물의 외부는 자연과 조화롭게 어우러지도록 커튼월 구조를 적용하여 자연 채광을 극대화하고 내부와 외부의 경계를 최소화했으며, 내부는 유리벽을 최대한 활용해 공간 간의 흐름을 방해하지 않고 시각적 개방성을 강조함으로써 내부에서도 자연스럽고 유기적인 연결감을 느낄 수 있도록 설계했다.

무거운 하중을 견뎌야하는 온실정원에는 철골구조를, 문화 프로그램 공간에는 RC구조를 적용하였다.

MODEL

Sockademy
도봉구의 숨겨진 양말 공장 문화를
보존할 수 있는 교육 공간

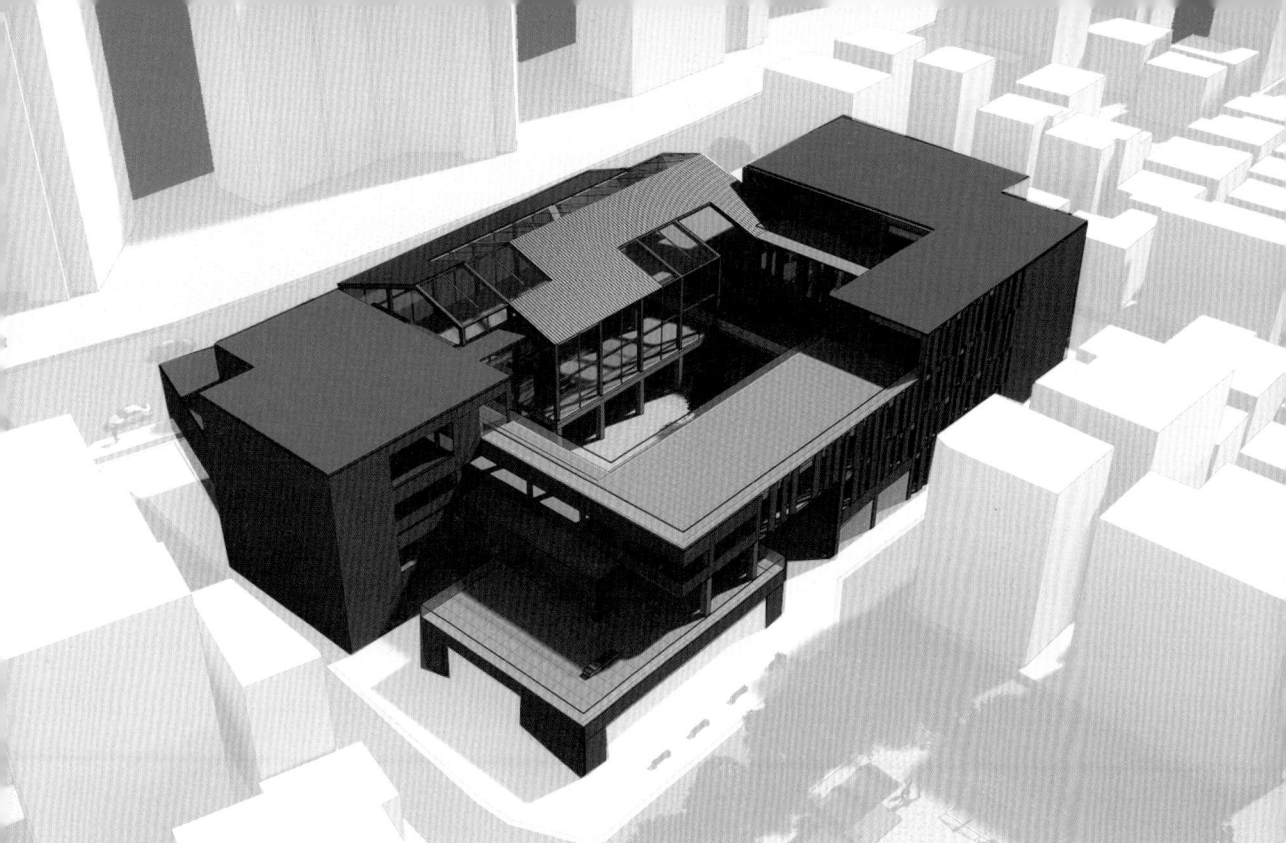

| 강지우 | JIWOO KANG |

STUDIO 4 prof.
| 권병용 | BYUNG YONG KWON |
| 이경재 | KYUNG JAE LEE |

도봉구는 대한민국 양말 산업의 중심지로, 독특한 지리적 조건과 경제적 운영의 효율성을 바탕으로 발전해 왔습니다. 현재 국내 양말 생산의 약 50%를 담당하고 있으며, 많은 공장이 지하에 위치하여 비용 효율적인 운영이 가능했습니다. 그러나 이러한 운영 방식은 시간이 지나며 노후화된 시설, 비친환경적인 생산 방식, 낮은 가시성 등으로 인해 점진적인 쇠퇴를 겪고 있습니다. 더불어, 구식 기계와 비효율적인 생산 공정은 국제 시장으로의 확장을 어렵게 하여 많은 공장이 폐업 위기에 처했습니다.

대부분의 양말 공장은 지하에 위치하고 비표준 시간대에 운영되기 때문에 지역 주민들조차 이 산업의 존재를 잘 알지 못합니다. 이러한 낮은 가시성은 도봉구의 풍부한 양말 문화와 잠재력을 더욱 더 저평가되게 만들고 있습니다. 도봉구의 산업적 강점을 유지하면서도 쇠퇴하고 있는 전통을 현대적으로 재구성하기 위해서는 새로운 건축적 접근 방식이 필요합니다.

이번 제안은 도봉구의 문제를 해결하고 지역 사회를 활성화하는 데 초점을 맞추고 있습니다. 이 프로젝트의 핵심은 양말 공장을 교육 및 체험 공간과 통합하는 것입니다. 양말 공장은 단순한 생산 시설이 아닌, 관찰과 학습이 가능한 열린 공간으로 설계되었습니다. 방문객들은 체험형 제조 공간에서 양말 제작 과정을 직접 관찰하고 참여할 수 있으며, 이를 통해 도봉구의 독특한 양말 문화를 경험할 수 있습니다. 이러한 공간은 단순히 산업적 역할을 넘어 도봉구의 **문화적 정체성을 강화**하는 역할을 합니다. 또한, 양말 공장 근로자를 위한 기술 교육공간과 역량 강화 프로그램을 제공함으로써, 산업의 지속 가능성을 높이고 근로 환경을 개선하고자 합니다.

도봉구의 교육 시설 부족 문제를 해결하기 위해 일반 학습 공간도 함께 설계되었습니다. 이 공간은 주민과 방문객 모두를 위한 상호작용과 성장을 위한 플랫폼으로 기능하며, 체험 학습 프로그램은 지역 산업과 직접적으로 연결되어 있습니다. 이를 통해 지역 경제를 활성화하고, 도봉구 주민들에게 실질적인 혜택을 제공합니다. 공공 공간 또한 중요한 설계 요소로 고려되었습니다. 이 건물은 도봉구 주민뿐 아니라 다양한 방문객들에게도 개방되어 지역 사회와 외부의 연결을 강화합니다.

SITE ANAYSIS

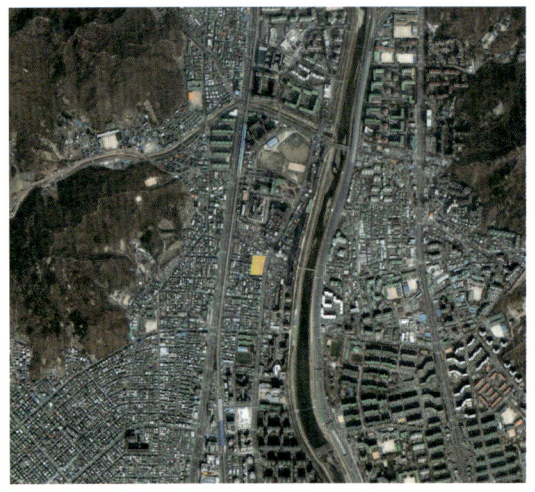

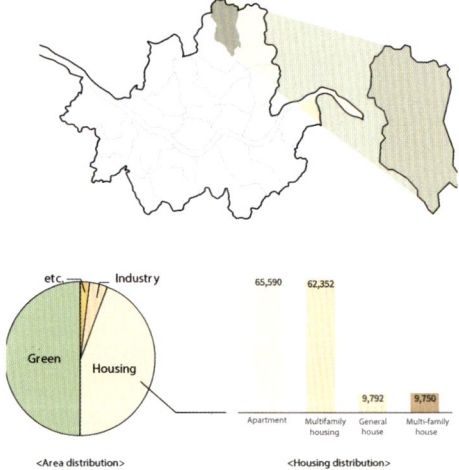

위치	서울특별시 도봉구 도봉동 624 105 외 9필지
지역/지구	제3종 일반주거지역
대지면적	5,756.2 ㎡
건축규모	지상 4층, 지하 1층
연면적	150% (8870.5㎡)
건축면적	8,870.5㎡
건폐율	60%
	150%
주차대수	60대
구조	벽돌구조
주변여건 및 특이사항	도로와 접해 있어 차량 접근성 우수, 현재 건물이 없는 주차장 용지
부지현황	도시지역, 제 2종 일반주거지역(7층 이하) 대로 3류(폭 25m - 30m) 접합, 학교

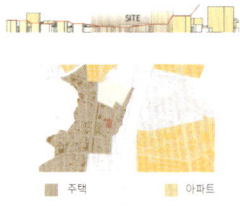

도봉산

중랑천

주변건물

1. 중랑천과 도봉산
   중랑천이 구를 가로지르며 산책로와 여가 공간 제공.
   도봉산 국립공원은 등산과 자연경관 감상의 명소.
2. 노후 저층 주거지
   재개발 비용 부담과 도봉산 등 자연경관 보호를 위한
   규제로 고층 개발이 어려운 상황.
3. 서울 외각 위치
   서울 북단에 위치, 경기도 의정부시와 접경

PROBLEM & CONCEPT

산악 지역은 비교적 소규모 개발에 적합한 환경을 제공합니다. 특히, 양말 제조 공장은 다른 공장들과 달리 소형 기계와 최소한의 공간으로도 충분히 운영이 가능하다는 점에서 이 지역에 적합합니다. 그래서 도봉구는 현재 국내 양말 생산량의 40% - 50% 를 담당하고 있습니다.

하지만 지하공장의 열악한 환경 및 노후된 기계의 사용 등 RE100(친환경) 기준을 충족하지 못함에 따라 현재 해외 수출이 제한되고 있습니다. 점차 소멸해가는 양말 공장에 창작, 기술 등 교육 시설을 결합함으로써 양말 산업, 나아가 도봉구에 지속 가능한 생명력을 부여하고자 합니다.

PERSONA

<골목길에 앉아계신 어르신>

"강아지와 함께 생활한다면, 함께 앉아 쉴 수 있는 지역 공간이 있다면 정말 좋을 것 같습니다."

<편의점 사장님>

"아이들을 위한 학습 공간이 있어, 편안하고 지원적인 학습 환경을 제공한다면 정말 좋을 것 같습니다."

<놀이터에서 노는 아이들>

"아이들이 자유롭게 놀 수 있는 공간이 더 많이 마련된다면 정말 좋을 것 같습니다."

<아이와 놀러온 보호자>

"구청에서 운영하는 문화센터는 한정적이기 때문에, 다양한 경험을 제공할 수 있는 공간이 마련된다면 정말 좋을 것 같습니다."

MASS PROCESS

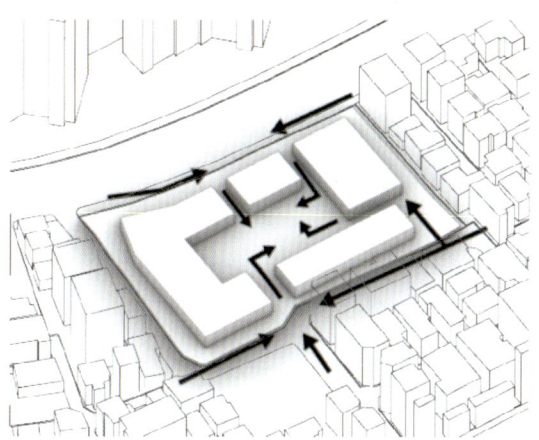

어디서나 쉽게 접근할 수 있게 배치.

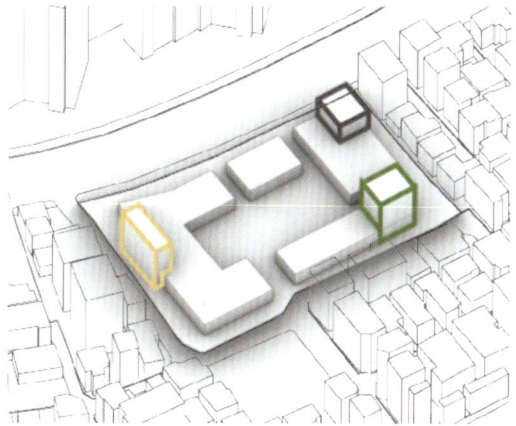

중심기능은 교육 공간, 공장 공간, 그리고 공공 공간 세가지 범주로 나눔

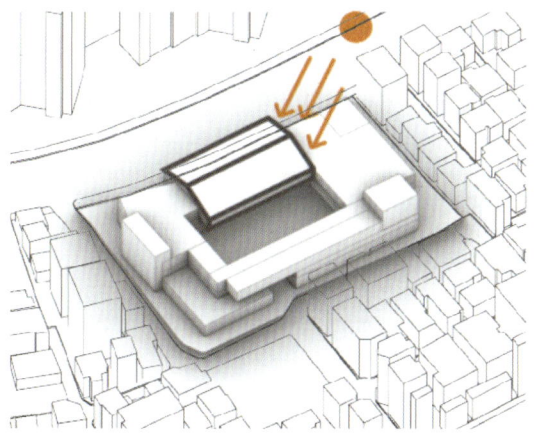

공장 위치와 코어 설계는 2층까지만 높이를 허용하여 공장 내부로 들어오는 자연 채광을 극대화

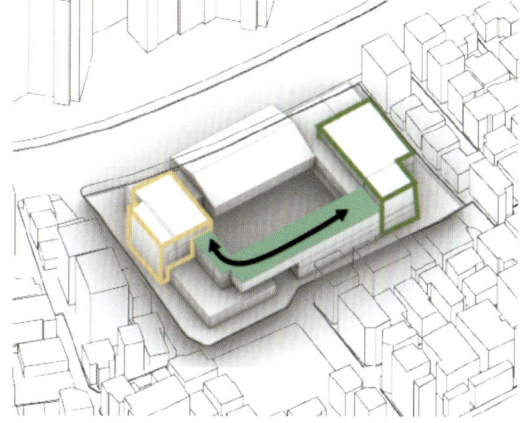

매스 자체가 공공 공간과 교육 공간을 연결하여 서로 쉽게 접근할 수 있도록 설계

SPACE PROGRAM

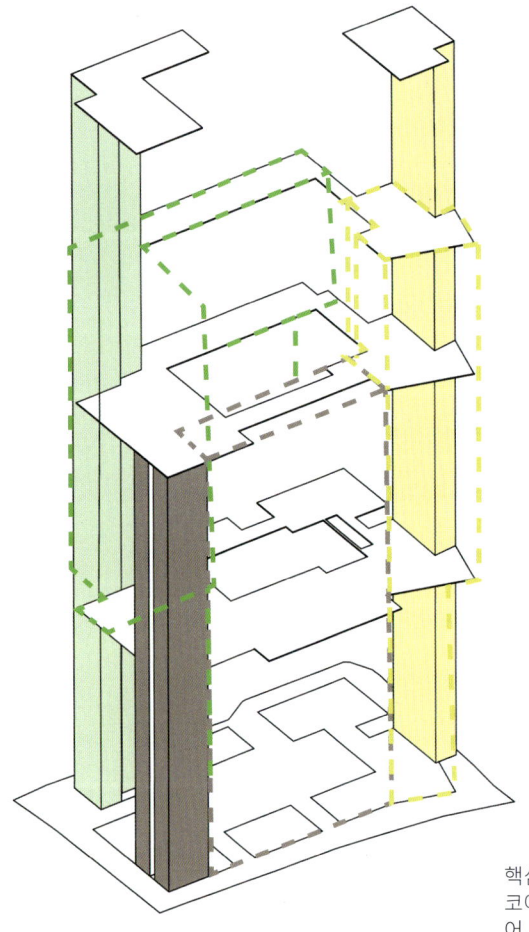

공공 공간

교육 공간

공장 공간

핵심 공간은 세 가지 범주로 분류되었습니다: 공공 공간과 연결된 코어, 양말 공장, 직원들이 사용하기에 적합한 공장과 연결된 코어, 그리고 교육 공간과 연결된 코어.

SITE PLAN

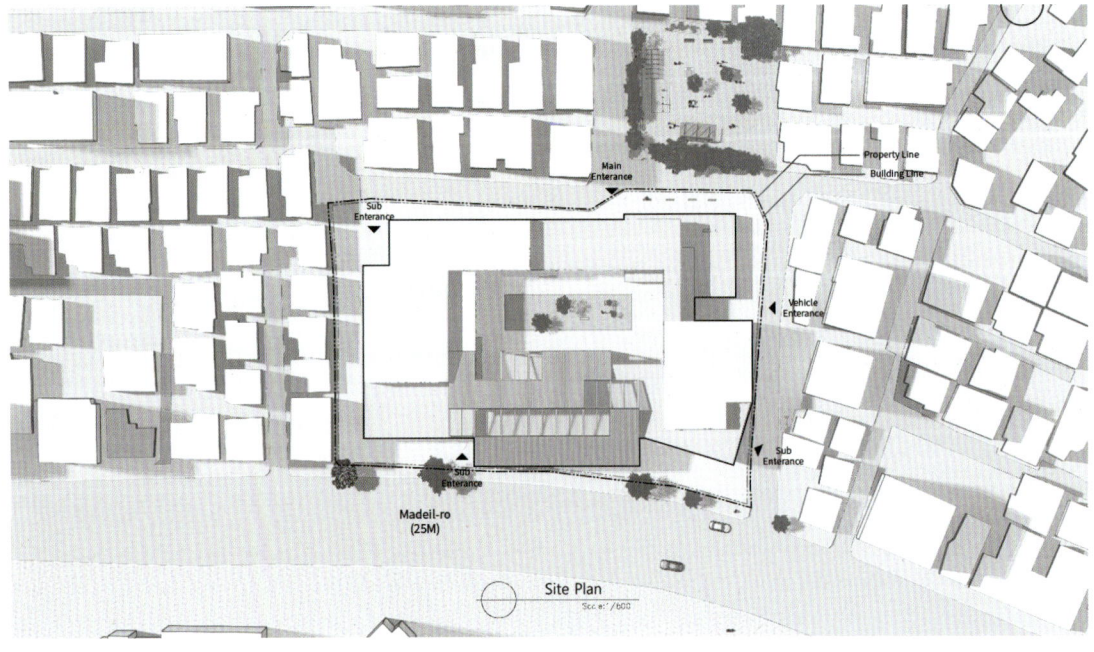

PERSPECTIVE

중정

중정 단면

테라스에서 보는 공장

공장 내부

옥상

PLAN

1층은 접근성이 뛰어난 공간들로 구성되어 있습니다.
우측에는 공용 로비가, 좌측에는 근로자 로비가 배치되어 있으며, 공원 근처에는 편리한 접근성을 고려한 북카페가 자리하고 있습니다.

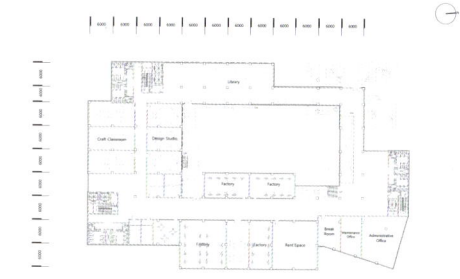

2층은 공장을 중심으로 설계되어 있습니다.
좌측에는 교육 공간이, 우측에는 사무실이 배치되어 있으며, 그 위에는 도서관이 자리하고 있습니다.

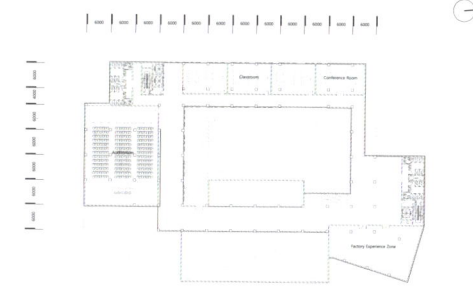

3층에는 강의실, 학습 공간, 회의실, 그리고 체험형 제조 공간이 포함되어 있습니다.
특히 우측의 체험형 제조 공간에서는 방문객들이 생산 과정을 직접 관람할 수 있도록 설계되었습니다.

SECTION

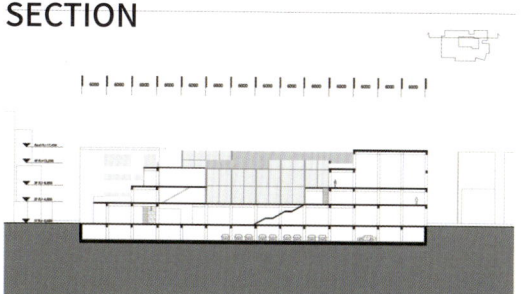

FACADE

공장

공장은 박공 지붕에 유리 파사드를 적용하여 자연 채광의 유입을 최대화했습니다.

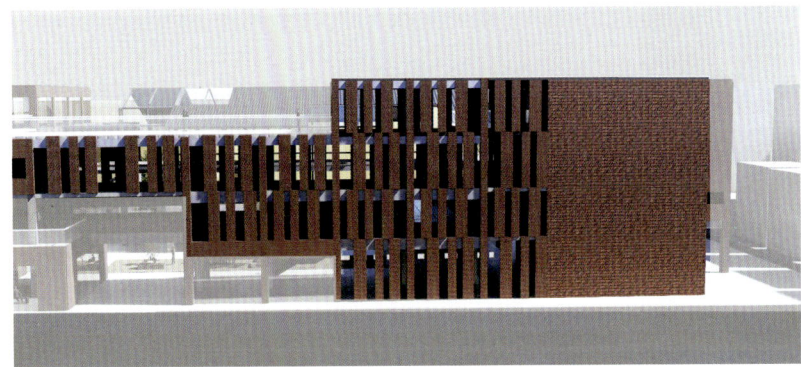

교육

교육 공간은 개인적으로 또는 사적으로 학습할 수 있는 공간으로, 노출을 줄이기 위해 루버처럼 느껴지는 벽돌 파사드 디자인을 적용하였습니다.

공공

공공 공간과 실외를 연결하는 것을 고려하여 대형 창문이 적용된 파사드 디자인을 채택하였습니다.

DETAIL

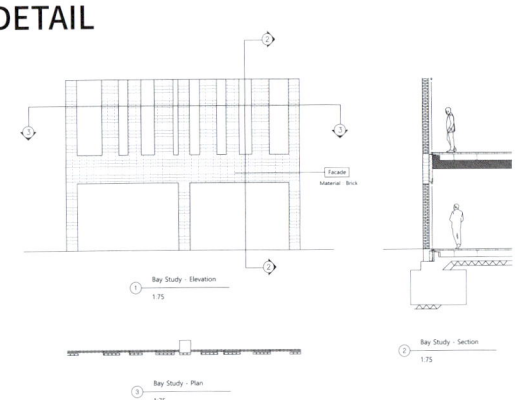

건물은 벽돌로 건축되었으며, 외부에는 루버 형태의 구조로 디자인된 추가적인 파사드가 적용되었습니다.

ELEVATION

FRONT VIEW

REAR VIEW

MODEL

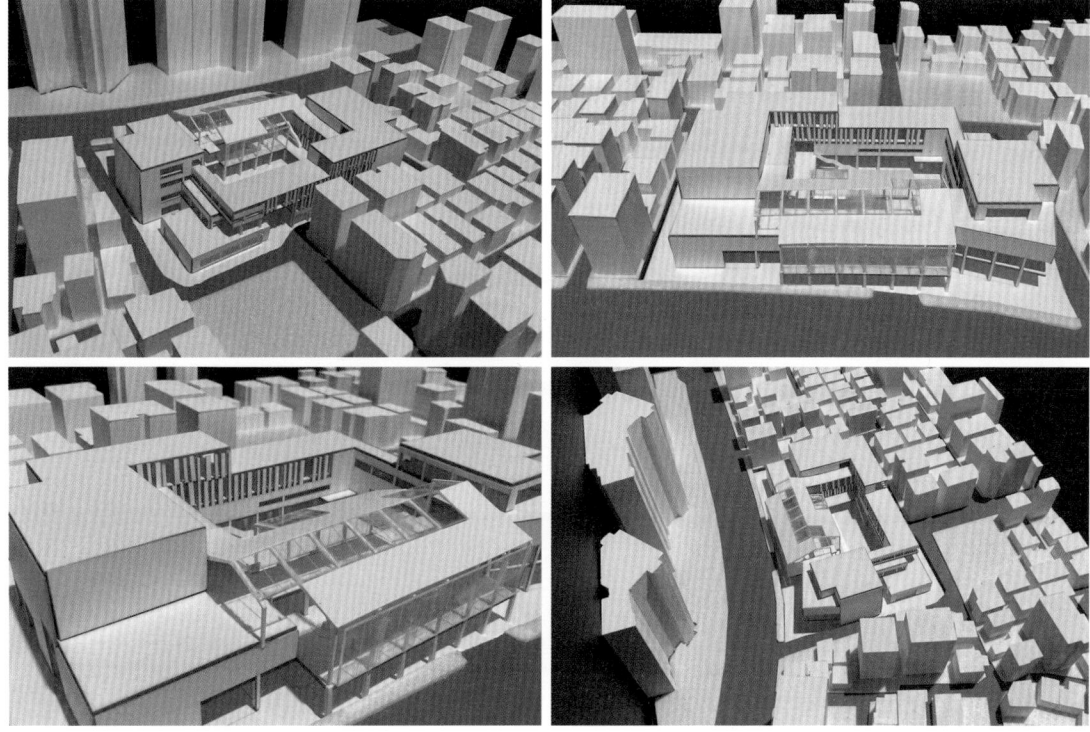

Three volumes, Three functions
오피스, 전시, 문화 그리고 도서관

임철우	CHUL WOO IM
	STUDIO 9 prof.
성 진	JIN SEONG
정경오	GYEING OH CHUNG

　도봉구는 의정부시와 서울도심을 연결하는 도봉로를 기본 교통축으로 주택가가 형성되어 있고 도봉산과 수락산 사이에 형성된 분지형태의 지역이며 중랑천을 경계로 노원구와 인접해 있다. 서울 동북권과 경기북부의 연결축상에 있어 도봉구가 균형발전의 핵심적 역할을 담당할 것으로 기대했기에 2010년 법원이 이 지역으로 옮겨지게 되었다. 그 영향으로 변호사, 법무사 사무소가 몰리고 각종 편의시설이 들어서 지역 경제 발전의 중심지역으로 기대받았지만 인근의 노후화된 건물들과 부족한 인프라, 개발의 지연 등으로 그에 못 미치고 있다.

　타지역에 비해 고령화가 진행된 지역인데다 낙후되어 있기에 서울에서 소득순위가 상당히 낮은 편이었고 저소득, 노인 가구가 다수 있어서 법적인 문제가 발생했을 때 취약한 경우가 많았다. 어렵고 소송수임이 비싸기에 법률 서비스에 대한 수요가 많은데 비해 공급이 부족한 실정이라 법조타운이라는 이름과 거리가 먼 실정이다. 또한 사이트 반경 500m에 밀집한 주거시설에 비해 문화 및 휴게시설이 상당히 부족했고 주민들은 인근 골목, 중랑천변의 공간에서 시간을 보내거나 대화를 나눌 수 밖에 없었다.

　사이트의 상황이 이러하기에 변호사, 법무사들에게 저렴하고 쾌적한 공유 오피스를 제공하고 지역주민들에게 법률교육 서비스를 받거나 여가시간을 보낼 수 있는 공간을 제안하고자 한다. 공유 오피스와 더불어 전시, 문화, 도서관이 결합돼 주민들에게 모일 수도, 쉬어갈 수 있는 공간이 되어주어 부족한 휴게, 문화시설을 충당해주고 손쉽게 법률서비스를 교육 및 지원을 받게 한다.

　각각의 카테고리에 속한 프로그램들을 기능적으로 상층부에서 분리하고 저층부에서 중립적인 성격의 공용도서관이 엮어주는 식의 구성을 취했다. 그리고 상층부에서는 야외공간을 공유하며 만나게 해 완전히 단절되지 않도록 했다. 오피스, 문화, 전시의 기능이 독립적으로 이뤄지면서 한 건물로서 작동해 지역주민들에게 유익한 공간이 되기를 기대한다.

SITE ANALYSIS

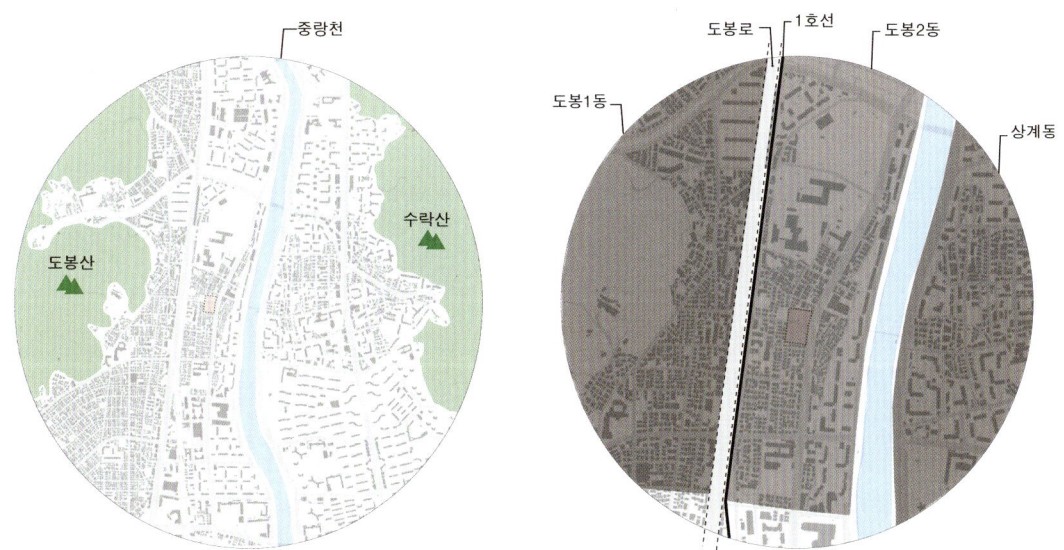

도봉구는 의정부시와 서울도심을 연결하는 도봉로를 기본 교통축으로 주택가가 형성되어 있고 도봉산과 수락산 사이에 형성된 분제형태의 지역이며 중랑천을 경계로 노원구와 인접해 있다. 도봉로와 함께 1호선은 도봉1동과 도봉2동을 나누는 경계에 위치해 있다.

서울동북권과 경기북부의 연결축상에 있어 도봉구가 균형발전의 핵심적 역할을 담당할 것으로 기대했기에 2010년 법원이 이 지역으로 옮겨졌다. 그 영향으로 변호사, 법무사 사무소가 몰리고 각종 편의시설이 들어서 지역 경제 발전의 중심지역으로 기대받았지만 인근의 노후화된 건물들과 부족한 인프라, 개발의 지연 등으로 그에 못미치고 있다.

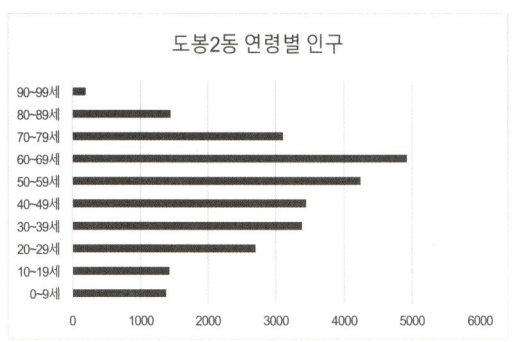
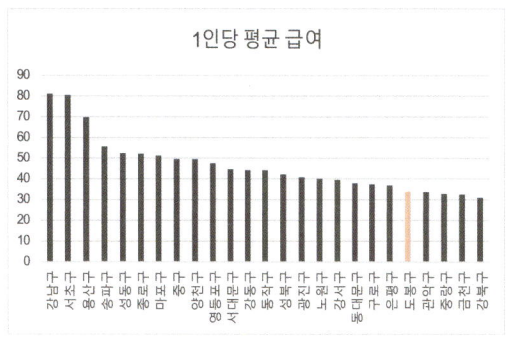

법률홈닥터 만나니 어려운 법률문제도 술술
5월 1일부터 '도봉구 찾아가는 법률복지서비스' 운영
등록날짜 [2012년08월05일 11시57분]

두 달만에 상담 160건 기록할 정도로 구민들 사이에서 인기 만점

"법적인 해결이 필요했으나 어렵고 소송수임이 비싸 엄두를 못 냈는데 가까운 곳에서 무료로 친절한 상담을 받을 수 있어 촉촉한 단비가 내린 것처럼 갈증이 풀렸다." (이OO, 51세)
도봉구(구청장 이동진)가 5월 1일부터 운영에 들어간 '도봉구 찾아가는 법률복지서비스'가 폭발적인 인기를 얻고 있어 화제다.

타지역에 비해 고령화가 진행된 지역인데다 낙후되어 있기에 서울에서 소득순위가 상당히 낮은 편이었다. 저소득, 노인가구가 다수 있기에 법적인 문제가 발생했을 때 취약한 경우가 많다. 어렵고 소송수임이 비싸기에 법률 서비스에 대한 수요가 많은데 비해 공급이 부족하다.

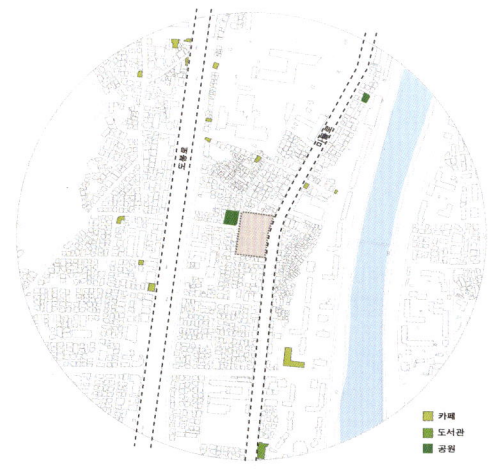

주변 문화 및 휴게시설 위치

사이트 반경 500m에 밀집한 주거시설에 비해 문화 및 휴게시설이 상당히 부족했고 카페 시설의 경우에도 대로변인 도봉로와 마을로 쪽에 대부분 배치되어 있었다. 부족한 시설들로 인해 주민들은 인근 골목, 중랑천변의 공간에서 시간을 보내거나 대화를 나눈다. 날씨가 좋지 않을 때도 머물만한 실내공간은 턱없이 부족하다.

PROGRAM

공유 오피스　　　　　　　　　　　　　법률 교육 및 문화시설

변호사, 법무사들에게 저렴하고 쾌적한 공유 오피스를 제공하고 지역주민들에게 법률교육 서비스를 받거나 여가시간을 보낼 수 있는 공간을 제공한다. 교육 및 문화시설로는 도서관과 기록관, 박물관을 합친 라키비움의 사례인 법원 도서관을 참고해 전시, 출판/창작, 도서관을 프로그램으로 선정해 부족한 문화 및 휴게시설을 보충해주어 친숙하게 법을 배울 수 있도록 한다.

CONCEPT

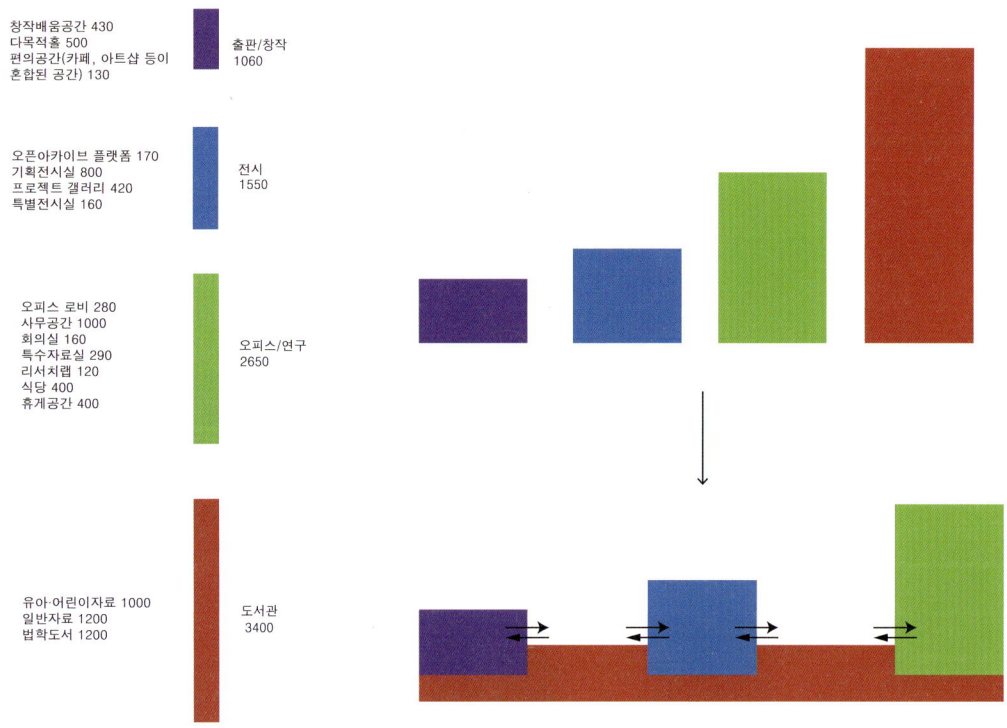

기능이 다른 세 유형의 프로그램을 저층부에서 중립적인 성격의 도서관이 공용공간으로 엮어주어 함께 사용하게 하며 휴게공간으로 사용되는 윗부분의 야외공간을 공유하여 각기 다른 프로그램을 사용하는 사람들이 만날 수 있는 공간이 된다. 그리하여 다른 프로그램으로 건너가 사용하기도 하고 여러 공간감을 느끼며 건물 내를 돌아다니게 된다.

MASS DIAGRAM

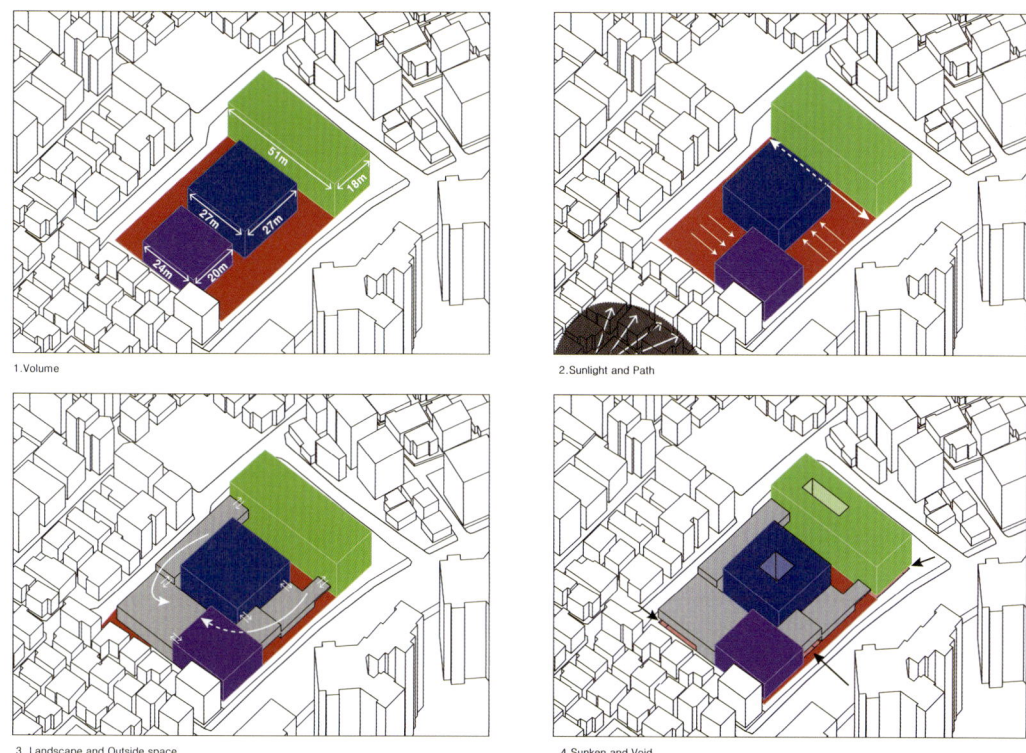

각각의 매스는 각 기능을 수행할 수 있는 적합한 규모로 설정되고 남측의 햇빛을 수용하고 동서방향의 길을 연결해주도록 배치한다. 그리고 보조적인 매스가 붙어주어 각기 다른 층에서 접근할 수 있는 야외공간을 제공해주고 선큰을 통해 여러 방향에서 지하의 도서관으로 직접 접근할 수 있게 해준다. 또한 보이드를 통해 전시공간과 사무공간의 깊은 평면에 빛을 들이고 시선적 단절을 완화시킨다.

SPACE PROGRAM & CIRCULATION

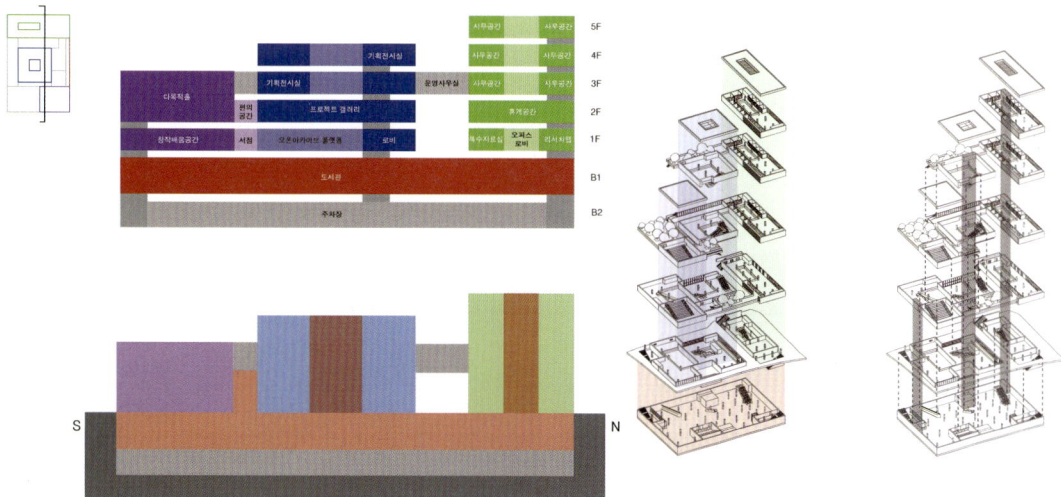

저층부의 퍼블릭한 도서관은 기능적으로 분리된 3개의 볼륨을 엮어주어 하나의 건물로서 작동하게 해준다. 오피스의 경우 사무공간이 기능적으로 분리되어 상층부에 배치되어 있고 전시공간은 보이드를 사이에 끼고 돌면서 전시를 관람하게 되어있다. 분리된 세 영역에 각각의 코어를 두고 추가로 에스컬레이터를 두어 도서관-오피스 로비, 도서관-다목적 홀과 전시공간의 수직적 이동을 연결해 주었다.

SITE PLAN

오피스와 전시동 사이의 틈은 동서방향의 길을 연결해주며 건물의 주진입구가 놓이게 된다. 길을 지나면서 보이드를 통해 지하의 도서관이 은근히 보이며 보행자들에게 도서관의 존재를 인식시킨다.

PLAN

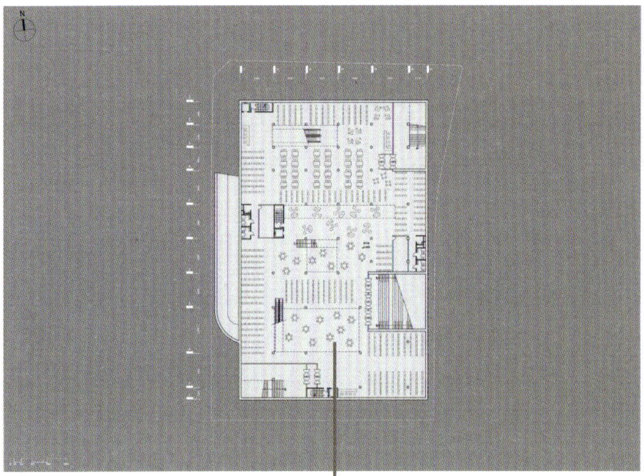

B1 PLAN

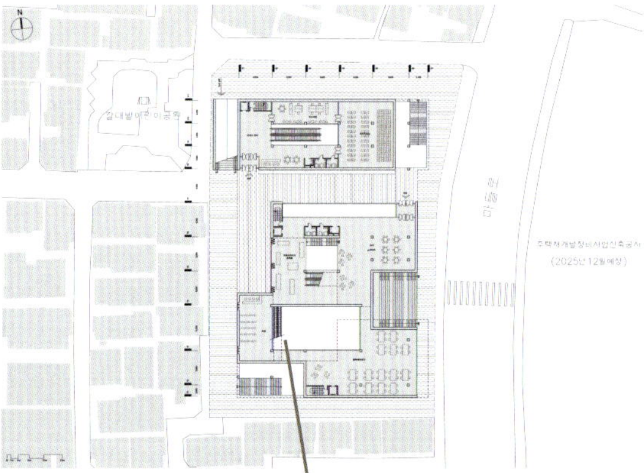

1F PLAN

2F PLAN

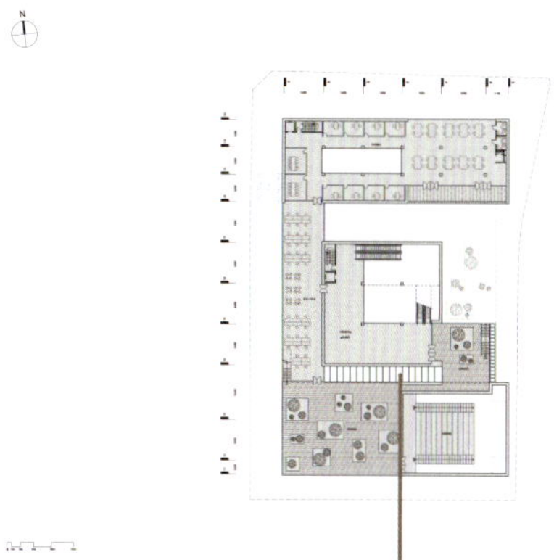

3F PLAN

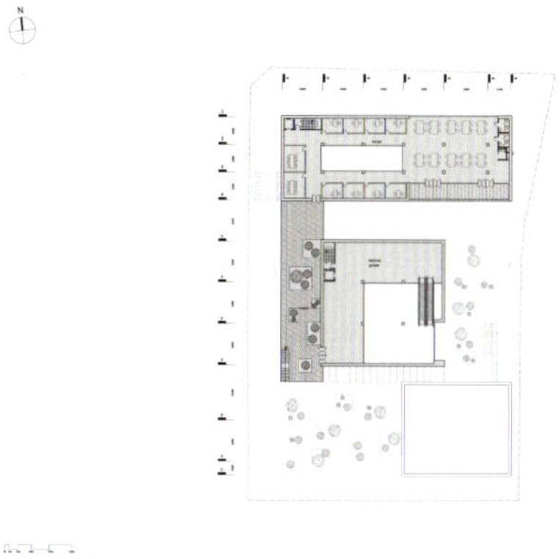

4F PLAN

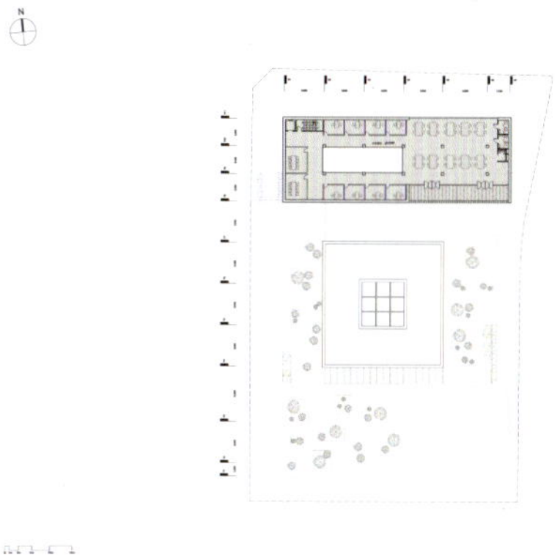

5F PLAN

SECTION & ELEVATION

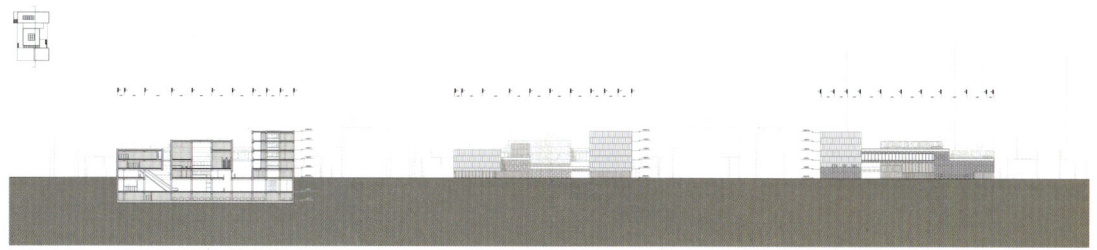

145

N.

수서중학교 Suseo Middle School

이상헌, 문민철, 하승민, 최시훈, 안우현, 김성현, 장기윤, 송우진, 김주훈, 이채은

수서중학교

" Seoul, Linked by Learning "

- 위치 : 서울 강남구 광평로59길 57
- 대지면적 : 10,307㎡
- 건축면적 : 3,187㎡
- 높이산정 : 지상 4층
- 기존용도 : 중학교

개요

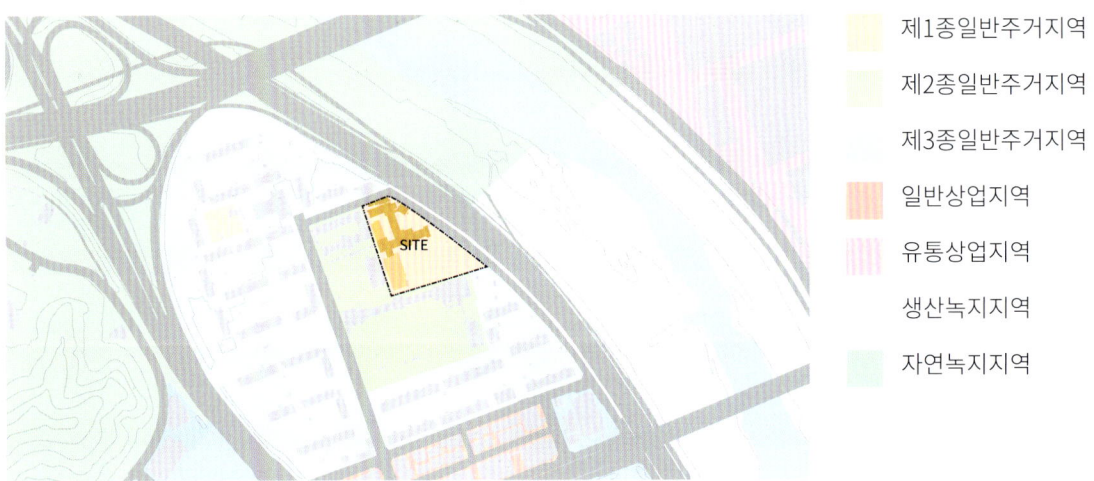

제1종일반주거지역
제2종일반주거지역
제3종일반주거지역
일반상업지역
유통상업지역
생산녹지지역
자연녹지지역

인문사회적 배경

수서동 연령별 인구추이

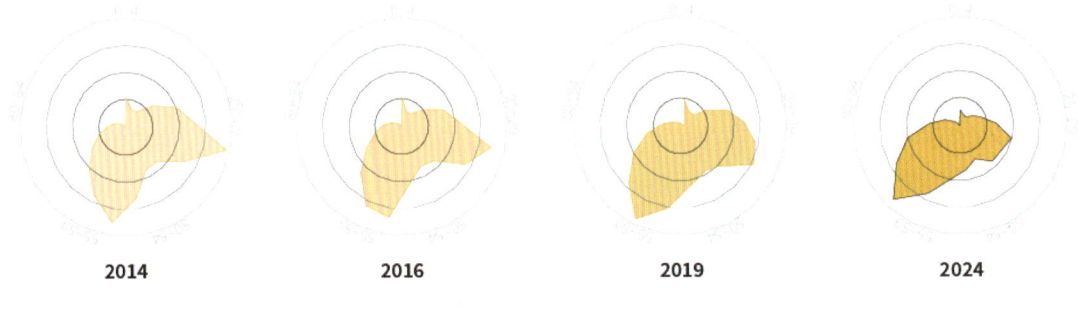

2014   2016   2019   2024

2024 수서동 연령별 등록인구 비율

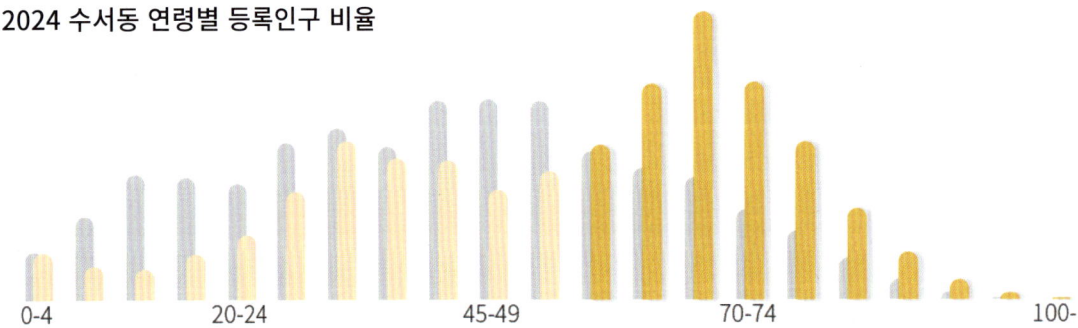

강남구 수서동에서 2019년부터 보인 30대 청년인구의 급격한 감소는 고령화 현상을 더욱 두드러지게 했다. 소속된 강남구의 인구비율과 비교해보았을 때에 미취학 아동, 청소년을 넘어 20대부터 54세까지의 인구비율은 모두 적게 나타나는 반면 55세 이상의 노인 인구는 압도적으로 높은 비율을 보인다. 이는 청년인구의 다수가 수서동을 벗어난 데에 비해 2014년의 50대 인구가 그대로 자리잡아 2024의 노인 인구가 된 모습으로 보여진다.

대상지 현황

주소 : 서울 강남구 광평로59길 57 (수서동 710)

개교 : 1993년

이전 : 2029년 예정

현황 : 학습공간 49실, 관리행정공간 20실, 기타 38실

대지면적 : 10,848㎡

연면적 : 10,307㎡

건축면적 : 3,187㎡

용도지구 : 1종 일반주거지역, 학교

건폐율 : 60%

용적률 : 200%

높이제한 : 4층 이하 -> X

인접도로 : 북동쪽 인접도로(9.3m)

　　　　　북서쪽 인접도로(7m)

도보권

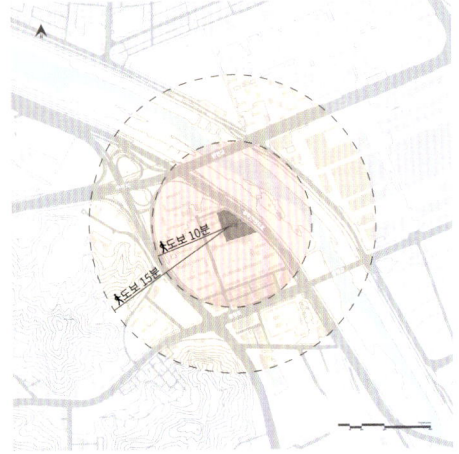

도보 10분 이내로 수서역 지하철과 사이트가 위치한 광평로 북측 블럭, 탄천에 출입 가능한 유일한 통로인 광평교까지 접근 가능하다.

도보 15분 이내로 수서역 SRT역과 광평로 남측 블럭과 대모산 입구, 수서 IC 아래 부근, 탄천교 입구, 광평교를 통해 탄천을 건널 수 있다.

연령별 동선

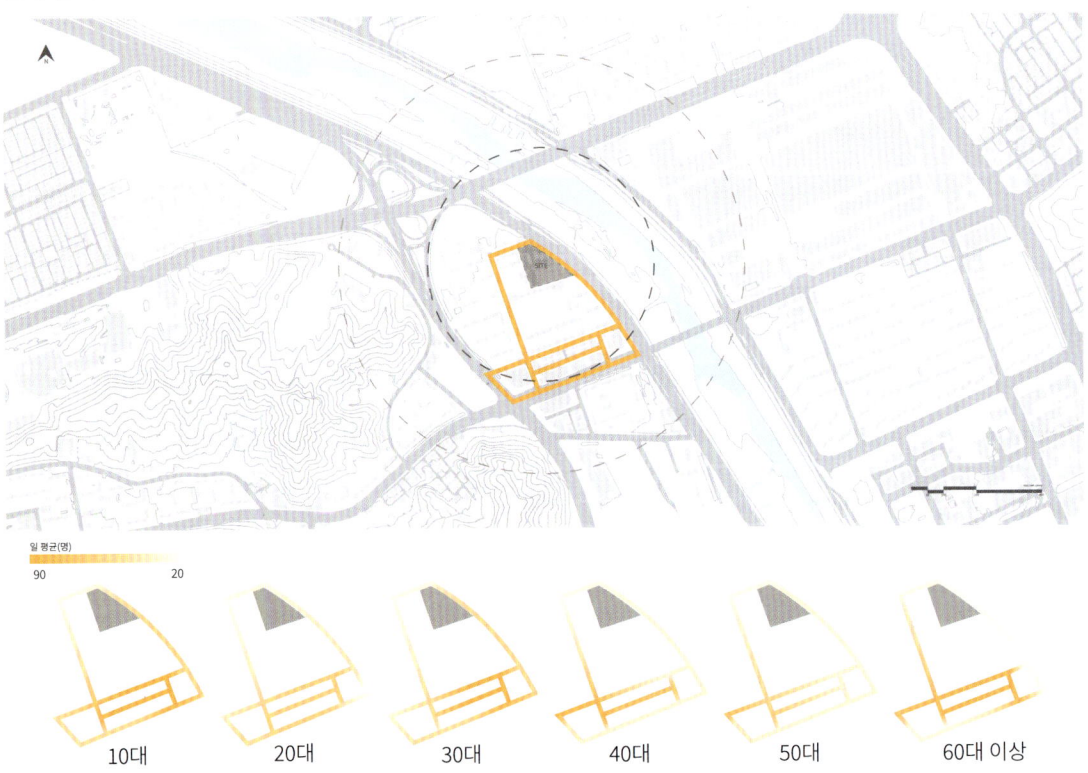

사이트로 접근가능한 도로가 한정되어 있는 수서중학교의 특성상, 유의미한 주변동선은 도보거리 10분 이내이다. 따라서 주요 동선은 수서역부터 탄천의 입구가 되는 광평교의 시작 부근, 인근 상가와 아파트 단지의 입구를 아우른다. 전연령대의 공통된 특징은 수서역 지하철 출구 앞에 위치한 상가를 중심으로 많은 통행량을 보인다는 점이다. 또한 비교적 20대와 50대의 통행량이 적고, 60대 이상 인구의 통행량이 현저히 높다. 이에 따라 60대 이상 통행 인구수가 많다는 것을 짐작할 수 있다.

사이트가 아파트 단지로 이루어진 블럭 내에 위치하고 있어 주변 건물의 용도는 주로 주거 시설이다. 또한 수서초등학교와 세종고등학교와 면하고 있어 교육 시설의 비중 또한 비교적 높다. 밤고개로 51길을 기준으로는 남측에 다양한 용도의 상업 시설이 분포해 있다. 특히 커뮤니티 시설이 적고 의료 시설의 비율이 높은 편이다.

광평로 51길

수서역을 지나는 대로인 광평로부터 사이트로 접근할 수 있는 통로는 광평로 51길과 광평로 59길이 유일하다. 이 도로들의 특징은 아파트 단지와 수서초등학교, 세종고등학교에 직접 면해있다는 점이다. 따라서 가로망의 유형은 주거 시설과 교육시설이며, 특히 주거시설이 대부분을 차지한다. 이 아파트 단지로 인해 높은 스카이라인이 형성되어 있다. 통행량이 가장 많은 밤고개로 51길~광평로는 앞선 광평로 51길~광평로 59길보다 높은 스카이라인이 형성되어 있다. 주상복합 형태를 띄어 저층부에 상업시설이 위치하고 고층부에 업무시설이나 주거시설이 분포한 상가가 주된 거리이다.

밤고개로 51길

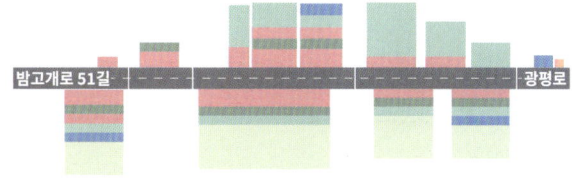

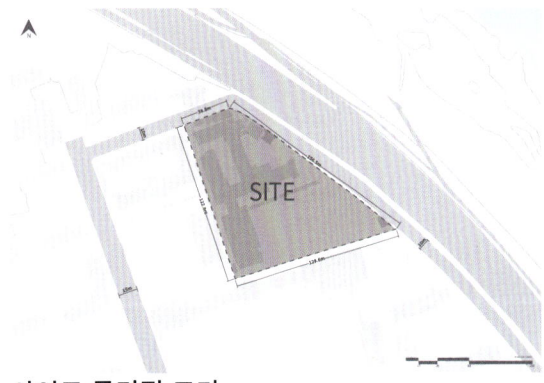

약 20도 틀어진 북서쪽을 장변으로 하는 사다리꼴 형태를 띈 수서중학교 부지는 남쪽으로는 세종고등학교 본관과 체육관에, 서쪽으로는 수서초등학교 체육관에 등져있다.

동측 광평로 59길은 단지 외곽이라는 위치와 비좁은 통행로로 인해 통행량이 적은 편이고 북쪽, 서쪽의 광평로 51길은 단지 내 주 도로로 이용되며 하교 시간에 통행량이 많아진다.

사이트 물리적 크기

사이트 근처는 대부분 90년대 지어진 오래된 임대주택 아파트단지로 구성되어있다. 사이트 아래 광평로 인근으로는 주변에 비해 비교적 최근 지어진 건물들로 구성되어 있으며 수서역 인근으로는 개발이 진행중이다.

사이트 인근 노후도

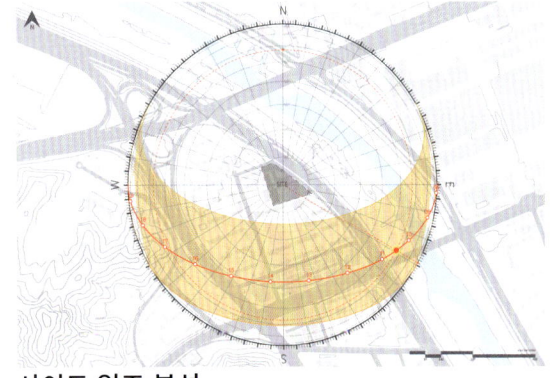

대체로 탄천측의 방음벽 방면보다 아파트 단지와 연결되는 운동장 부분이 일조가 많이 들어오는 것을 확인할 수 있다. 아파트 단지 내부에 있기 때문에 일조로 인한 그림자가 짙게 드리울 수 있어 고려하여 프로젝트를 진행해야한다.

사이트 일조 분석

남쪽에는 학교 내부, 아파트 단지 조망을 확인할 수 있고, 북쪽으로는 탄천과 개발 단지들의 모습을 확인 할 수 있다. 좋은 조망일 것이라 생각했던 탄천은 방음벽에 막혀 조망으로서의 역할을 전혀 하지 못 하고 있고, 모든 방향에서의 조망이 대체로 좋지 않다.

사이트 조망 분석

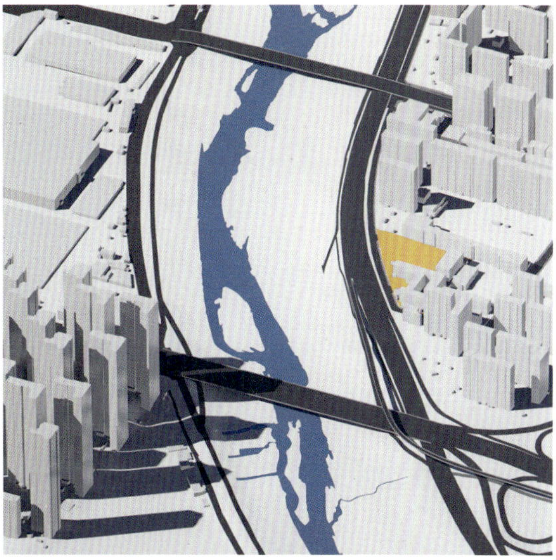

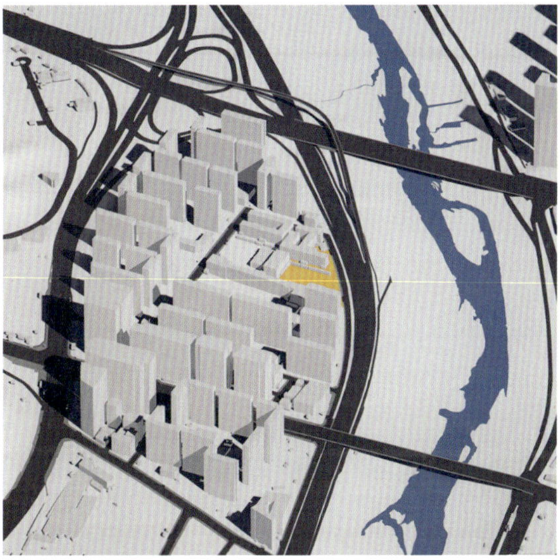

SOUTH EAST | SOUTH WEST

교육시설 분석

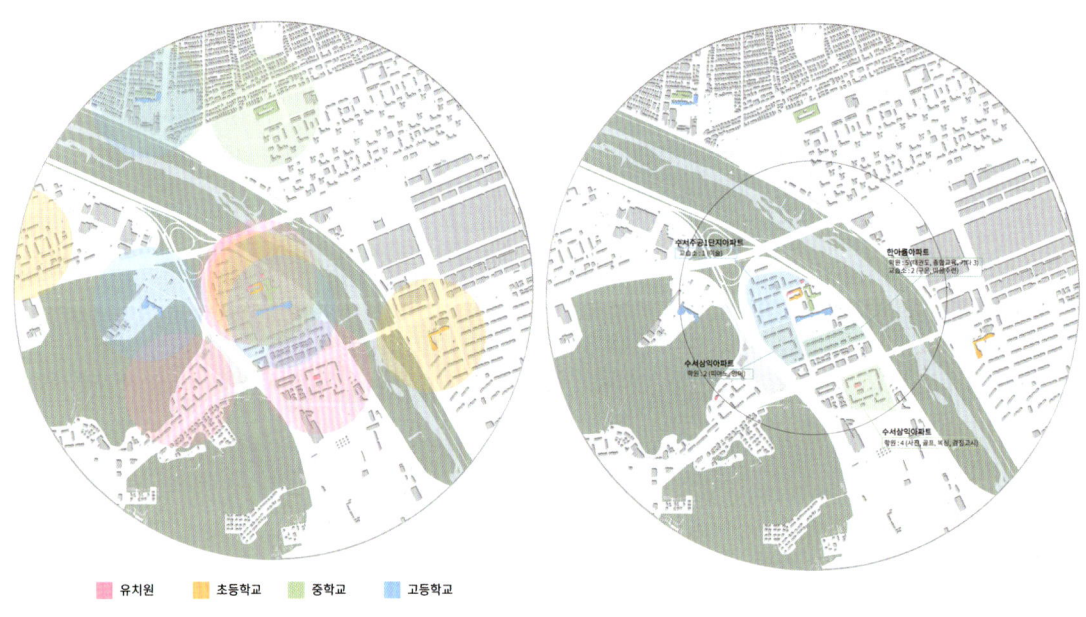

🟥 유치원　🟧 초등학교　🟩 중학교　🟦 고등학교

구축환경

수서동의 대중교통
수서동은 서울측 SRT 노선의 출발점으로써 그와 연계되는 지하철 3호선, 수인분당선, 그리고 GTX-A가 위치하고 있어 출퇴근 시간 인원이 매우 붐비게 됨

수서동의 차량 통행
SRT의 존재로 인해 출퇴근 시간대 수서역 남측 도로들의 교통 침체가 심함. 수서동의 동측으로는 동부간선도로, 북측으로는 수서IC가 위치하며 동부간선도로의 진입로로써의 역할도 수행중

수서동은 탄천, 광수산의 존재로 녹지의 비율이 높다. 하지만 미시설 근린공원으로 조성된 광수산과 광평로에 연결된 육교 이외에는 동부간선도로로 인해 접근이 어려운 탄천으로 인해 휴식을 찾는 사람들은 주로 광평로 너머에 위치한 탄천 어울림공원을 찾는 모습을 관찰할 수 있었다.

수서중 현황

2층 홈베이스의 모습

3층 스마트 홈베이스의 모습

해오름관의 모습

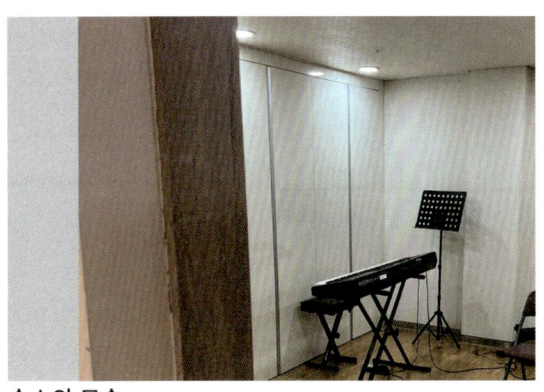
숙소의 모습

특별활동실의 모습

기존 수서중학교의 잉여공간 활용방법으로는 크게 홈베이스, 해오름관&숙소, 특별활동실로 볼 수 있다. 홈베이스 공간은 쉬는시간과 방과후 시간에 아이들이 쉬고, 소통할 수 있는 공간으로, 매우 가변적인 공간이다. 방학동안 공사를 거쳐 교실이 될 수도 있고, 다양하게 활용될 수 있는 공간이다.

교실의 모습

해오름관은 처음부터 있던 공간이 아닌 신축되어 1층은 식당 2-3층은 체육관, 4층은 강당인 공간으로 중학교 2층과 증축을 통해 연결 돼있다. 특별활동실은 같은 배치로 층별로 위치하고 있으며, 음악실, 과학실 같은 특별활동을 위한 공간으로 구성 돼있다. 하지만 이 공간들 또한 학생들 수 감소에 따른 공간활용으로 교실로 배치되거나 다른 공간들로 활용되고 있는 것을 확인할 수 있다.

이상헌 | SANG HEON LEE

STUDIO 5 prof.
이정훈 | JEONG HOON LEE
김기림 | KI RIM KIM

현재 수서중이 위치한 사이트는 학교들에 둘러싸여 있으며, 동부간선도로가 북동쪽에 위치해 있기 때문에 주변 맥락들과의 단절이 발생한다. 그러나 이러한 폐쇄적인 환경은 집중적인 활동이나 조용한 휴식을 위한 유리한 조건을 가진다. 수서동에는 여러 도서관들이 분포하고 있어, 이 지역에 **공공보존서고** 시설을 도입하면 포화상태인 주변 도서관들의 공간을 여유롭게 활용할 수 있는 기회를 제공하며, 다양한 문화 커뮤니티 시설로의 변화를 가능하게 한다.

다음으로, **보존서고**와 서울시의 요청에 따른 **데이터센터**를 결합한 공간을 구상하고자 했다. 두 시설은 모두 데이터를 저장하고 보존한다는 공통점을 지니며, 상징적으로도 흥미로운 대조를 이룬다. **과거를 상징하는 보존서고**와 **미래를 상징하는 데이터센터** 이러한 두 공간의 결합은 시간의 연속성을 연결하고, 저장과 보존의 개념을 확장하는 새로운 가능성을 제시한다.

그러나 수서동 사이트에 데이터센터와 보존서고와 같은 저장형 시설을 배치하는 것이 주민들에게 부정적인 인식을 초래할 가능성이 있었다. 이를 해결하기 위해, 이 공간은 디지털화를 통해 새로운 가능성을 제시하는 장으로 변화했다. 디지털화는 과거에 잊혀졌거나 퇴색된 요소들을 새롭고 혁신적인 방식으로 되살리고, 이를 다양한 감각적 경험으로 재해석할 수 있는 잠재력을 가지고 있다. 과거와 미래가 서로 교차하는 데이터들의 무덤 속 **디지털 도서관**은 **과거와 미래를 연결**하며 저장과 보존의 개념을 확장하는 **새로운 가능성을 담고 있다.**

메인 로고 디자인에 담겨있는 의미로, 과거의 서적들은 디지털화되어 작은 단위의 데이터로 변환되고, 이 데이터들은 다양한 감각적 창작물로 새롭게 재탄생한다. 이렇게 **과거와 미래를 이어주는 배움의 공간은, 그 안에 무한한 가능성을 보관한다.**

SITE ANALYSIS

수서동 사이트는 주변이 학교로 둘러싸여 있으며, 북동쪽에 위치한 동부간선도로가 주변 맥락과의 연결을 단절시켜 비교적 폐쇄적인 성격을 지니고 있다. 그러나 이러한 특성은 오히려 한 가지에 집중하거나 조용히 휴식하기에 유리한 환경을 제공한다는 장점을 가진다.

사이트를 더 넓은 맥락에서 살펴보면, 왼쪽 다이어그램에서 보이듯 대상지 주변에는 여러 도서관이 분포하고 있다. 이러한 점을 고려할 때, 주변 도서관의 서적을 보관할 수 있는 저장시설을 마련한다면, 도서관 내부 공간에 여유가 생기고 이를 다양한 문화 커뮤니티 시설로 활용할 수 있는 가능성이 생긴다.

더불어 수서동 사이트는 서울의 관문 역할을 하는 지리적 위치에 자리하고 있어 전국에서 다양한 데이터를 모으기에 적합하며, 주요 교통축과의 접근성도 뛰어나다. 이러한 입지적 장점을 바탕으로 공공보존서고 시설을 도입하게 되었다.

PROGRAM

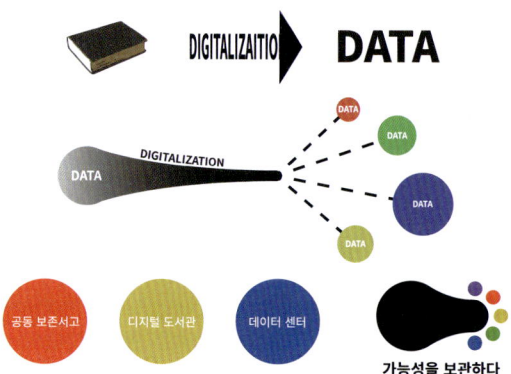

다음으로, 보존서고와 서울시의 요청에 따른 데이터센터를 결합한 공간을 구상하고자 했다. 두 시설은 모두 데이터를 저장하고 보존한다는 공통점을 지니며, 상징적으로도 흥미로운 대조를 이룬다. 이러한 두 공간의 결합은 시간의 연속성을 연결하고, 저장과 보존의 개념을 확장하는 새로운 가능성을 제시한다.

수서동 사이트에 데이터센터와 보존서고 같은 저장형 시설을 배치하는 것은 주민들에게 부정적인 인식을 줄 가능성이 있었다. 이를 극복하기 위해, 이 공간은 디지털화를 통해 새로운 가능성을 보여주는 장으로 거듭나야 했다. 디지털화는 과거에 잊히거나 퇴색된 감각들을 다시금 새로운 방식으로 불러내고, 이를 다양한 감각으로 재해석할 수 있는 잠재력을 지니고 있다.

SPACE PROGRAM

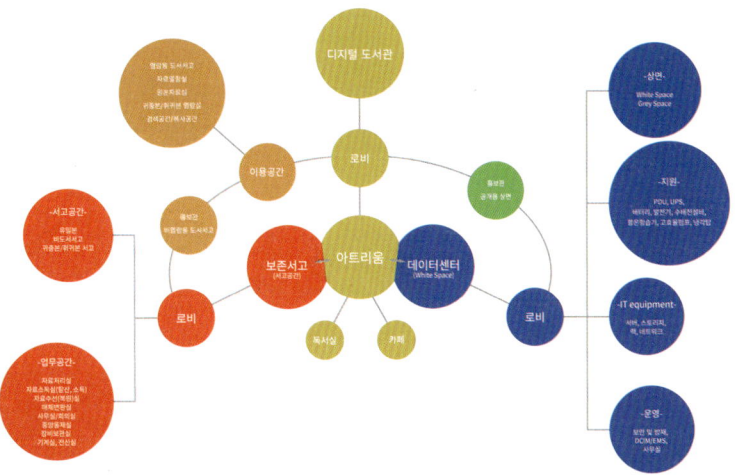

서로 다른 목적성을 가진 이용자들을 위해 각각의 출입구 동선 분리와 데이터센터와 보존서고 공간의 성격상 보안성을 위한 직원과 방문객 사이의 동선 분리가 필요해 보이나 시각적 연결을 통해 두 공간과 공명할 수 있는 공간을 만들고자한다.

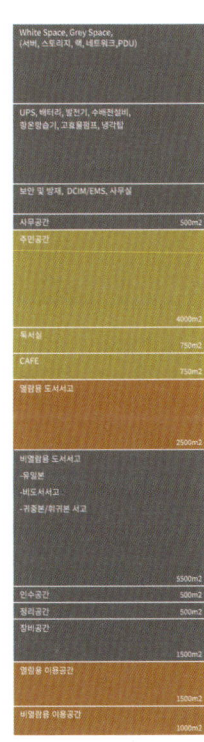
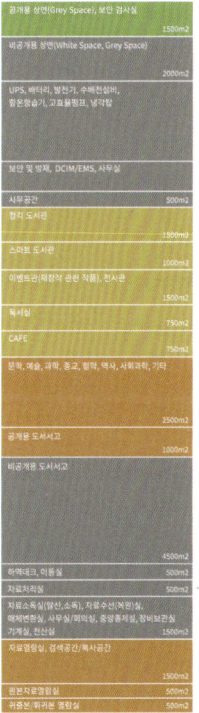

MASS PROCESS

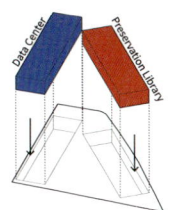
Bury under the ground

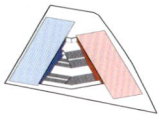
Dig the ground

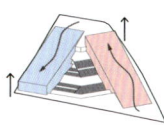
Lift mass

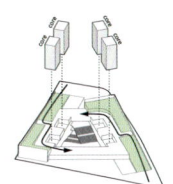
Connect two moving line

Connect two moving line

161

SITE PLAN

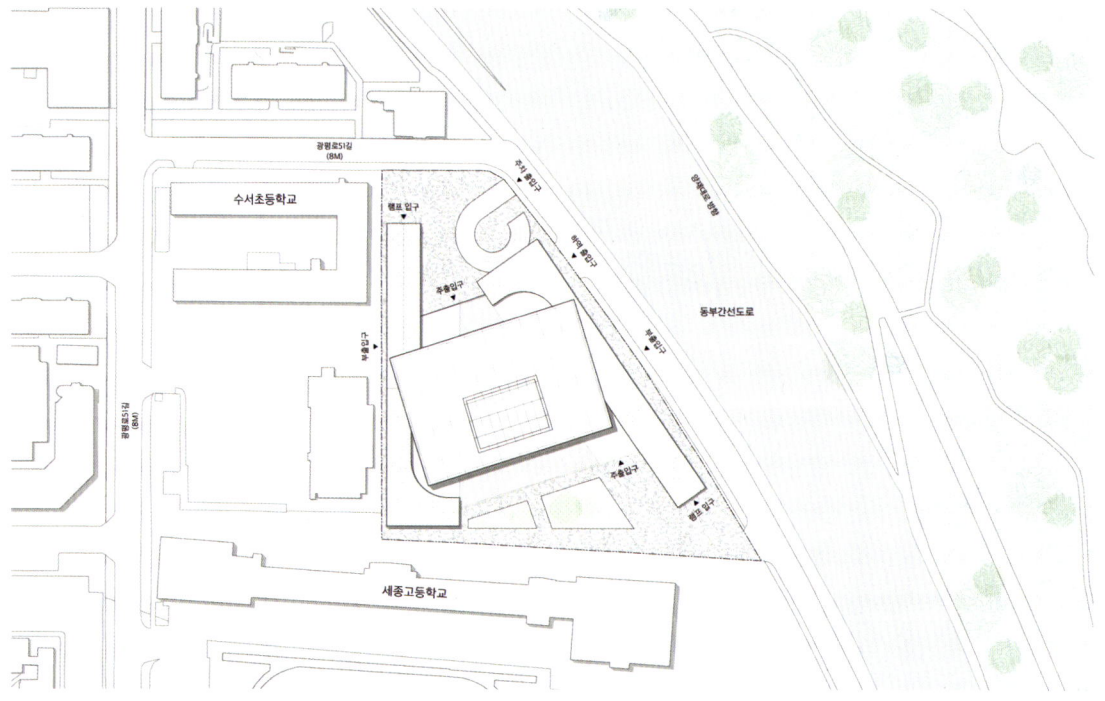

CONCEPT DIAGRAM

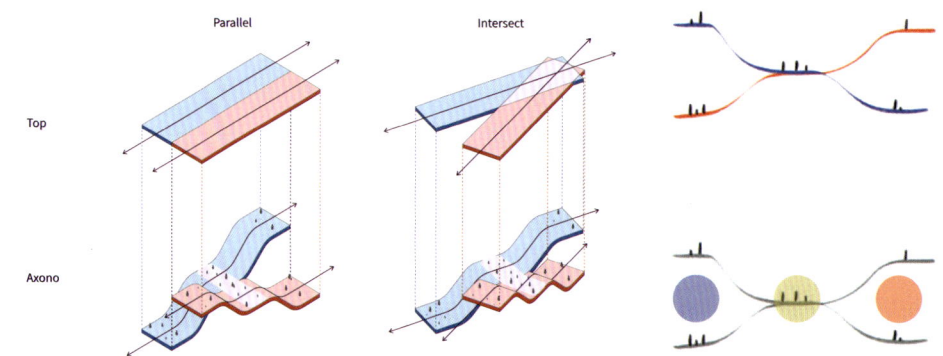

보존서고와 데이터센터 사이의 주민공간은 과거와 미래가 서로 교차하며 어울러진 공간으로 만들고자 하였다. 단면 상에서 봤을 때도 교차하지만 평면상에서도 서로 교차하는 3차원으로 교차하는 공간을 만들고자 하였고 서로 비틀어 진 상태로 교차하면서 다양한 공간들이 만들어진다.

단면상에서 봤을 때 두 공간이 교차될 때 중간층에서 중앙 과 양끝 사이드는 자연스럽게 서로 분리되고 분리된 양 끝 의 공간을 방문객과 직원의 분리된 공간으로 활용하였다.

PRESERVATION LIBRARY

DATA CENTER

OPEN STACKS
MAIN ATRIUM

교차하는 수직 동선 사이에 만들어진 프라이빗한 공간과 하늘을 바라볼 때 보이는 디지털 도서관의 모습이다.

B1F PLAN
B2F PLAN
B3F PLAN

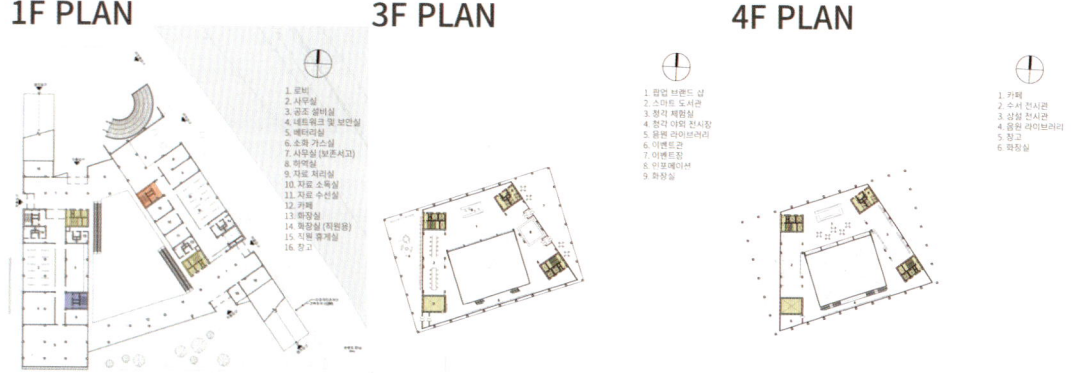

앞서 설명했던 개념으로 지하2층은 직원들과 방문객들 사이의 분리를 보여준다 파랑은 데이터센터 빨강은 보존서고 마지막은 데이터센터와 보존서고 직원들이 공동으로 이용하는 영역을 보라색으로 보여준다.

1F PLAN
3F PLAN
4F PLAN

노랑색 영역은 방문객들을 위한 시설로 서로 다른 이용자들의 코어 분리를 통해 보안성과 편리성을 높였다.

OUTDOOR EXHIBITION
DIGITAL LIBRARY

SOUTH-EAST EYE LEVEL VIEW

2F WALKING TRAIL

ELEVATION

SECTION PERSPECTIVE

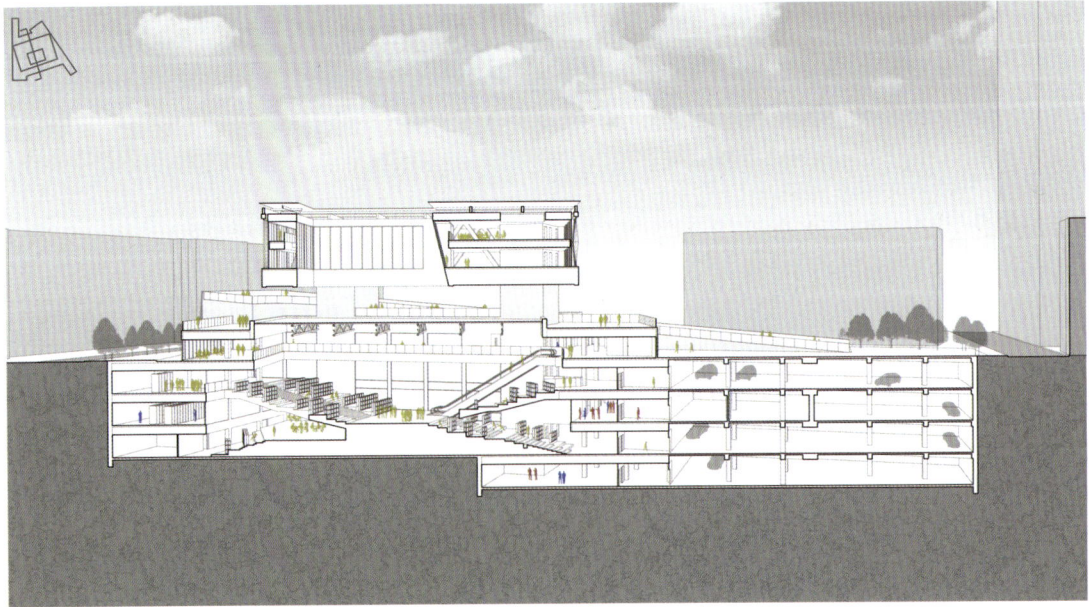

MODEL

문민철	MINCHEOL MOON
	STUDIO 2 prof.
김희진	HEE JIN KIM
양원모	WON MO YANG

21세기 대한민국의 급속한 경제 발전과 생활 수준의 향상으로 인하여 물질적으로 풍요로움을 느끼고 있음에도 불구하고, 현대인들은 정신적으로 빈곤을 겪고 있다. 그 결과, 현대인들은 불안과 외로움에 시달리며 진정한 쉼과 행복을 느끼지 못하고 있다.

강남구 수서인근은 최근 SRT, GTX와 수서 환승복합센터가 들어오면서 교통의 중심지로 성장하고 있다. 그러나 서울 정신건강 관련 기관 현황집에 따르면 강남구가 서울시에서 가장 기관이 적은 것으로 나타났으며, 2023년 강남구 보건사업의 우선순위에서 스트레스 인지율 개선이 필요한 것으로 나타났다. 이렇듯 치유와 쉼이 필요한 강남구에 치유와 문화, 쉼을 하나로 아우르는 특별한 공간을 제안한다.

내가 생각한 진정한 쉼이란 벗어나는 것이다. 먼저 벗어나기 위한 전략으로 크기를 바꾸고 모양을 바꾸며 직각 복도에서 탈피하였고, 마지막으로 그리드 체계를 없애 보다 자유로운 공간에서 부유하며 쉴 수 있도록 하였다.

지역 주민들이 건강과 평화를 되찾을 수 있도록 치료가 필요한 이들을 위한 전문 치료 공간이 마련되어 있으며, 부족한 문화적 인프라를 보완하기 위해 다양한 배움과 체험을 제공하는 문화 공간도 함께 구성되어 있다. 이 건물의 가장 큰 특징은 자연과의 조화 속에서 진정한 휴식을 누릴 수 있다는 점이다. 건물의 여러 공간에서는 하늘을 올려다보며 자연의 웅장함을 느낄 수 있고, 탄천을 조망하며 물길의 흐름 속에서 마음을 정리할 수 있으며, 수반의 잔잔한 물결을 바라보며 사색에 잠길 수 있다. 각 공간은 사람들에게 고요하고 평온한 시간을 선사하도록 설계되었다. 햇살이 스며드는 곳에서는 따뜻한 에너지를 느끼고, 잔잔한 그늘에서는 마음의 쉼표를 찍으며, 자연의 소리와 함께 마음을 비울 수 있습니다. 수서 지역에 새로운 활력을 불어넣을 이 공간은 몸과 마음이 온전히 회복되는 현대인의 안식처가 될 것이다.

SITE ANALYSIS

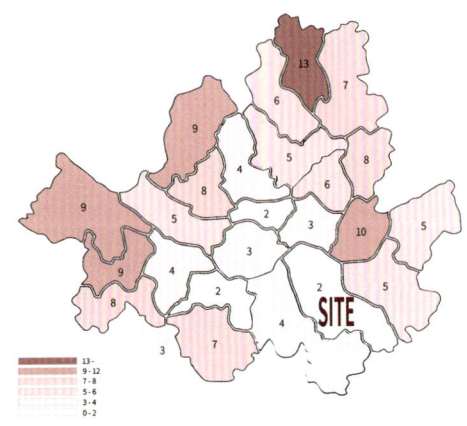

수서동은 경쟁적인 환경과 높은 생활비로 인해 주민들의 스트레스 지수가 높고, 정신건강 복지시설이 부족하다. 수서동 같은 안정된 주거 지역 내에 쉼과 치유를 위한 시설의 도입은 주민들의 정신건강과 삶의 질 향상에 큰 기여를 할 수 있다.

특히, 수서동의 자연 환경과 교통 접근성을 활용하여 명상 공간, 치유 프로그램 등을 포함한 복합 힐링 센터를 조성한다면 강남구 전역의 주민들에게도 유용한 쉼터 역할을 할 수 있다.

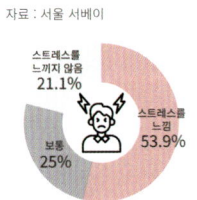

현대인들은 물질적으로 풍요로운 삶을 누리고 있지만, 과도한 경쟁과 업무에 매몰되며 정서적 여유를 잃고 있다. 이러한 스트레스는 체감도가 높아지면서 대한민국의 자살률을 세계 최고 수준으로 끌어올리는 원인 중 하나로 작용하고 있다.

따라서, 심리적 치유와 정서적 안정을 제공하는 시설의 필요성은 단순한 복지가 아니라 사회 전반의 건강을 지키기 위한 필수 요소로 여겨진다.

PROGRAM DIAGRAM

마음을 바라보는 치유의 공간은 크게 심리치료공간과 물리치료 공간으로 나뉘며, 인공광과 자연광의 필요정도에 따라 배치가 결정되었다.

자연을 바라보는 쉼 여가 공간은 탄천, 수반, 하늘을 바라보는 쉼 공간을 상부층에 배치하고 보다 공공적인 상소인 도서관, 카페, 노천극장을 중층부에 두었다. 서로를 바라보는 문화배움의 공간은 앞서 말한 카페, 노천 극장과 연계할 수 있는 바리스타학교, 요리학교, 음악학교, 미술학교가 있다. 그리고 물리치료공간과 연계할 수 있는 클라이밍학교와 체육학교를 두어 쉼-배움-치유간의 연관성을 만들었다.

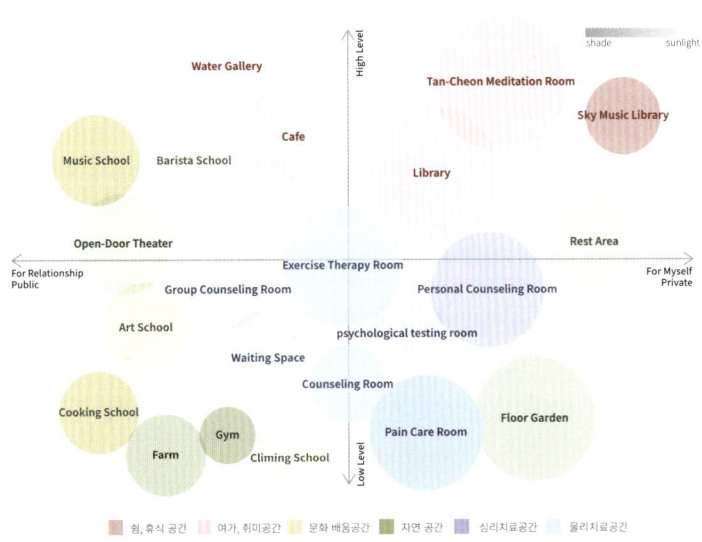

CONCEPT

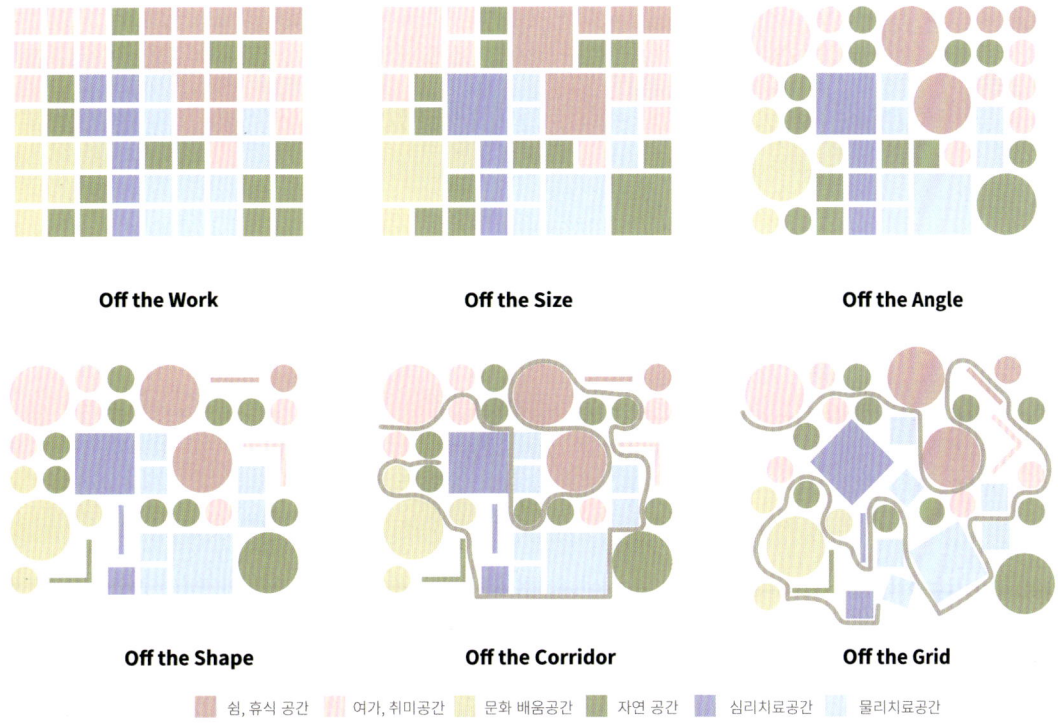

진정한 쉼이란 단순히 일에서 벗어나는 것을 넘어, 삶의 다양한 측면을 탐구하고 자신이 진정 원하는 것을 찾아가는 과정이다. 이는 한 가지 정해진 틀이나 규칙에 얽매이지 않고, 다양한 크기와 다양한 형태의 공간에서 각기 다른 각도로 세상을 바라볼 수 있을 때 이루어진다.

자연에서 자연을 바라보며 자유를 느끼거나, 아늑한 공간에서 내면의 목소리에 귀 기울이며 사색하는 순간들이 모두 쉼의 일환이다. 그 쉼은 자신만의 속도와 방향으로, 누구의 간섭도 없이 온전히 나 자신에게 집중할 수 있는 시간이자, 일상에서 벗어나 창의와 치유, 그리고 진정한 휴식을 경험할 수 있는 여정이다. 다양한 공간 속에서 각기 다른 경험을 쌓으며 마음의 여유를 찾는 것, 그것이 바로 진정한 쉼의 의미일 것이다.

MASS DIAGRAM

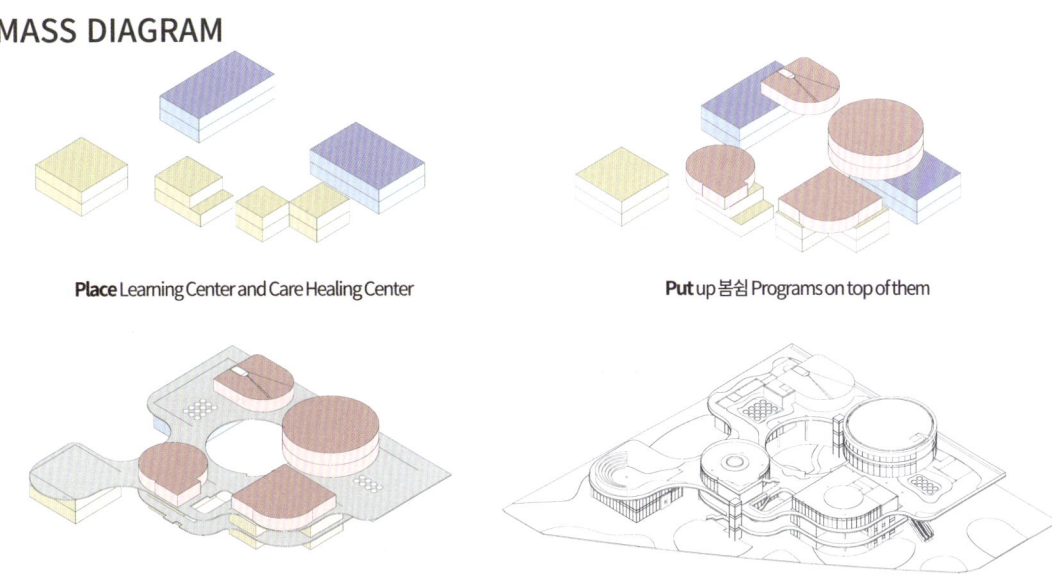

SPACE DIAGRAM

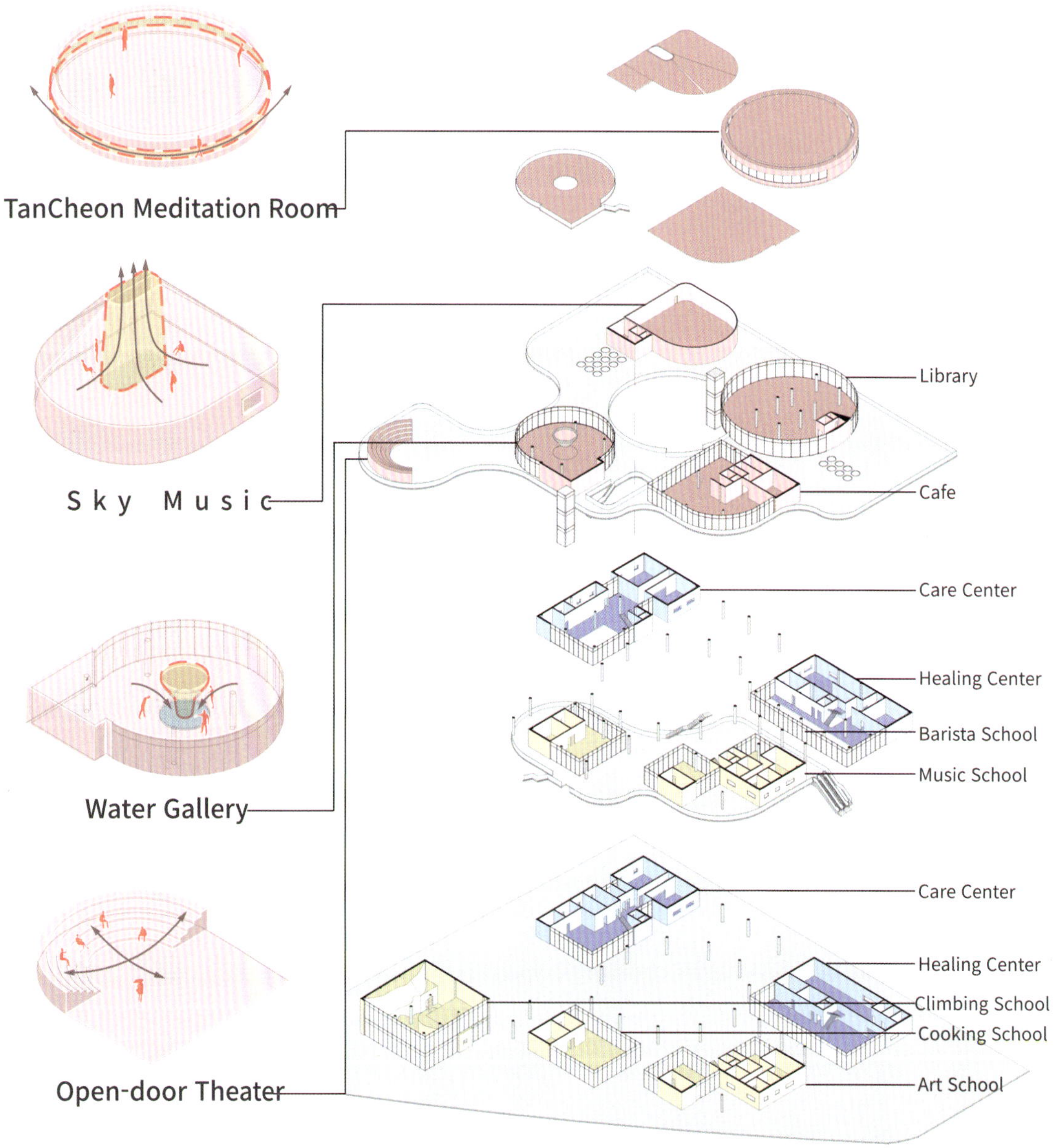

TanCheon Meditation Room

Sky Music

Water Gallery

Open-door Theater

- Library
- Cafe
- Care Center
- Healing Center
- Barista School
- Music School
- Care Center
- Healing Center
- Climbing School
- Cooking School
- Art School

Culture Center Entry

Care Healing Center Entry

PROGRAM

SKY MUSIC LIBRARY

이곳은 단 하나의 창문을 통해 하늘과 연결된 음악 감상실이다. 사방이 고요하게 닫힌 공간 속에서 하늘을 올려다보며 잔잔한 음악에 몸과 마음을 맡길 수 있는 이곳은 오직 나만의 시간을 위한 쉼의 장소이다. 하늘로부터 스며드는 자연의 빛과 소리로 감각을 깨우고, 음악의 선율 속에서 내면의 평화를 되찾을 수 있는 특별한 공간이다. 이곳에서는 하늘과 음악, 그리고 나 자신만이 존재한다.

TANCHEON MEDITATION ROOM

긴 수평창을 통해 탄천의 풍경을 온전히 담아낼 수 있는 명상 공간이다. 잔잔히 흐르는 물길과 자연의 조화로운 풍경이 창을 통해 눈앞에 펼쳐지며, 머무는 이들에게 고요와 평안을 선사한다. 탄천을 바라보며 호흡을 하다 보면, 일상의 소음은 사라지고 내면의 목소리에 집중할 수 있는 시간이 찾아온다. 자연의 흐름 속에서 마음을 비우고 온전한 자신과 마주할 수 있는 특별한 명상의 쉼터이다.

WATER GALLERY

수반과 작품이 조화를 이루는 특별한 갤러리이다. 공간의 중심에 놓인 잔잔한 수반은 고요한 물결로 마음을 다독이고, 주변을 채운 작품들은 각기 다른 이야기를 통해 감성을 자극한다. 수반의 물소리와 작품들의 고유한 분위기 속에서 자연스럽게 마음이 열리고, 깊은 휴식을 경험할 수 있다. 이곳은 예술과 자연이 함께 어우러져 일상에서 벗어난 편안함과 영감을 선사하는 휴식의 공간이다.

LAYOUT

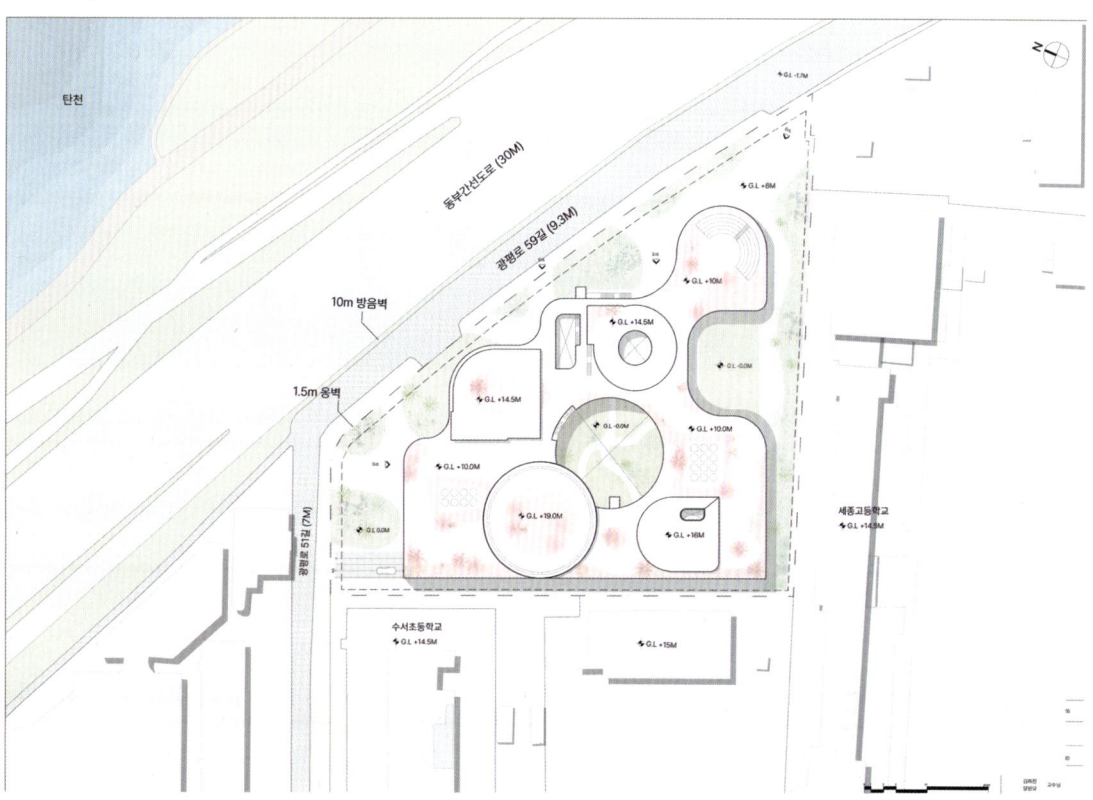

1F PLAN

2F PLAN

3F PLAN

4F PLAN

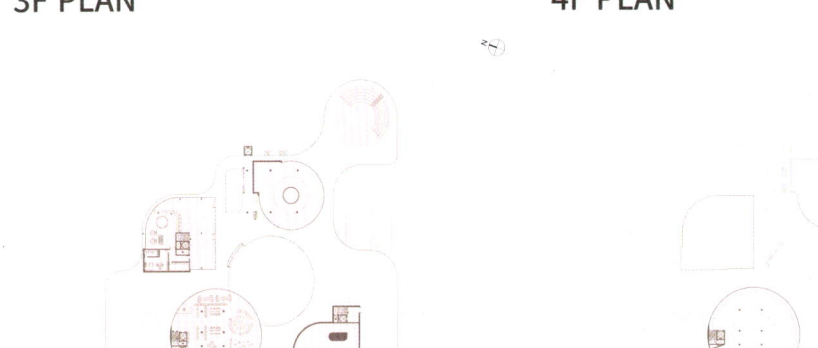
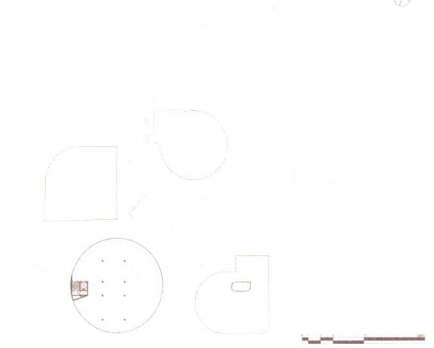

ELEVATION

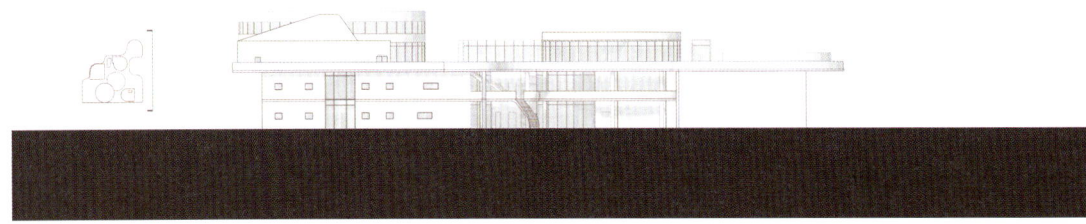

SECTION

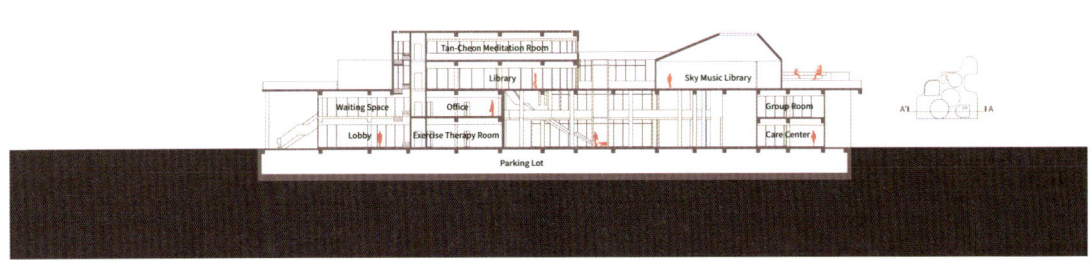

MODEL

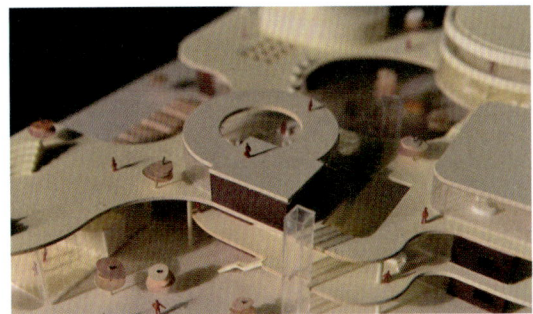

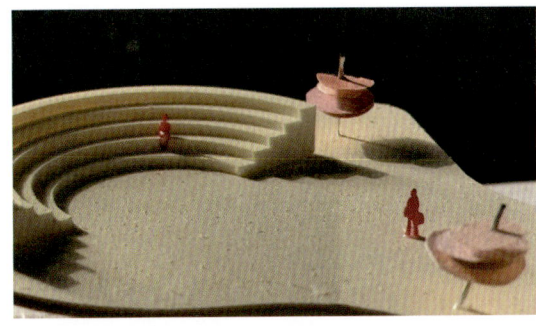

SUSEO GRIDS
적응하고 변화하는 건축

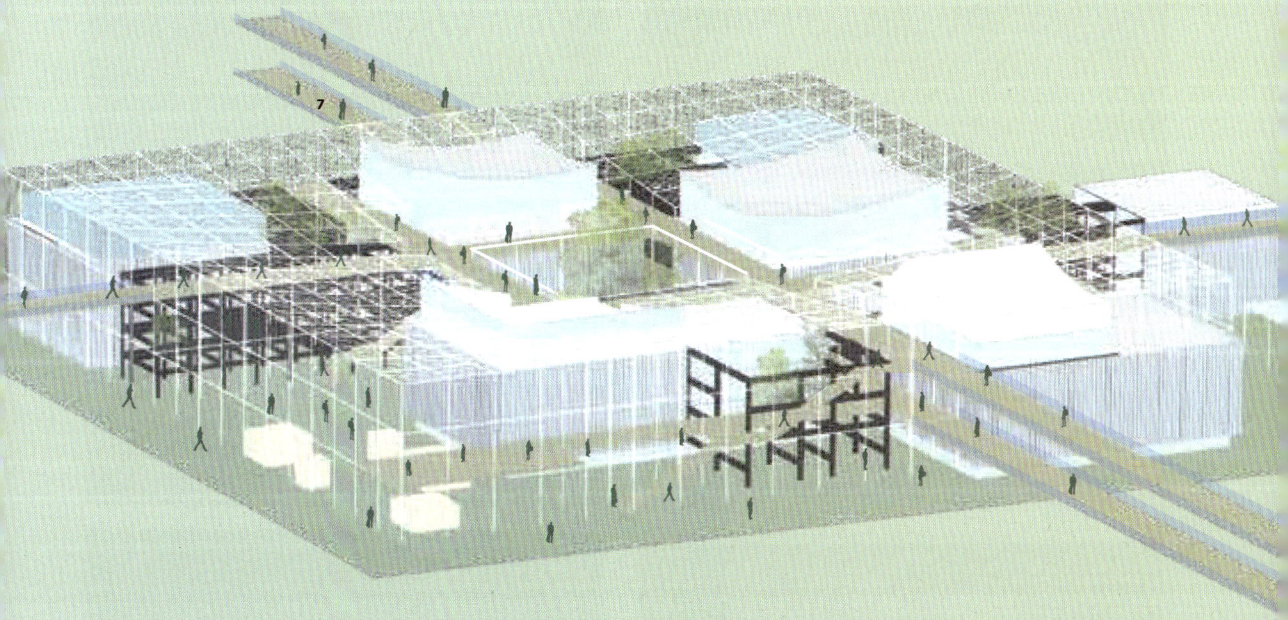

하승민 | SEUNG MIN HA

STUDIO 9 prof.
성 진 | JIN SEONG
정경오 | GYEING OH CHUNG

주변부의 변화에 맞춰 적응하고 변화하는 프로젝트

예전부터 지금, 미래까지 계속해서 변화하는 수서지구에 맞춰, 시간이 지남에 따라 주변부에 적응하는 건축에 대해 생각해 보았다. 수서초등학교 및 중학교 리노베이션에서는 주변부 변화에 맞게 3가지의 단계를 진행하는 방안을 제안한다. 리노베이션 과정중에서 증축 뿐만이 아닌, 해체 및 재해석 방식에 대해 고민하였다. 첫번째로, 기존 학교의 공간적인 한계를 극복할 수 있는 7개의 새로운 동을 구성하였다. 둘째로, 기존 학교 일부를 해체하여 콘크리트 구조를 그대로 자연으로 노출시키고 보행로, 공원, 쉼터로 사용하게 만든다. 기존 콘크리트 골조는 그저 사라지게 되는 것이 아니라 새롭게 재해석된다. 마지막 방점으로, 새로운 철골 그리드가 투입된다. 새로운 그리드에는 주변부 상업지구와 각각의 동을 잇는 보행로, 새로운 프로그램, 매스 등이 투입된다. 새로운 철골 그리드가 투입되며 이 일련의 프로젝트의 구성은 완결된다.

이 프로젝트의 마지막 순간에는 여러가지 그리드들이 공존하며, 조화를 이루게 된다. 기존 학교의 콘크리트 그리드, 새롭게 투입된 철골 그리드, 자연이 만들어주는 자연의 그리드들이 한군데 모이게 된다. 이는, 고층의 업무지구로 둘러싸인 미래의 수서지구 사용자들에게 유유히 존재하는 자연뿐 아니라, 여러 겹으로 정의되는 새로운 공간들, 주변부에서 경험하지 못하는 새로운 경험을 제공하게 된다. 야외, 실내의 경험, 각각의 사이공간에서의 경험, 옥상부로 진입하는 경험, 옛 건물의 골조속에서 만들어진 새로운 자연의 경험까지, 수많은 경험을 제공해줄 것이다.

주변부 고층 건물들 속 유유히 낮게 존재하는 하나의 구역, 수서동이 변화함에 따라 반응하고 적응하는 건축, 여러가지 그리드의 중첩과 경계부의 탄생이 만들어지는 수서 리노베이션 프로젝트를 제안한다.

SITE ANALYSIS

수서중학교 및 수서초등학교

주소: 서울 강남구 수서동 709, 710 번지
지역: 제1종 일반주거지역
용도: 교육연구시설
면적: 20,319.5 ㎡
건폐율: 60% (12,191.7㎡)
용적률: 150% (30,479.25㎡)

주변부에는 LH 임대아파트가 대지를 둘러싸고 있고 동부간선도로를 넘어서 탄천변이 위치해있다. 수서동은 수서역 환승센터 복합개발사업이 2029년에 완료되기로 예정되어있다. 수서역은 3호선, 신분당선, GTX 및 SRT 역이 위치해있다. 대지는 3개의 큰 도로로 둘러싸여 있으며 도심속에서 섬과 같은 모양을 하고 있다. 스튜디오에서는 데이터센터가 필수시설로 들어간다는 특이사항이 있다.

수서지구의 변화하는 주변부

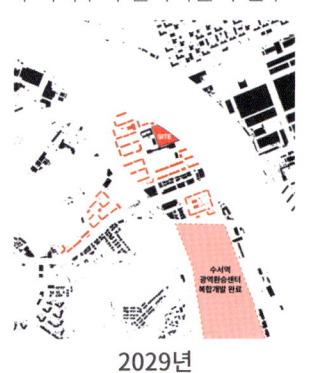
2029년

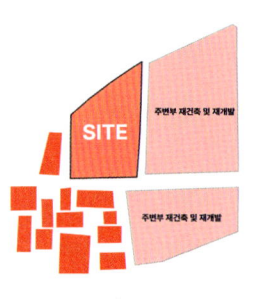
2035년

2040년

수서택지개발지구는 서울특별시 주택난 해소와 쾌적한 주거환경 조성을 위해 대단위 주택단지로 개발되었다. 하지만 2029년을 기점으로 수서역 환승센터 복합개발사업이 완료되고 대규모 상업지역이 들어설 예정이다. 이에 따라, 2029년은 '학교의 이전', 2035년은 '주변부 재개발 및 재건축, 상업지구 형성 시작', 2040년에는 '주변부 성업지구 형성 완료'라는 시나리오를 각각 설정한다.

단계별 리노베이션 모습

2029년에는 기존 학교 본동에 증축을 하여 7개의 새로운 볼륨을 만들어낸다.
2035년에는 주변 개발시기에 맞춰 학교 본동의 일부를 해체하고 골조만 남긴다. 골조에는 자연이 투입된다.
2040년에는 새로운 그리드가 들어서게 되고 새로운 보행로, 프로그램 등이 투입되어 페이즈가 완료된다.

DECONSTRUCTION - RECONSTRUCTION

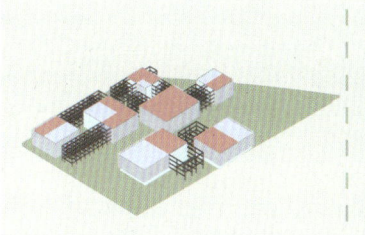

주변부는 새롭게 들어설 상업시설들의 공사가 진행중일 것이다. 이에 따라 일부 프로그램들은 필요가 없어진다. 변화에 대처하는 방식으로 기존 학교 건물의 본동을 일부 철거하고 공원화시킨다.

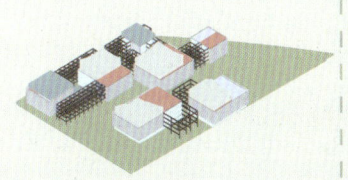

옥상부의 1개층에 새로운 매스를 증축시킨다. 해체되었던 프로그램들의 일부가 재배치되고 새로운 요구를 받아주는 프로그램들이 들어선다.

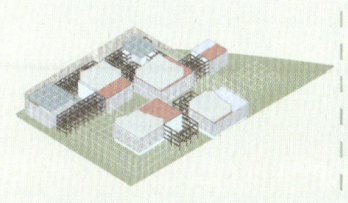

6000 X 6000 (단위: mm)를 가진 철골 그리드가 들어서게 된다. 이 그리드에는 자유로운 프로그램들과 보행로 등 박스에 담겨있던 프로그램들이 배치된다.

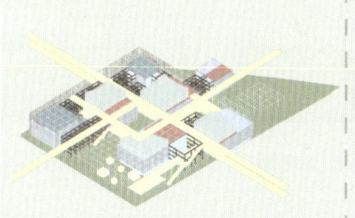

새롭게 들어선 철골 그리드에 야외 보행로 및 수직동선, 야외 프로그램 등이 붙게 된다. 새로운 철골 그리드와 과거의 콘크리트 그리드 그리고 자연이 모두 합쳐진다.

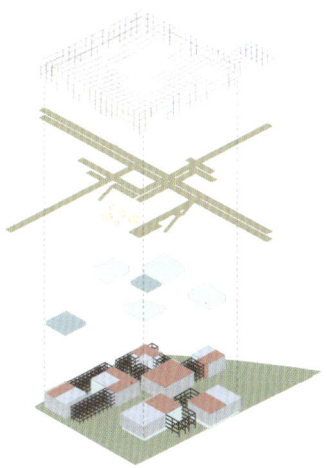

학교 본동의 일부분은 해체된다. 기존 학교의 볼륨은 콘크리트 골조로 이뤄진 복도와 실로 구성되어 있었다. 기존 학교의 볼륨을 해체하여 바깥에 있던 자연을 콘크리트 그리드 속으로 불러들인다.

기존에 안에 있던 프로그램들과 동선 등은 새롭게 만들어진 철골 그리드에서 다시 태어나게 된다.

이는 개념적으로 안과 밖을 재정의하게 되고 수많은 경계부를 만들어내며, 건물 전체를 재구성하며 완성시킨다.

SITE PLAN

FLOOR PLAN

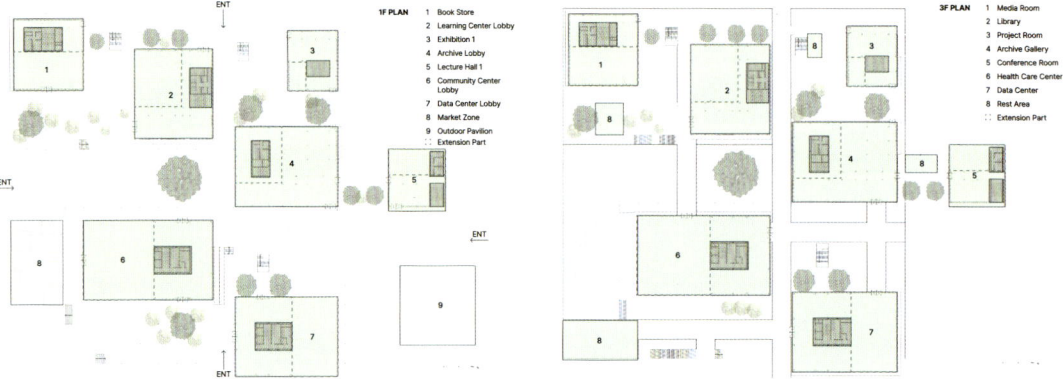

PERSPECTIVE

과거의 콘크리트 그리드에는 자연이 투입된다. 사용자들은 연결부로서 콘크리트 그리드를 지나치게 되거나 야외에서 휴식 할 때 이곳을 사용하게 된다. 새로운 철골 그리드에는 자유로운 프로그램과 시설이 설치된다.

공중 보행로에서는 진입시 지붕부가 머리 위에 있지만 가운데 중정부로 들어올 수록 곡선으로 낮아져 마지막 순간에는 핸드레일이 된다. 그리고, 중정부에 진입하면 곡선형을 가진 볼륨들이 구름처럼 보이게 된다. 이러한 일련의 과정은 사용자들에게 마치 구름 위를 걷는 듯한 환상적인 경험을 제공한다.

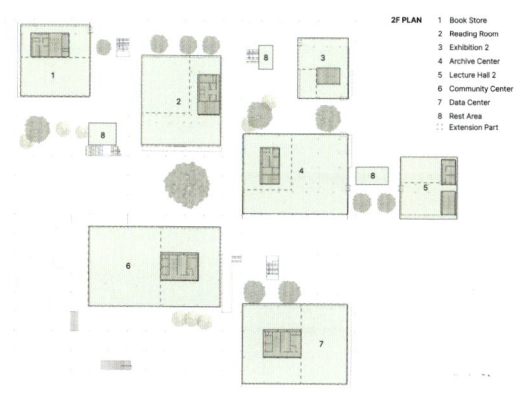

PERSPECTIVE

MODEL

| 최시훈 | SI HUN CHOI |

STUDIO 9 prof.
| 성 진 | JIN SEONG |
| 정경오 | GYEING OH CHUNG |

    진정한 배움이란 무엇일까? '배우다'라는 용어는 '배다(품다 혹은 임신하다) + 우(-하게 하다)'이다. 직역하자면 '품게 하다'라는 의미를 가진다. 즉 스스로 무언가를 가지고 그것을 생산해 나가는 것이 '배움'의 의미다. 그렇다면 현재 배움의 공간인 학교는 어떤 모습인가? 편방향의 일자형 복도, 나열된 교실, 아침부터 점심/저녁까지 똑같이 고정된 학급. 학교는 100년전의 모습과 달라지지 않았다. 이러한 정적인 학습 공간은 우리의 진저한 배움을 위한 공간이라 할 수 있는가? 그렇기에 나는 '교실과 복도'의 공간에서 부터 시작하였다.

    학교 리노베이션 프로젝트로서 기존 교실과 복도 공간이 어떻게 바뀔 수 있을까? 기존 학교는 입면과 평면 상에서 '축'을 가지고 있다. 축의 요소에서 나는 "엔필라데 Enfilade"의 개념을 떠올렸다. 엔필라데는 군사용어에서 왔다. 전술적으로 목표물이 시야에 포착되었을때 엔필라데 Enfilade 라 하고, 시야에서 사라졌을때 데필라데 Defilade 라고 한다. 건축에서는 '방과 방들의 나열'로서 중세 시대 때 사용된 개념이다. 방과 방으로 연결된다는 것은 복도가 존재하지 않는다는 의미이다. 즉 교실과 복도의 경계가 존재하지 않고, 내가 존재하고 이동하는 모든 공간이 배움의 공간이 되는 것이다. 하나의 목표점이 존재하고, 목표점을 향해 이동하면서 자연스럽게 배움을 습득하게 되는 것이다.

    교실과 교실로 이동하는 공간. 단절되지 않은 공간은 어떤 공간인가. 이를 위해 교실과 복도의 유닛에서 벽이 가지는 특성을 스터디 해 보았다. 첫째로 벽은 영역을 가진다. 연속된 벽의 나열은 밀폐되지 않더라도, 영역을 가지게 된다. 둘째 벽은 공간의 성격을 가진다. 개방형 공간, 밀폐형 공간에 따라 벽은 곡선이 될 수도 있고 정적인 직선 벽이 되기도 한다. 셋째로 벽은 방향성을 가진다. 벽은 시선과 동선을 유도하며, 벽과 벽이 교차될 때 선후관계에 따라 방향성을 지닌다. 이렇듯 벽이 지닌 성격을 활용하여 학습자의 시선과 동선을 자연스럽게 유도하며, 경계가 모호한 NOMADIC SPACE를 구현하고자 하였다.

ENFILADE 엔필라데

기존 학교가 가지고 있는 축을 리노베이션하여 연속된 벽의 나열을 만들었다. 학습자는 교실공간에 드러섰을때, 연속된 교실들의 나열을 보게 된다. 둘러싸지 않고 어떻게 공간의 경계를 구분할 수 있을까? 또한 복도가 존재하지 않는 공간에서 어떻게 동선을 유도할 수 있을까? 연속된 벽을 소거함으로써 보이지 않는 경계가 형성된다. 또한 사람이 머물기 위한 공간은 중심이 형성되는 원 형태의 벽이 형성되고, 프라이빗한 공간은 직선벽을 따라 지나치게 된다. 이렇듯 벽은 밀도, 배치, 형태에 따라 공간을 형성할 수 있게 된다.

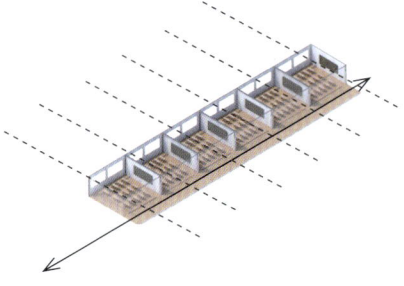

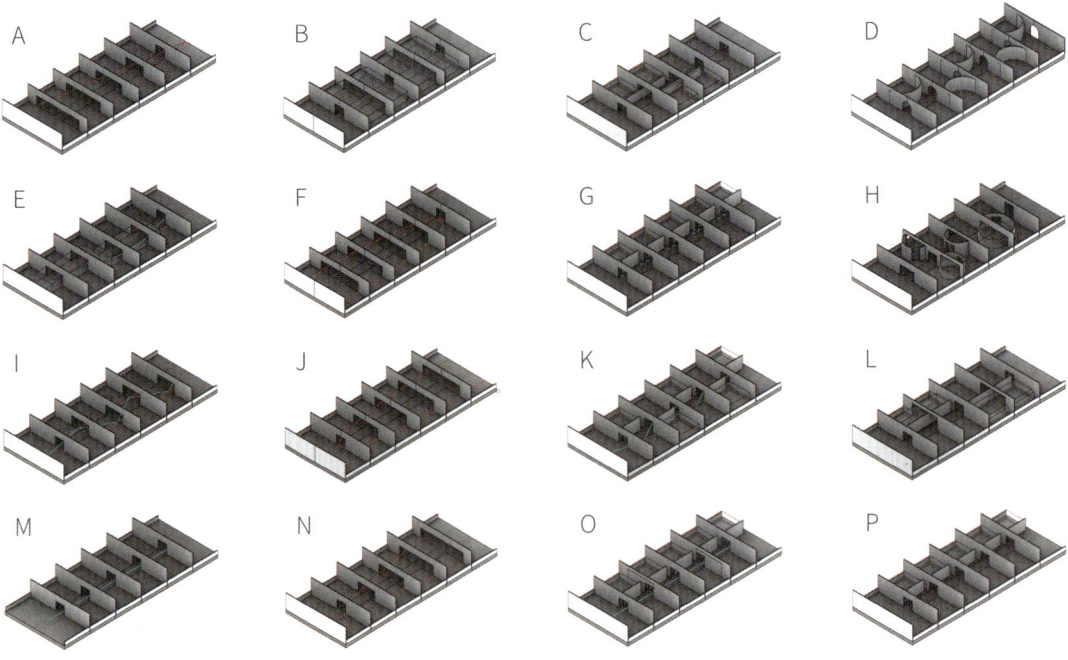

*ENFILADE 엔필라데: 일련의 방들이 일직선으로 정렬되어 방에서 다음 방까지 연속적으로 보이는 공간 배치

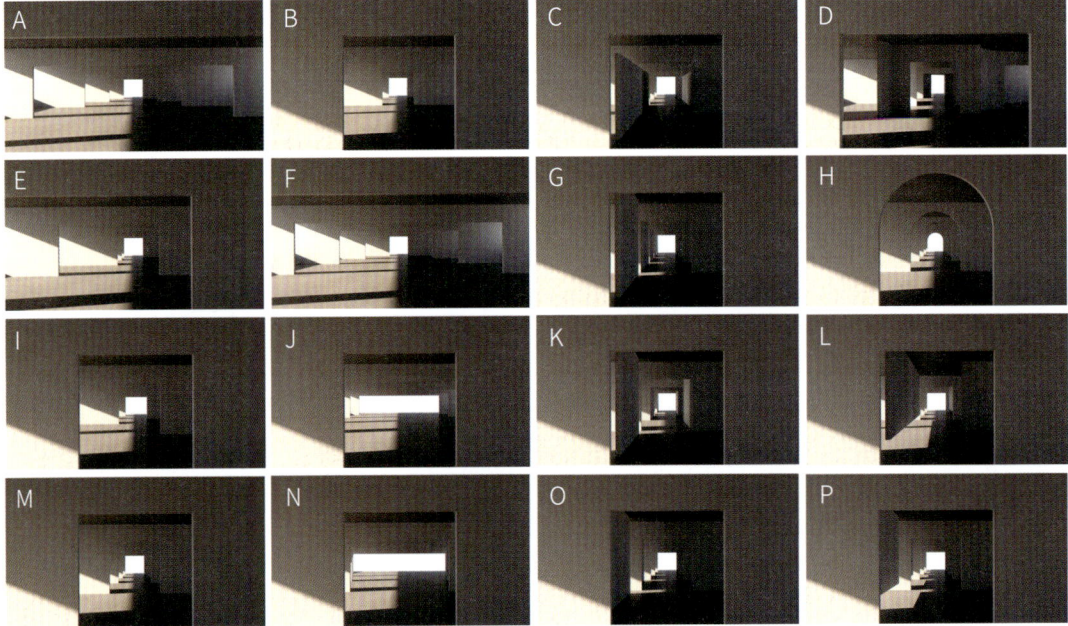

Classroom Space With No Hallways

SCIENCE

MUSIC

ART

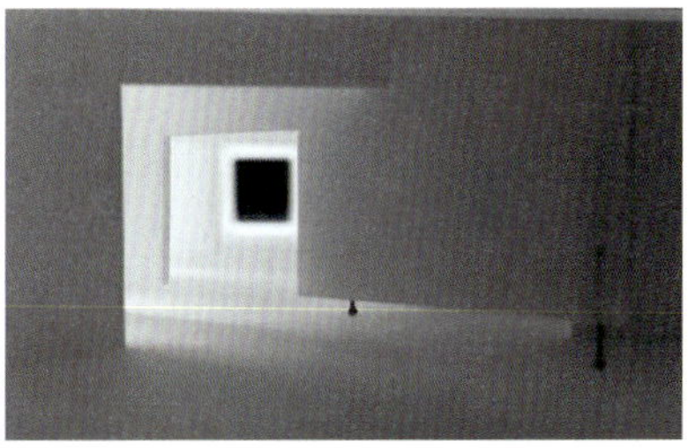

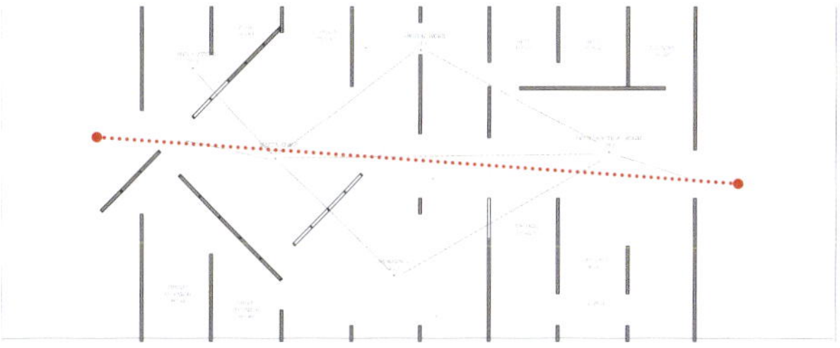

음악, 과학, 미술 등 하나의 범주로 교실이 형성된다. 교실의 출발점에선 다음 공간으로의 시선이 형성된다. 따라서 참여자는 벽으로 막혀있지 않은 공간들을 자연스럽게 체험하면서 여러 공간을 향유할 수 있다.

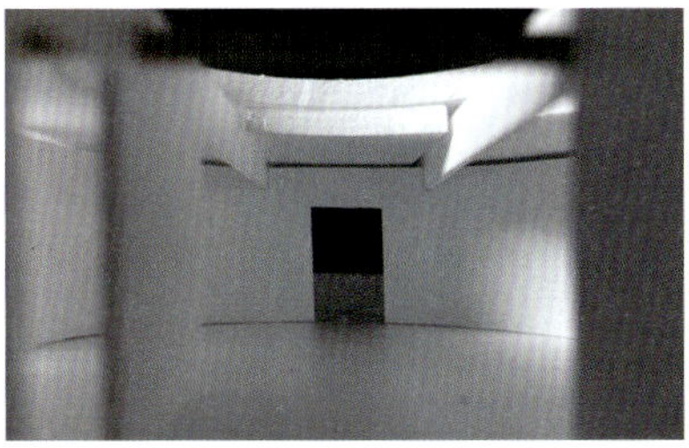

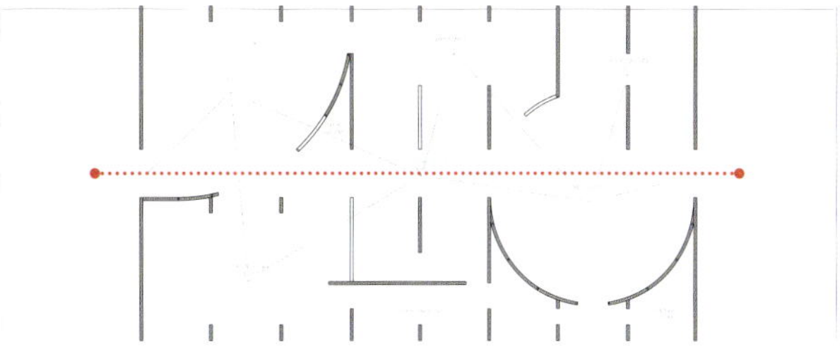

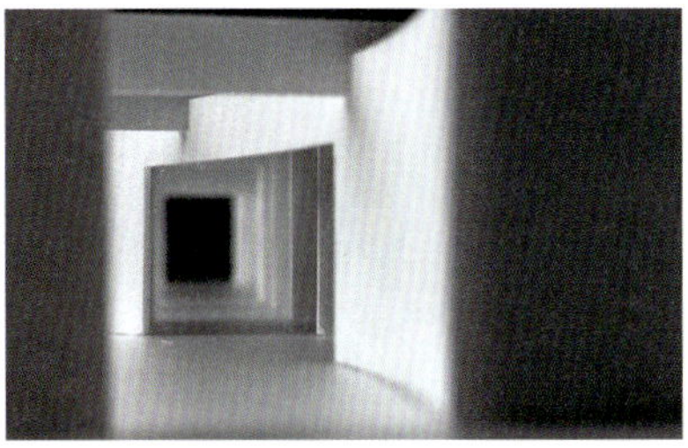

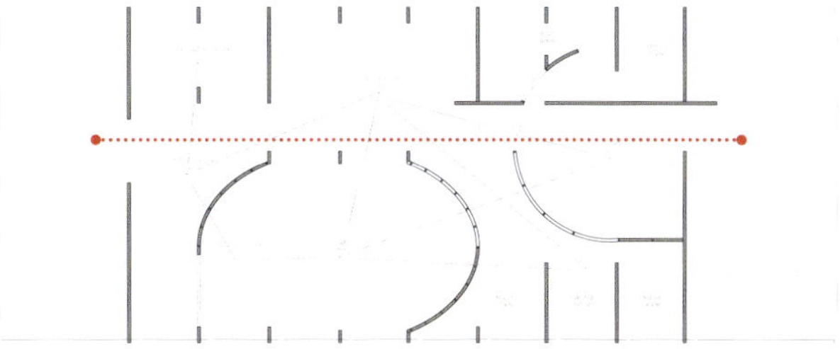

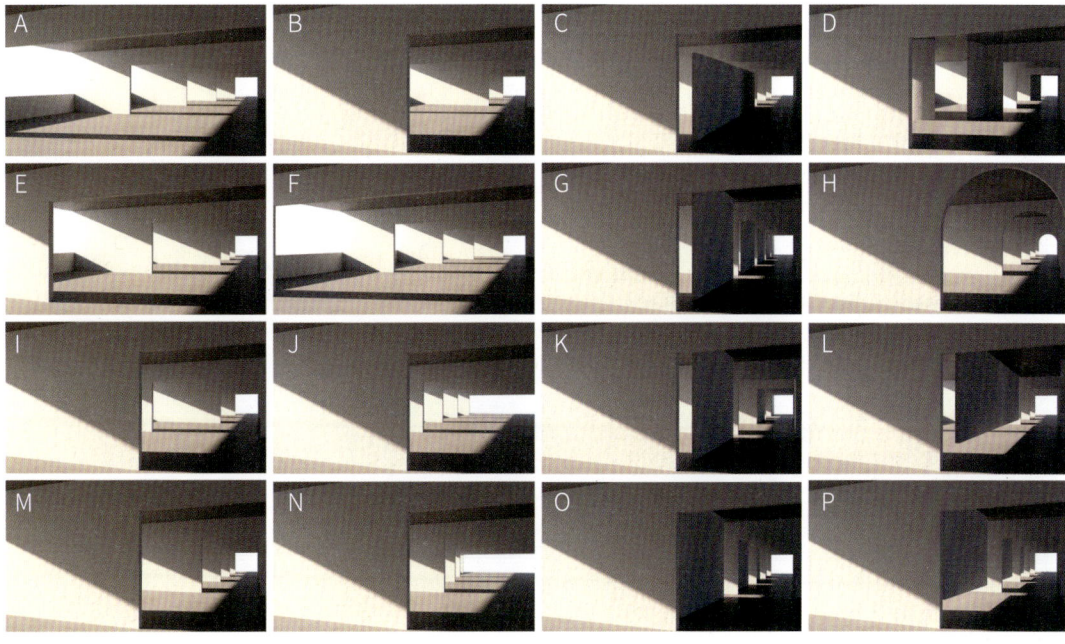

OPENING LOUNGE MASS

증축된 공간이다. 둥근 오픈 라운지 공간은 기존 건물의 분리된 매스를 연결하며 메인 진입로에서 받아주는 역할을 한다. 사람들은 교실로 이동하기 전에 대공간에서 소공간으로 위계에 따라 이동하게 된다.

CONNECTING MASS

기존 건물을 그대로 보존하였다. 넓은 공간의 라운지 공간과 프로그램이 존재하는 ENFILADE 교실을 연결하는 역할을 한다.

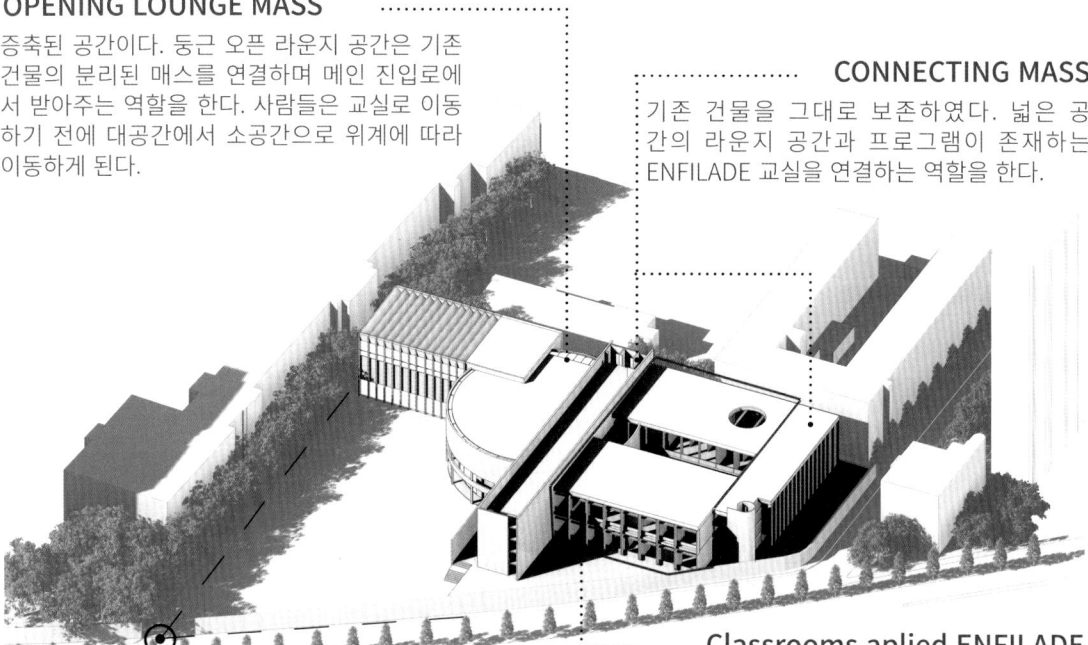

MAIN ENTRANCE

Classrooms aplied ENFILADE

기존 학교의 축을 활용할 수 있으며 진입로에서 멀리 떨어진 구역을 개조하였다. 복도가 없는 교실로 구성되어 있으며, 중앙에 중정을 유지하였다.

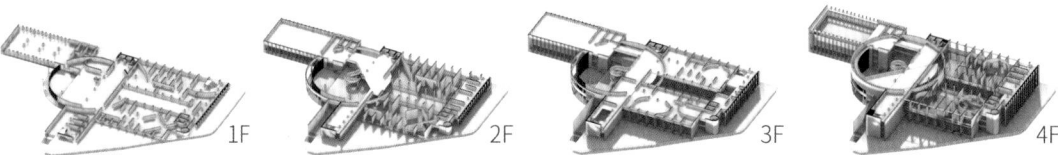

리노베이션으로서 기존 골조를 최대한 유지하였다. 메인 집입로에서 공간의 위계에 따라 라운지, 연결 공간, 교실을 순차적으로 경험할 수 있게 된다. 증축된 매스의 벽또한 다음 공간으로 유입되면서 동선을 유도한다.

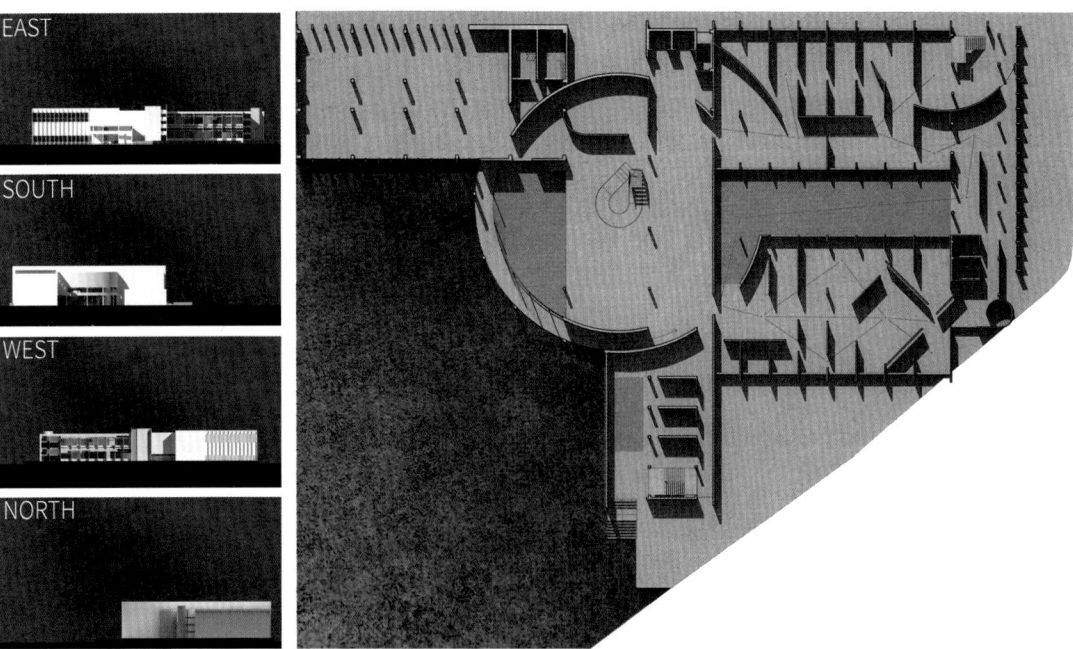

PERSPECTIVE

LOUNGE

COURTYARD

CLASSROOM

CLASSROOM

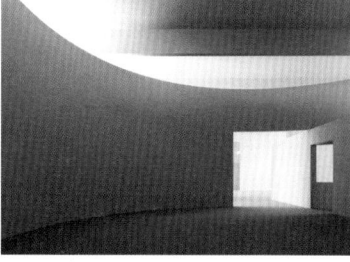
CLASSROOM

CLASSROOM

교실 공간들은 구분은 되어 있되, 벽으로 단절되어 있지 않다. 단절되어 있지 않은 벽을 통해서 참여자는 스스로의 배움을 찾아 이동할 수 있다. 또한 벽은 머무는 공간을 만들기도 하며 다음 장소를 위한 방향성을 제시한다.

SECTION PERSPECTIVE

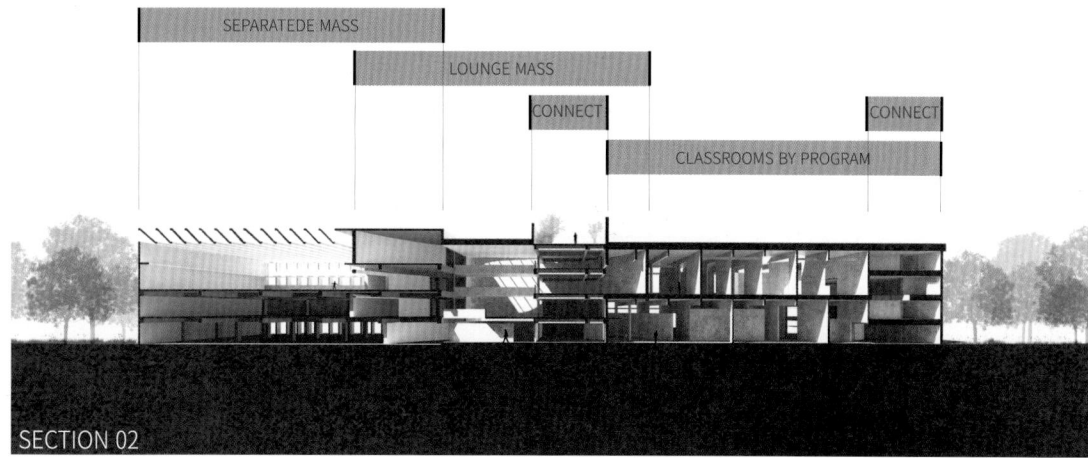

SECTION 02

MODEL

교실안에 공간은 방과 방으로 연결되어 있다. 교실에 처음 드러설때 연속된 방들의 나열 즉, ENFILADE를 체험하게 되고 인방, 벽들을 따라서 공간과 공간을 이동한다.

복도는 존재하지 않는다. 공간의 성격에 따라 벽들의 형태도 다양하다(오픈형 공간, 사람이 머물기 위한 공간은 타원형의 벽이 생기며, 프라이빗한 공간은 메인 동선에서 멀리 떨어진 곳에 위치한다).

탈선;脫線
자연과 도시를 잇는 탈선, 비효율 속에서 새로운 효율을 만나다

안우현	WOO HYEON AHN
	STUDIO 10 prof.
임근영	KEUN YOUNG LIM
백승욱	SEUNG WOOK PAIK

현대사회는 디지털이 당연시 되고, 없어서는 안 되는 존재가 된 지금, 다양한 편리함과 효율성으로 점점 더 우리의 삶에 깊숙히 침투하고 있다. 그렇지만 사회에서 디지털에 대한 고착화가 일어나 점점 히키코모리, 도파민 중독 같은 부정적인 영향을 무시할 수가 없게 된 현대사회에서의 디지털의 현위치이다.

수서동 사이트 바로 북동쪽에 탄천이 인접하고 있지만, 대교로 제한된 동선으로 인해 수서역 방면과 탄천이 단절된 것처럼 느껴진다. '탈선' 프로젝트는 탄천(자연)에서 도시로, 도시에서 탄천(자연)으로 전이시키는 전이공간으로써 비효율 속 효율을 추구하는 새로운 그리드를 통해 공간을 재구성한다.

사이트의 물리적인 형태를 보면, 삼각형처럼 생긴 세 면에서 송파, 대치, 판교 방면의 개발 및 교육상권이 압박하고 있는 형태이다. 이 세 면을 압박하고 있는 축을 사이트의 면에서 '프리즘' 처럼 사선의 방향으로 퍼뜨려준다. 각 면은 스포츠, 제작, 음악을 상징하는 축을 만들어내고, 만들어진 축들을 기반으로 매스형성, 내부공간 구성, 동선 계획 등 모든 마스터플랜을 계획한다.

기존의 정형적이고, 직각의 공간구성, 마스터플랜을 벗어나 공간 안에 들어왔을 때 새로운 축으로, 사선으로 형성된 공간들을 사람들은 경험하게 되고, 조금은 낯설지만 바닥, 벽에 각인되어 있는 그리드를 따라가다 보면 각 축이 상징하는 공간들이 나타나고, 축들이 겹쳐 만들어내는 새로운 경험의 공간들이 나타난다.

디지털에서 아예 사람들을 떼어놓는다는 것은 어불성설이다. 잠시라도 디지털에서 벗어날 수 있게 평소보다 디지털을 안 보는 시간을 조금이라도 늘려줄 수 있게 다양한 장면, 활동을 제안할 수 있는, 공간 전체를 마스터플랜하는 새로운 그리드를 제안함으로써, 사선을 통해 느린 것 같지만 빠른, 혼란스럽고 우회하게 만들지만 사람들의 디지털에 잠식 당하는 시간을 조금이나마 줄여줄 수 있는 비효율 속 효율을 제안하고자 한다.

SITE ANALYSIS

수서중학교 사이트는 고가도로에 둘러쌓여있는 폐쇄적인 공간에 위치하고 있다. 그렇지만 송파/잠실 - 강남/대치, 서울 - 경기권을 이어주는 교육 거점이자, 바로 인접하고 있는 탄천을 이어줄 수 있는 기회를 갖고있는 사이트이다. 자연과 도시를 이어주는 전이공간이자, 아이들에게는 '동아리/클럽'으로서의 활동공간, 성인에게는 언제나 와서 자신의 취미활동을 개인적으로, 단체로 즐길 수 있는 공간으로 계획하고자 했다.

PROGRAM CONCEPT

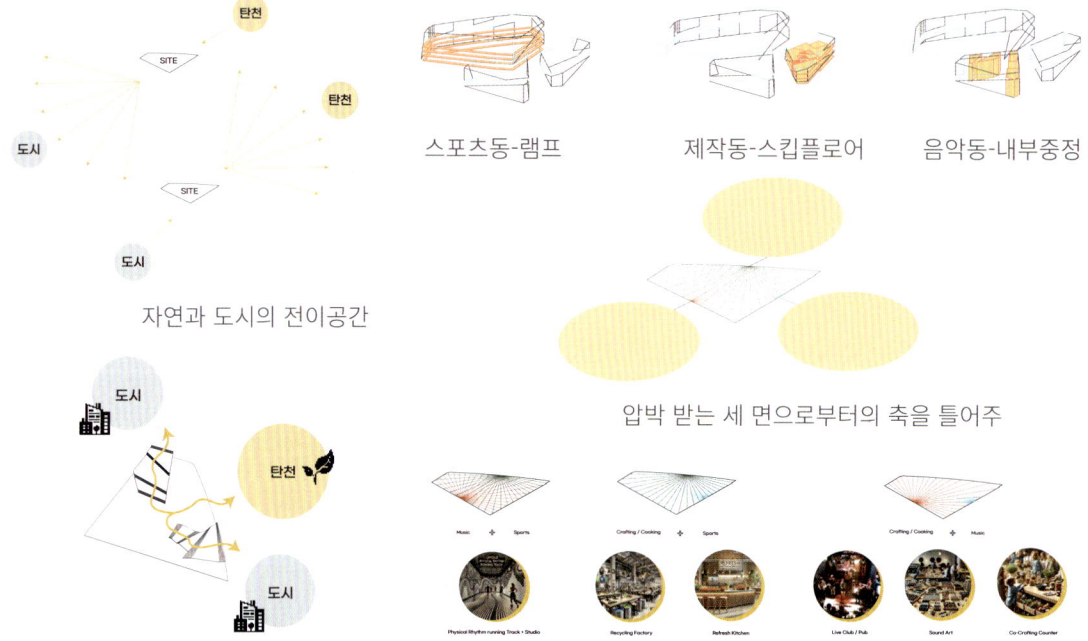

MASS DIAGRAM

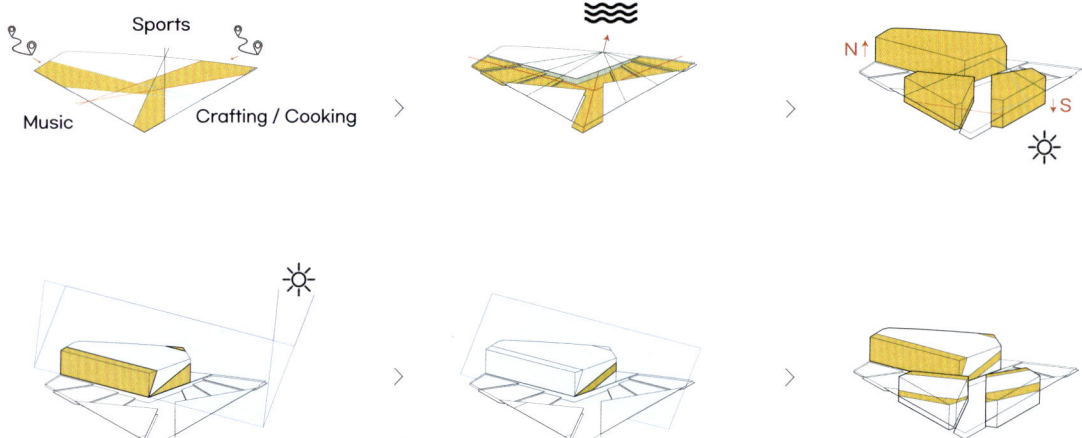

SPACE PROGRAM

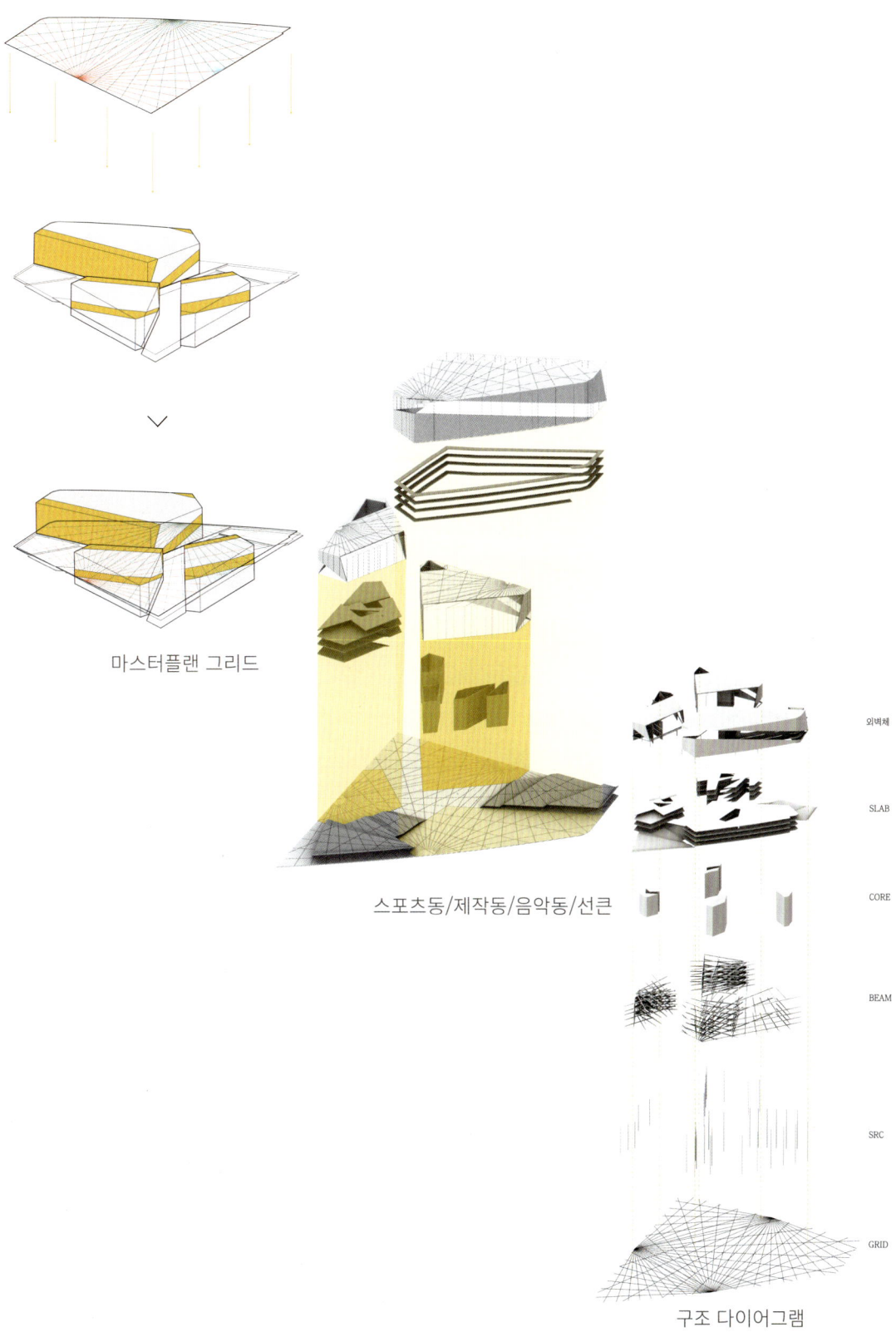

마스터플랜 그리드

스포츠동/제작동/음악동/선큰

외벽체
SLAB
CORE
BEAM
SRC
GRID

구조 다이어그램

PLAN

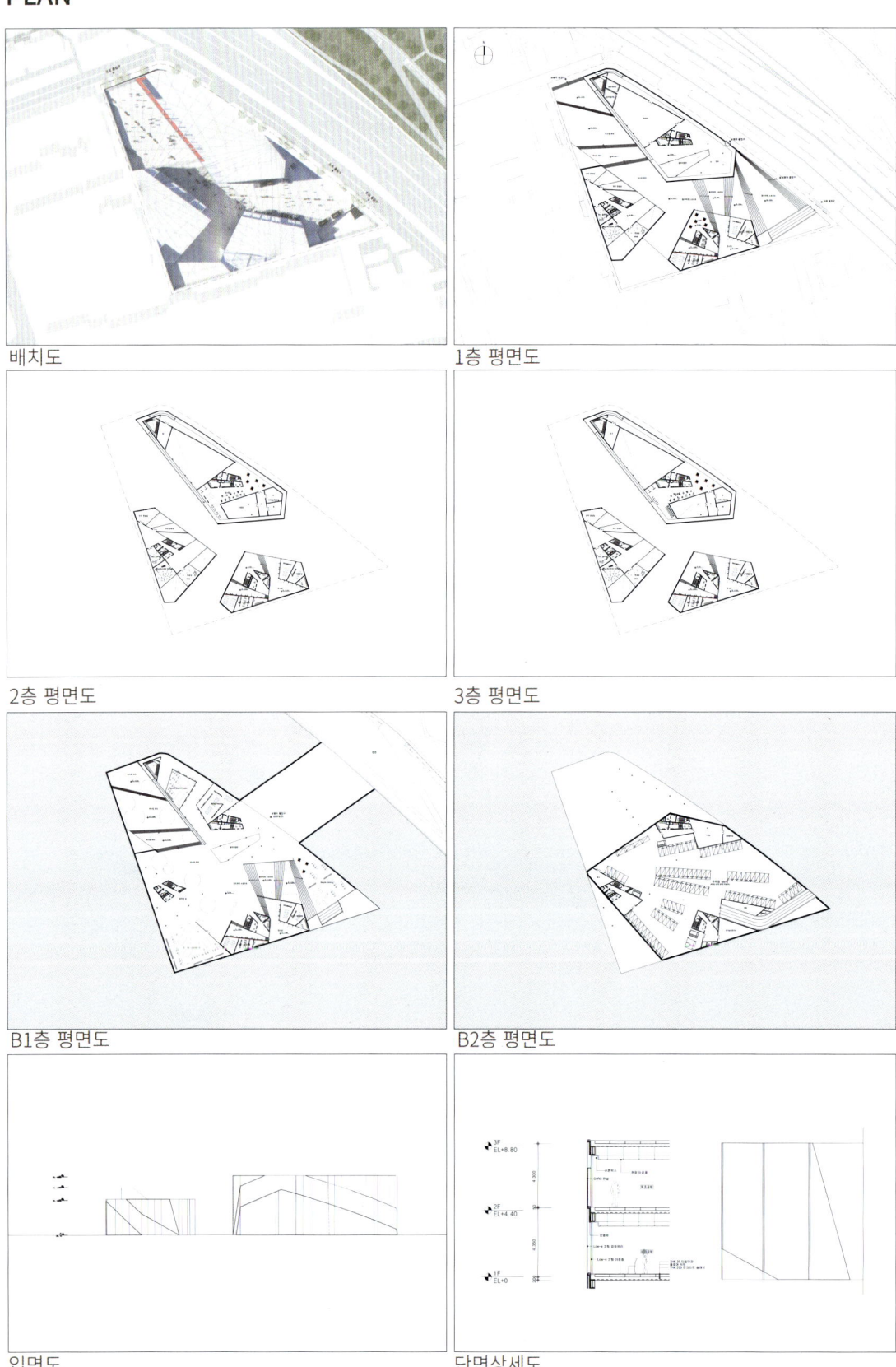

배치도
1층 평면도
2층 평면도
3층 평면도
B1층 평면도
B2층 평면도
입면도
단면상세도

SECTION PLAN

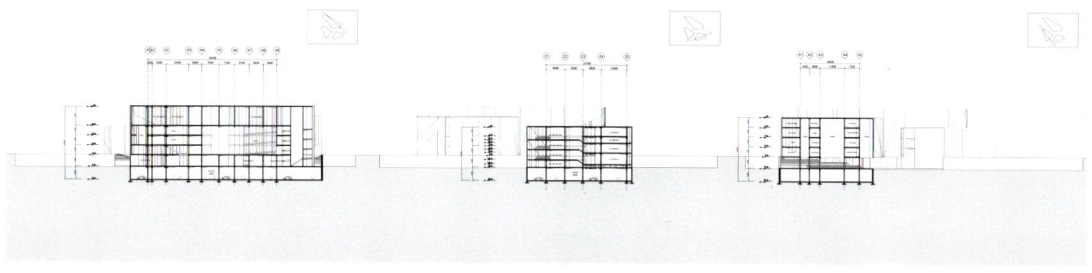

SECTION PERSPECTIVE

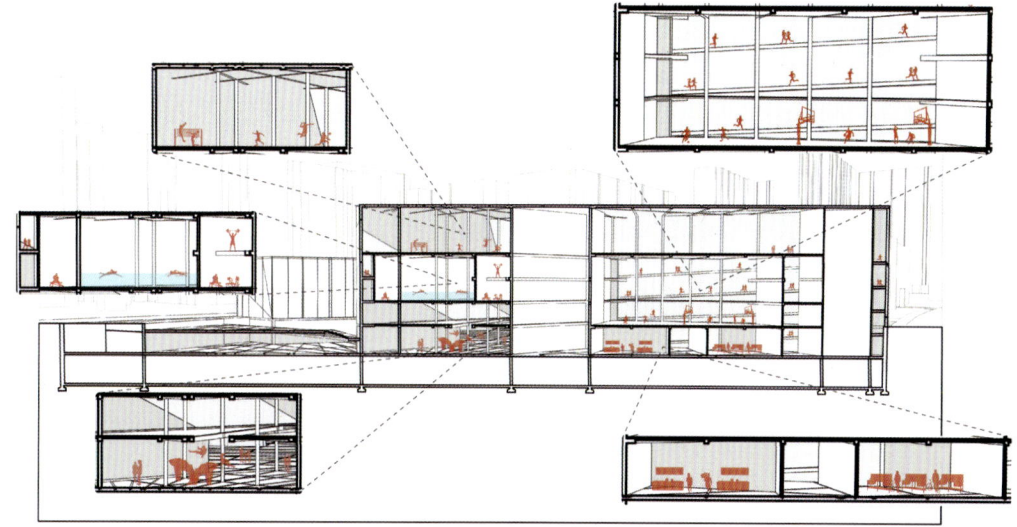

스포츠동 단면투시도

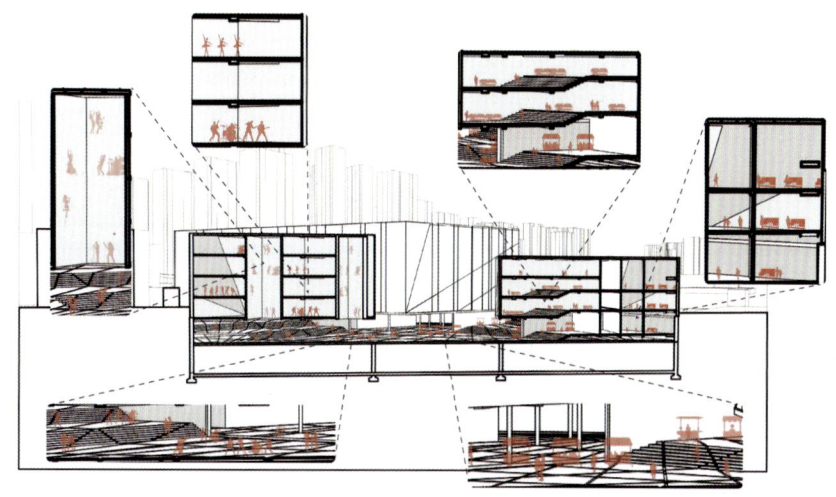

음악동/제작동 단면투시도

PERSPECTIVE

조감도

주출입구

주출입구(동쪽방면)

주출입구(남쪽방면)

탄천방면 출입구

스포츠동

음악동

제작동

MODEL

SUSEO COLLECTIVE LOUNGE
세대별 사교 공간과 지역 공동체 만들기

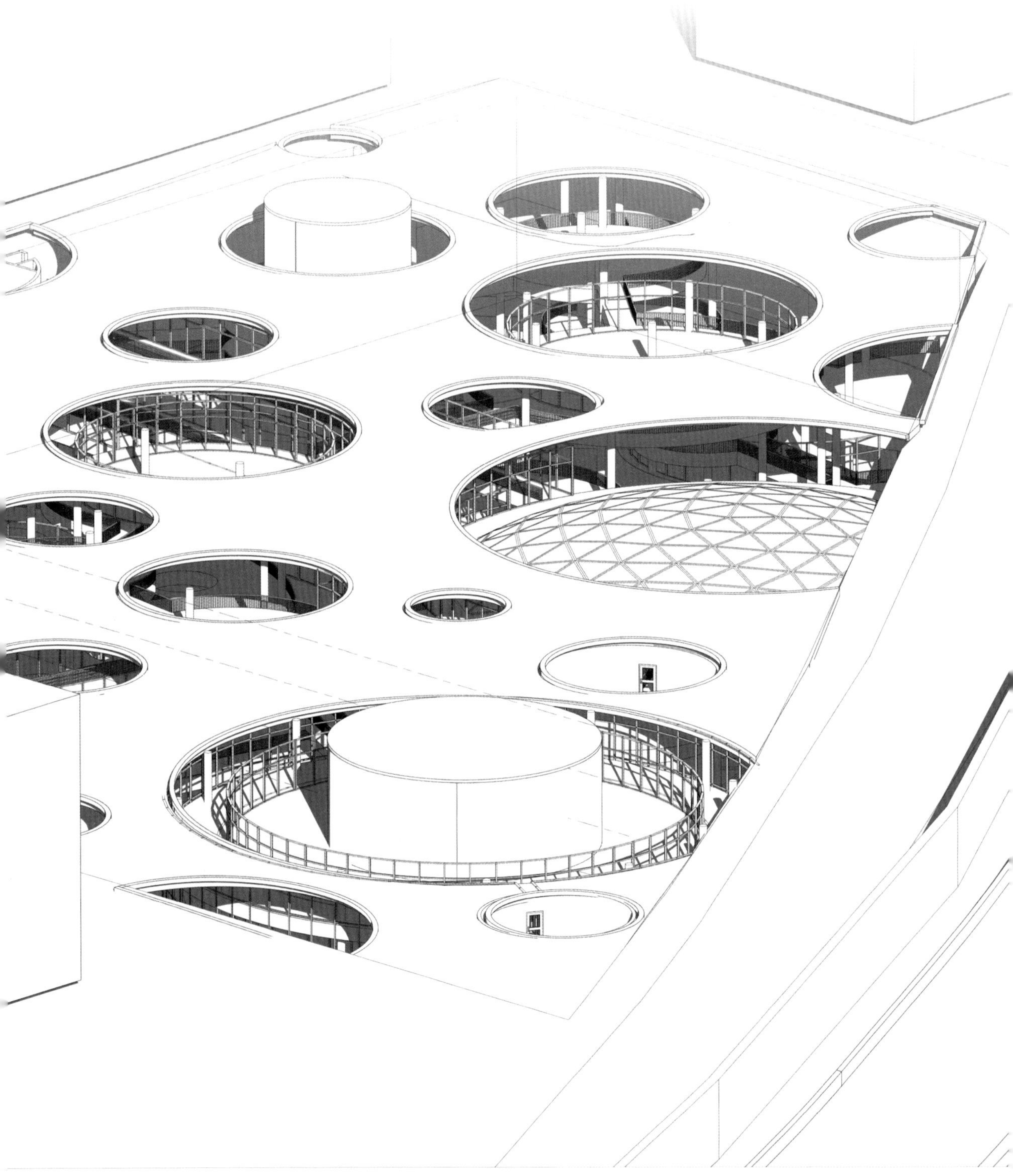

김성현 | SEONG HYEON KIM

STUDIO 8 prof.
이장환 | JANG HWAN LEE
최연웅 | YEON WOONG CHOI

수서섬과 탄천
해당 사이트는 동부간선도로와 광평로, 밤고개로로 둘러싸인 대지 조건을 가져 일명 '수서섬'이라고 불리는 블록의 일부를 차지한다. 사면이 도로로 둘러싸인 만큼, 수목과 함께 방음벽이 늘어서 있으며, 탄천으로 접근 시 전체 블록 획지의 끝으로 이동해야만 하는 물리적 환경에 놓여있다. 탄천의 경우 생태환경 보전구역으로 지정되어 있으며, 천연기념물인 수달과 왜가리 등 다양한 동식물이 살고 있는 수변 구역이다. 산책로가 잘 정비되어있어 주민들이 편리하게 이용한다면 큰 장점으로 기능할 수 있지만, 현재는 접근이 어려워 이용률이 적을 것이라 판단하였다. 사이트와 탄천 사이의 고저차는 10m이며, 상부 연결 시 동부간선도로가 위치하는만큼 사이트의 지하부를 통한 연결이 가능한 상태라고 판단되었다.

노인 고령화
강남 개발 당시 택지개발과 더불어 수서중학교 인근에는 장기 임대 주택 등이 다수 생겨났다. 사이트와 바로 인접해 있는 수서 주공 1단지에는 대부분 독거 노인을 포함한 취약 계층이 거주중이며, 아파트 평수가 8~9평에 이르는만큼 생활 환경에 있어 상당한 불리함을 가진 환경이라고 분석하였다. 이들의 생활상을 예측해 보았을때, 노령 인구이면서, 소득이 적었기에 미디어 시청 니즈가 상당히 높을 것으로 예측하였다. 즉, 집에서 TV를 보는 시간이 압도적으로 높을 것이라 예측되었다.

초등학교와 고등학교
사이트 바로 옆에는 재학생 140명 규모의 수서초등학교과 548명 규모의 세종고등학교가 위치한다. 택지개발과 동시에 해당 블록의 학군을 수용하는 이 두 학교의 지리적 특징은 바로 교육열이 높은 강남 8학군에 속하는 학교라는 것이다. 실제 수서는 인근 대치 학원가와의 접근성이 매우 높은 환경 (지하철 4정거장, 소요시간 7분)이며, 많은 학생들이 하교 후 버스를 타는 등 학업 피로도가 매우 높을 것으로 예상하였다.

SITE ANALYSIS

사이트는 강남구 수서동에 위치한다. 강남 개발 이후 학군에 대응하여 수서초등학교, 수서중학교, 세종고등학교가 1990년대 개교하였다. 현재 수서중학교는 지속적 학령인주 감소로 인한 조정 등으로 타 지역 이전 예정이다. 수서중학교 인근은 도로로 둘러싸인 택지개발지구로 개발되어 인접 지역과 더불어 탄천과의 접근성이 떨어지는 상황이다.

노인 : 사이트 인근 임대주택에 거주하는 60세 이상의 노령인구는 2023년 기준 총 4136명에 이른다. 수서주공 1단지와 6단지를 포함하여 대다수의 아파트가 10평 이하의 취약계층 장기임대형 아파트로 공급되었으며 현재에 이르러 독거노인의 비율이 상당이 높다. 더불어, 소득이 낮은 독거노인의 경우 TV 등 미디어 의존율이 매우 높아 고립의 문제가 대두되고 있다.

초등학생 & 고등학생 : 사이트에서 가장 가까운 역은 수서역으로, 인근 학권가가 가장 발달한 대치역까지 약 7분이 요소된다. 강남 8학군이라는 지역적 특징을 미루어보아 해당 지역의 학생들은 집-학교-학원의 단조롭고 수동적인 루틴을 반복할 것이다.

SPACE PROGRAM

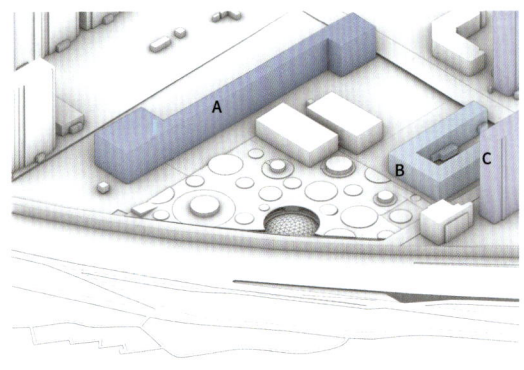

A : 초등학생
다양한 형태, 기구의 실내 놀이공간 + 학부모들의 사교공간

B : 고등학생
케쥬얼한 학습공간 + 친구들와 함께할 수 있는 오락시설

C : 노인
노인들의 식사공간 + 옛 기억들의 공간 (다방과 방앗간)

MASS PROCESS

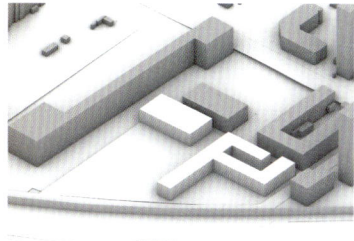

1. 기존의 중학교 본관은 전형적 학교 구조인 ㄱ자 구조의 형태에서 각 부분이 증축의 과정에서 시공

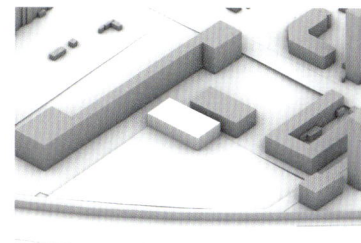

2. 강당은 기존의 중학교 급식실을 포함한다. 향후 노인 급식소로 운영 시 인프라 활용의 이점이 있어

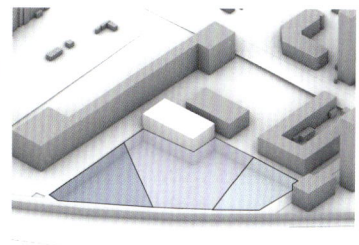

3. 중간의 노인을 위한 공간을 중심으로 좌측을 초등학생, 우측을 고등학생 전용 공간으로 조닝한다.

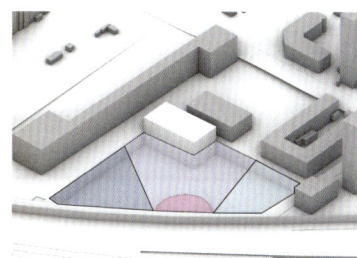

4. 전연령층이 교류할 수 있는 돔 공간을 각 영역의 교차점에 제시한다.

5. 내부 공간 구성에 있어 원형 코어를 중심으로 한 세대별 클러스터를 제안한다. 각 공간은 외기의

6. 채광 확보와 다양한 시선의 교류를 고려한 개구부를 확보한다.

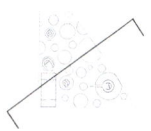

PLAN

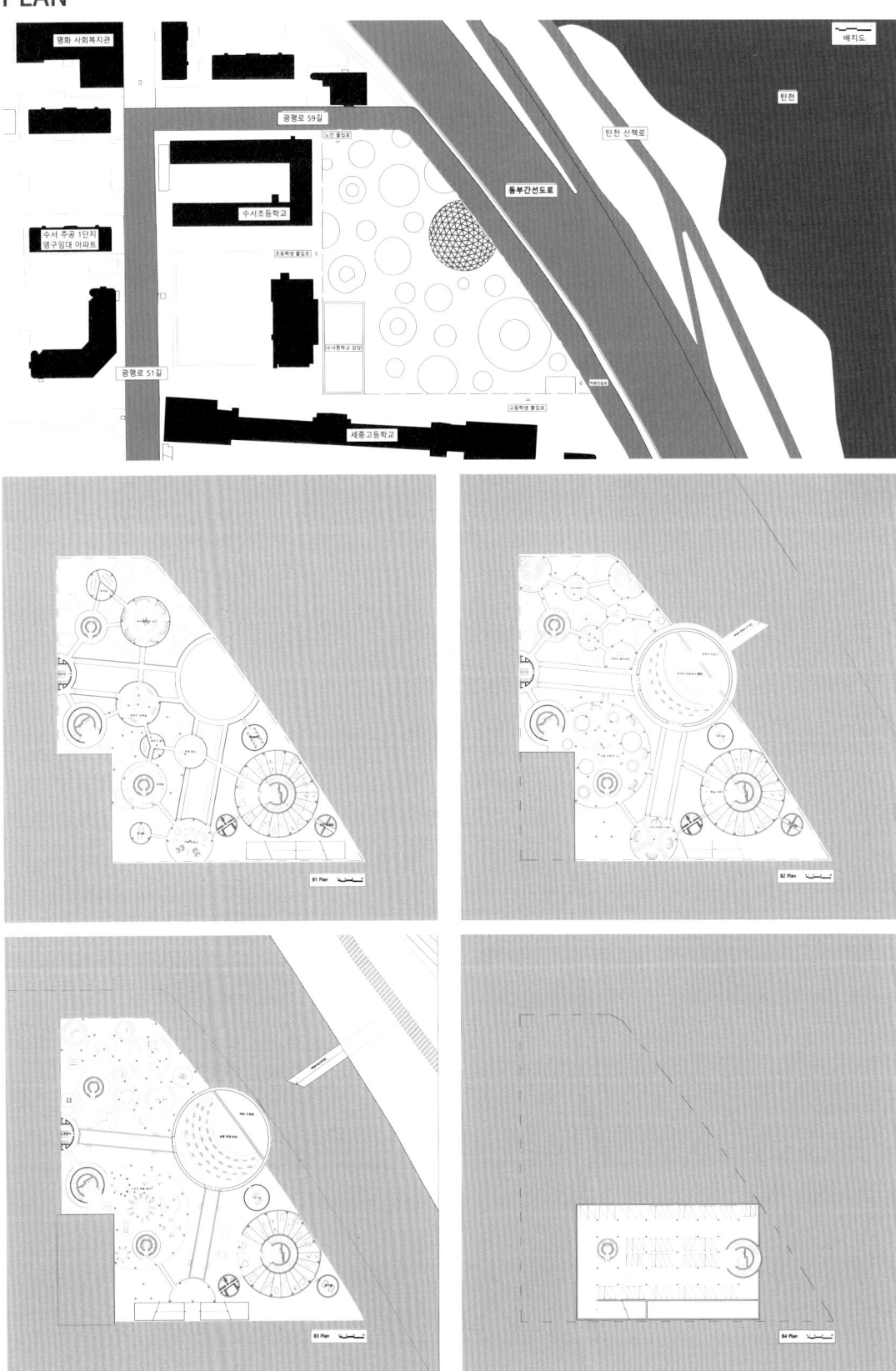

DIAGRAM

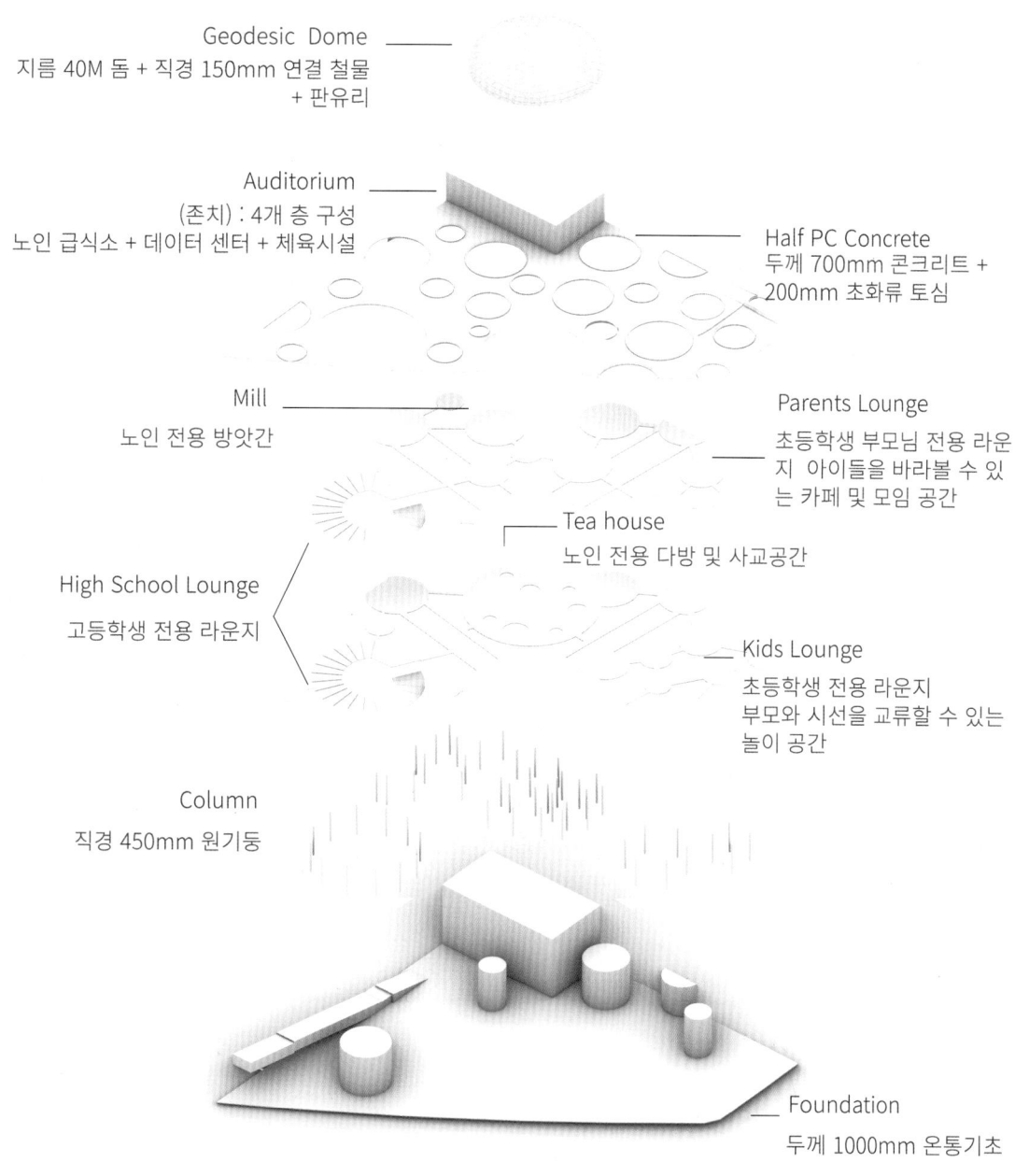

Geodesic Dome
지름 40M 돔 + 직경 150mm 연결 철물 + 판유리

Auditorium
(존치) : 4개 층 구성
노인 급식소 + 데이터 센터 + 체육시설

Half PC Concrete
두께 700mm 콘크리트 + 200mm 초화류 토심

Mill
노인 전용 방앗간

Parents Lounge
초등학생 부모님 전용 라운지 아이들을 바라볼 수 있는 카페 및 모임 공간

Tea house
노인 전용 다방 및 사교공간

High School Lounge
고등학생 전용 라운지

Kids Lounge
초등학생 전용 라운지
부모와 시선을 교류할 수 있는 놀이 공간

Column
직경 450mm 원기둥

Foundation
두께 1000mm 온통기초

PERSPECTIVE

MODEL

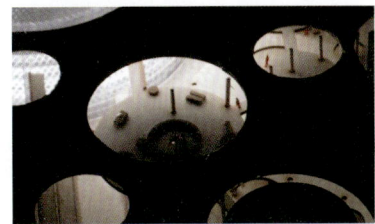

장기윤	GI YUN CHANG
	STUDIO 2 prof.
김희진	HEE JIN KIM
양원모	WON MO YANG

   수서동은 고령화가 가파르게 진행되고 있는 동네이다. 강남구에 위치한 다른 행정동과 비교해 보아도 수서동의 노년 인구가 가장 많이 거주하고 있고, 이와 더불어 65세 1인 가구 수 또한 1,883명으로 강남구의 행정동 중 가장 많이 거주하고 있다. 또한, 수서동 전체 주민 13,903명 중 기초노령연금 수급자와 국민 기초 수급자가 6,674명으로 전체 주민의 48%를 차지하고 있다. 수서동의 주민들은 고령화와 경제적 문제로 인해 고독사, 우울증 등에 쉽게 노출된다. 따라서 수서동 지역주민들의 여러 사회문제를 해결할 수 있는 프로그램의 도입이 필요하다. 또한, 강남구 수서동은 지하철 3개 노선 및 SRT 고속철도가 지나가는 교통의 중심지이다. 그러나 이로 인해 발생하는 대량의 교통량은 일산화탄소와 미세먼지를 발생시키고, 이는 탄소배출로 이어져 도시 열섬 현상이 가속화되고 있다. 따라서 수서동의 환경문제를 완화할 수 있는 프로그램의 도입이 필요하다. 그리고 이번 프로젝트의 요구조건은 데이터센터와 연결될 수 있는 프로그램이 필요했다. 데이터센터는 많은 폐열을 발생시키고 이는 수서동의 환경 오염 문제를 오히려 가속화시킬 것이라고 판단하였다. 따라서 데이터센터의 폐열을 활용할 수 있는 프로그램의 도입이 필요하다. 따라서 이 세 가지 조건을 모두 충족시킬 수 있는 도시농업이라는 프로그램을 선정하였다.
   먼저 데이터센터와 도시농업 프로그램을 어떻게 연계할 수 있을지를 생각해보았다. 데이터센터와 직접적으로 연결하는 방법에는 데이터센터를 관람 요소로 활용하기에는 보안문제와 여러 제한점으로 인해 실현 가능성이 희박하다고 판단했다. 또한 데이터센터의 서버실이 관람하기에 좋은 요소도 아니라고 생각했다. 따라서 데이터센터를 간접적으로 연결하는 방식을 선택하였는데 데이터센터에서 발생하는 폐열과 물을 활용하여 농작물 재배에 활용하고, 온실의 난방문제를 해결하고자 한다. 폐열과 물을 활용할 수 있도록 하는 장치를 배치하고, 각 필요 공간으로 열과 물을 공급하는 방식을 선택하였다. 그다음, 수서동 지역주민들의 여러 사회문제를 해결할 수 있는 프로그램을 선정하는 과정에서 1인 가구 노인을 위해 원예치료 교육 프로그램과 반려 식물 가꾸기 프로그램 등 다양한 교육 치료 프로그램을 배치하여 1인 가구 노인들에게 발생하는 고독사, 우울증과 같은 여러 사회문제를 해결하고자 한다. 그리고 저소득층 지역주민을 위해 스마트팜 및 텃밭 공간을 제공하여 농작물을 재배할 수 있도록 하고, 초록 부엌, 초록 식당, 초록 편의점, 초록 장터 공간을 제공하여 재배한 농작물을 판매할 수 있는 장소를 제공하여 저소득층 지역주민의 식비 지출 부담을 줄이고 경제적 이익을 창출할 수 있도록 한다. 판매의 타겟층은 수서역을 왕래하는 많은 유동 인구로 설정한다.

SITE ANALYSIS

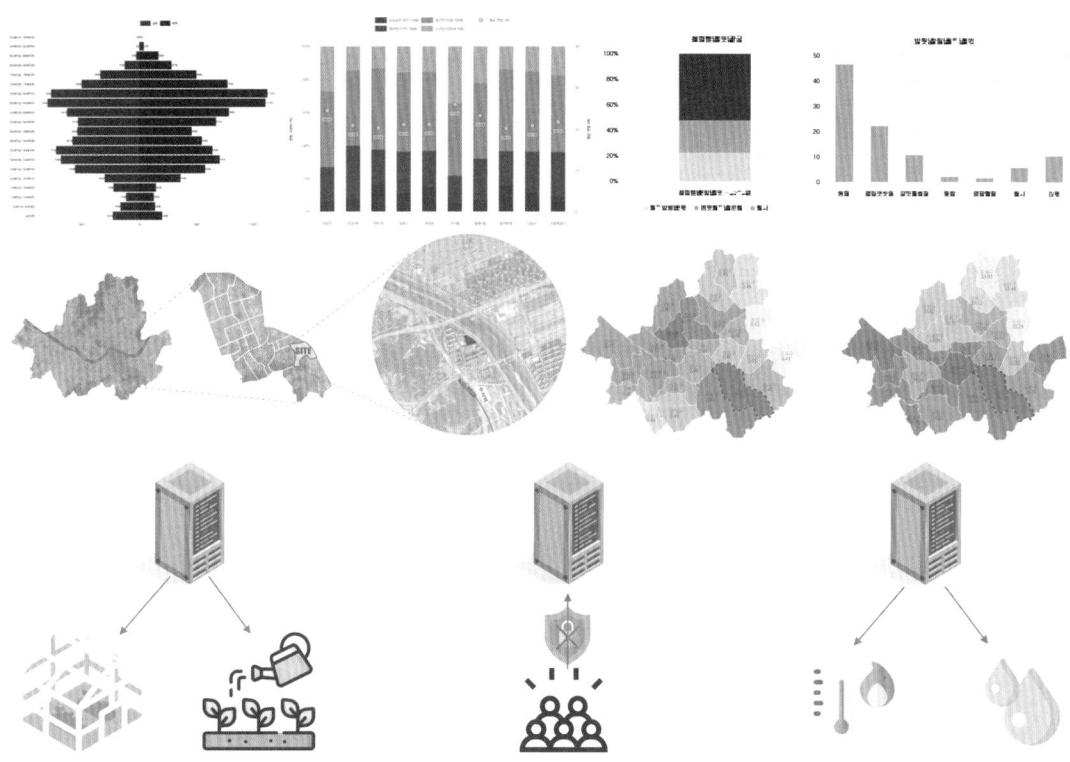

SPACE PROGRAM

	공간	필요 개수	면적		공간	필요 개수	면적
교육	도시 농업 교육	10	32㎡ × 10개 = 320㎡	상업	플리마켓	1	362㎡
	원예 교육	4	32㎡ × 4개 = 128㎡		초록 식당	6	74㎡ × 6개 = 440㎡
	초록 요리 교육	3	32㎡ × 3개 = 96㎡		초록 편의점	1	120㎡
	텃밭 가꾸기 교육	2	60㎡ × 2개 = 120㎡		북카페	1	259㎡
	귀농 체험 교육	1	200㎡		소계		1,181㎡
	반려식물 교육	4	32㎡ × 4개 = 128㎡	직원	직원 사무실	2	64㎡ × 2개 = 128㎡
	수경재배 교육	2	32㎡ × 2개 = 64㎡		직원 휴게실	2	32㎡ × 2개 = 64㎡
	소계		992㎡		인포메이션	3	32㎡ × 3개 = 96㎡
복지	실내 온실(대)	1	2300㎡		텃밭 관리 창고	1	50㎡
	전망대(산책로)	2	200㎡ × 2개 = 400㎡		그 외 창고	3	32㎡ × 3개 = 96㎡
	농업체험공간	2	200㎡ × 2개 = 400㎡		소계		434㎡
	씨앗도서관	1	800㎡	데이터 센터	서버실(렉 배치)	16	96㎡ × 16개 = 1,536㎡
	초록 부엌	3	64㎡ × 3개 = 192㎡		항온항습실	16	40㎡ × 16개 = 640㎡
	소계		4,092㎡		종합상황실	1	96㎡
재배	스마트팜	20	32㎡ × 20개 = 640㎡		PT룸	1	96㎡
	수경재배실	5	32㎡ × 5개 = 160㎡		회의실	1	64㎡
	옥상텃밭	2(용적제외)	1300+500 = 1800㎡		직원 사무실	1	64㎡
	야외텃밭	2	1300+500 = 1800㎡		각종 설비실	2	81㎡ × 2개 = 162㎡
	소계		2,600㎡		소계		2,658㎡
홍보	도시 농업 박물관	1	200㎡	코어	E.V. & 계단	4	80㎡ × 16개 = 1280㎡
	도시 농업 전시공간	1	400㎡		화장실	12	60㎡ × 12개 = 720㎡
	도시농업 상영관	1	175㎡		복도		1600㎡
	소계		775㎡		소계		3,600㎡
					총 합계		17,260㎡

PROCESS

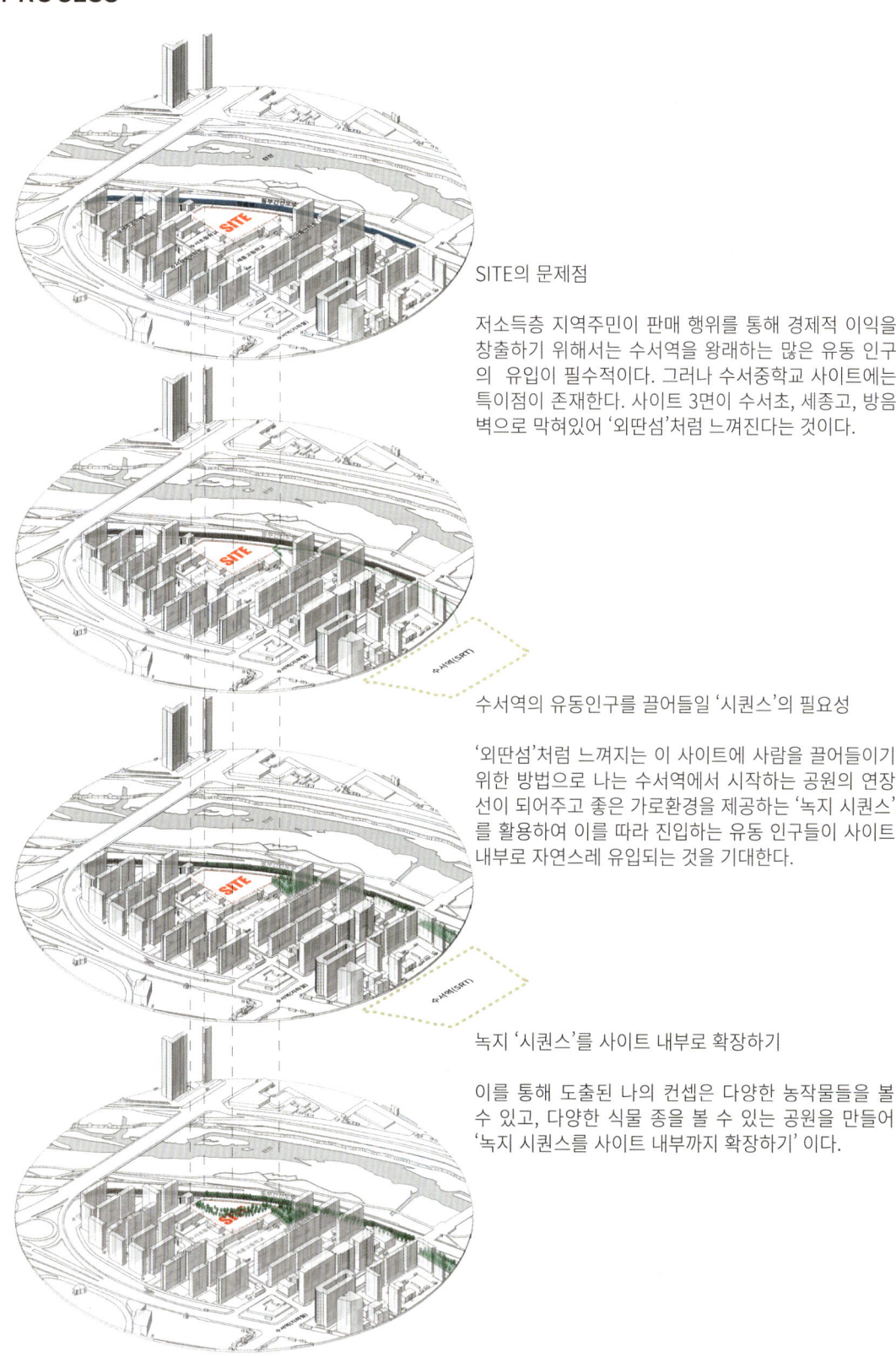

SITE의 문제점

저소득층 지역주민이 판매 행위를 통해 경제적 이익을 창출하기 위해서는 수서역을 왕래하는 많은 유동 인구의 유입이 필수적이다. 그러나 수서중학교 사이트에는 특이점이 존재한다. 사이트 3면이 수서초, 세종고, 방음벽으로 막혀있어 '외딴섬'처럼 느껴진다는 것이다.

수서역의 유동인구를 끌어들일 '시퀀스'의 필요성

'외딴섬'처럼 느껴지는 이 사이트에 사람을 끌어들이기 위한 방법으로 나는 수서역에서 시작하는 공원의 연장선이 되어주고 좋은 가로환경을 제공하는 '녹지 시퀀스'를 활용하여 이를 따라 진입하는 유동 인구들이 사이트 내부로 자연스레 유입되는 것을 기대한다.

녹지 '시퀀스'를 사이트 내부로 확장하기

이를 통해 도출된 나의 컨셉은 다양한 농작물들을 볼 수 있고, 다양한 식물 종을 볼 수 있는 공원을 만들어 '녹지 시퀀스를 사이트 내부까지 확장하기'이다.

ZONING DIAGRAM

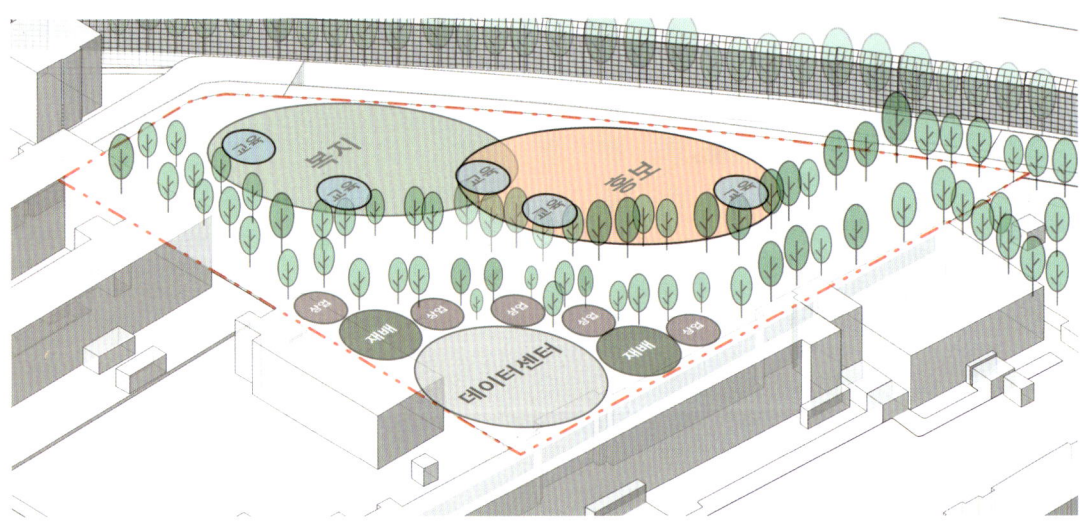

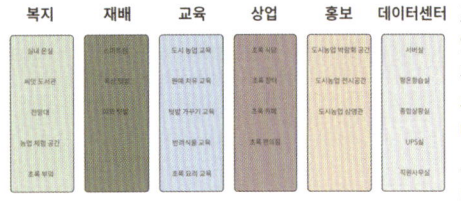

조닝 계획 시 가장 먼저 사이트 내부로 공원의 축을 새롭게 조성하였다. 그리고 지역주민이 많이 거주하고 있는 서측에 복지 공간을 위치시켰고, 수서역의 유동인구가 유입되는 동측에는 홍보 공간을 위치시켰다. 그리고 교육 공간은 복지와 홍보 공간들에 흩뿌려지는 방식으로 위치시켰다. 또한 데이터센터는 사이트 가장자리에 배치시켰고 데이터센터의 열과 물을 활용하는 재배 공간을 조닝시켰다. 또한 재배 공간에서 농작물을 재배한 후 상업행위를 할 수 있도록 상업 공간을 재배 공간 주위로 위치시켰다.

MASS PROCESS

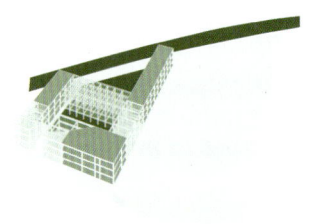

1.
공원 길 조성을 위한 기존 수서중학교 슬래브 절삭 및 일부 철거

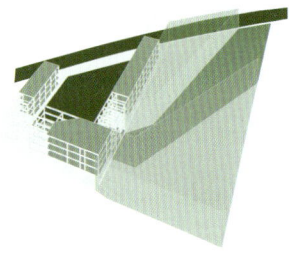

2.
사이트 내부 유입을 위한 2분할 사선 매스

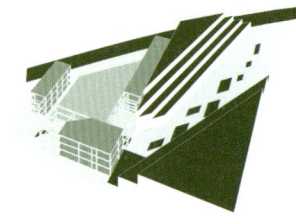

3.
공원의 팽창과 동선의 다양화를 위한 매스의 Set-Back

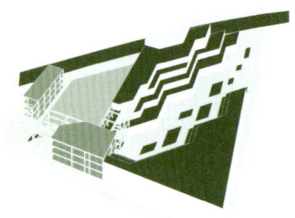

4.
시야의 다각화와 많은 자연광을 위한 사선으로 깎이는 매스

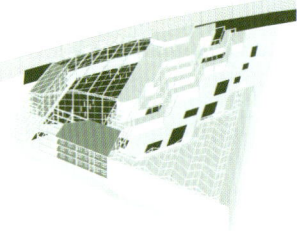

5.
공원 조경과 텃밭, 식물원과 스마트팜을 위한 온실 조성

SPACE PROGRAM

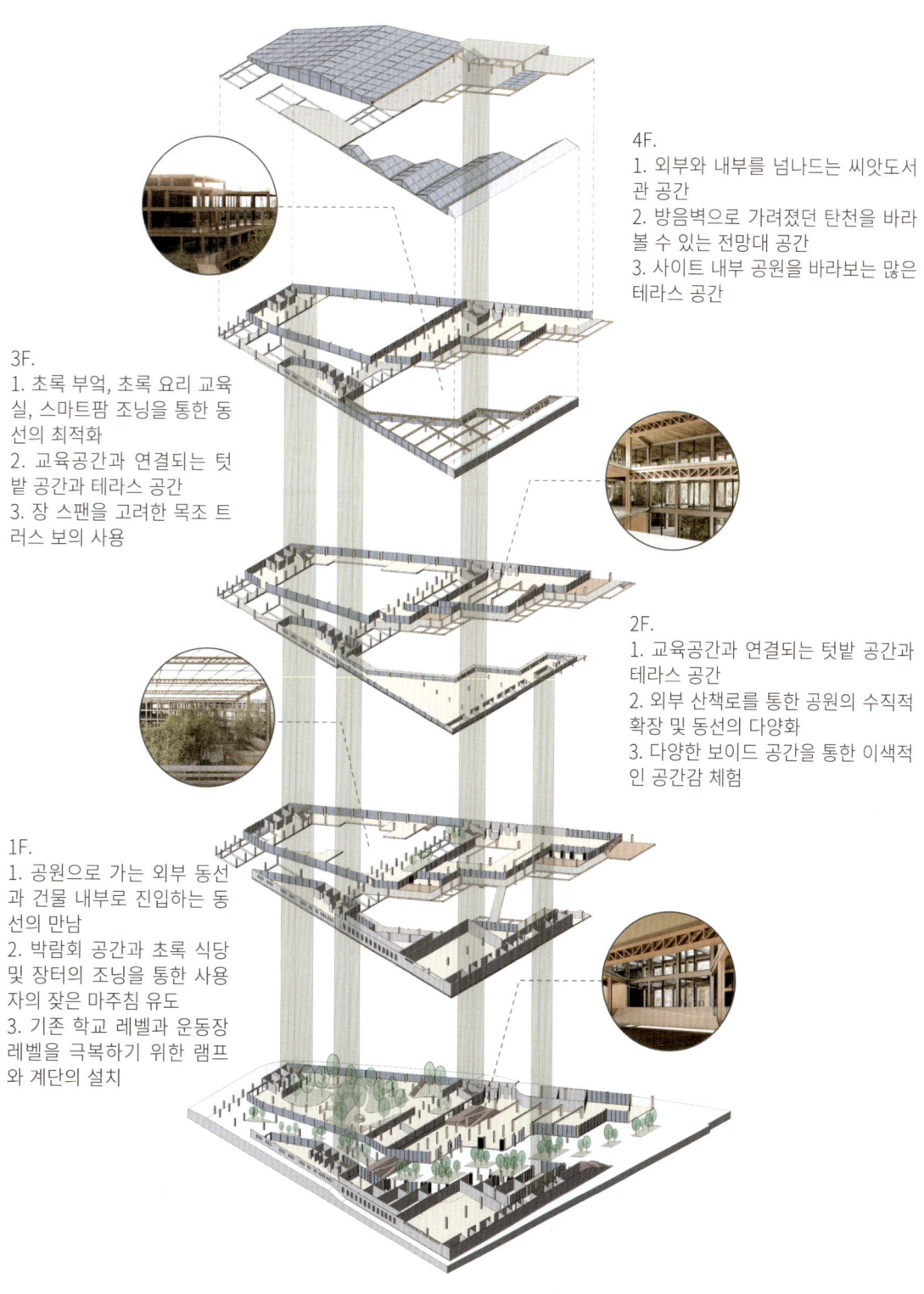

4F.
1. 외부와 내부를 넘나드는 씨앗도서관 공간
2. 방음벽으로 가려졌던 탄천을 바라볼 수 있는 전망대 공간
3. 사이트 내부 공원을 바라보는 많은 테라스 공간

3F.
1. 초록 부엌, 초록 요리 교육실, 스마트팜 조닝을 통한 동선의 최적화
2. 교육공간과 연결되는 텃밭 공간과 테라스 공간
3. 장 스팬을 고려한 목조 트러스 보의 사용

2F.
1. 교육공간과 연결되는 텃밭 공간과 테라스 공간
2. 외부 산책로를 통한 공원의 수직적 확장 및 동선의 다양화
3. 다양한 보이드 공간을 통한 이색적인 공간감 체험

1F.
1. 공원으로 가는 외부 동선과 건물 내부로 진입하는 동선의 만남
2. 박람회 공간과 초록 식당 및 장터의 조닝을 통한 사용자의 잦은 마주침 유도
3. 기존 학교 레벨과 운동장 레벨을 극복하기 위한 램프와 계단의 설치

FLOOR PLAN

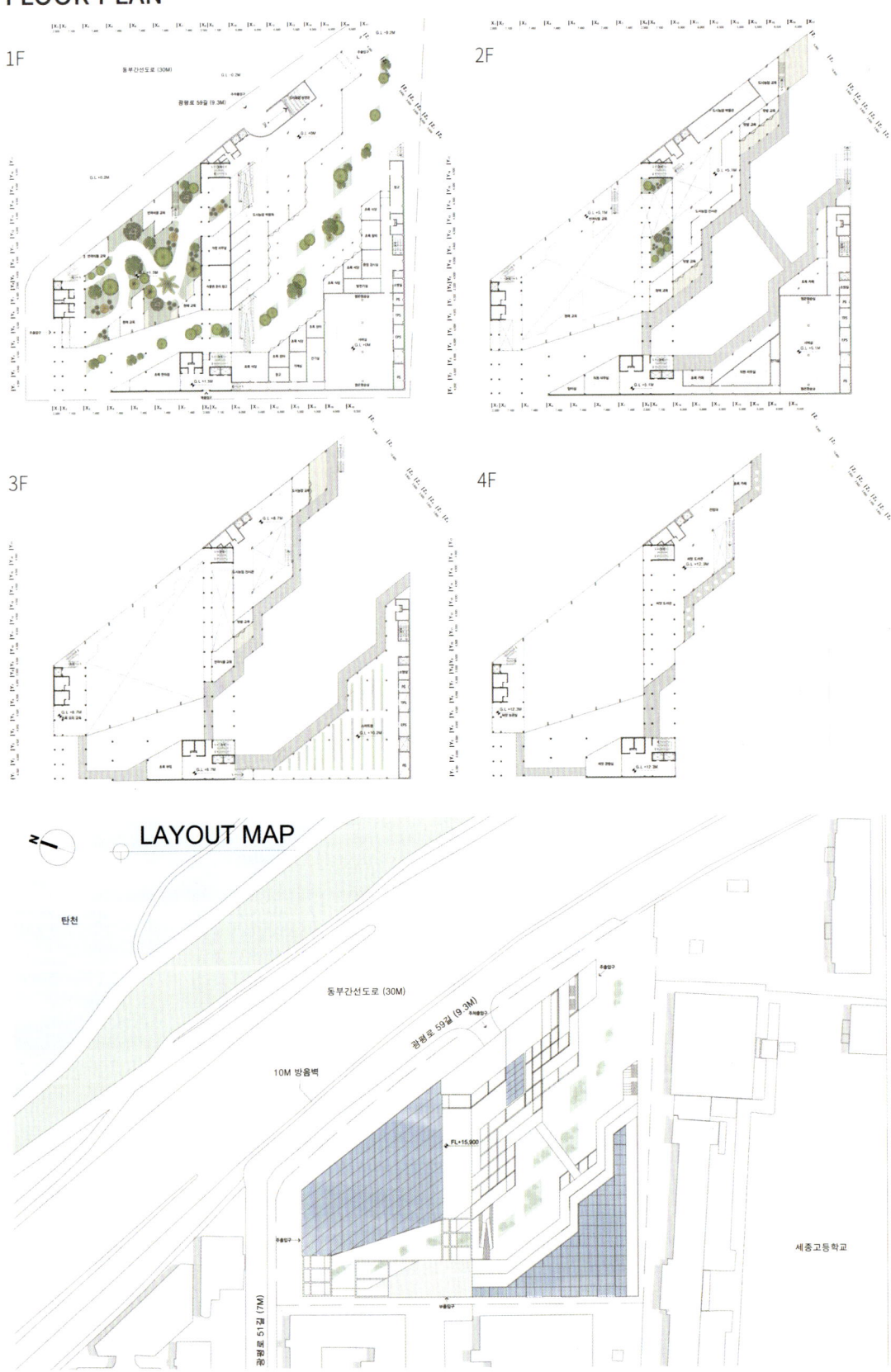

ELEVATION & SECTION

MODEL

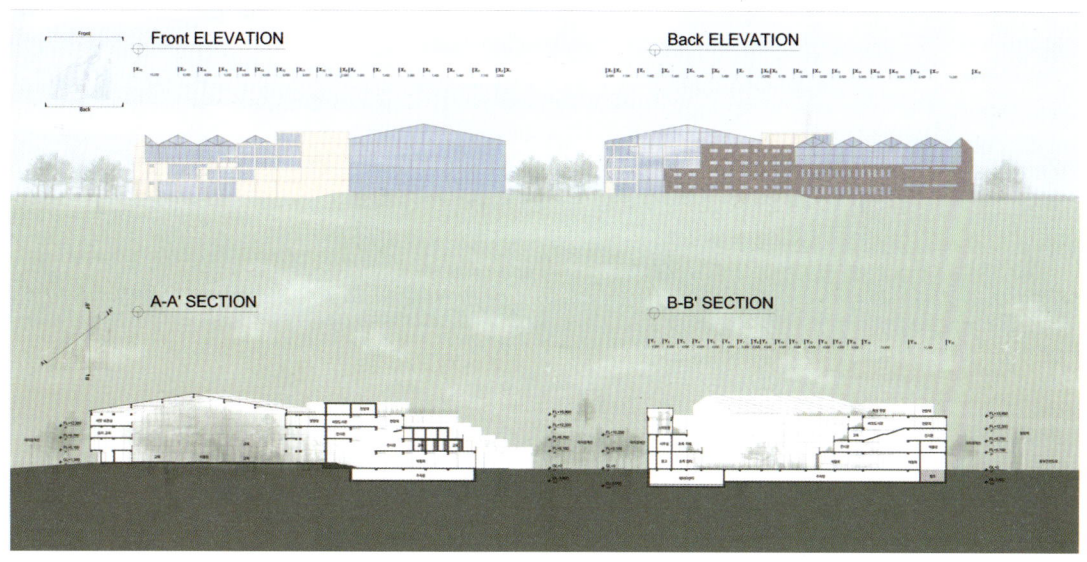

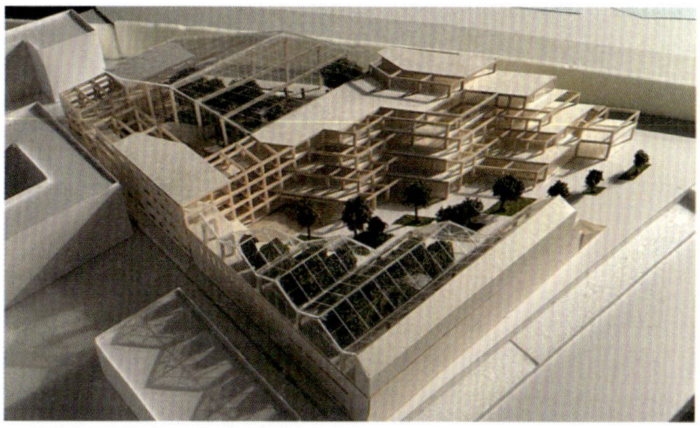

송우진 | U JIN SONG

STUDIO 10 prof.
임근영 | KEUN YOUNG LIM
백승욱 | SEUNG WOOK BAEK

수서동은 강남구 자치동 중에서도 가장 높은 장애인 비율을 보유하고 있으며, 동시에 고령화가 심화되는 지역적 특성을 가지고 있다. 이러한 사회적 배경 속에서, 본 프로젝트는 수서중학교 부지를 새로운 활력을 불어넣는 거점으로 탈바꿈시키고자 한다. 특히, 수서중학교 사이트는 현재 외딴섬처럼 고립된 위치적 한계를 가지고 있지만, 이를 극복하고 지역의 활성화를 도모할 수 있는 혁신적인 로봇 교육 시설로 변화시켜 수서동에 새로운 활력을 불어넣고자 한다.

SUSEO ROBOTIC HUB는 새로운 사람들의 방문을 유도하고, 지역사회의 통합과 재활성을 촉진하는 도시 노드로 기능할 수 있도록 계획되었습니다. 이 시설은 웨어러블 로봇과 다양한 로봇을 활용한 재활 교육 프로그램을 통해 지역내 장애인과 고령자를 위한 돌봄과 자립 지원을 제공하며, 기존 지역의 취약한 복지 인프라를 보완하는 역할을 수행하고자 한다. 또한, 로봇 기술의 최신 동향을 체험할 수 있는 전시와 실습 공간을 통해 방문객들에게 로봇 기술에 대한 이해를 높이고, 미래 산업에 대한 새로운 관점을 제공할 것이다. 이러한 공간은 단순히 교육과 체험을 넘어 사람들의 발길이 머무는 장소로 발전하여, 지역 주민뿐만 아니라 외부 방문객들에게도 매력적인 목적지가 될 수 있을 것이다.

특히, 본 시설은 수서동의 고립된 위치를 새로운 기회로 전환시키는 데 중점을 두고자 한다. 이곳을 찾는 다양한 방문객들은 로봇 교육, 체험, 재활 서비스를 통해 새로운 경험을 쌓을 뿐만 아니라, 지역 경제와 사회적 교류를 활성화하는 데 기여할 것이다. 동시에, 시설은 도시계획적 측면에서도 수서동을 강남구 내 로봇 클러스터의 중요한 거점으로 자리매김하게 하여, 지역적 고립 문제를 해결하고 도시에 새로운 활력을 불어넣을 것입니다.

SUSEO ROBOTIC HUB 단순한 건축물이 아닌 지역사회와 기술, 교육, 복지가 융합된 공간으로, 사람들에게 새로운 미래를 제시함과 동시에 수서동의 새로운 중심지로 발전하여 새로운 미래를 준비하는 공간이 될 것이다.

SITE ANALYSIS

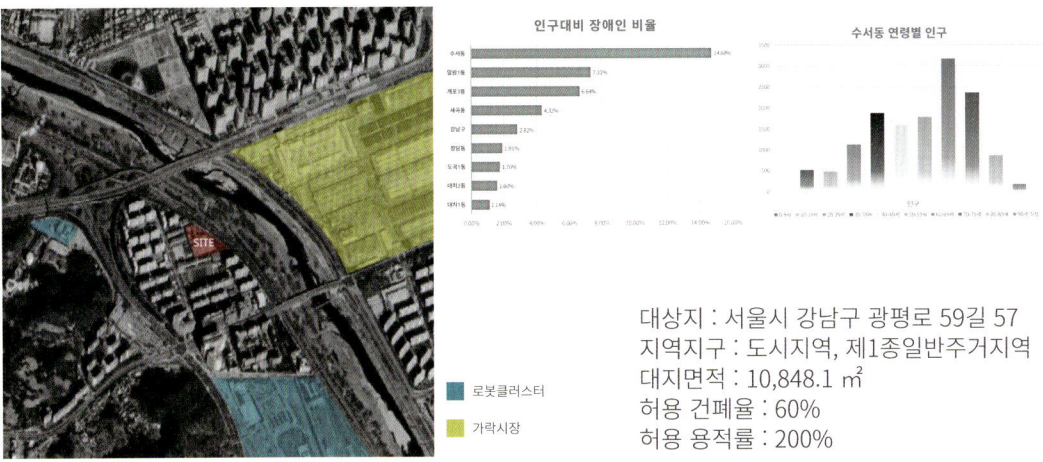

대상지 : 서울시 강남구 광평로 59길 57
지역지구 : 도시지역, 제1종일반주거지역
대지면적 : 10,848.1 ㎡
허용 건폐율 : 60%
허용 용적률 : 200%

수서중학교 부지는 동부간선도로와 방음벽으로 외부와 단절된 특성을 가지며, 임대아파트 단지로 둘러싸여 있어 지역 주민과의 연계가 중요한 지역이다. 더불어 수서동은 강남구 자치동 중 가장 높은 장애인 비율을 보이고 있는 동시에, 서울 비전 2040에 따라 로봇 클러스터 조성이 예정된 지역으로 지역 주민 모두가 참여하고 혜택을 누릴 수 있는 로봇 교육 시설은 필요하다 생각했다. 웨어러블 로봇을 활용한 재활 교육 프로그램과 시민 실증 서비스를 통해 지역 주민들에게 실질적인 도움을 제공하고, 기술과 교육을 기반으로 지역 사회를 발전시킬 수 있는 공공 플랫폼을 제안한다. 본 프로젝트는 수서중학교를 중심으로 시민 참여와 기술 혁신이 융합된 새로운 커뮤니티 허브를 조성하여, 미래를 준비하는 지역사회의 비전을 실현하고자 한다.

SPACE CONCEPT : WITH ROBOT

기존 인간 중심의 환경에서 탈피하여 로봇을 위한 슬라이딩 도어, 넓은 복도와 높은 층고의 활용 등. 로봇과 인간이 공존할 수 있는 공간을 중심으로 설계를 진행하고자 하였다.

PROGRAM

재활교육

웨어러블 로봇을 통한 장애극복

전시 / 세미나

최신 로봇 기술의 전시 및 교육

로봇교육

로봇과 함께 OR 활용한 다양한 교육

MASS PROCESS

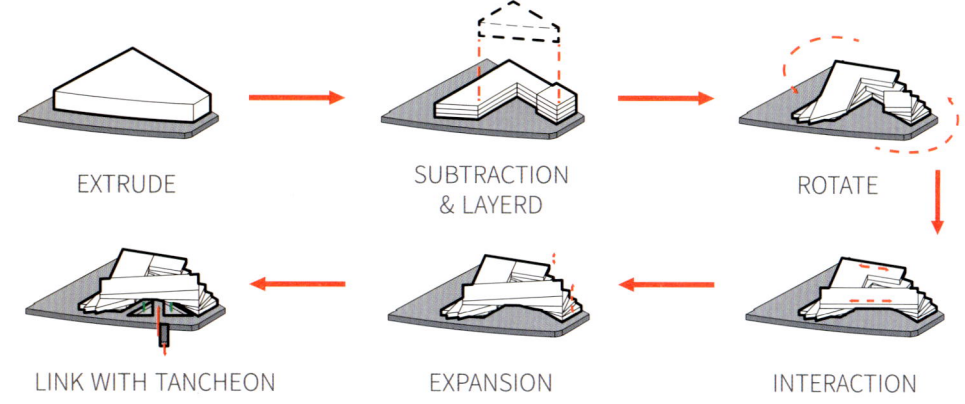

EXTRUDE
SUBTRACTION
& LAYERD
ROTATE
INTERACTION
EXPANSION
LINK WITH TANCHEON

ZONING DIAGRAM

ROBOT LEARNING CENTER
EDUCATION
ROBOT
EXHIBITION
REHABILITATION
SUSEO
PARKING
LINK
TANCHEON

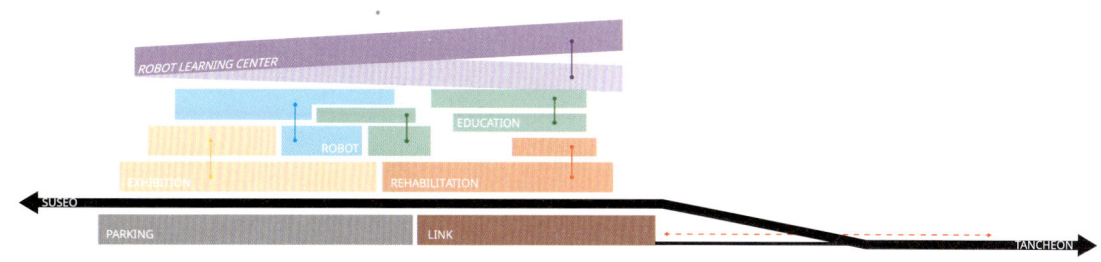

SPACE PROGRAM

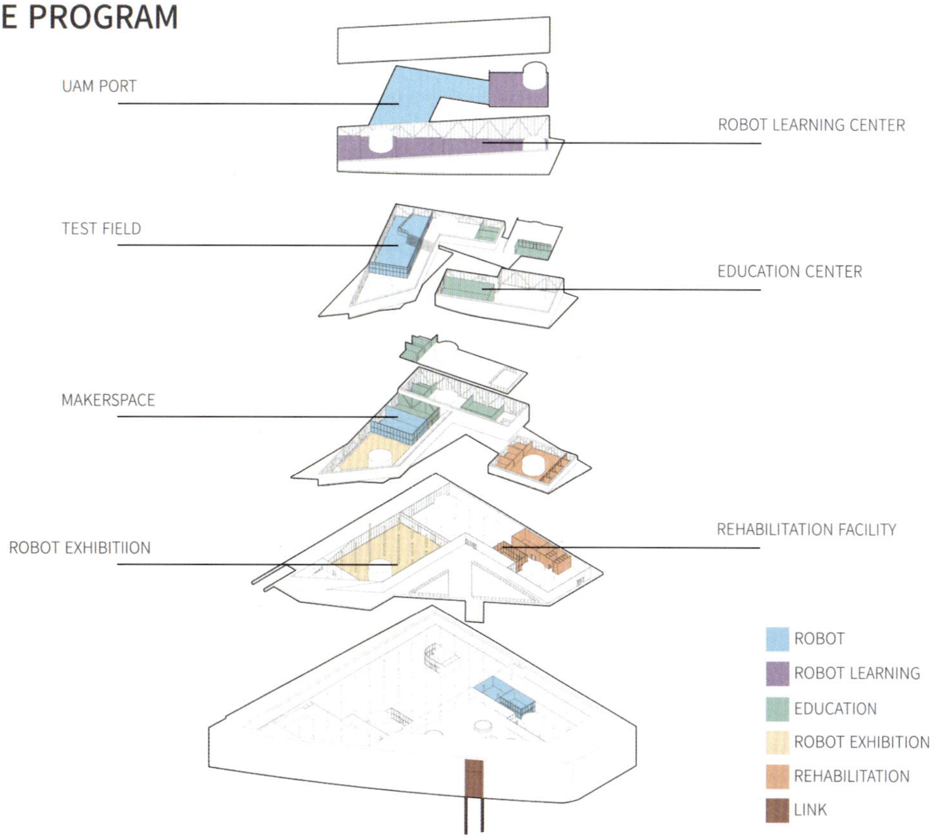

UAM PORT
ROBOT LEARNING CENTER
TEST FIELD
EDUCATION CENTER
MAKERSPACE
ROBOT EXHIBITIION
REHABILITATION FACILITY
ROBOT
ROBOT LEARNING
EDUCATION
ROBOT EXHIBITION
REHABILITATION
LINK

FLOOR PLAN

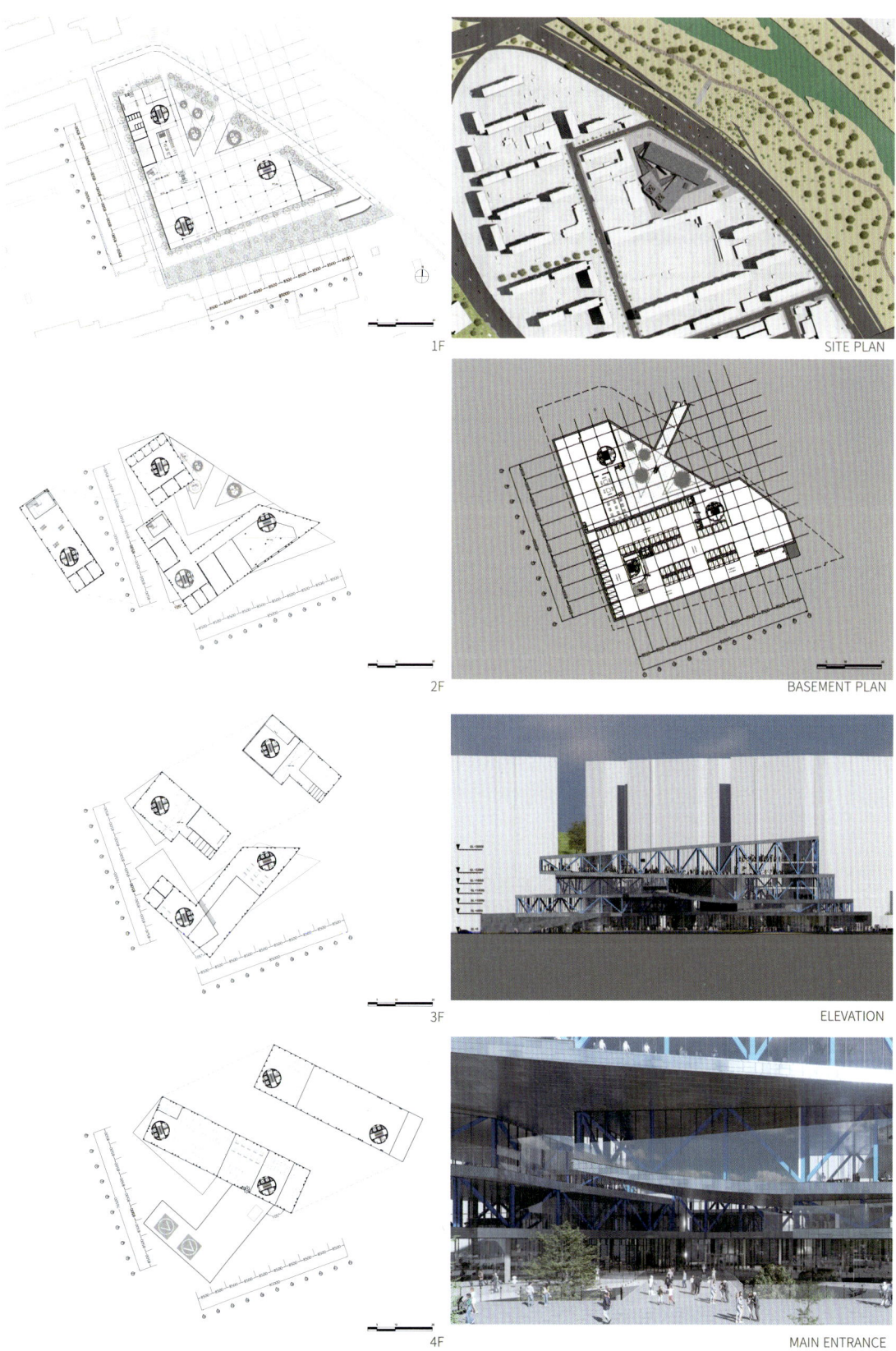

SECTION

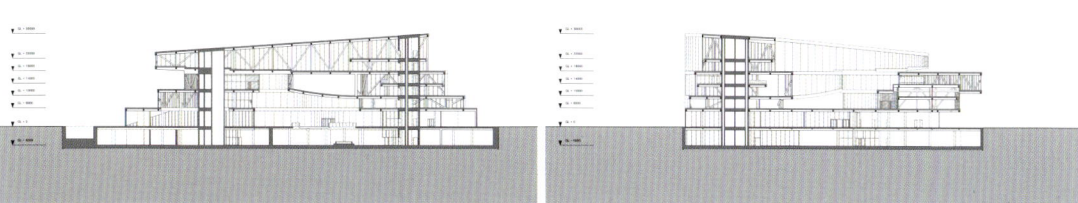

SECTION PERSPECTIVE

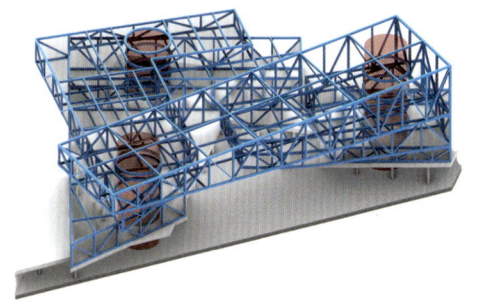

본 건물은 하부 철근 콘크리트 구조를 통해 지하부터 1층까지의 하중을 안정적으로 지탱하며, 상층부는 철골 트러스 구조로 매스를 지지하는 설계를 적용하였다. 하부 구조는 지반과의 밀착 및 강한 내구성을 바탕으로 전체 하중을 전달하고, 상층부 트러스는 삼각형 구조의 강성을 활용하여 상부 매스의 하중을 분산 및 지지한다. 이로써 건물의 안정성을 유지하면서도 경량화된 상층부를 구현할 수 있도록 하였다.

EVACUATION PLAN

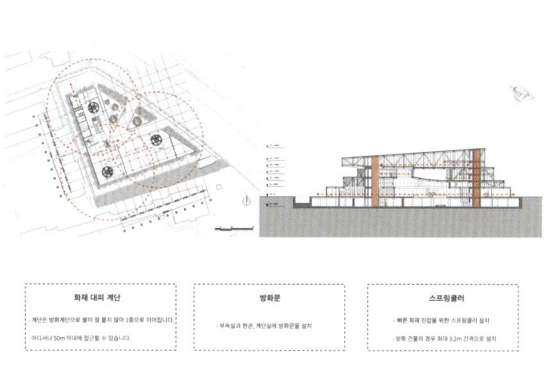

SECTION DETAIL

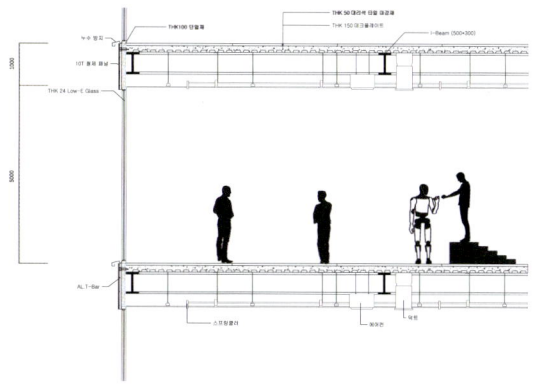

PERSPECTIVE

ROBOT EXHIBITION

REHABILITATION FACILITY

TEST FIELD

ROBOT LEARNING CENTER

UAM PORT

LINK WITH TANCHEON

SOUTHERN ENTRY

NORTHERN ENTRY

MODEL

LINK THE CLOUD
SELF EDUCATION CENTER

김주훈	JUHUN KIM
	STUDIO 5 prof.
이정훈	JEONG HOON LEE
김기림	KI RIM KIM

해당 프로젝트는 "서울, 배움으로 연결하다 (Seoul, Linked by Learning)"로 '배움'으로 연결되어 모든 콘텐츠를 능동적으로 활용 가능한 공간을 제공하고자 설계하는 목적에 있다. 따라서 학교 이전 예정 부지인 수서중학교를 대상으로 신축을 통한 프로젝트를 진행하여 낙후된 동네의 학교가 역사, 문화, 산업의 배움으로 연결하는 컨텐츠를 담으려 했다.

탄천의 서쪽 마을을 지칭하는 표현에서 유래된 수서동은 예로부터 집성촌으로서 자급자족하는 삶을 지향했고, 이는 교통의 중심지 역할을 수행하는 현재에도 그 기류가 남아있으나, 수서역 인근 개발을 통해 첨단 산업 복합 타운으로서의 새로운 브랜딩을 갖춰가는 상태이다. 이는 서비스업, 임대업 직종의 기존 주민과는 상반된 IT 관련 입주민 대거 유치를 대비할 시설의 존재가 필요함을 시사한다. 하지만, 현재 수서는 정작 주민들을 위한 문화 시설이 전무한 상태이다.

이처럼 진정한 자족 타운 수서를 위해 교육과 문화 체험이 가능한 커뮤니티 시설이 무엇보다 시급하다.
또한, 이전부터 부지에 이미 제안되고 있던 데이터 센터 건립 추진 계획을 프로젝트에 반영하여 교육청 데이터 센터와 수서동 주민을 위한 복합 커뮤니티 시설을 제안한다. 이러한 다양한 요소와 기능에 가장 적합한 프로그램이 바로 책과 사람을 빌려 정보를 배우고 소통하는 '휴먼 라이브러리'라고 판단했다. 이로써 단순 교육 자료의 데이터 뿐만 아니라 사람의 지식과 경험까지 공유하고 보관하는 '지식의 클라우드'를 실현하게 된다.

저층부에는 주민을 향해 열려 있는 휴먼라이브러리 시설을 갖추고, 고층부에는 데이터센터와 전망대를 비롯한 업무시설을 구성했다. 두 공간을 입체적으로 가로지르는 매칭 센터의 존재로 인해 여러 목적을 가진 동선을 교차하여 창의적이고 활발한 배움 공간을 창출하게 된다.

SITE ANALYSIS

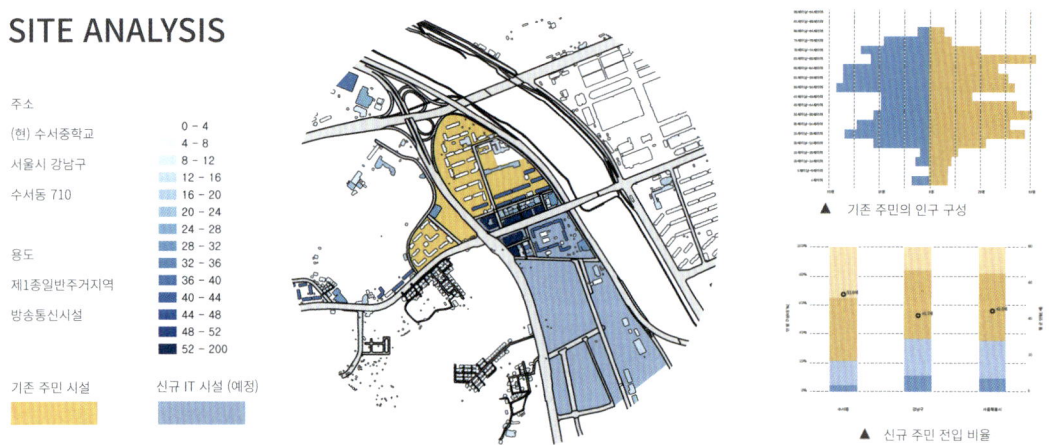

수서동에 위치한 사이트는 북서쪽으로는 기존 주민의 시설인 아파트 위주의 주거시설이, 남동쪽으로는 신규 주민의 시설인 수서역 인근 개발 예정인 첨단 IT 시설이 위치해있다. 해당 시설 주변으로 탄천과 30m 폭의 동부 간선 도로, 수서 초등학교와 세종 고등학교 및 탄천으로 둘러싸여 있어 각기 다른 직종의 주민들을 연결하는 교차점에 해당된다.

CONCEPT PROGRAM

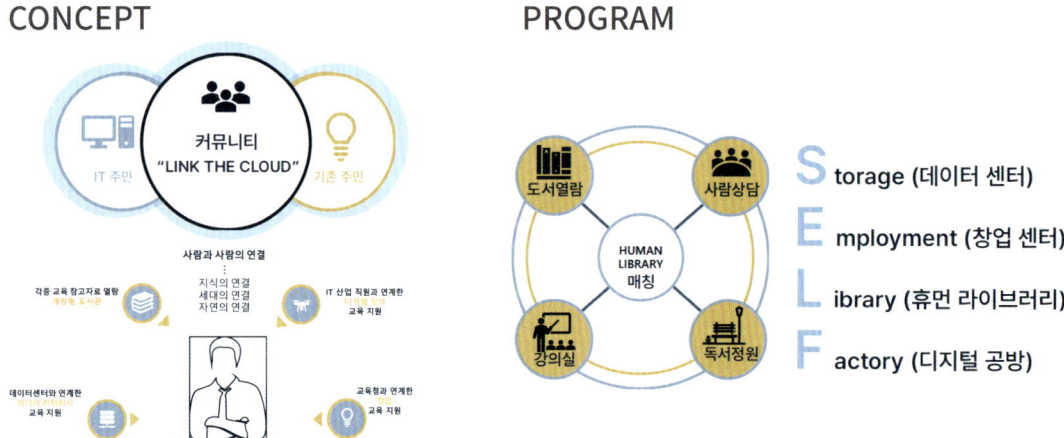

정보와 사람을 연결하는 커뮤니티 대상 프로그램은 '휴먼 라이브러리'로서 책과 사람을 열람하는 새로운 개념의 도서관이다. 따라서 기존과 신규 주민 모두를 아우르며 이용자 별 성향에 따라 도서 열람과 사람 상담을 안내하는 매칭 센터가 필요하다.
휴먼 라이브러리는 전문 교육 및 정보 전달 위주의 강의실 / 상담 및 공감 위주의 독서 정원으로 구성되어 있으며 주민 직종과 수요를 반영하여 창업 교육과 디지털 공방 시설을 갖추어 주민 역시 사람책으로서 참여할 수 있도록 구성한다. 이를 데이터 센터와 연계하여 지식의 클라우드로서 종합적으로 기능하는 'SELF' 공간으로 명명한다.

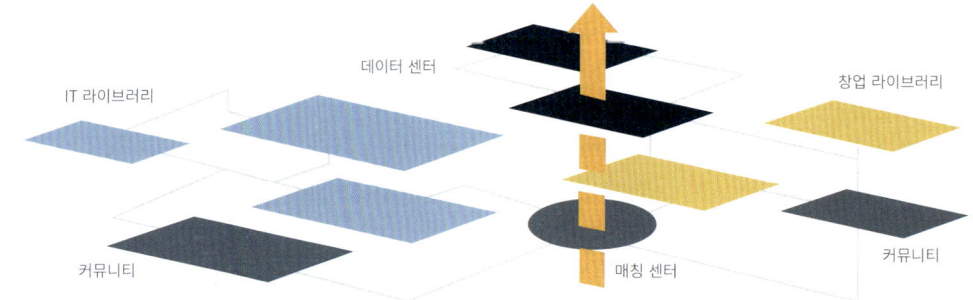

이처럼 IT / 창업/ 커뮤니티/ 데이터센터 등 분야 별로 조닝되어 있는 휴먼 라이브러리를 산개하고, 매칭센터를 통해 해당 공간을 상호 유기적으로 연결하여 건축적인 요소로 구현한다.

MASS PROCESS

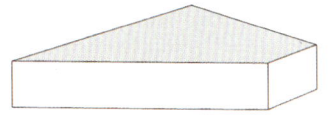
기본 대지

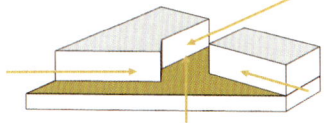
각 주민에 대응하는 진입 동선 개방

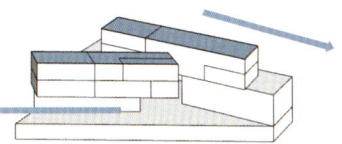
대지 방향을 고려한 축

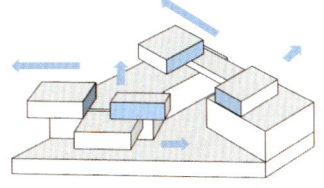
휴먼 라이브러리 매스 배치

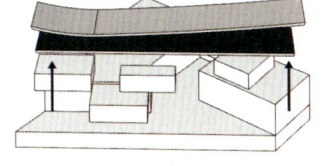
탄천을 반영한 데이터 센터 플로팅

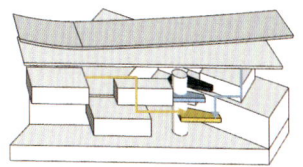
매칭 센터 연결

SPACE PROGRAM

6F
OPEN SERVER ROOM
/ OBSERVATORY / LOUNGE

5F
SERVER ROOM
/OBSERVATORY / STORE

4F
SITUATION ROOM
/ COWORKING OFFICE
/ CLASS ROOM

3F
DRONE ROOM
/AUDITORIUM / LIBRARY

2F
START-UP CLASS ROOM
/LIBRARY / GARDEN

1F
LOBBY
/DIGITAL WORKSHOP

B1F
HISTORY MUSEUM
/CAFETERIA

창업 라이브러리
IT 라이브러리
데이터 센터
커뮤니티 시설

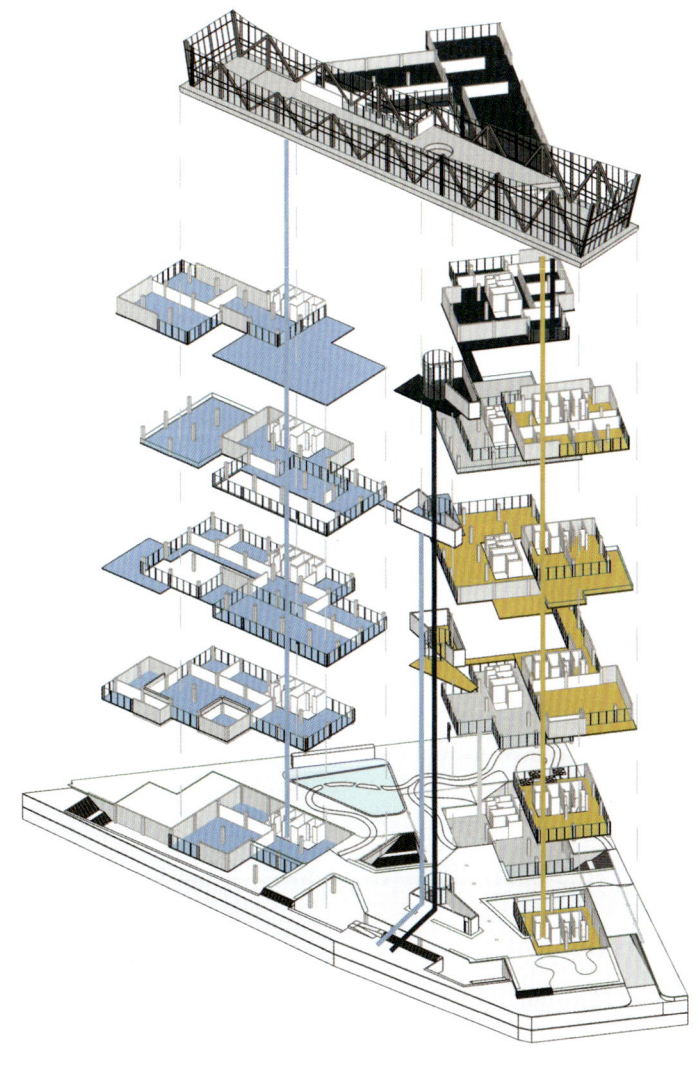

SITE PLAN

MAIN ENTRANCE VIEW

대지 축을 따라 두 방향으로 구성된 파사드와 출입구를 통해 동, 남, 서측에 접한 진입로와 유연하게 대응할 수 있다는 특징을 가진다. 각각의 공간을 매스적으로 중첩하여 시각적으로도 자연스러운 방향성을 보여준다.

서측에 위치한 탄천을 고려한 배치와 각 동에 대응하는 코어 구성을 바탕으로 콘크리트와 커튼월 구조로 처리한다. 또한, 동과 동 사이를 가로지르는 매칭 센터의 존재가 휴먼 라이브러리 공간을 극대화 시킨다.

LOBBY (1F)

매칭 센터를 통해 연결된 조닝별 로비 공간

1F PLAN

1. VR/3D 작업실   2. 디지털 창작 공방   3. 로봇암 작업실   4. 오픈 라이브러리 (IT)
5. 매칭 센터   6. 오픈 라이브러리 (창업)   7. 오픈 라이브러리 (공동)

IT HUMAN LIBRARY (2F)

층고를 활용한 각종 교육 및 창작 시설

2F PLAN

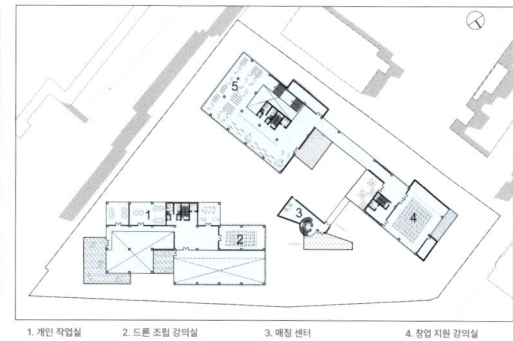

1. 개인 작업실 2. 드론 조립 강의실 3. 매칭 센터 4. 창업 지원 강의실
5. 오픈 열람실 (공동)

CLASS ROOM (3F)

열린 시야를 바탕으로 쾌적한 강의실 배치

3F PLAN

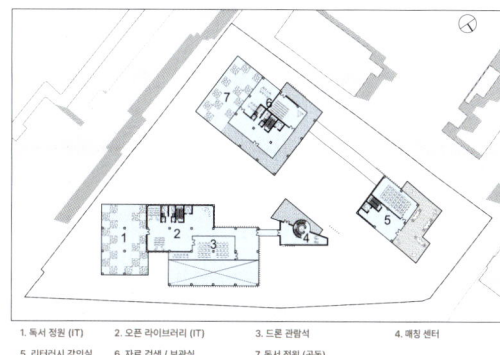

1. 독서 정원 (IT) 2. 오픈 라이브러리 (IT) 3. 드론 관람석 4. 매칭 센터
5. 리터러시 강의실 6. 자료 검색 / 보관실 7. 독서 정원 (공동)

OBSERVATORY (5F)

시선과 공간을 여는 탄천 전망대 & 노출형 서버실

5F PLAN

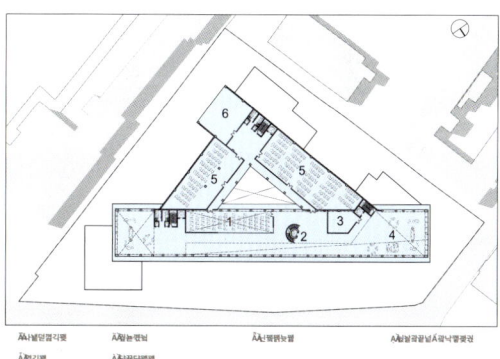

ELEVATION & SECTION

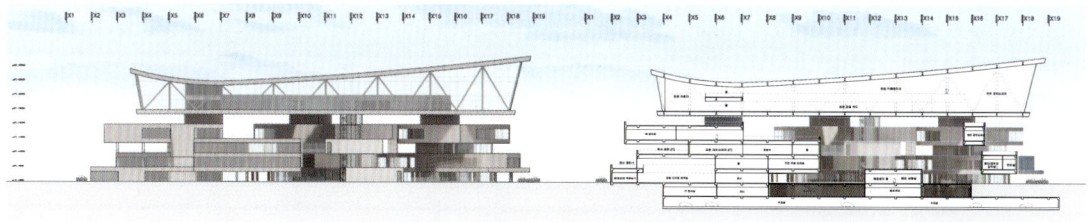

FACADE DETAIL

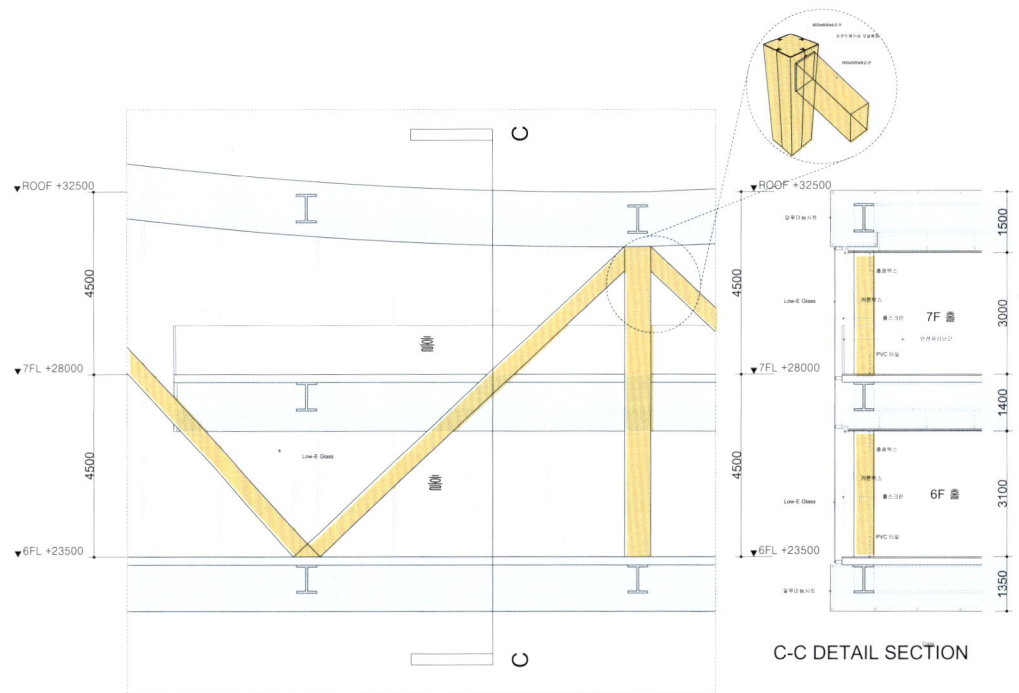

6~7F DETAIL ELEVATION

C-C DETAIL SECTION

데이터 센터와 전망대의 경우, 스테인리스 스틸 강관을 접합하여 제작한 트러스와 H빔을 보로 활용하여 플로팅 공간을 구현하였으며, 커튼월 내부로 후퇴한 트러스를 통해 탄천의 흐름을 따라간 입면 라인을 강조한다.
휴먼 라이브러리와 매칭 센터의 경우, 복잡한 매스의 중첩 공간을 화이트 콘크리트를 사용하여 지식의 클라우드 디자인 반영하였고, 커튼월 외피의 알루미늄 루버를 통해 동서측의 차양 효과 및 주요 공간을 강조한다.

SEQUENCE

MODEL

작은 예술 마을
예술로 엮이는 수서동, 지역의 새로운 연결

이채은 | CHAE EUN LEE

이정훈 | STUDIO 5 prof.
김기림 | JEONG HOON LEE
        KI RIM KIM

수서동은 아파트 단지와 학교 단지에 둘러싸여 마치 고립된 섬처럼 보인다. 처음엔 폐쇄적이고 단절된 공간처럼 느껴질 수 있다. 나 역시 사이트를 방문하기 전에는 크게 기대하지 않았다. 그러나 현장을 직접 찾아가 보고 난 뒤, 이러한 생각이 완전히 틀렸음을 깨달았다. 북적이는 수서역 사거리 블록을 지나면 잔잔하고 고요한 동네의 분위기가 펼쳐진다. 이곳이 낙후되었다는 뜻은 아니다. 오히려 수서동만의 독특한 정취가 느껴졌고, 동네 사람들은 각자의 자리에서 현재의 순간을 살아가고 있었다. 하교하는 학생들, 아이들을 반기는 부모님, 정육점 사장님과 담소를 나누는 아주머니, 공원 정자에 앉아 하늘을 바라보는 할아버지까지. 이 모든 장면이 너무도 평화로웠다.

'이런 동네에는 어떤 설계를 해야 할까,' 이곳을 걸으며 자연스럽게 떠오른 질문이다. 분명한 이미지는 떠오르지 않았지만, 한 가지는 확실했다. 이 동네의 고요하고 따뜻한 분위기를 해치지 않는 건축을 하고 싶다는 마음이었다. 서로 어우러지는 잔잔한 공동체 공간. 순간 하나의 아이디어가 떠올랐다. 건물을 짓는 것이 아니라, 하나의 '마을'을 만들어야겠다는 생각이었다. 여러 개의 건물이 모이고, 길이 만들어지고, 그 사이에 마당 같은 공간이 생겨나는 모습을 상상했다. 그리고 이 마을이 동네에 부족한 요소를 채울 수 있는 프로그램으로 채워지면 좋겠다고 생각했다. 사이트 답사에서 알게 된 수서동은 생활체육시설은 잘 갖춰져 있었지만, 문화예술 시설과 공공기관이 부족했다. 그래서 나는 이곳에 '문화예술마을'을 제안하기로 마음먹었다.

　내가 앞으로 설계할 이 마을이 수서동의 잔잔한 일상에 스며들고, 사람들이 서로 소통하며 새로운 문화를 만들어가는 공간이 되기를 바란다.

- 2024. 09. 09. 사이트 답사를 다녀온 후 -

SITE ANALYSIS

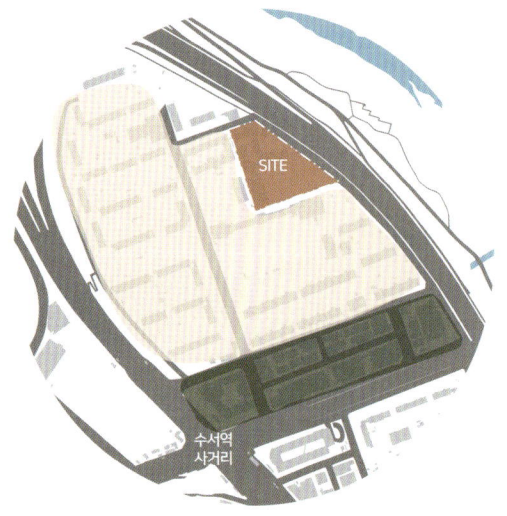

주거 및 학교 단지와 근린 및 업무시설

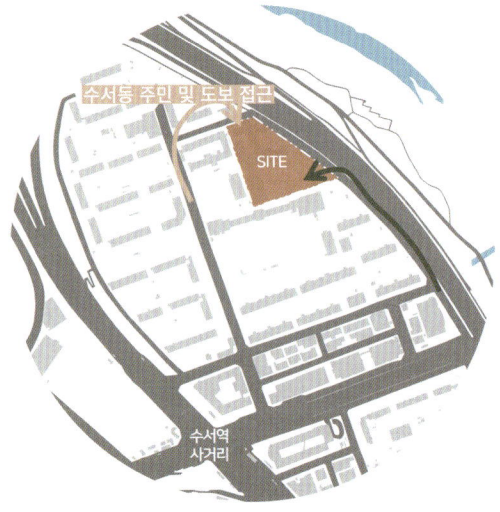

사이트로의 접근 가능성

사이트는 수서역 사거리에서 한 블록 안쪽으로 들어간, 조용한 아파트 단지와 학교 단지들로 구성된 주거지역에 위치하고 있다. 한 블록 바깥은 근린 및 업무시설이 밀집한 도시적 환경이지만, 사이트 주변은 잔잔하고 안정된 동네 분위기를 느낄 수 있는 공간이다. 이러한 주변 맥락을 고려해, 여러 동으로 이루어진 매스를 배치하여 자연스럽게 길과 마당을 형성하고, 잔잔한 동네 분위기를 해치지 않는 마을 같은 건축을 계획하였다. 특히, 사이트 상부는 수서동 주민들이 도보로 접근하기 용이하고, 하부는 외부인과 차량 접근에 적합한 위치적 특성을 갖추고 있어, 이를 설계에 반영하여 다양한 사용자들을 위한 소통과 휴식의 공간을 만들고자 한다.

PROGRAM

사이트 인근 학교 (수서초 및 세종고)

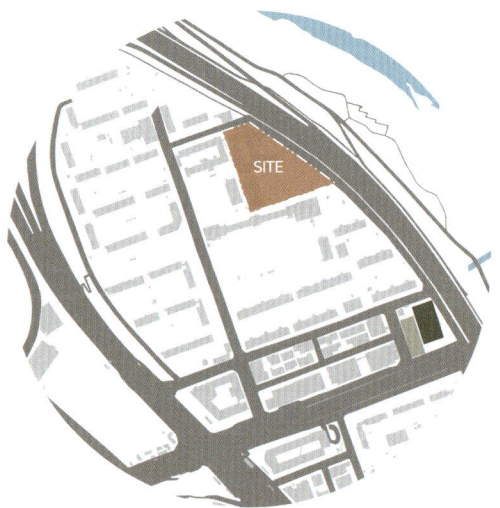

체육(운동)시설 / 복합문화센터(시공중)

사이트 주변의 공공 및 문화예술 시설이 부족한 상황을 고려하여, '문화예술프로그램'을 제안한다. 이러한 프로그램은 콘텐츠의 폭넓은 다양성을 통해 전 연령층이 부담 없이 즐길 수 있으며, 수서동의 부족한 공공 및 문화 시설을 보완할 수 있는 효과적인 대안이다.

수서동은 60대 이상의 인구 비율이 높은 지역이지만, 사이트 인근에 두 학교가 위치하고 가족 단위 세대가 거주하는 아파트 단지가 있는 점을 고려할 때, 특정 연령대가 아닌 전 연령층을 아우르는 프로그램이 필요하다. 또한, 현재 시공 중인 복합문화센터와의 연계 가능성까지 염두에 둔다면, 지역 사회에 더욱 풍부한 문화적 가치를 제공할 수 있을 것이다.

CONCEPT / PERSONA

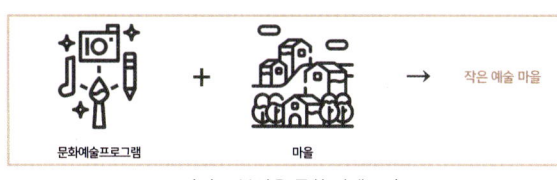

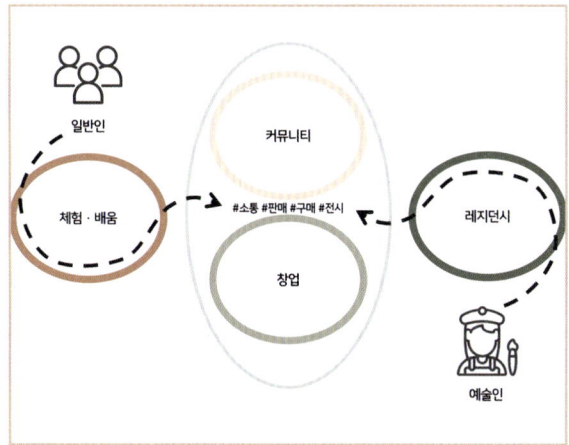

프로그램 조닝과 사용자들 간의 만남

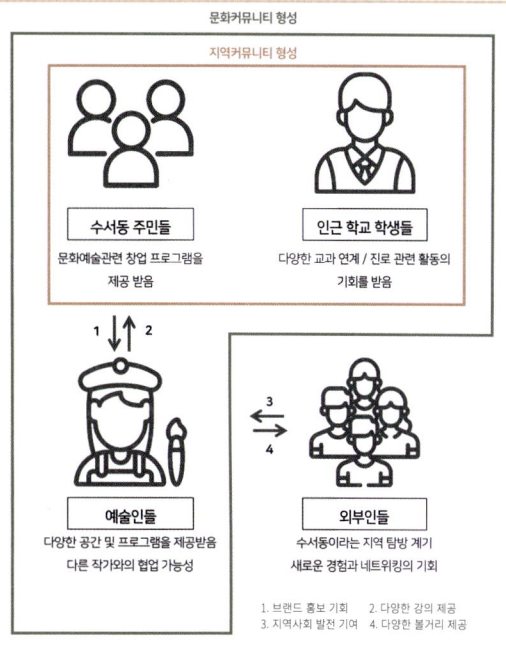

사용자 간의 시너지 효과

사이트 분석을 통해 '작은 예술 마을' 컨셉을 도출하고, 주요 사용자를 설정해 프로그램을 기획했다. 수서동 주민들과 인근 학교 학생들은 문화예술 프로그램을 통해 지역 커뮤니티를 형성하고, 예술인들이 참여하는 레지던시 프로그램으로 새로운 문화 교류가 이루어진다. 이 과정에서 외부인들도 새로운 경험을 위해 수서동을 찾게 되어, 문화 커뮤니티가 확장되고 수서동은 문화 중심지로 성장할 가능성이 커진다

이용자를 일반인(수서동 주민, 인근 학교 학생, 외부인)과 예술인으로 나누고, 각 그룹의 목적에 맞는 프로그램 조닝을 설정했다. 이들은 각자의 프로그램을 거쳐 자연스럽게 커뮤니티와 창업 프로그램에서 만난다. 예를 들어, 일반인과 예술인이 함께 협업하여 전시를 진행하거나, 예술인은 작품을 전시하거나 판매한다. 이렇게 프로그램들이 연결되어 소통과 교류가 이루어지고, 커뮤니티와 창업 프로그램에서 활발한 활동이 이어진다.
이 흐름을 건축적으로 실현하기 위해 대지 내 프로그램 배치와 연결 동선(길, 브릿지 등)을 통해 이용자 간 상호작용을 유도한다.

MASS PROCESS

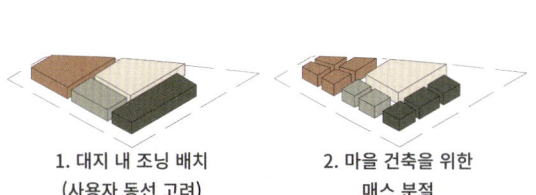

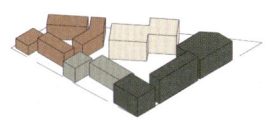

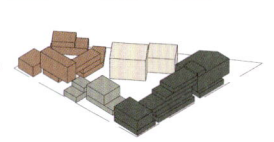

1. 대지 내 조닝 배치 (사용자 동선 고려)
사이트 분석을 바탕으로 각 사용자별 동선과 접근 용이성을 고려하여, 조닝 컨셉에 맞게 프로그램을 배치하였다.

2. 마을 건축을 위한 매스 분절
마을 같은 분위기를 조성하기 위해, 동일한 프로그램 조닝 내에서도 성격에 따라 구역을 나누어 매스를 분절하였다.

3. 매스 형태 / 층수 조정
건물의 형태는 대지 축을 고려하여 다듬었으며, 층수는 주변 환경과 조화를 이루면서 기능적 요구를 반영하여 조정하였다.

4. 매스 변형 및 재구성
조정된 매스는 필로티를 통해 다양한 매스감을 형성하고, 독특한 스카이라인을 창출하며, 연결된 동(매스)도 형성하였다.

LOAD & YARD

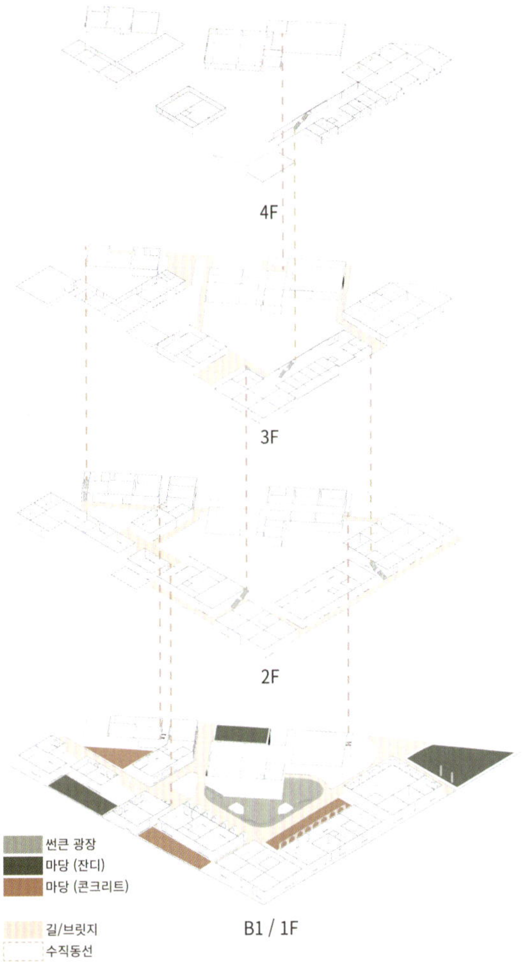

4F

3F

2F

B1 / 1F

■ 썬큰 광장
■ 마당 (잔디)
■ 마당 (콘크리트)
▨ 길/브릿지
▨ 수직동선

PROGRAM

강의실 / 공예공간
세미나실
창업스튜디오 / 기숙사

4F

강의실 / 공예공간
  아카이빙 라운지
창업공간
창업스튜디오 / 프로젝트 작업실
  기숙사

3F

강의실 / 공예공간
  아카이빙 라운지
실습실 / 디지털실
판매시설 / 전시장
창업스튜디오 / 프로젝트 작업실
  세미나실 / 아카이빙 라운지

2F

강의실 / 공예공간
  대공간
실습실
카페 라운지 / 전시장
창업스튜디오 / 오픈스튜디오
  식당 / 운영사무소(레지던시)

B1 / 1F

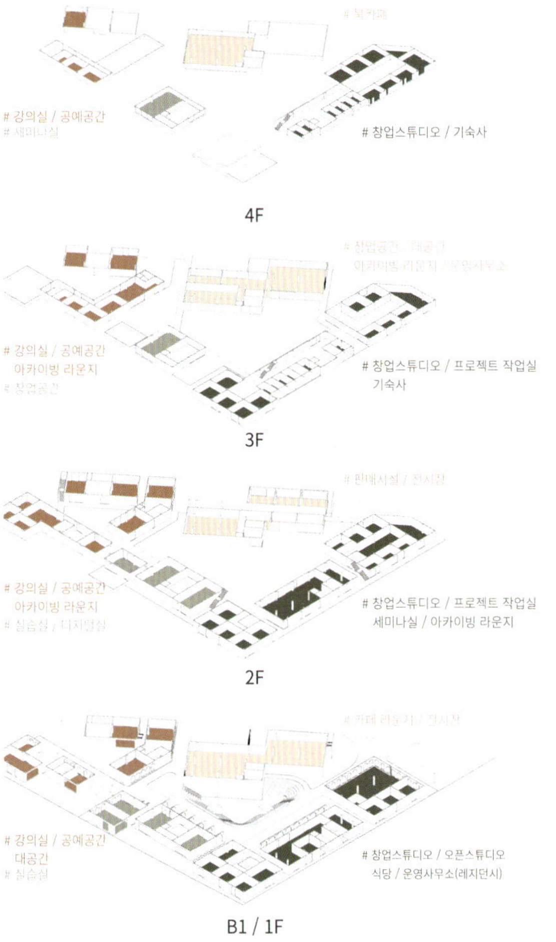

이번 설계의 주요 특징은 1층 중심길과 2층, 3층의 브릿지 길로 분절된 건물들을 유기적으로 연결한 점이다. 이 브릿지 길은 산책로 역할을 하며, 사람들이 마을의 다양한 풍경을 구경하고 경험할 수 있게 설계되었다.
레벨에 따라 다른 풍경을 제공하고, 중간중간 넓어지는 공간을 마련해 잠시 머물거나 휴식할 수 있도록 했다. 단순한 이동 경로를 넘어 소통할 수 있는 공간으로 기능한다. 중심길과 브릿지는 여러 곳에 배치된 수직 동선을 통해 연결되어, 사용자들이 자유롭게 수직 이동할 수 있다.
또한 썬큰 광장은 다양한 레벨에서의 경험을 확장하고, 다양한 활동이 가능한 다목적 공간으로 계획되었다.

1층에서는 길과 건물에 의해 형성된 마당을 확인할 수 있다. 이 마당은 건물에 따라 용도 및 재질이 다르다.
B동(KEY MAP 참고) 둘러싼 마당은 잔디로 덮여 강의수업 공간으로 활용될 수 있고, 커뮤니티 동 앞이나 주출입구 근처는 잔디와 조경을 통해 사람들이 휴식할 수 있게 했다.
A동에 둘러싼 마당은 공예 활동에 적합하도록 콘크리트로 마감되었고, 창업공간과 레지던시 공간 근처의 마당도 야외 작업에 용이하도록 동일한 재질을 사용했다.

공간은 앞서 진행한 조닝을 바탕으로 체험·배움, 커뮤니티, 창업, 레지던시로 분류되었다. 다음은 주요 공간 몇 곳에 대한 설명이다.
1층 레지던시 2동의 길 쪽에는 오픈스튜디오를 배치해 작가들이 자연스럽게 만남과 소통을 할 수 있도록 했다. 또한, 길을 지나가는 사람들이 이러한 모습을 자연스럽게 접할 수 있게 했다.
2층 관통 브릿지 쪽에는 판매시설을 배치해 반외부 공간에서 작은 점포들이 모여 있는 골목 느낌을 주었다.
체험·배움동과 레지던시동 사이에는 '아카이빙 라운지'를 배치해 휴식과 소통의 공간을 제공했다.

KEY MAP

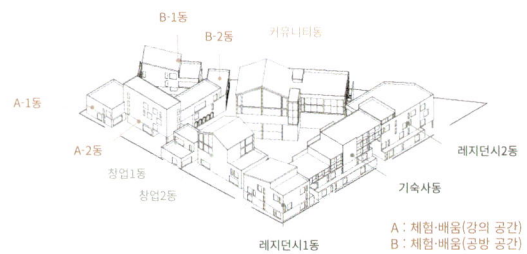

A : 체험·배움(강의 공간)
B : 체험·배움(공방 공간)

SITE PLAN

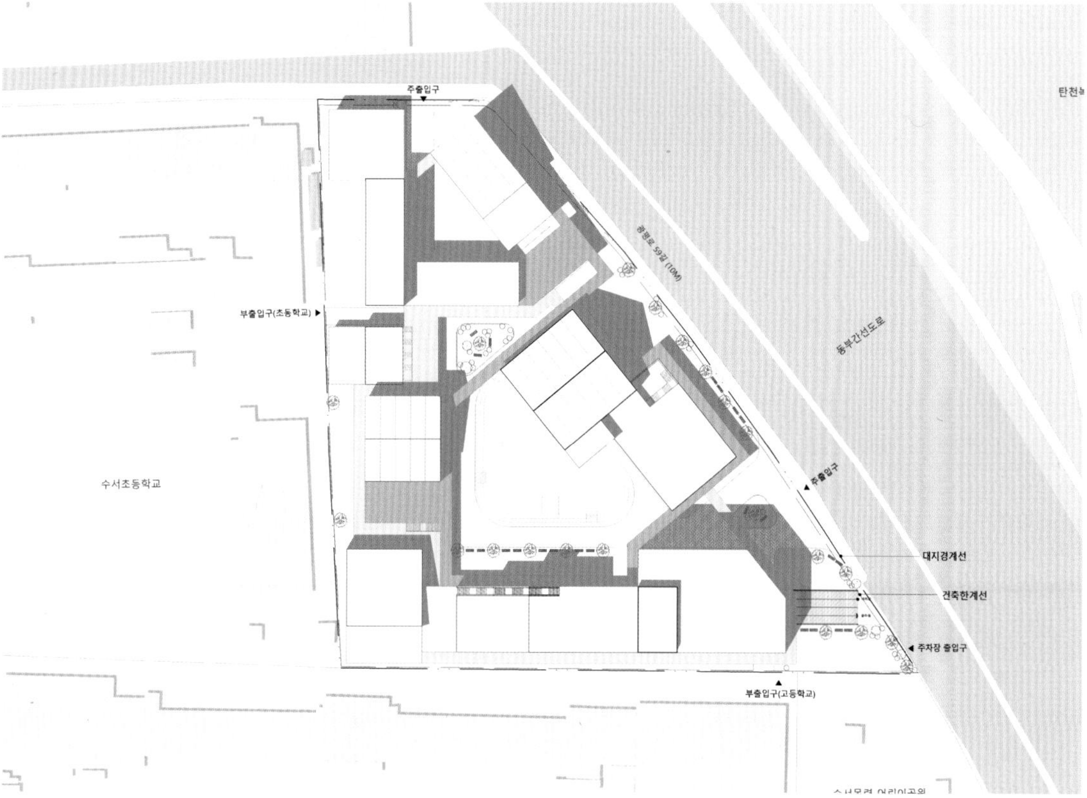

주출입구를 주민들과 도보 이용객, 외부인과 차량 이용객을 고려하여 설정하였으며, 그 외에도 인근 학교에서의 진입을 생각하여 출입구를 내어주었다.

A-A' SECTION

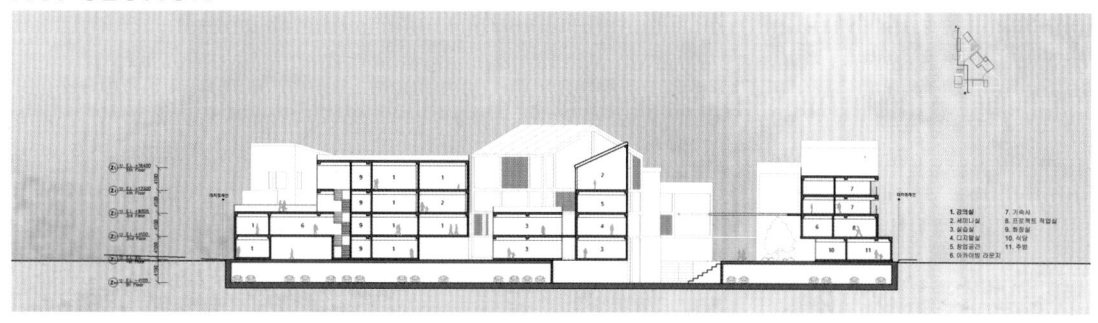

WEST ELEVATION

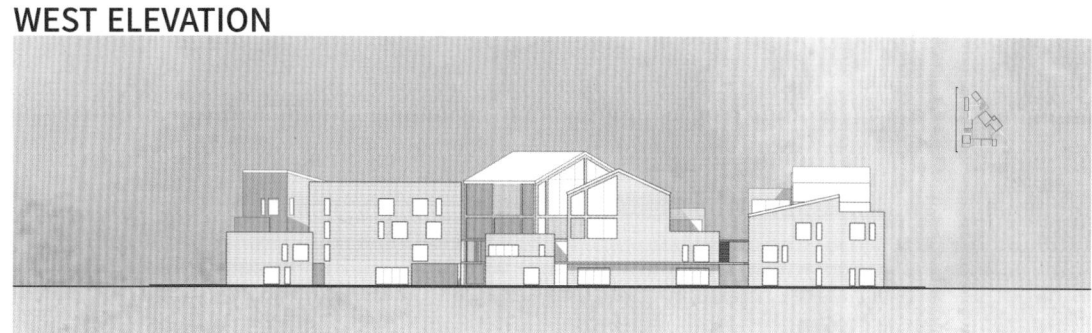

B1F PLAN

1F PLAN

지하의 경우 단일 층으로 구성되어있으며, 대지 전체에 노드 점을 설정하여 코어를 지하까지 연장하였고, 이를 통해 지하에서 건물로의 접근성을 향상시켰다.

1층은 다양한 이용자들을 위한 여러 출입구와 중심길, 그리고 사잇공간으로 구성되어 있다. 이때, 대지와 인접한 길을 중심길의 연장선으로 보고, 순환하는 중심길을 형성하고자 하였다.

2F PLAN

3F PLAN

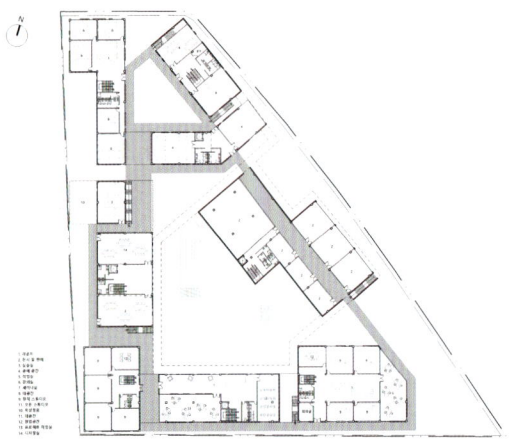
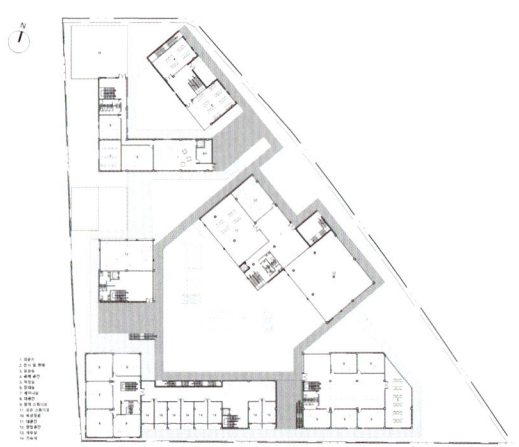

2층의 가장 큰 특징은 브릿지가 건물을 직접 관통한다는 점이다. 이를 통해 반외부 공간이 형성되며, 이용자들은 산색을 하며 내부의 다양한 모습과 함께 다양한 공간감을 경험할 수 있다.

3층에선 옥상 공간이 브릿지의 일부가 되어 머무를 수 있는 공간을 제공한다. 또한 다양한 옥상정원들과 연결되어 이용사에게 다채로운 경관을 선사하며, 휴식과 여가를 위한 공간으로 활용된다.

DETAIL PLAN & SECTION

PERSPECTIVE

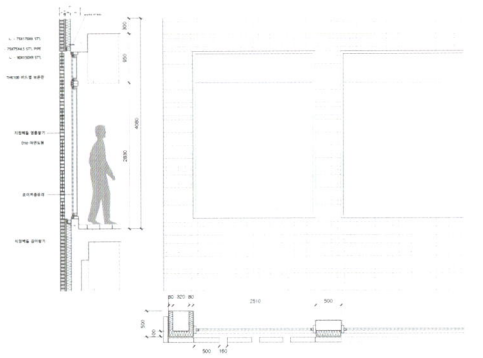

벽돌 및 창호 관련 평면/단면 상세도

레지던시 마당에서 썬큰광장 쪽을 바라보는 뷰.

MODEL

N.

효제초등학교
Hyoje Elemetary School

이유진, 주소영, 손동완, 김태우. 임하진, 김채이, 황보승재, 박성원, 이재원

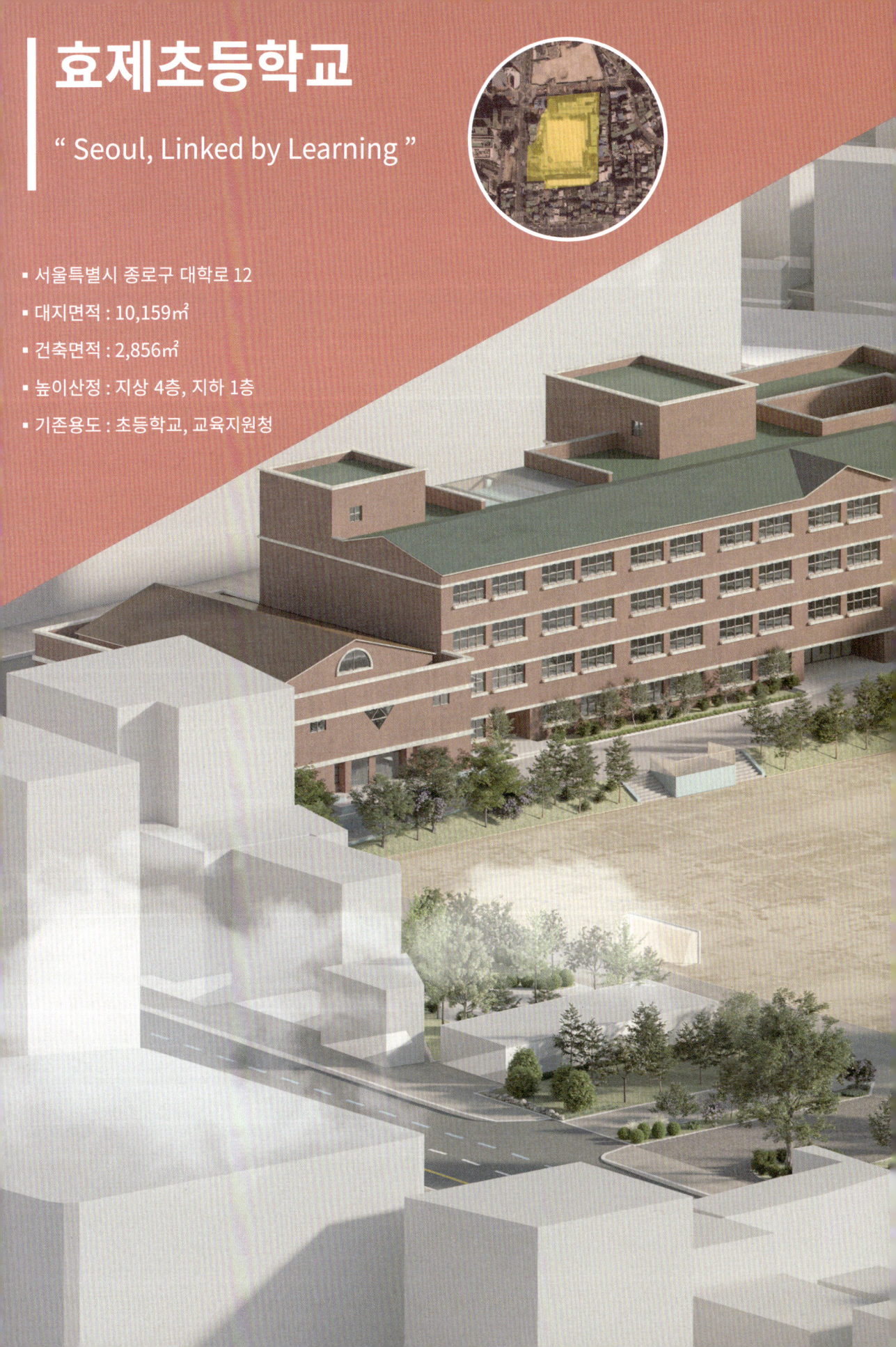

효제초등학교

" Seoul, Linked by Learning "

- 서울특별시 종로구 대학로 12
- 대지면적 : 10,159㎡
- 건축면적 : 2,856㎡
- 높이산정 : 지상 4층, 지하 1층
- 기존용도 : 초등학교, 교육지원청

대상지 개요

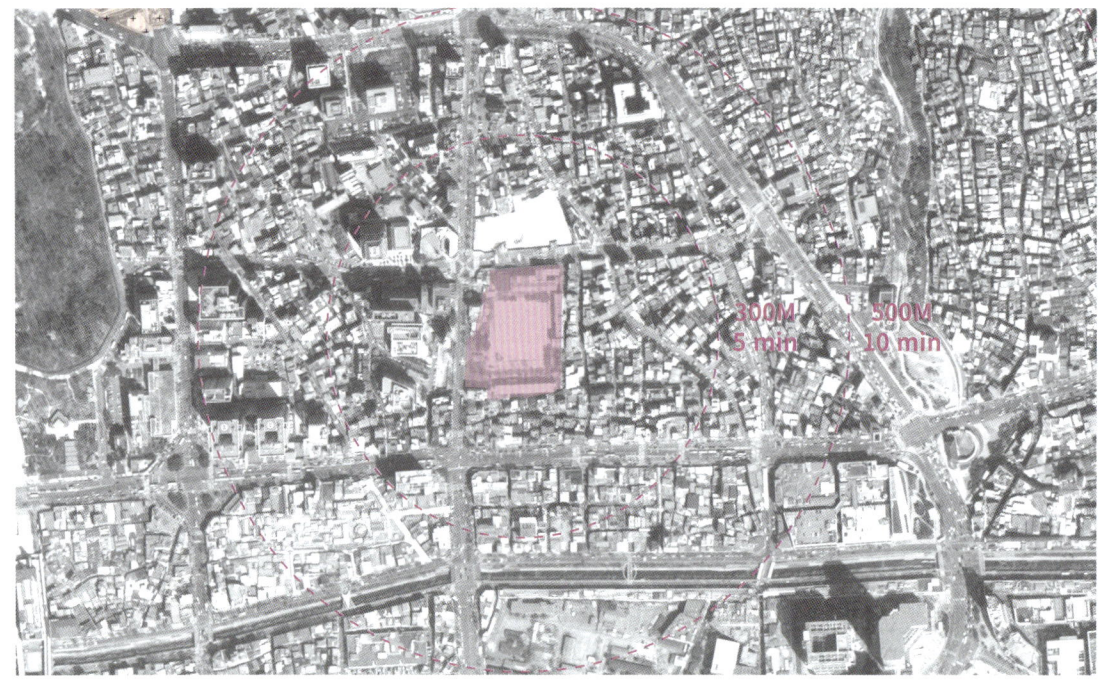

위치: 서울특별시 종로구 대학로 12

용도: 학교, 일반상업지역

구조: 철근콘크리트조

높이: 지상 4층, 지하 1층

건폐율: 60%

용적률: 200%

대지면적: 20,536.6㎡

연면적: 10,159㎡

건축면적: 2,856.67㎡

대상지 현황

효제초등학교 내부

역사적 배경

 종로구는 대한민국 역사상 **가장 오래된 도심** 중 하나로, 조선시대부터 현대에 이르기까지 중요한 정치·문화의 중심지로 자리해왔다. 사대문 안에 위치한 종로구는 조선 왕조의 수도였던 한양의 핵심 지역으로, 수많은 문화유산과 고궁이 밀집한 지역이다. 이러한 **역사적 유산**들은 종로구를 한국 문화와 전통의 중심지로 자리매김하게 했으며, 종로구에 위치한 다양한 박물관과 미술관은 예술과 학문, 전통 문화의 전승을 위한 문화 도시로서의 면모를 보여준다.

1930년대
 조선시대 어의궁에 인접한 지역에 속했었으나, 대한제국기 이후 그 기능이 약화되고 기독교 시설들이 주로 자리잡았다. 김상옥로와 율곡로가 신설되어 도시화가 진행되었으며, 주택난으로 학생촌 등의 이름으로 대규모 도시한옥주거지가 개발되었다.

1950-70년대
효제초등학교의 정문 맞은편 의정부 버스차고지와 정기화물 운송 등으로 교통 요충지 역할을 했다. 이 때 강원도에서 생산되는 약재들이 교통이 편리한 효제동 근처에 쉽게 운송될 수 있었다. 그렇게 보령약국을 시작으로 효제동 인근에 약국 거리가 형성됐다. 남쪽 동대문 시장과 접하며 형성된 상권지역으로, 한의원, 병원, 약국 그리고 여관등이 늘어서있었다.

1970-2000년대 초반 및 현재
고속버스터미널이 강남으로 이전하게 되면서 교통의 요충지 역할을 끝마치게 되었다. 이후 동대문 종합시장에서 주변일대를 창고로 사용하며 이 지역 또한 시장기능을 보조할 수 있었다. 최근에는 동대문 시장의 약세로 숙박 및 식당들이 폐업하고 있는 상황이다.

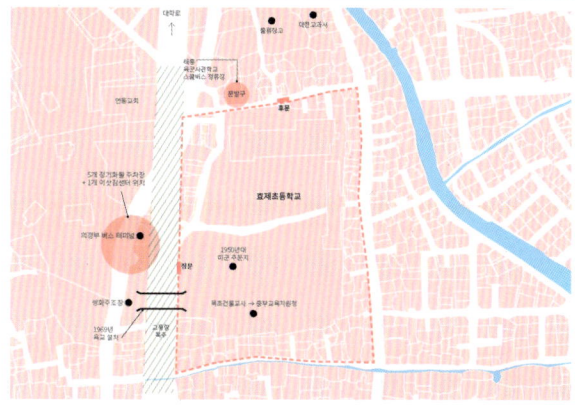

물리적 배경

건물 용도

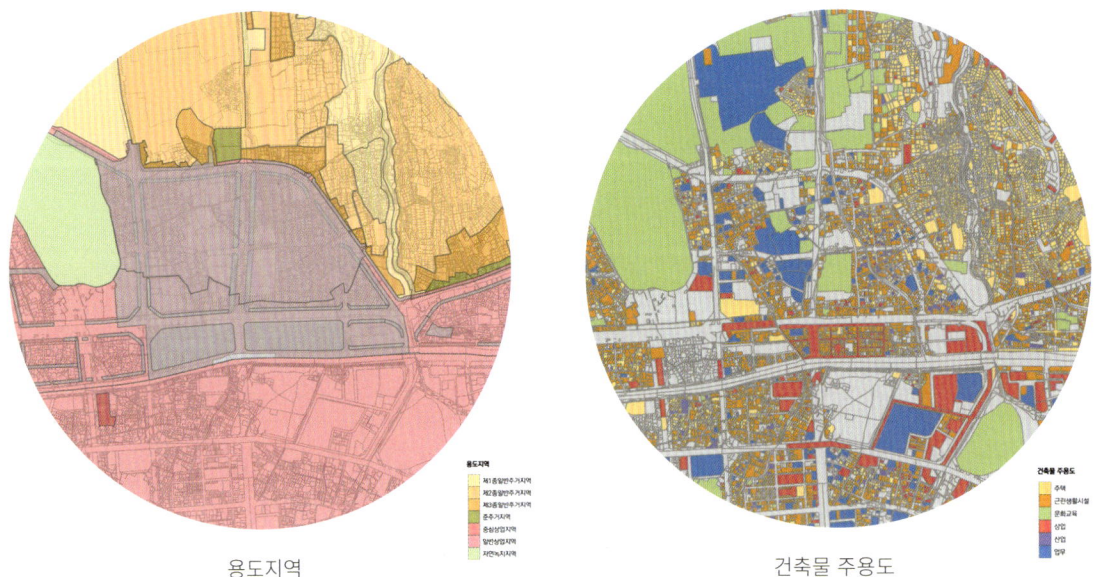

효제초등학교는 서울의 중심부인 종로 5가에 에 위치해 있다. 효제초등학교의 남쪽으로는 종로를 중심으로 한 **상업지역**, 북쪽으로는 창신동 일대의 **일반주거지역**이 분포해 있다. 종묘, 창덕궁 등 넓은 면적의 문화시설이 도보 10분 이내에 위치하며, 사이트 인근에는 **근린 생활 시설**과 **업무 시설**이 다수 밀집해 있다.

주변 건물 분석

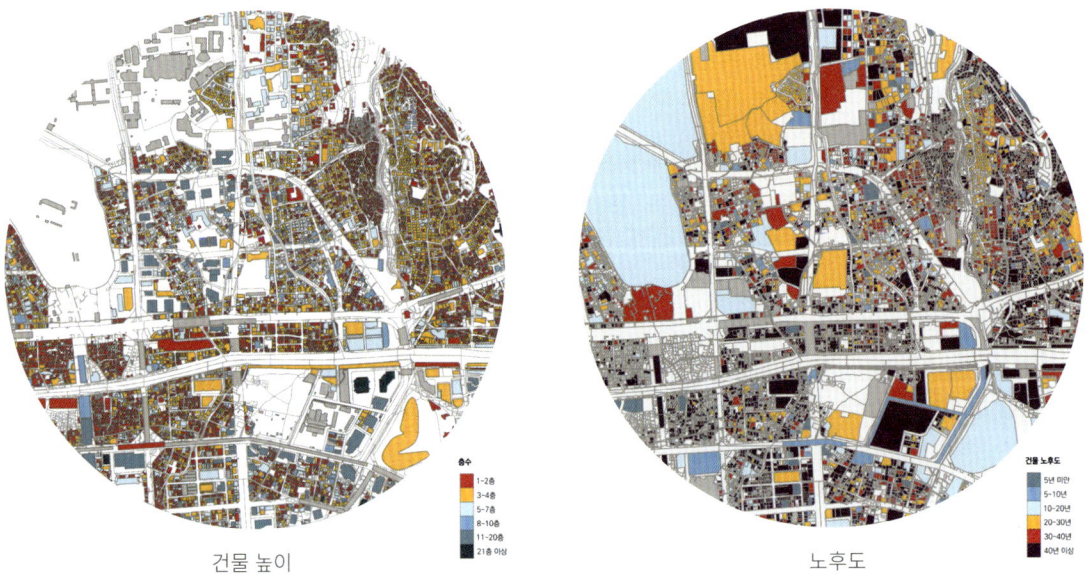

종로 거리를 따라 세워진 건물은 대부분 2000년대 이전 건축된 건물들로 **노후**되었으며 주로 5층이하의 낮은 건물들이다. 반면 사이트 인근은 재개발 계획으로 인해 새 건물이 점차 증가하고 있다. 사이트 서쪽 업무지구에는 10층 이상의 **고층 오피스빌딩**이 분포해 있는 반면 동쪽으로는 **낮은 상가**들이 높은 밀도로 줄지어 골목을 형성하고 있다.

도로 분석

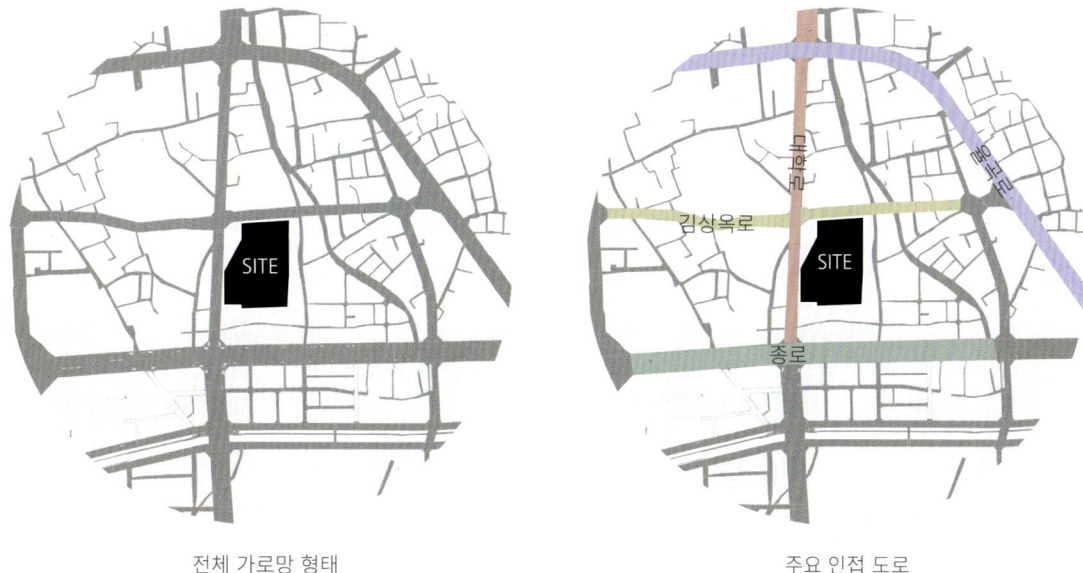

전체 가로망 형태 | 주요 인접 도로

효제초등학교는 동서방향의 **종로**와 남북방향의 **대학로**가 만나는 종로5가에 위치해 있다. 격자형의 도로 시스템은 슈퍼 블록을 형성하고, 블록 내부에서는 복잡한 골목이 형성되어있다. 효제초등학교는 도로 폭 약 10M의 대학로, 김상옥로와 맞닿아있으며, 동측과 남측으로는 작은 건물들이 밀집해 있는 골목과 접해있다.

대중교통 및 접근성

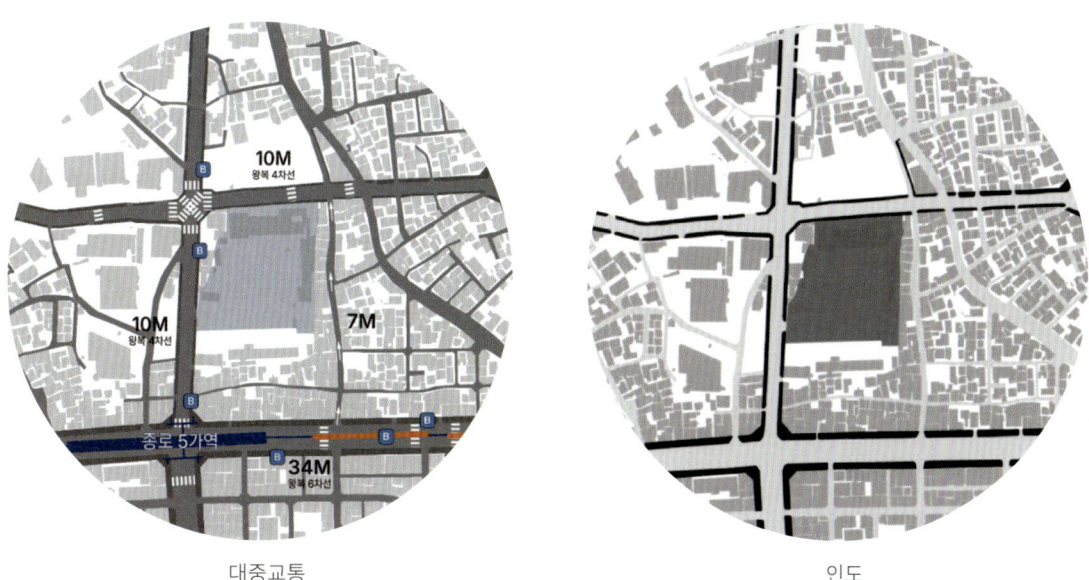

대중교통 | 인도

효제초등학교 정문에서 도보 3분 거리에 지하철 1호선 **종로 5가역**이 위치하고 있다. 도보 9분 거리에는 지하철 1, 4호선 **동대문역**이, 도보 15분 거리에는 지하철 2, 5호선 **을지로 4가역**이 위치한다. 이외에도 서쪽으로 학교 부지와 접해있는 대학로를 따라 총 10개의 **지·간선 버스 노선**과 2개의 **마을버스 노선**이 배치되어있다. 인근에 종로 오피스 밀집지역이 있어 출퇴근시간을 전후로 유동인구가 많다.

필지 분석

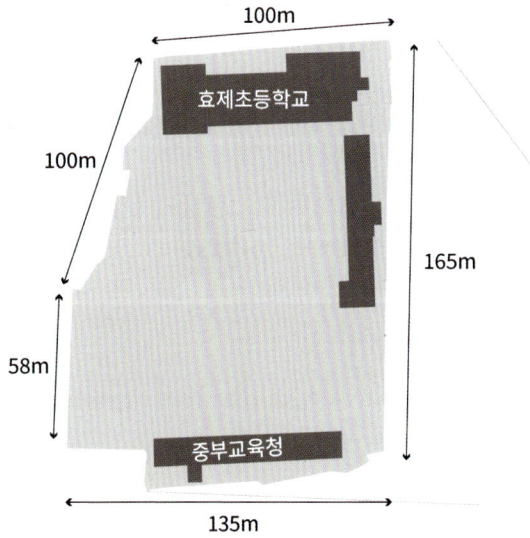

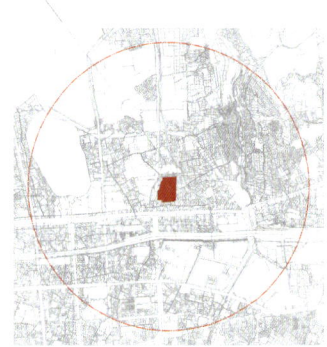

약 20,000㎡ 대상지 내에서 기존 효제초 건물은 북동쪽에 위치해 있으며 중앙에는 운동장이 있다. 중부교육청 건물은 남쪽 골목에 접해 있다.

북서측의 필지와 면한 땅은 현재 버스 정류장과 함께 공개 공지로 사용되고 있다.

인접 가로 단면 분석

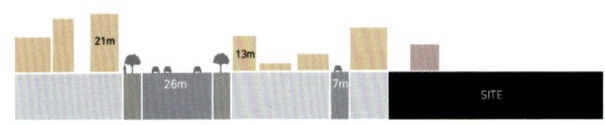

종로 + 대학로 2길 가로단면조직도

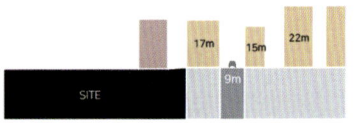

종로 35길 가로단면조직도

대지 남측으로 폭 약 30m의 왕복 6차선 종로가 지나간다. 도로 양 옆은 시장 및 상가가 접해있으며, 중앙에는 버스 차로가 있어 차량과 보행자의 통행량이 많다. 사이트 바로 남쪽에는 폭 약 7m의 좁은 골목길이 나 있다.

사이트 동측에는 폭 약 10m의 좁은 도로가 나 있다. 상업 시설이 밀집해있지만 보행자와 차량이 분리되어있지 않아 혼잡하다.

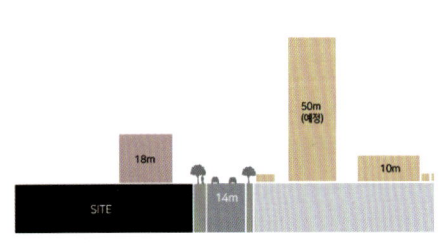

김상옥로 가로단면조직도

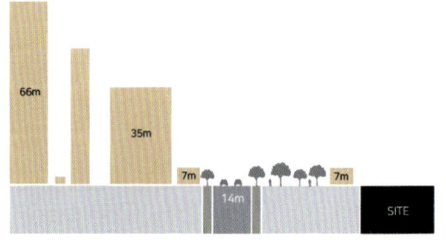

대학로 가로단면조직도

사이트 북측으로는 폭 약 14m, 왕복 4차선의 도로가 이어져있으며, 현재 효제초등학교의 후문과 주차장과 맞닿아있다. 김상옥로를 사이에 두고 효제초등학교의 맞은편에 있는 대지에는 오피스 건물이 예정되어있다.

대지 서측은 혜화역까지 이어지는 폭 20m의 왕복 4차선 대학로와 접한다. 대학로와 사이트 사이 땅은 공개공지로 사용되고 있고, 대학로 서측에는 고층 오피스 건물들이 위치해 있다.

문화적 배경

 대상지는 종로 한 가운데 위치해 있으며 DDP와 혜화 대학 연극로의 극장들과 같은 문화 시설이 근접하며 사대문 안 역사적 유적과도 근접해 있다. 또한 사이트 주변에는 종로 귀금속거리, 세운 청계 상가, 동대문패션타운 관광특구등 다양한 종류의 시장이 위치하여 국내외 많은 관광객을 불러모은다.

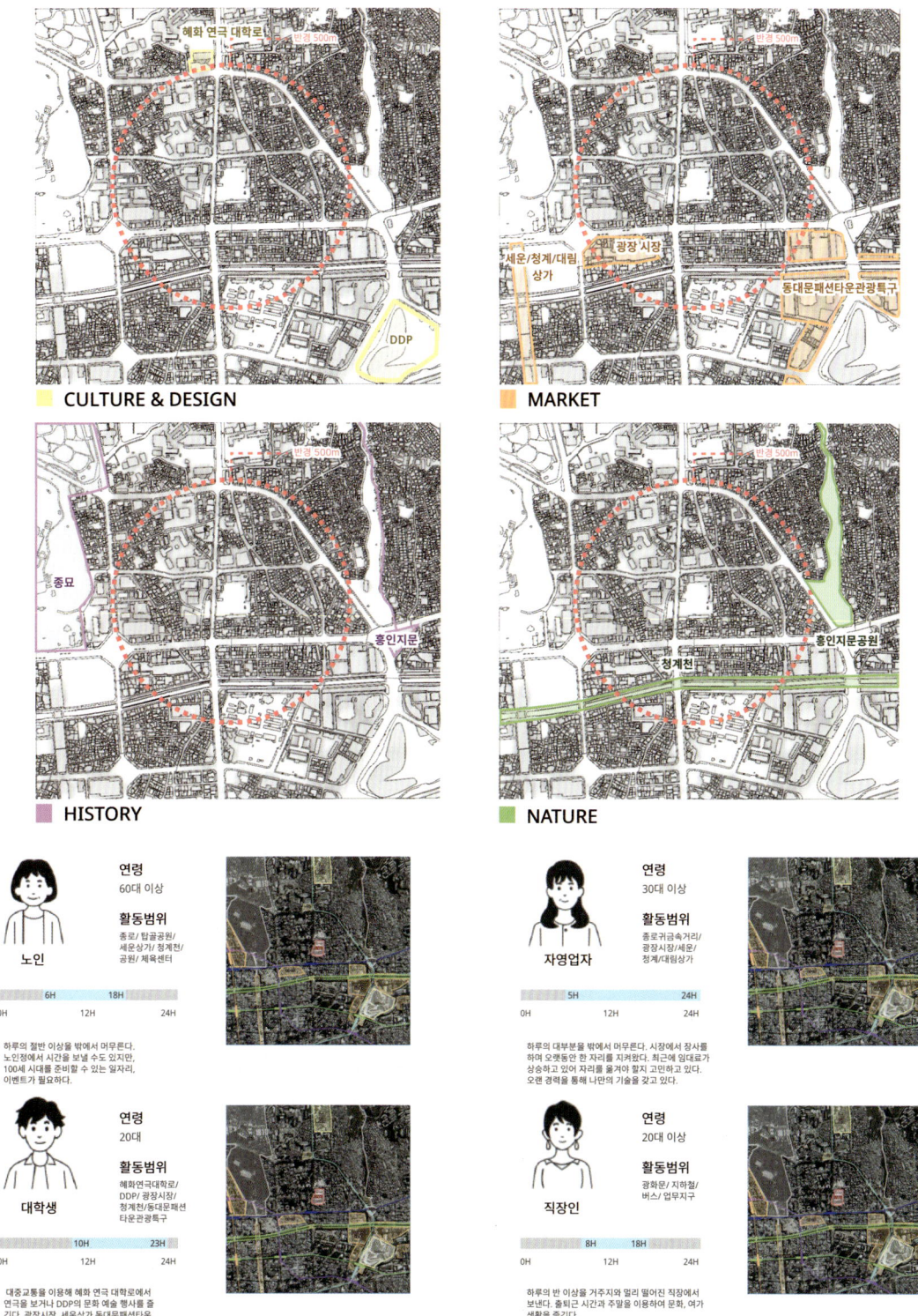

사회적 배경

인구 분석

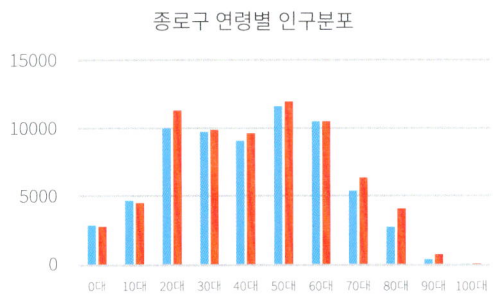
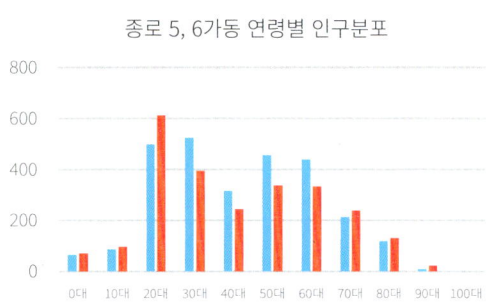

종로구의 연령별 인구 분포에서는 3-40대보다 20대와 5-60대의 인구 비율이 다소 높고, 종로 5, 6가동에서는 이러한 경향이 더 뚜렷한 것을 확인할 수 있다. 종로 5-6가동의 업무 지구와 오피스텔 증가로 인한 20-30대 인구의 유입으로 볼 수 있다.

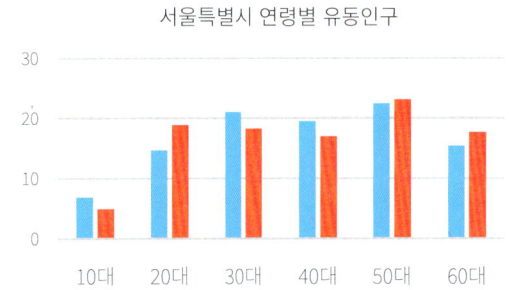
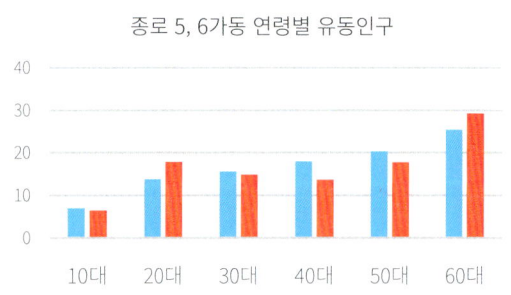

종로 5가역에서 내리면, 주변 상권들에 비해 노년층 인구가 많은 것을 한 눈에 알 수 있다. 서울 특별시 전체 유동 인구에서는 각 연령대가 전반적으로 고르게 분포하고, 50대의 비율이 약간 더 높지만, 종로 5, 6가동에서는 60대의 비율이 확연히 높은 것을 확인할 수 있다. 서울특별시 전체에서는 노년층의 비율이 15.4%에 그치는 반면, 종로 5,6가동의 노년층 유동인구 비율은 29.3%에 달한다.

주거 생태계

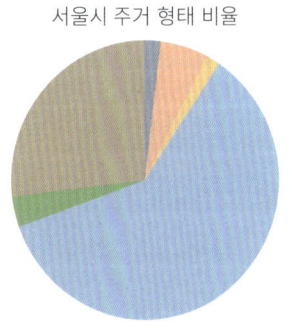
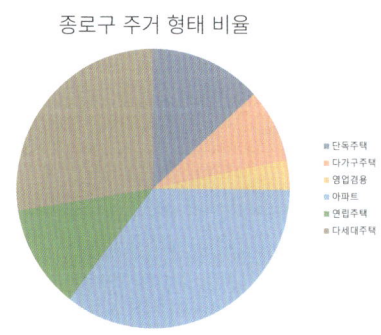

서울시에는 아파트의 비중이 압도적으로 높은 모습을 볼 수 있지만 종로구는 그렇지 않다. 아파트의 비중이 가장 높긴 하되(34.6%), 다세대 주택, 연립주택 등 골고루 많이 분포해있다.

인구 공동화 현상

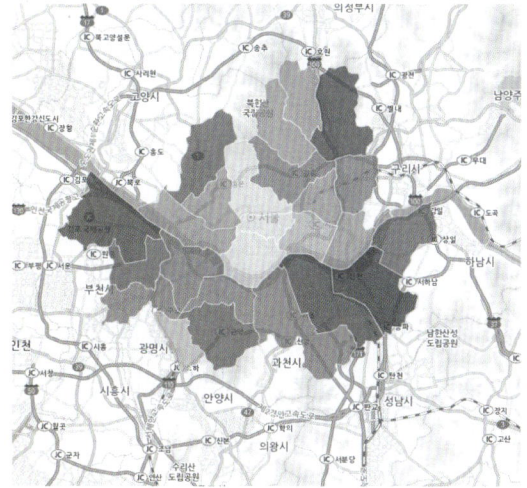

종로구는 오랜 역사와 전통을 가진 서울의 중심지로, 과거부터 상업과 행정의 중심 역할을 해왔다. 그러나 최근 종로구에서는 **도심 공동화 현상**이 나타나고 있다. 도심 공동화란 도심 지역에서 주거 인구가 감소하고 상업 시설이 쇠퇴하면서 도시 중심부가 점점 비어가는 현상을 말한다.

많은 기업들이 강남이나 여의도로 이전하면서 종로구 내 사무실 수요가 크게 줄어들어 업무 중심지로서의 역할이 약화되었다. 또한 고령화와 더불어 젊은 층의 주거와 생활 환경의 이유로 외곽 이주로 인해 종로구는 점차 인구가 감소하고 있다.

그 결과 종로의 상권이 약화되고 활기를 잃고 있으며, 빈 상가가 증가하고 있다. 이러한 문제는 종로구의 역사적 가치와 도시적 활력을 회복하기 위해 긴급히 해결해야 할 과제이다.

도시재생사업 및 정책

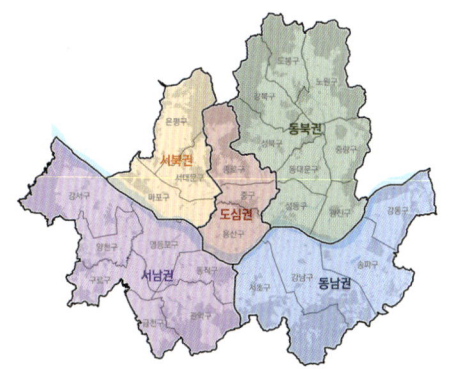 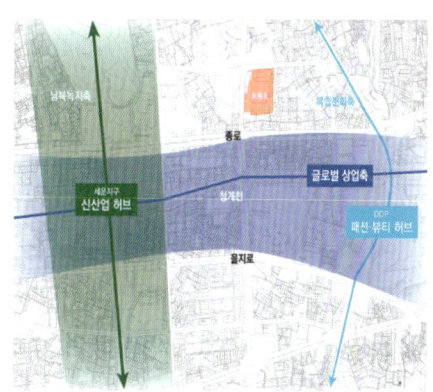

서울시는 <2030 서울도시기본계획>에서 '3도심, 7광역중심, 12 지역중심 체계'를 수립하며 중심지역별 육성 방향을 제시한다. 3도심은 서울도심, 강남, 여의도 및 영등포로, 효제동은 **서울도심**에 속한다. 서울도심은 국제문화교류중심지로서 역사문화를 기반으로 주요 공간축을 활성화하여 다양한 기능을 가진 도심으로 조성한다. 효제동은 청계천을 따라가는 **글로벌 상업축**, 세운지구를 따라가는 **신산업 허브**, DDP를 중심으로 하는 **패션뷰티 허브**와 접한다. 따라서 인접한 축과 연계된 프로그램을 도입할 수 있다.

2016년, <2025 도시환경정비 기본계획>에서 재개발 예정지에서 해제된 효제동은 정책 기조에 따라 2022년 **정비예정구역**으로 재지정되었다. 사이트 맞은 편의 효제동 98번지 또한 재개발 중에 있다.

이를 비롯해 인근의 세운 4구역, 세운 6-3구역, 공평구역, 창신 9구역 등에서 재개발 사업이 진행 중이며, 이곳에는 **대규모 오피스와 주거단지**가 건설될 것으로 보인다.

INDEX YOUR SCENE
HYOJE RE;BIRTH PROJECT

이유진 | YU JIN LEE

STUDIO 7 prof.
김일석 | IL SEOCK KIM
박재광 | JAE KWANG PARK

많은 변화 속에서 머무른 128년의 과거, 또 섣불리 예측하기 어려운 미래의 사이, 효제초는 놓여있다. 이러한 맥락으로 미루어보아, 시간, 과정, 변화와 같은 키워드를 효제초의 정체성이라 정의하고, 과정의 의미를 배울 수 있는 공간을 만들고자 했다. 일반적인 뮤지컬센터는 완성된 하나의 공연을 선보이는 것이 목적이다. 그러나 본 건물을 배우고, 연습하고, 리허설하는 공간에 단계적으로 방점을 찍어, 마치 책갈피를 끼우듯 과정의 중요성을 조명하는 공간이다. 좁은 의미로는 학생들에게 뮤지컬을, 넓은 의미로는 지나가거나 찾아오는 모두가 과정의 의미를 배울 수 있는 공간이다.

배우고, 연습하고, 리허설하고, 공연하고, 기록하는 다섯가지의 단계를 나누고 서로 이어질 수 있는 흐름에 따라 매스를 계획했다. 또 결과보다 과정이 더 중요한 공간인 만큼, 클래스, 리허설, 아카이브 매스를 대로변과 맞닿는 정면으로 배치했다. 리허설 매스 필로티 하부의 야외공연장에서는 학생 공연, 짧은 단막 간이 공연 등이 이루어진다. 또 특징적인 것은 공연장 매스가 대로를 등지고 있다는 점이다. 공연장의 후무대 부분은 반투명한 폴리카보네이트로 만들고 때에 따라 개방될 수 있는 공간으로 계획해, 공연을 보러 온 사람들도 자연스레 백스테이지를 경험할 수 있도록 하였다.

기존의 효제초등학교 정문과 후문으로 사용되던 진입로를 포함해 총 다섯 가지의 진입로가 있다. 대학로 확폭에 따라 모퉁이 땅을 광장으로 사용할 수 있게 된다. 종로35길 측 진입로의 경우 기존 건물을 철거하고 새로이 진입로를 제안해 미래에 대응되는 대로변 뿐만 아니라, 오래된 골목과도 연결해 여러 시점(인덱스)들이 공존할 수 있는 흐름을 만들고자 했다.

이외에도 각 진입로에서 서로 다른 매스감으로 진입광장과 진입골목의 색다른 보행경험을 만들려 했다. 또 모든 면에서 진입 가능하다는 점은 본 건물이 여러 면과 활동을 모두 중요하게 여기는 곳이라는 점을 뜻한다.

SITE ANALYSIS

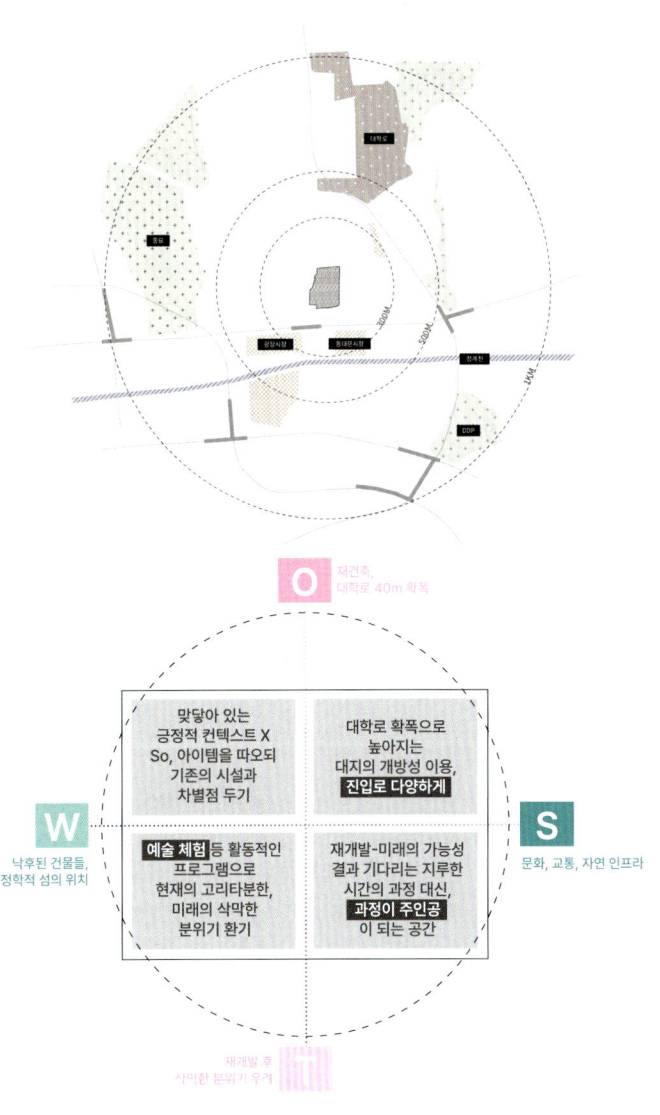

대학로, 청계천, 종묘 등 다양한 컨텍스트 가진다, 그러나 이는 효제와 직접 맞닿아 있지는 않다. 지정학적 섬의 위치라 말할 수 있다.
또 낡고 복잡한 골목들이 주를 이루는 현재 가로환경과는 달리, 앞으로는 전반적인 재개발로 인한 큰 변화가 있을 것으로 예상된다.

여러 문화 환경과 복잡한 골목들, 재개발 계획 등 한가지 수식어로 정의하기 어려운 다층적인 컨텍스트 안에서, 효제를 한 가지로 정의하기보다도, 시간, 과정, 변화 자체를 효제의 정체성이라 정의하고 과정이 주인공이 되는 공간을 계획했다.

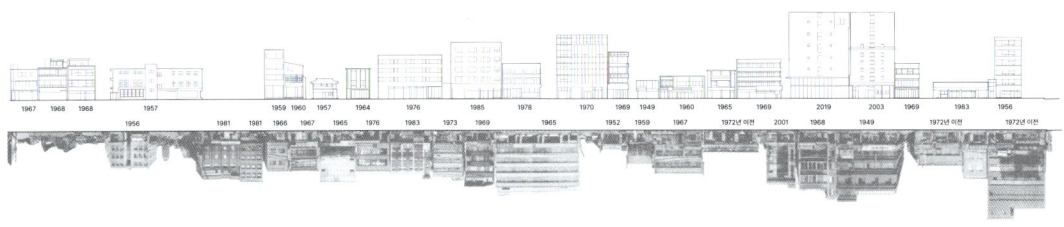

효제초등학교 동측 종로35길의 입면이다. 한 가로 안에 1950년대 준공부터 2010년대 증축까지, 다양한 시기의 구법과 입면이 남아있다. 이는 단순히 낡았다 혹은 복잡하다라는 수식어로는 부족한, '시간을 담고있는' 골목이다

SPACE PROGRAM

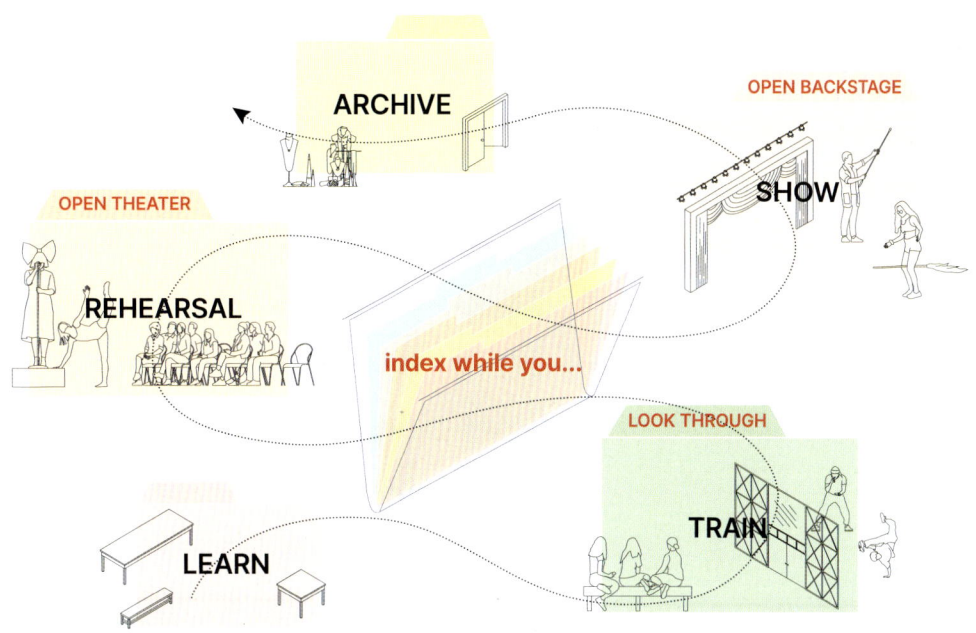

배우고, 연습하고, 리허설하고, 공연하고, 기록하는 다섯가지의 단계를 나누고 서로 이어질 수 있는 흐름에 따라 매스를 계획했다. 또 결과보다 과정이 중요한 공간인 만큼, 클래스, 리허설, 아카이브 매스를 대로변과 맞닿은 정면으로 배치했다. 리허설 매스 필로티 하부의 야외공연장에서는 학생 공연, 짧은 단막 간이 공연 등이 이루어진다. 또 특징적인 것은 공연장 매스가 대로를 등지고 있다는 점이다. 공연장의 백스테이지 부분은 반투명한 폴리카보네이트로 만들고 때에 따라 개방할 수 있는 공간으로 계획해, 공연을 보러 온 사람들이 자연스레 백스테이지를 경험할 수 있도록 했다.

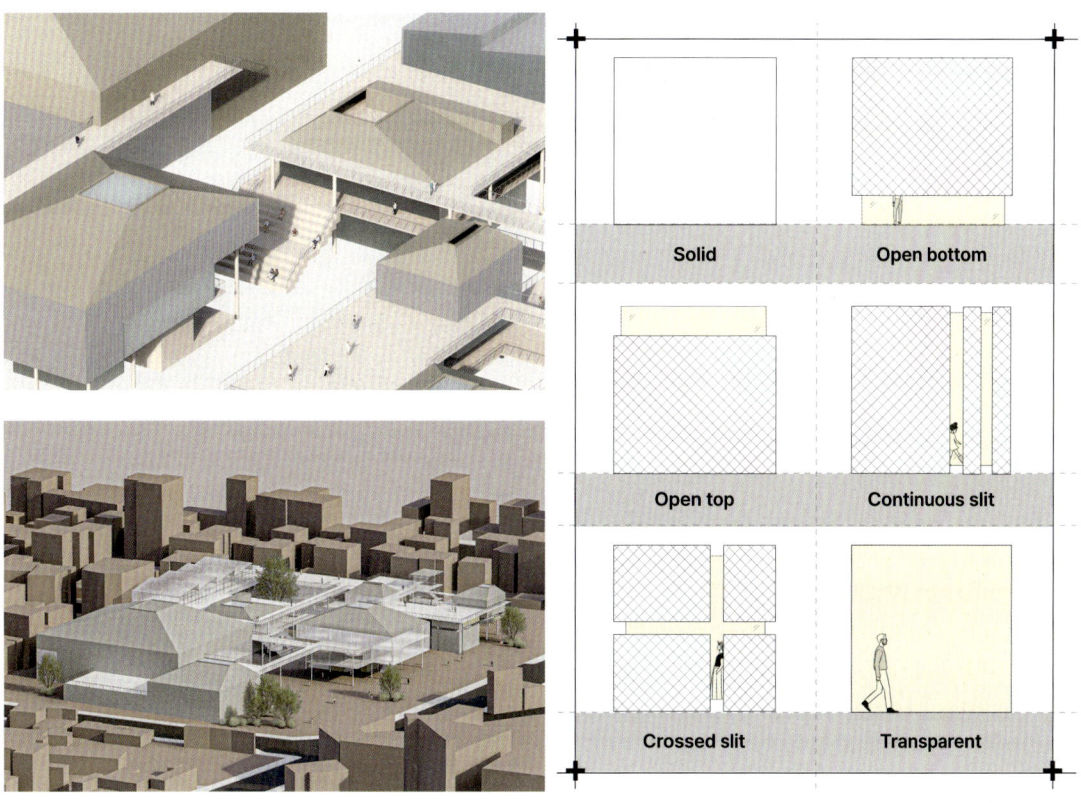

ENTRANCE

대학로 확폭으로 만들어지는 진입 광장

기존 건물이 사라지며 생기는 새로운 진입 골목

새로이 제안하는 종로35길로부터의 진입 골목

(구) 효제초 후문 (현) 공연장 측 진입로

기존 효제초등학교 정문과 후문을 포함해 총 다섯가지의 진입로가 있다. 대학로 40M 확폭에 따라 모퉁이 땅을 광장으로 사용할 수 있게 되며, 이는 공연장 백스테이지와 외부 공연장으로 방문자를 유입하는 주 진입로가 된다. 또 동측과 남측 진입로는 기존 건물을 철거하고 새로운 진입로를 제안함으로써, 미래의 대로, 과거의 골목, 즉 서로 다른 시간과 공간적 흐름이 공존하도록 했다. 모든 면에서 진입 가능하다는 점은 본 건물이 여러 면과 활동을 모두 중요하게 여기는 곳이라는 점을 뜻한다.

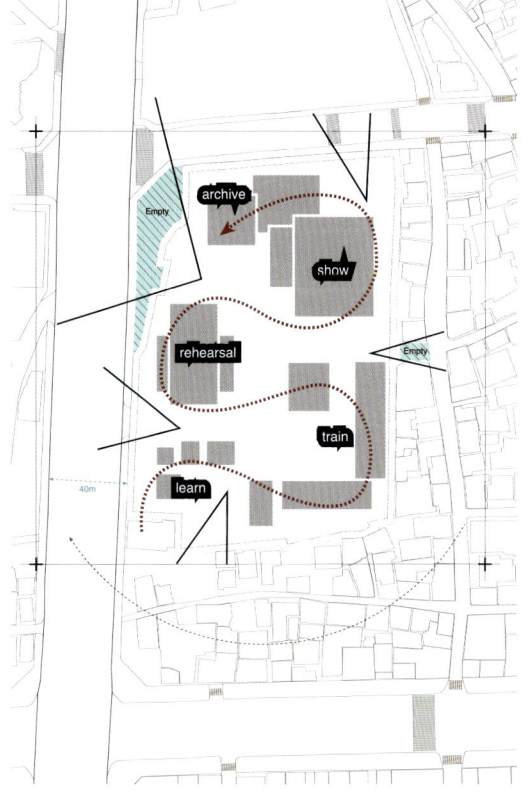

(구) 효제초 정문 (현) 리허설, 클래스 진입로

MODEL

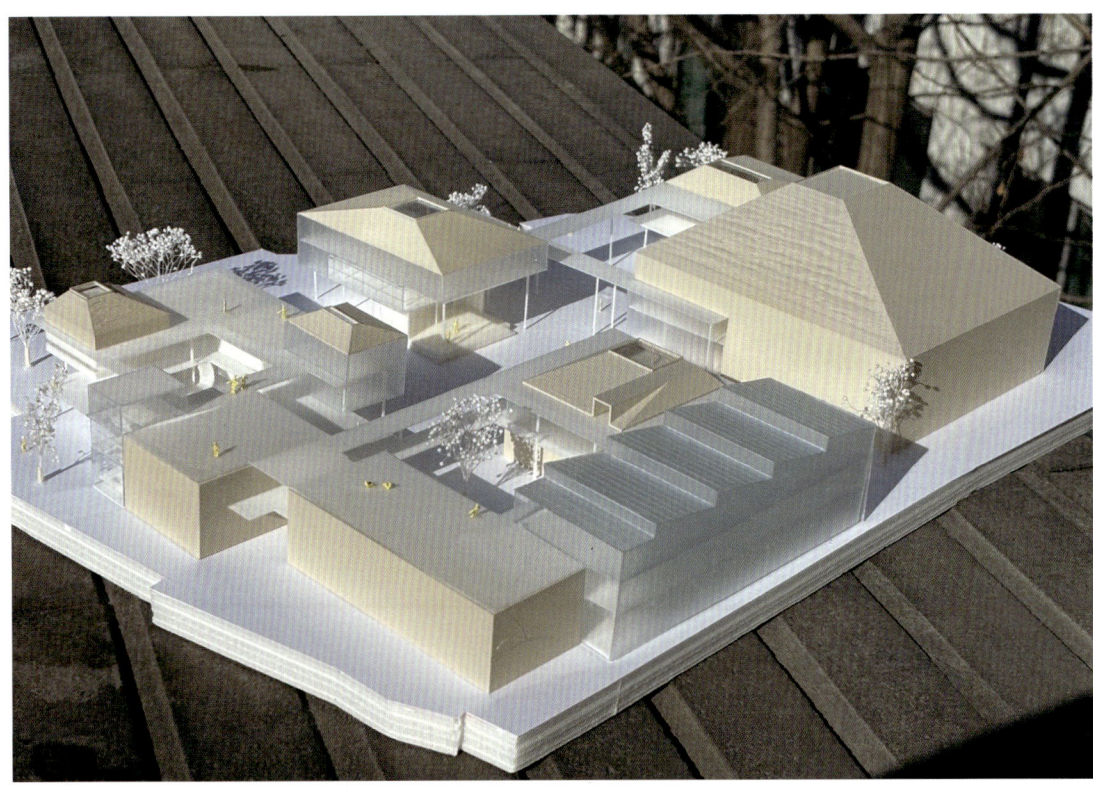

PERSPECTIVE

1F PLAN

2F PLAN

3F PLAN

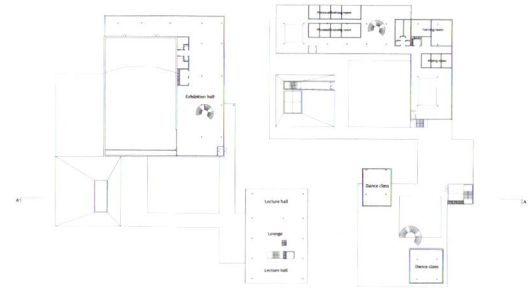

SITE PLAN

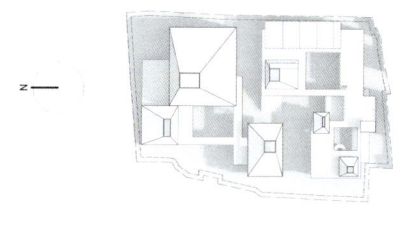

SECTION A-A'

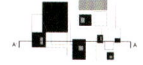

EAST ELEVATION

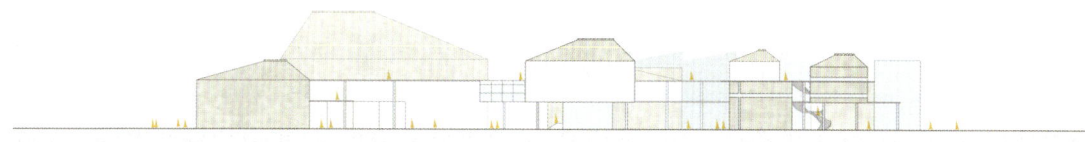

WEST ELEVATION

주소영 | SO YOUNG JOO

STUDIO 7 prof.
김일석 | IL SEOCK KIM
박재광 | JAE KWANG PARK

효제초등학교가 위치한 종로는 과거부터 시장이 형성되어 사람들의 삶의 터전의 역할을 해왔으며, 현재에는 경복궁, 창경궁 등 사대문 안 역사 유적지와 더불어 많은 사람들을 모으는 관광지로 변화하였다. 풍부한 역사적, 문화적 자원을 가진 것이 종로만의 매력이다. 과거와 현재가 만나는 종로에서 다양한 세대, 다양한 목적의 사람들이 만나 활력을 만들어낸다.

하지만 효제초등학교 인근은 재개발로 많은 오피스와 상업 시설이 들어서면서 도심 공동화 현상이 심화되고 있으며, 낮 시간 동안의 활력이 평일 저녁과 주말에는 사라진다. 그렇기 때문에 도심에 위치하여 접근성이 뛰어나다는 것과 인근의 관광객을 방문을 통해 종로의 활력을 효제초등학교까지 연결해 주어야 한다.

사람들에게 활력을 줄 수 있는 배움의 공간으로 음악 체험 시설을 제안한다. 음악은 세대마다, 각자의 취향과 문화마다 즐기는 장르와 방법이 다르다. 하지만 이 경계를 너머 음악은 사람들에게 즐거움이라는 공통된 감정을 불러일으킨다. 그렇기에 음악은 사람들을 연결하는 배움의 요소가 될 수 있다. 이곳에서 사람들은 자신의 취향에 맞는 음악을 찾아 듣고, 취향에 맞게 추천된 체험 활동에 참여할 뿐 아니라 자신의 음악 체험을 공유한다.

앨범 속 하나의 연결된 트랙처럼 사람들은 자신의 음악 체험을 연결해 자신만의 이야기가 담긴 앨범을 만들어 간다. 누군가에게는 음악이 퇴근길에 잠시 들러 즐길 수 있는 취미가 되고, 누군가에게는 다른 사람과 소통할 수 있는 창구가 될 수 있을 뿐 아니라 또 다른 누군가에게는 가족, 친구들과의 즐거운 추억이 되기도 한다. 이곳에서 사람들은 자신의 음악을 통해 서로 연결되고, 동시에 종로의 활력 또한 효제초등학교로 연결될 수 있다.

SITE ALANYSIS

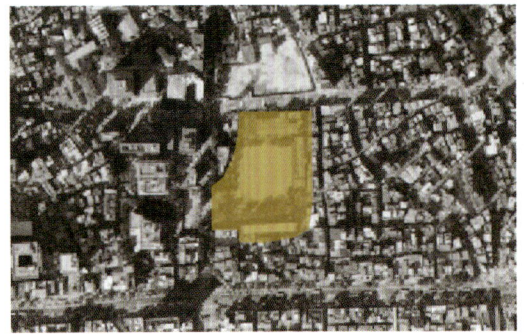  

효제초등학교는 서울특별시 종로구에 위치해 있으며, 대학로와 종로가 만나는 종로 5가에 접해 있다. 종로는 과거부터 시전이 형성되어 사람들의 삶의 터전의 역할을 해 왔으며, 현재는 사대문 안 역사 유적지와 더불어 많은 사람들이 방문하는 관광지로 변화하였다. 풍부한 **역사 문화 자원**이 효제초의 특징이다.

현재 효제초등학교는 상업지구에 위치해 있으며 최근에는 재개발로 인해 많은 오피스 빌딩이 들어서게 되었다. 이에 따라 **도심 공동화 현상**이 심화되었으며, 사람들의 움직임이 활발한 낮과 달리 효제초의 저녁과 주말은 활력을 잃게 되었다. 따라서 다양한 세대와 문화가 교차하는 **종로만의 활력**을 효제초등학교까지 **연결**해야 한다.

PROGRAM

세대마다, 각자의 취향마다 음악을 즐기는 방법은 다르다. 하지만 취향의 경계를 넘어 **음악**은 즐거움이라는 공통된 감정으로 사람들을 연결한다.

음악이 종로를 방문하는 다양한 **사람들을 연결**하고, 효제초등학교까지 **활력을 연결**해주는 배움의 요소가 된다. 이 곳에서 사람들은 자신의 취향을 따라 음악 체험을 하고 사람들과 공유한다.

CONCEPT

서로 다른 곡들이 모여 하나의 트랙을 만들고, 하나의 이야기가 담긴 앨범을 만든다. 이처럼 사람들도 자신의 취향에 맞게 추천된 체험 활동을 **연결**해 자신만의 **이야기가 담긴 앨범**을 만들어간다.

MASS PROCESS

1. Private - Public에 따른 프로그램 조닝

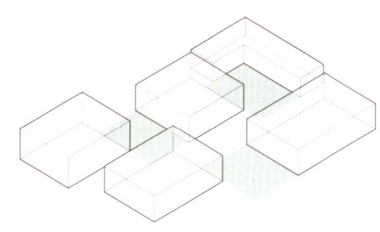

2. 서로 다른 분위기의 **오픈 스페이스**

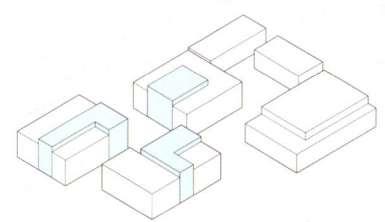

3. 활동의 중심이 되는 **아트리움**

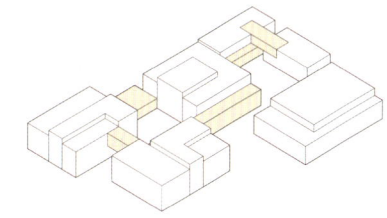

4. 체험을 하나의 트랙으로 연결하는 **브릿지**

SPACE PROGRAM

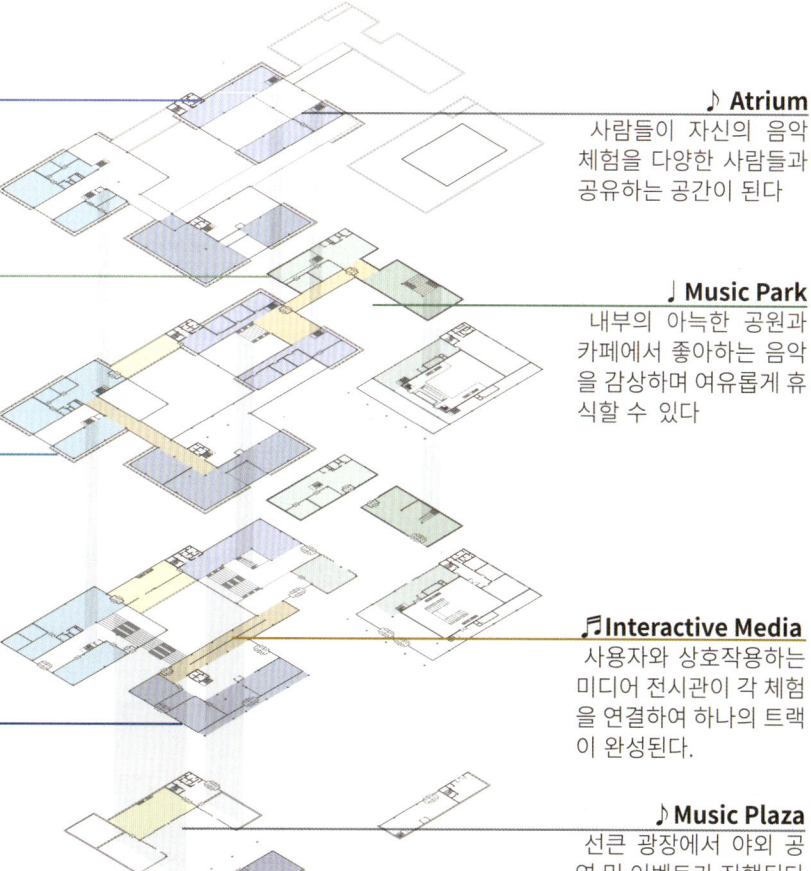

Music Class ♫
취향에 맞게 추천된 악기나 안무 클래스에 참여하고, 개별 연습실에서 연습한다

Music Therapy ♩
차분한 분위기의 음악과 함께 명상이나 요가 테라피가 이루어진다

Creative Studio ♪
음향 전문 장비로 제작, 편집 과정을 체험하고 원하는 음악을 직접 만들어 간다

Music Library ♫
좋아하는 아티스트의 굿즈를 스캔하여 음악을 재생하고, 원하는 굿즈를 구매할 수 있다

♪ **Atrium**
사람들이 자신의 음악 체험을 다양한 사람들과 공유하는 공간이 된다

♩ **Music Park**
내부의 아늑한 공원과 카페에서 좋아하는 음악을 감상하며 여유롭게 휴식할 수 있다

♫ **Interactive Media**
사용자와 상호작용하는 미디어 전시관이 각 체험을 연결하여 하나의 트랙이 완성된다.

♪ **Music Plaza**
선큰 광장에서 야외 공연 및 이벤트가 진행된다

SITE PLAN

1F PLAN

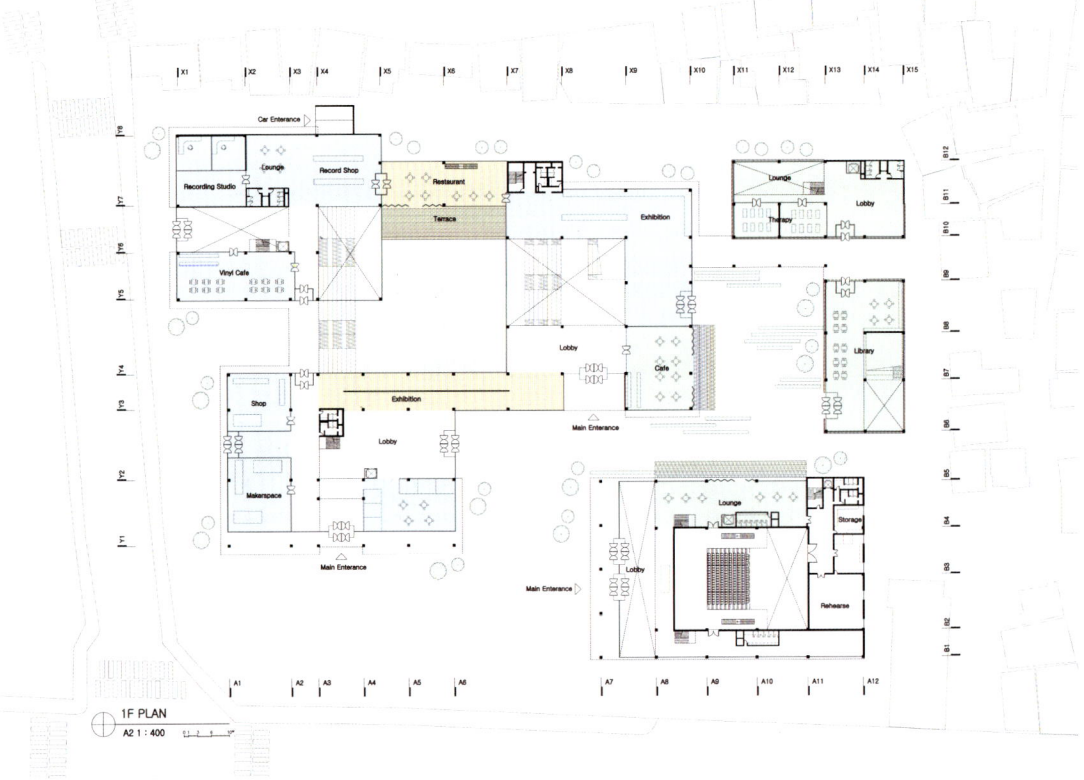

2F PLAN

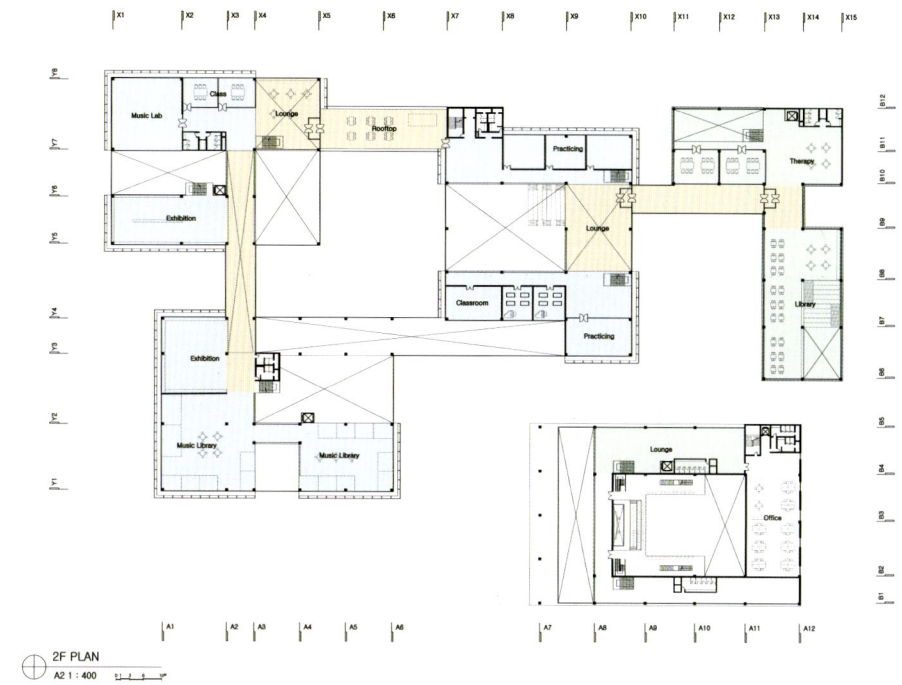

3F PLAN

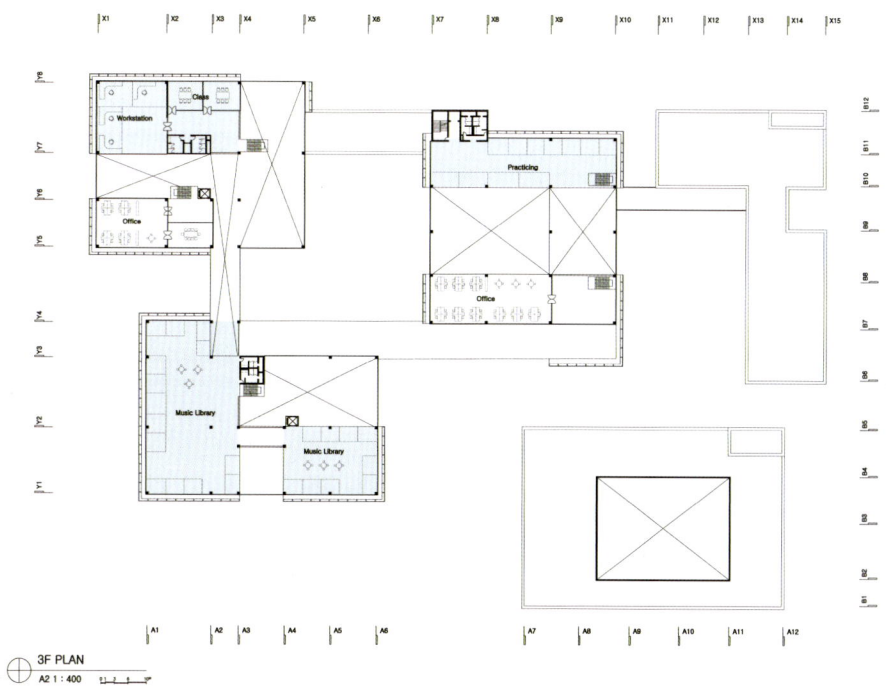

SECTION A-A'

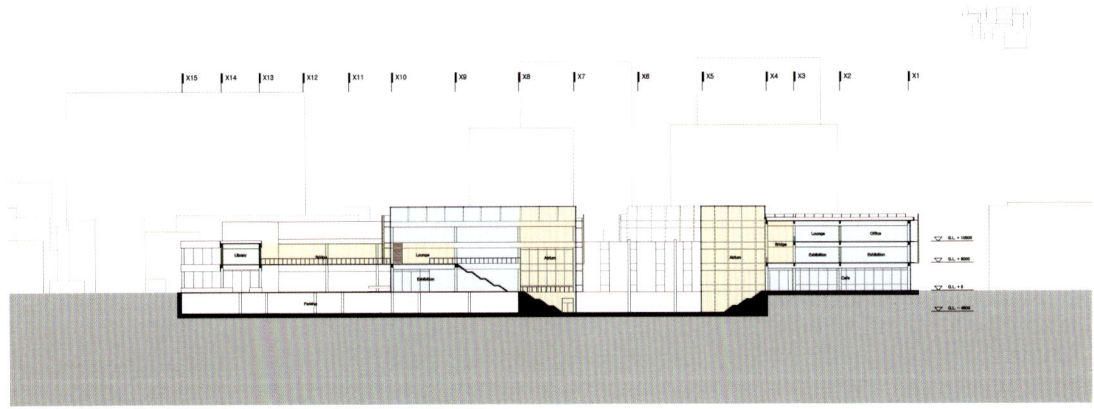

SECTION B-B'

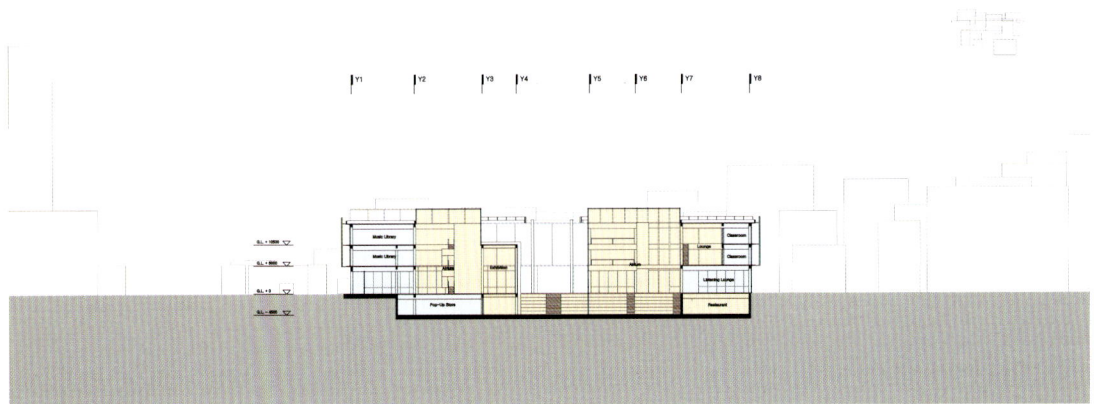

ELEVATION

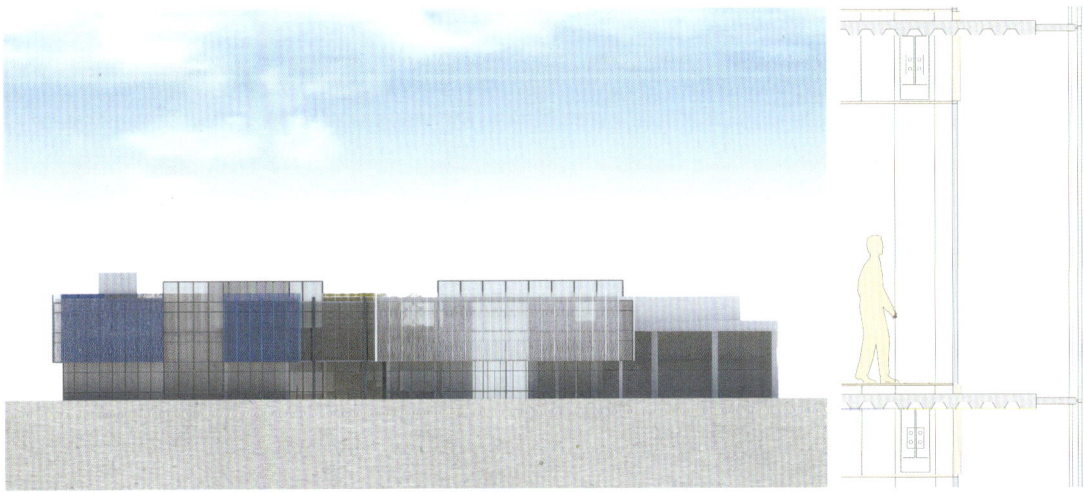

넓은 공간 확보를 위해 **철골 구조** 및 데크플레이트를 사용하였다. 또한 체험 활동이 이루어지는 건물의 입면은 각 공간의 특성이 나타날 수 있도록 서로 다른 색의 Aluminium Mesh로 이루어진 **Double Skin**으로 설계하였다.

PERSPECTIVE

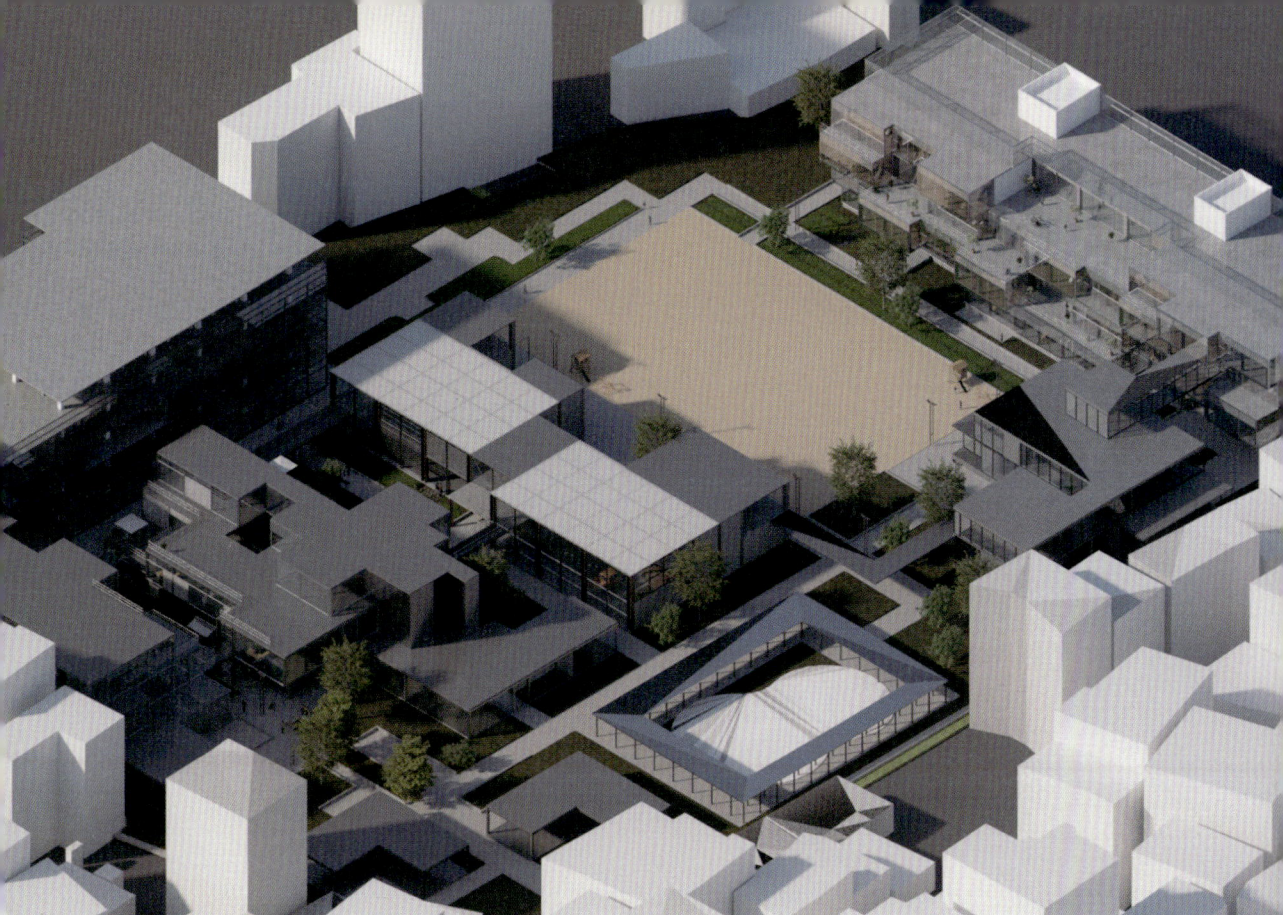

손동완 | DONGWAN SON

STUDIO 3 prof.
이소민 | SO MIN LEE
국현아 | HYUNA KOOK

OUT OF BOX

교육이란 무엇인가? 교육은 단순히 학생들을 인적자원으로 대하는 것이 아니다. 과거에는 어쩌면 필요했을 지도 모른다. 그러나, 현재의 상황에서 보았을 때, 더 이상 개인이 자원으로 분류되는 것을 멈추어야한다. 이러한 교육 방식은 과도한 경쟁, 스트레스, 저출산 등의 결과로 나타나고 있고, 이는 교육의 관점에서 해결해야할 문제이다

이러한 문제를 사이트의 위치, 효제초등학교와 효제동의 연결을 통해 해결한다.

효제동은 현재의 한국 교육과 마찬가지로 멈추어져있다. 과거, 시외버스터미널을 통해 물류의 중심으로 떠오르며 많은 창고, 상업시설, 여관, 등등 많은 시설들이 들어오며 활성화되었다. 그런데, 시외버스터미널이 이전하며 사이트 주변의 시설들은 사라지고, 슬럼화되며. 홍등가, 어두운 골목, 비어버린 창고가 남아 멈추게 된다.

아이러니하게도 이러한 특징이 사이트의 장점이 되기도 한다. 비어버린 창고는 많은 가능성을 가진 공간이다. 창고라는 공간은 우리나라와 외국에서 가능성을 가져오는 공간으로 인정받았다. 성수동, 문래동의 창고는 지역 자체를 브랜딩하여 서울에서의 메카로 자리잡았고, 미국의 실리콘밸리의 차고는 세계적인 기업을 만들어낼 수있는 가치있는 공간으로 브랜딩 되었다. 효제동의 창고도 이러한 가능성을 가지고 있다. 그러한 가능성을 효제초등학교에 창업공간을 녹여내어 초등학생들과 창업가들이 섞여 더욱 큰 가능성을 만들어내고 궁극적으로 이 사이트의 효과가 효제동 자체를 바꾸어내는, 사이트라는 BOX 에서 벗어날 수 있도록 하는 설계 프로젝트이다.

PROGRAM

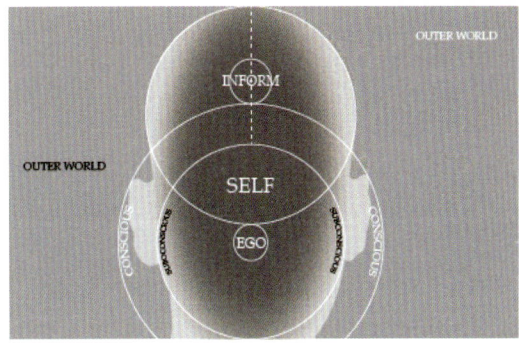
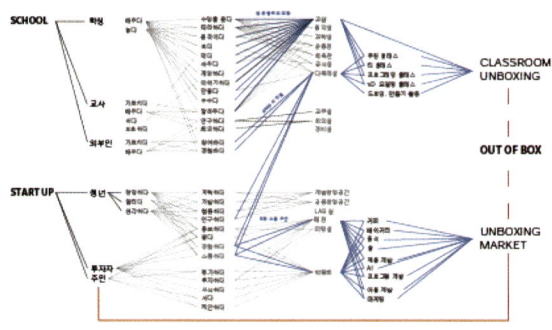
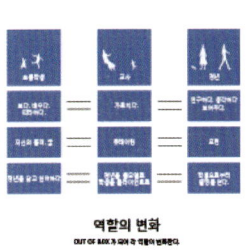
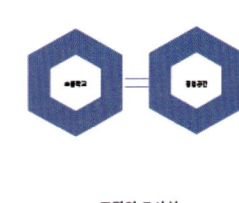
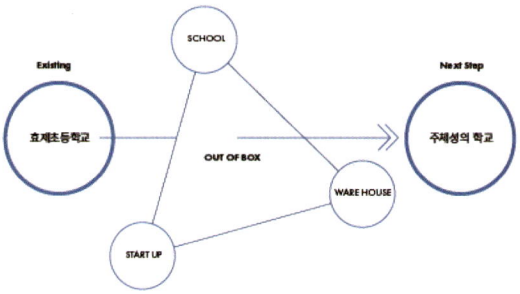

SITE ANALYSIS

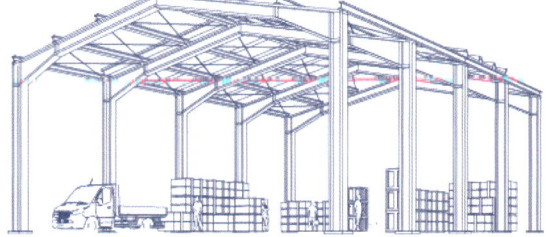

ZONING

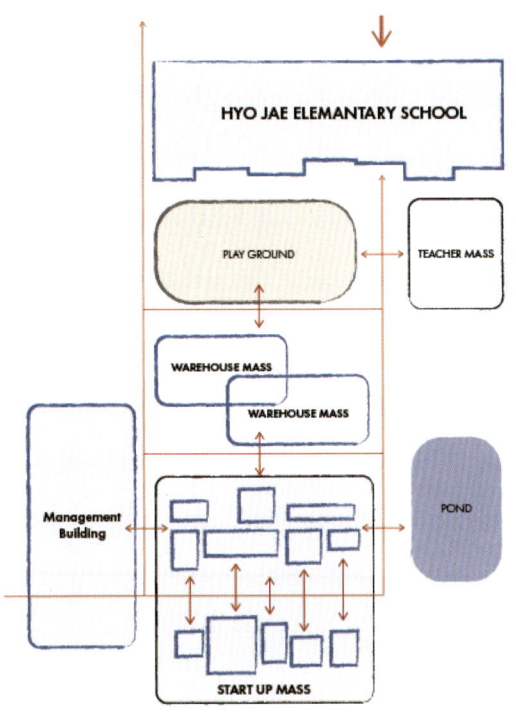

SITE PLAN

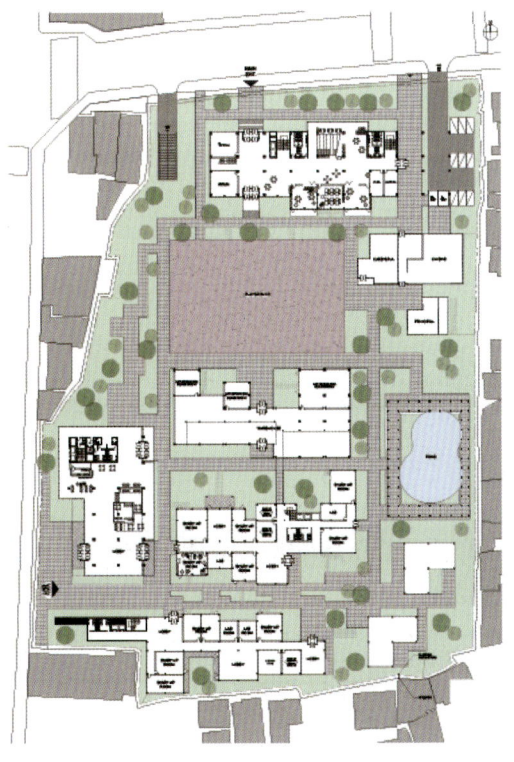

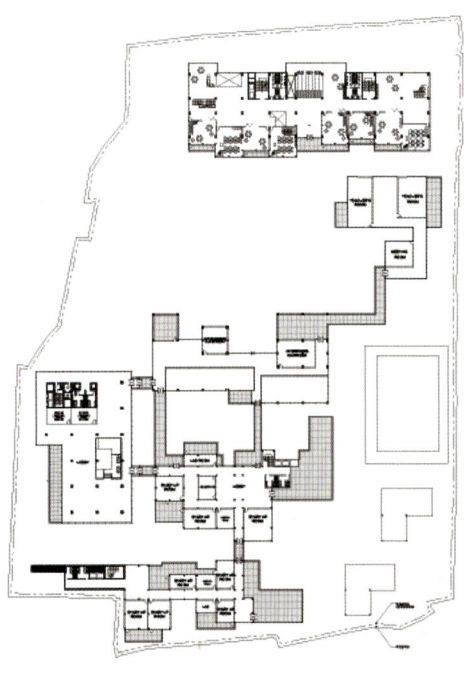

DESIGN CONCEPT

SCHOOL

START UP

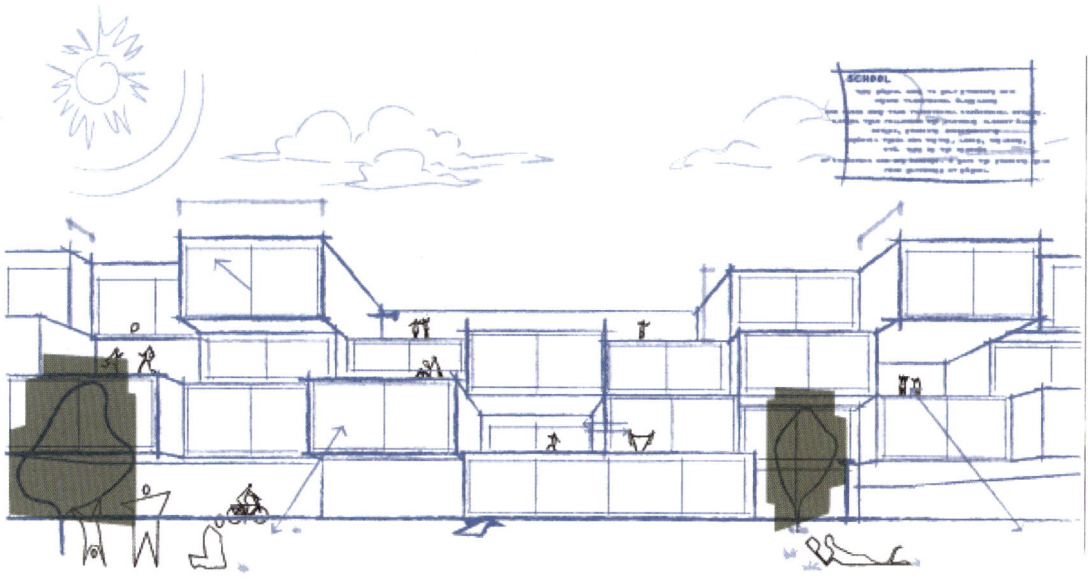

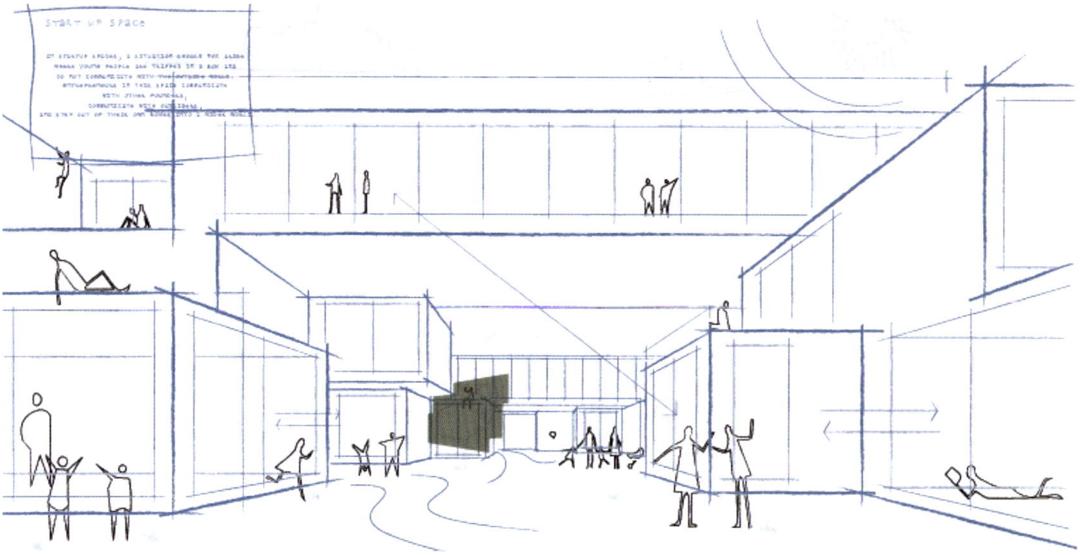

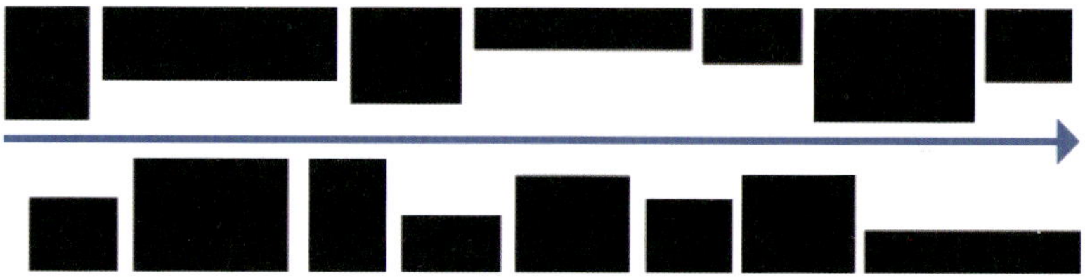

CONCEPT DIAGRAM

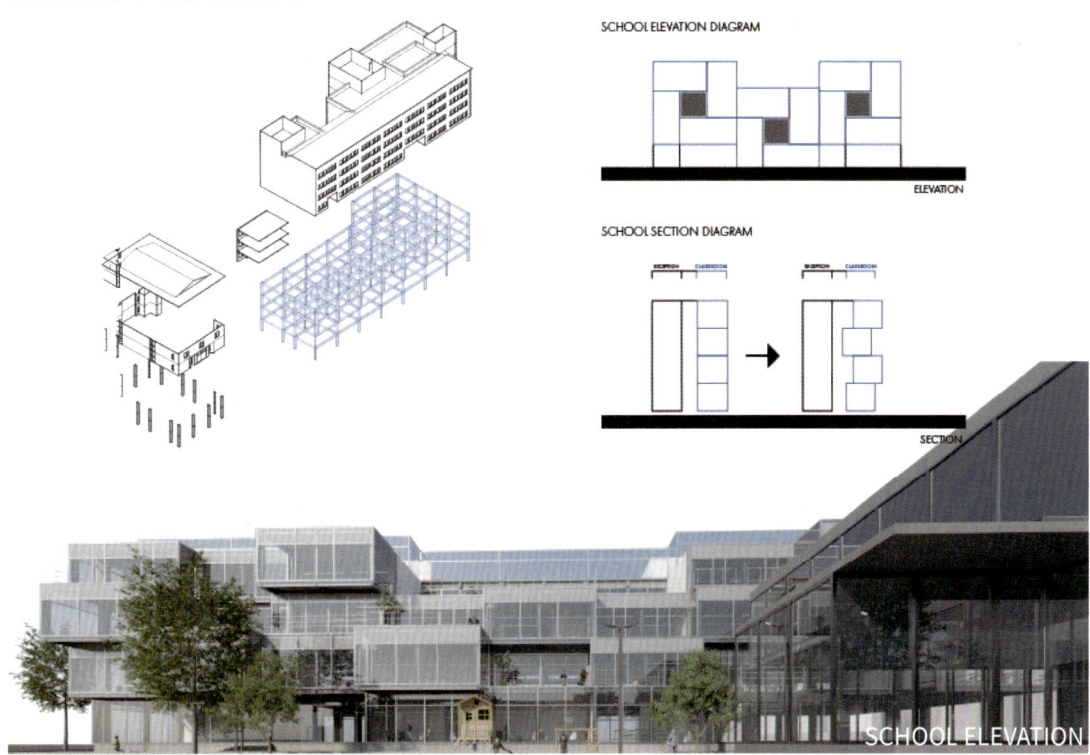

PERSPECTIVE

PERSPECTIVE

WAREHOUSE ZONE INTERIOR

SECTION PERSPECTIVE

START UP INTERIOR

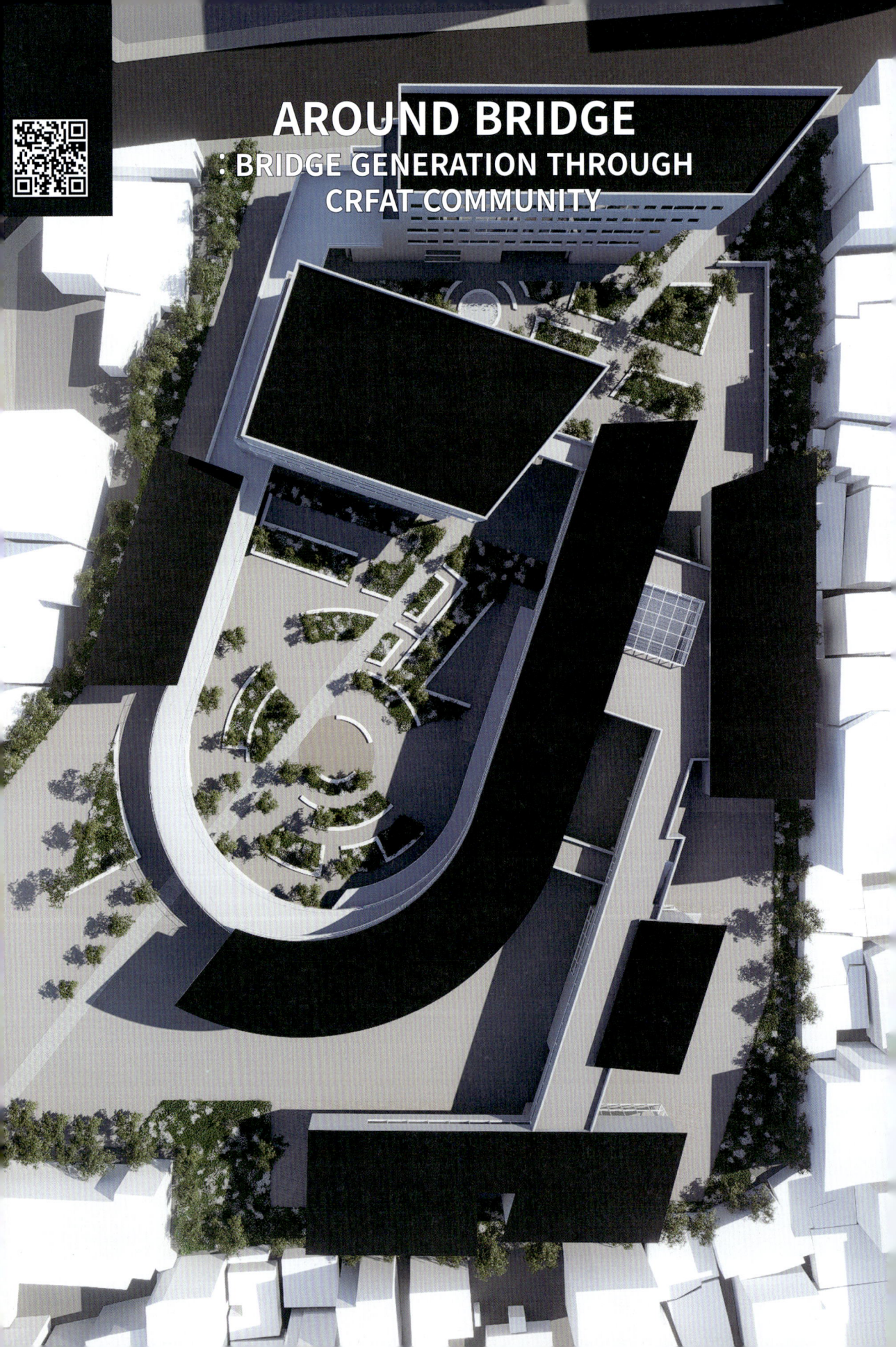

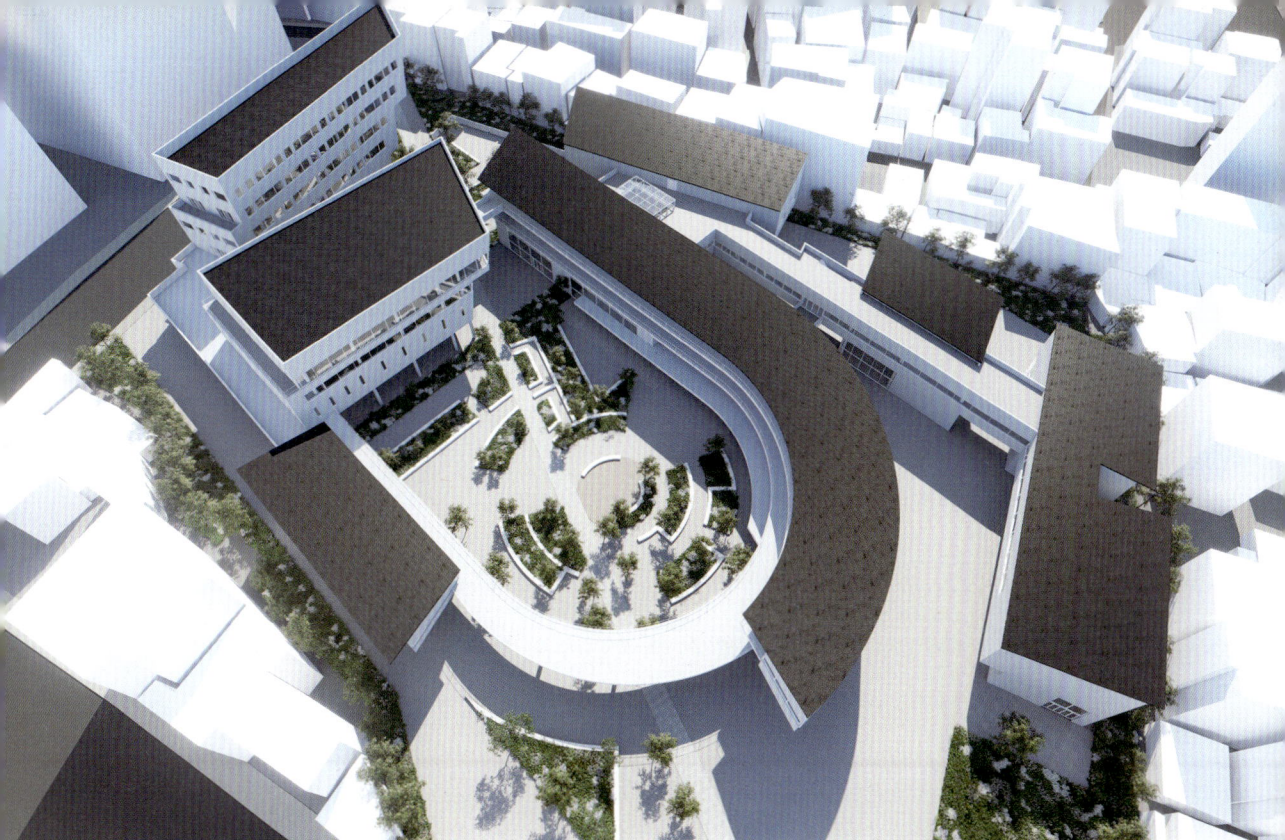

| 김태우 | TAE WOO KIM |

STUDIO 5 prof.
| 이정훈 | JEONG HOON LEE |
| 김기림 | KI RIM KIM |

대상지는 효제초등학교, 서울중부교육지원청으로 종로 한 가운데 위치해 있다. 주변엔 종로 귀금속 거리, 세운 청계 상가, 동대문패션타운 관광 특구 등 CRAFT MARKET이 존재하며 배후엔 이를 지원하는 공방들이 존재한다. 세운상가의 전자 기술 장인부터 음향, 시계, 금속, 가죽, 나전칠기, 직물 등 다양한 분야의 수많은 장인들이 나이가 들어 은퇴하거나 그들이 가진 기술들을 이어받은 사람이 없다면 시간이 지나, 잊혀지고 사라지게 된다. 그들이 사라져 가며 우리는 장인 기술 - Craftmanship의 소실을 경험하게 된다. 이는 우리가 주변을 인식하고 이해하는 문화적 힘을 약하게 만든다.

이에 이곳에 위치할 시설로 공예배움터와 공예창업 클러스터를 제안한다. 공예배움터에서 사라져가는 장인들의 기술을 교육을 통해 잇고 새로운 세대는 이러한 기술을 바탕으로 새로운 작업을 도전하고 배우며 창업한다. 공예창업클러스터는 이러한 도전의 발판이 되어 줄 것이다. 이곳에서 장인들은 장인기술을 교육하며 다양한 분야의 장인들과 협업하고 한 분야의 장인이자 타 분야의 학생으로서 배우고 성장할 수 있다. 또한, 스튜디오와 공예 디자인 마켓에서 시민들에게 자신의 작업을 선보일 수 있다.

SITE에서의 도시적 침투성과 건축으로서 어떻게 위요감을 형성해 장소성을 제공할 수 있는지 고민했다. 공예를 담는 그릇으로서 건축은 어떻게 존재해야 하는가? 창업클러스터와 공예배움터는 하나의 다리로서 존재하며 상/하부에 CRAFT FACTORY와 STUDIO, 교실들이 메달리며 그들 간 교류를 촉진한다. OPEN SPCAE를 갖은 선형 공원은 단위 블록 내 부족한 녹지와 개방감을 선사한다.

이렇게 공예와 예술, 기술을 통해 세대와 계층을 아우르며 학습하고 생산하며 연결하는 시설을 제안한다

SITE ANALYSIS

세운상가의 전자 기술 장인부터 음향, 가죽, 금속, 섬유, 도예, 시계 등 다양한 분야의 장인들

공예란 무엇인가? 우리가 잃어가는 것은 무엇인가?
장인기술 CRAFTMANSHIP의 소실

PROGRAM

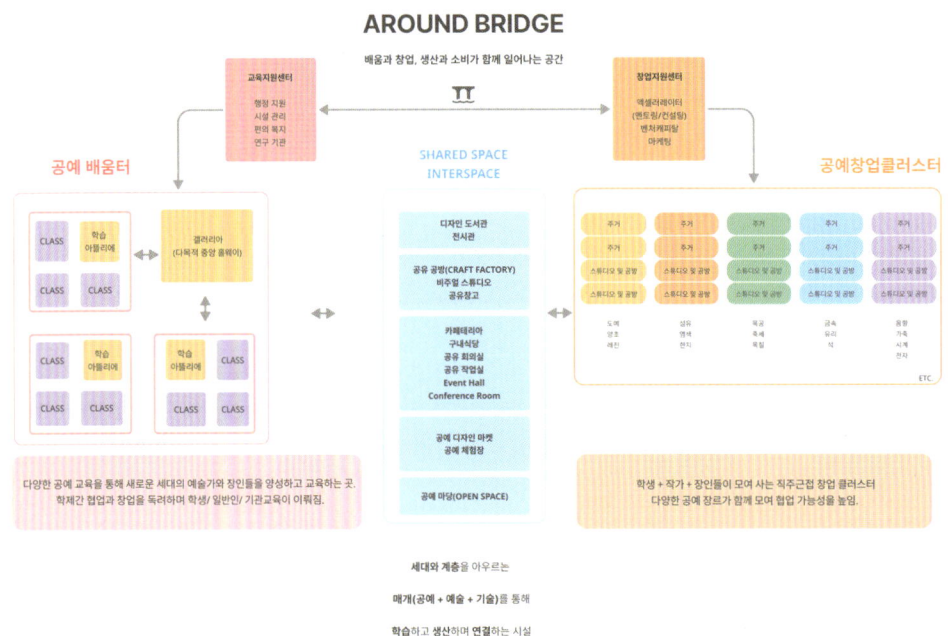

MASS PROCESS

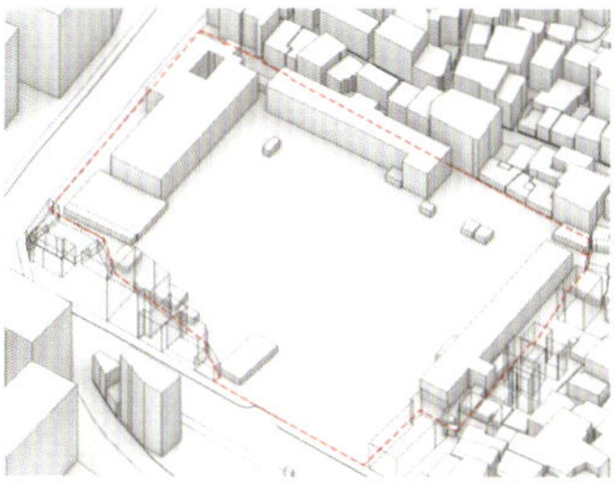

1. 공공의 접근이 제한된 도시 내 OPEN SPACE
2. Public 개방 + 흡입력 있는 대지 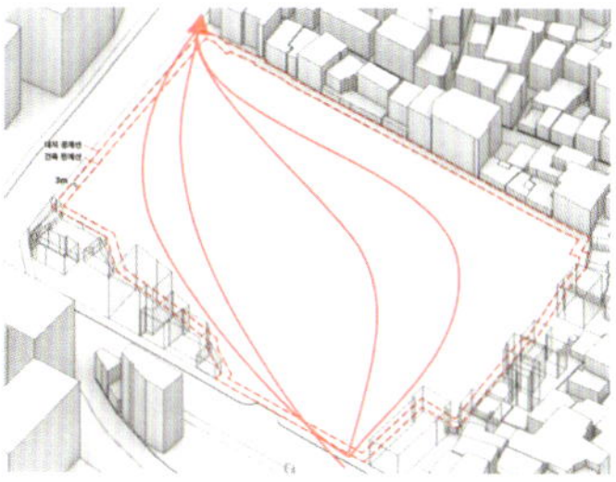
3. 공예 창업 클러스터를 중심으로 프로그램 성격에 따른 매스 배치 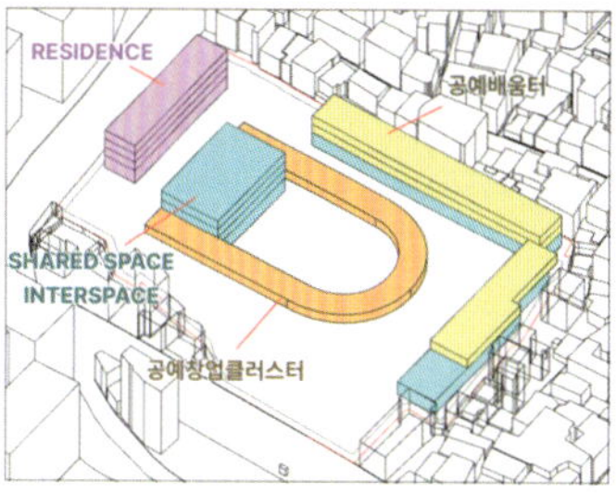
4. 중심 매스 Rotate를 통한 정면성 강조 보행흐름 유도 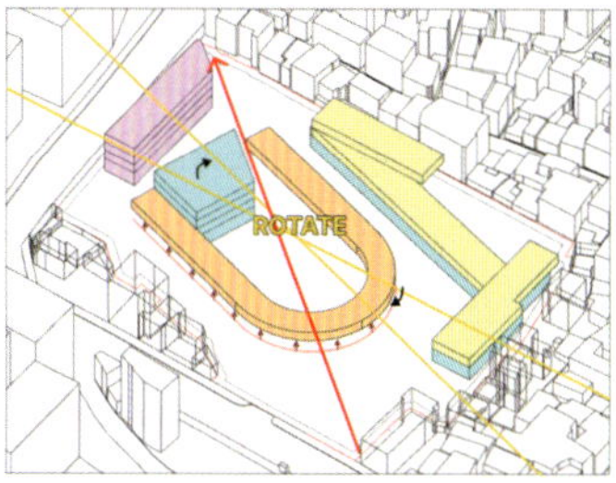
5. Mass Articulation 학교와 창업 클러스터 간 교류 증대 기대 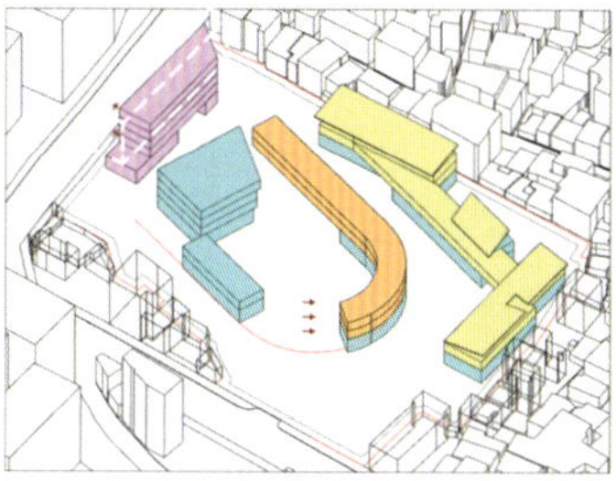
6. 회랑 및 테라스, 브릿지를 통한 매스간 연결 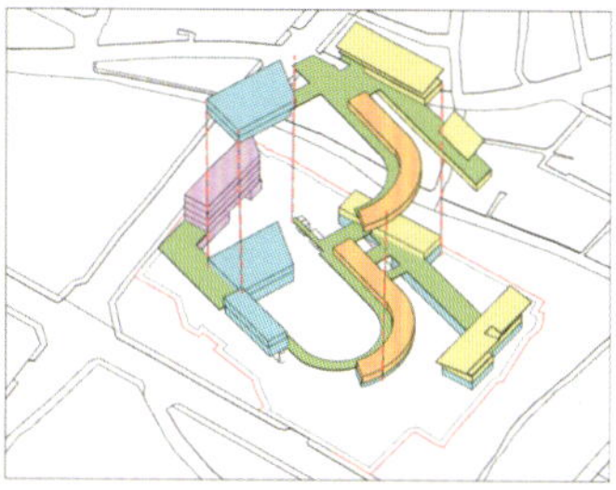
7. 성격이 다른 마당 형성 

MODEL

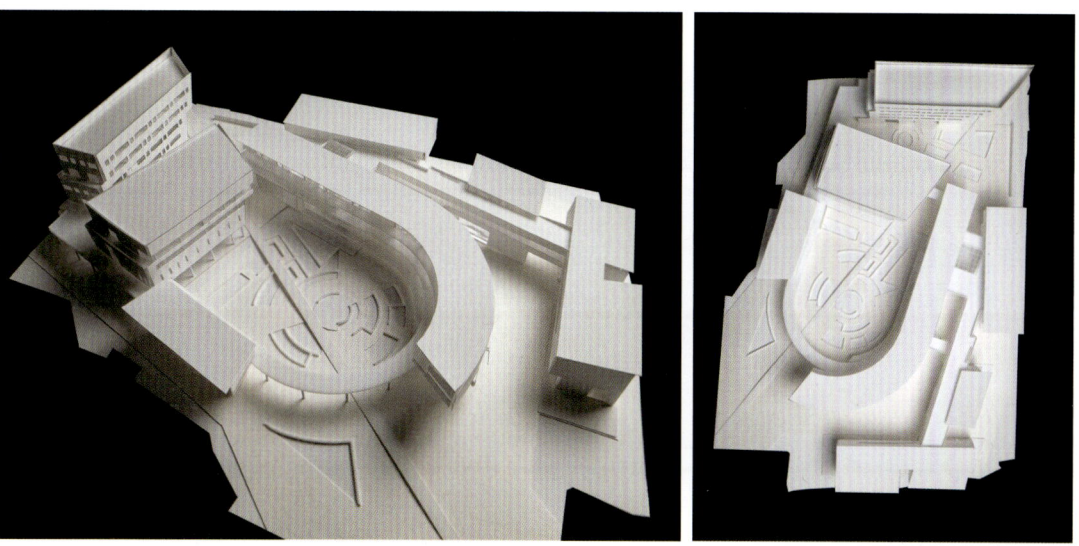

SITE PLAN

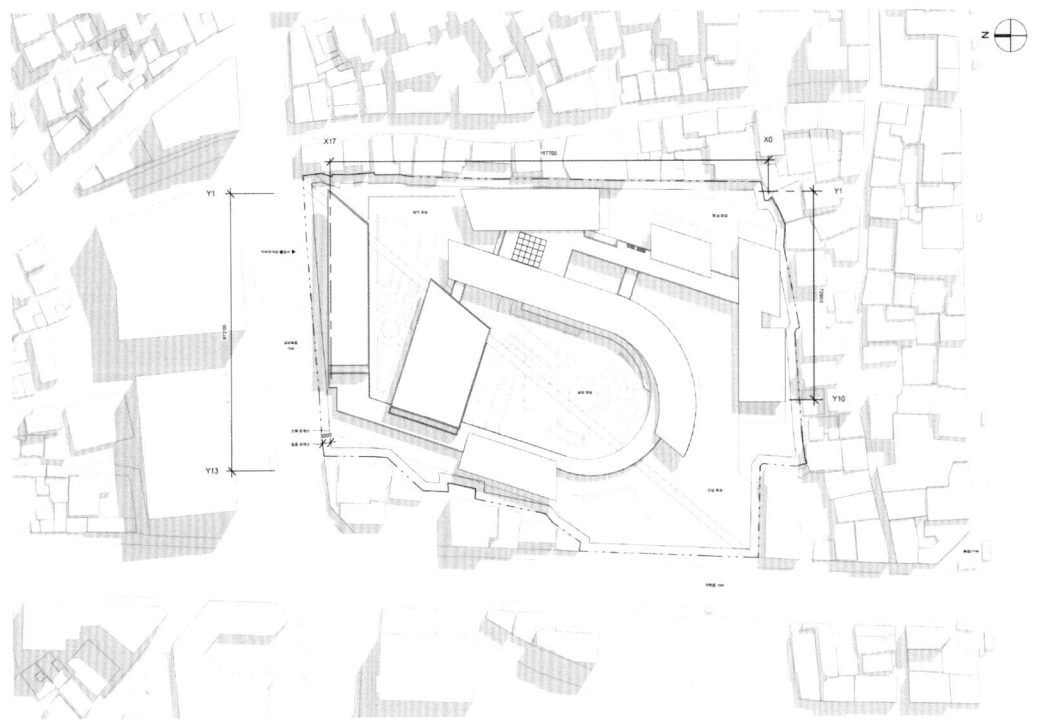

1F PLAN

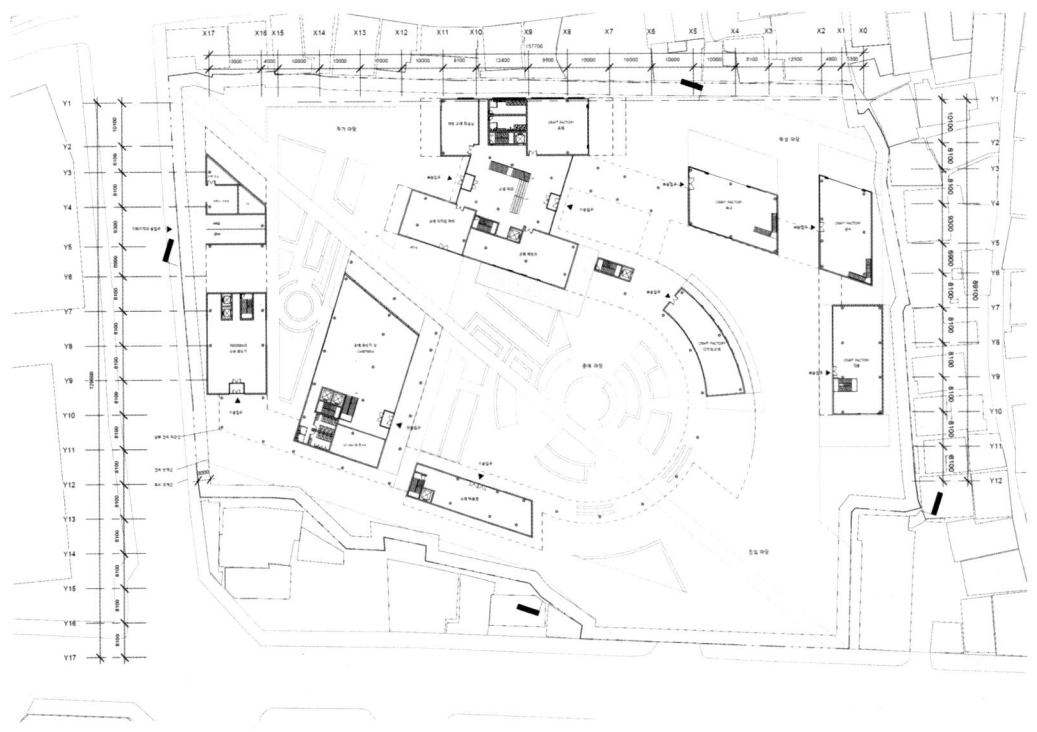

2F PLAN

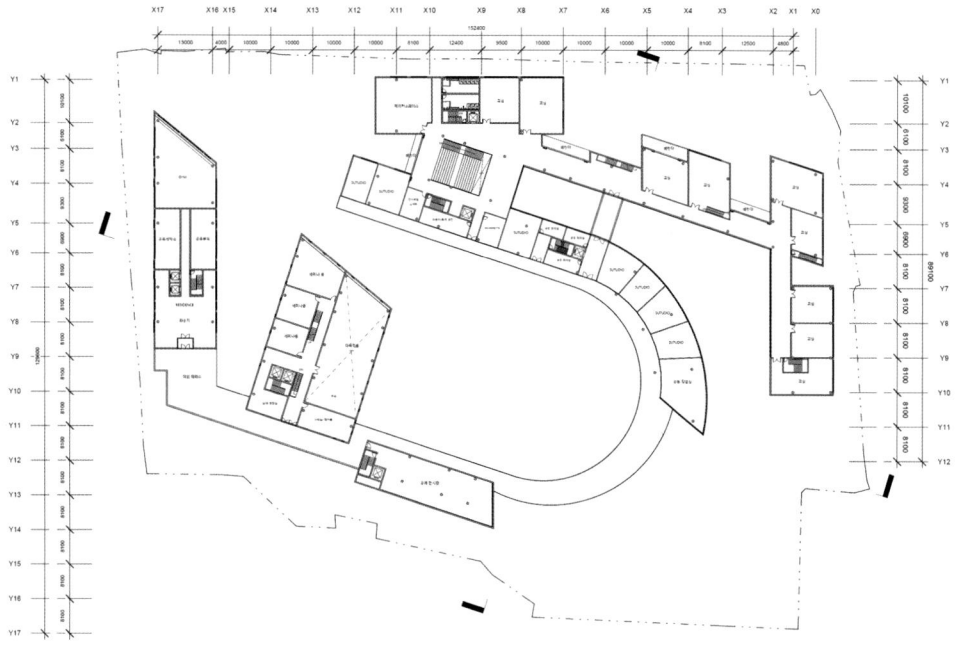

3F PLAN

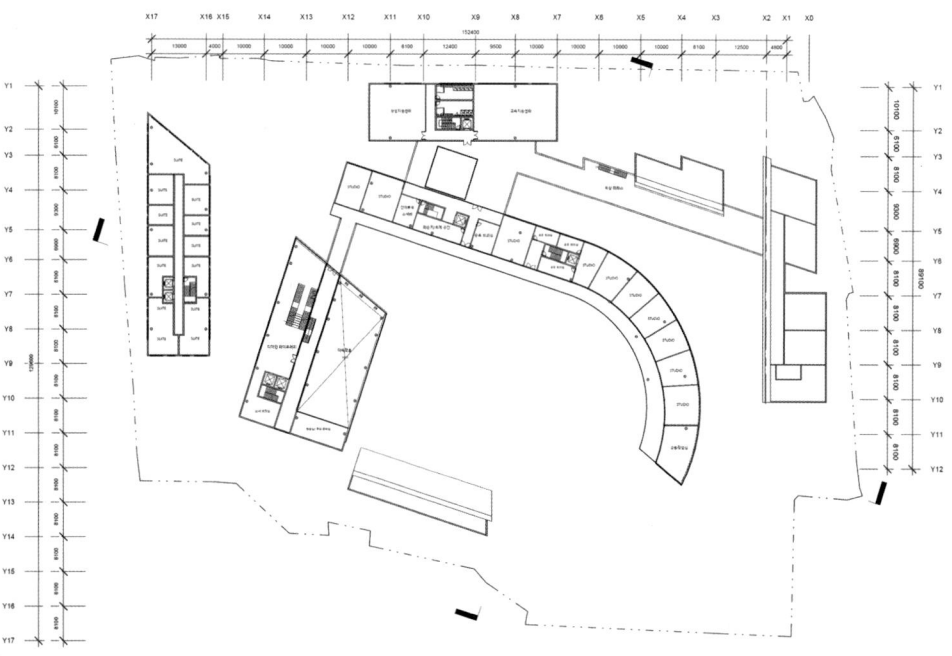

SOUTH ELEVATION

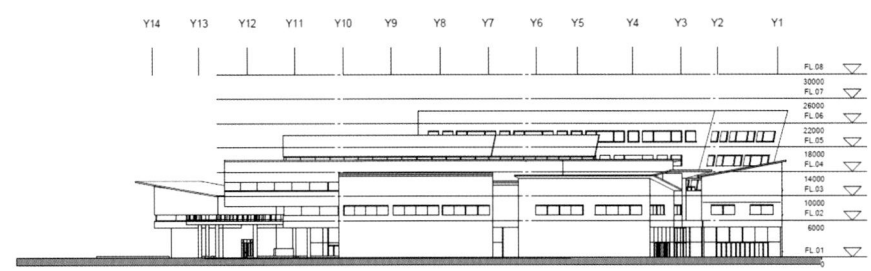

SECTION A-A'

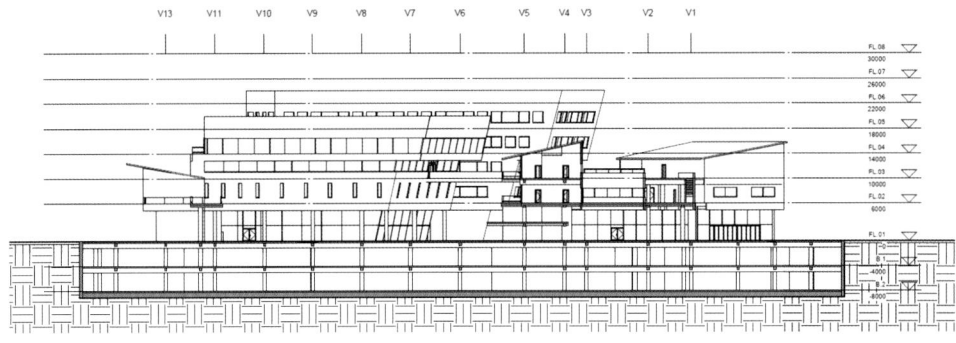

WEST ELEVATION

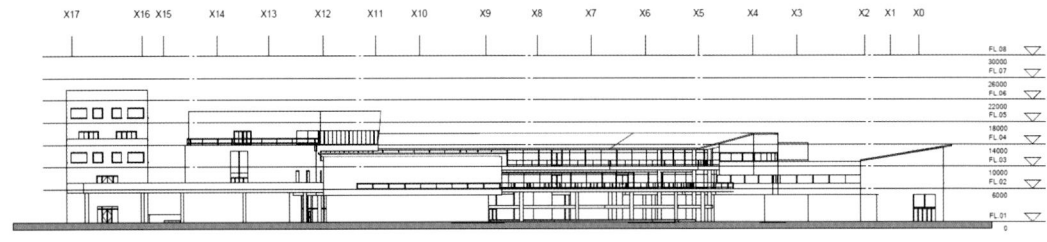

SECTION B-B'

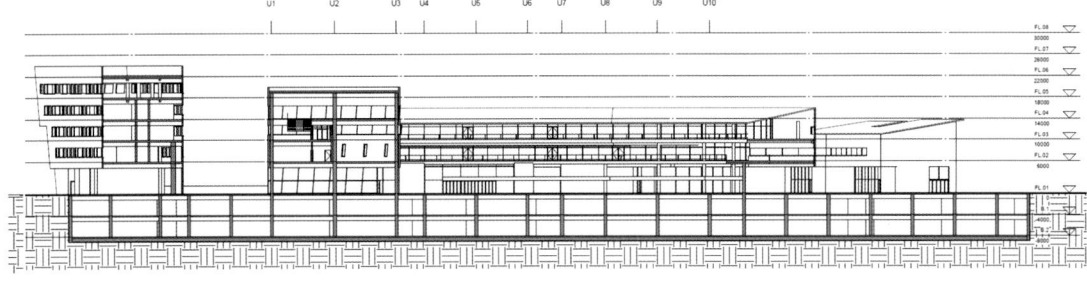

PERSPECTIVE

임하진	HAJIN LIM
	STUDIO 7 prof.
김일석	IL SEOCK KIM
박재광	JAE KWANG PARK

효제초등학교 사이트 주변은 대규모 오피스 단지 조성이 예정되어 있고, 이에 따라 현재의 노령한 인구구성에서 젊은층의 비율이 높아질 것으로 예상된다. 본인은 프로젝트를 진행하면서, 배움이란 삶의 경험이 쌓이는 것이라고 정의했는데, 쌓인 흔적을 없애고 신식의 건축물로 새롭게 단장되는 효제동을 보면서, 이곳에는 대한민국의 역사와 전통을 소개하고 체험하는 공간이 그 균형을 위해 필요하다고 판단하였다.

따라서 이 사이트에는 기존 효제초등학교를 전통문화 전수자 특성화 초등학교로 존속시키면서, 두 개의 새로운 실내 전통 공연장과 전통문화 전수 지원관, 그리고 일반인들과 학생들이 만든 작품을 전시하는 갤러리가 지어지게 되고, 이 모든 건물은 중앙 광장이자 야외 공연장인 '삶마당'을 바라보고 있다.

변화무쌍한 주변을 조사하면서, 현재는 막혀있지만 미래에 개발되게 되면 길로서의 가치가 있는 골목의 건물들을 우선 철거대상으로 제안하며 설계를 진행하였다. 따라서 사이트 주변으로 총 6개의 진입구가 생겨나게 되었고, 이를 평면, 단면검토를 통해 매스의 형태로 발전시켰다.

또한 야외공간에도 아늑한 느낌을 주기 위해 ETFE 필름 구조물인 '연잎우산'(표지 그림)을 제안하여 내외부를 경계짓지 않으면서 사용자들에게 편안한 느낌을 주도록 설계하였다.

거대한 개발의 흐름 이후 새로운 삶을 쌓아갈 미래 효제동 주민들에게 이 건축물이 삶의 쉼터이자 배움터가 될 수 있기를 바라는 바이다.

CONCEPT

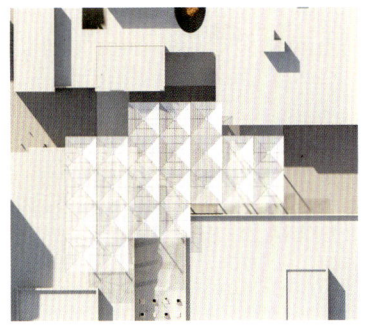

삶마당

야외 공연장이자 커뮤니티장소

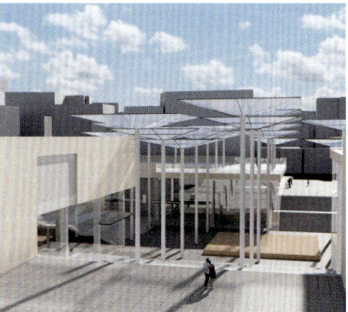

연잎우산

보호하며 채광하는 ETFE구조물

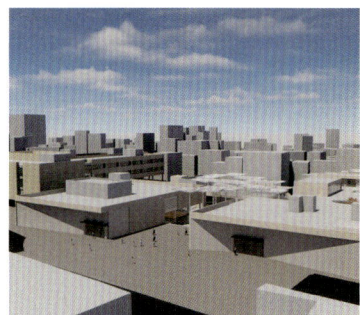

빛의 표지

건물의 프로그램을 알리는 문양의 유리패널

MASS PROCESS

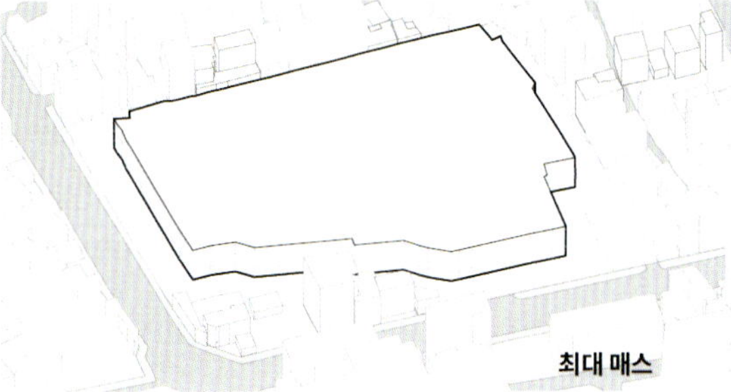
최대 매스

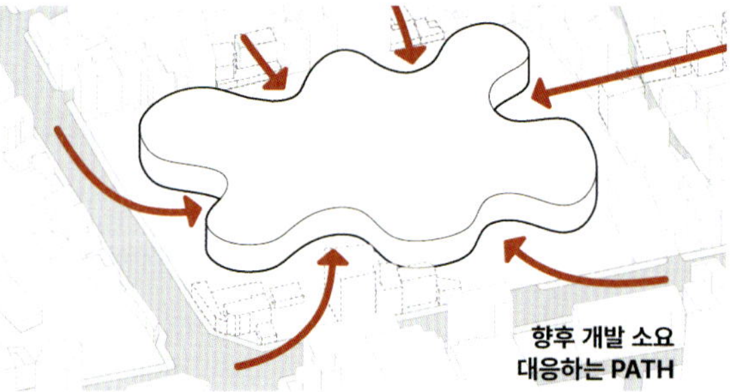
향후 개발 소요
대응하는 PATH

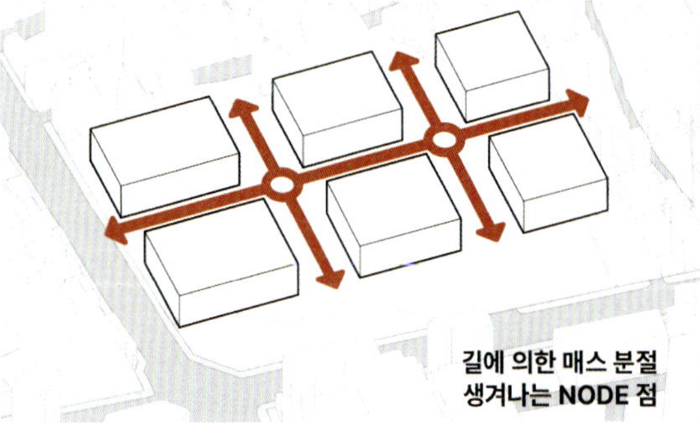
길에 의한 매스 분절
생겨나는 NODE 점

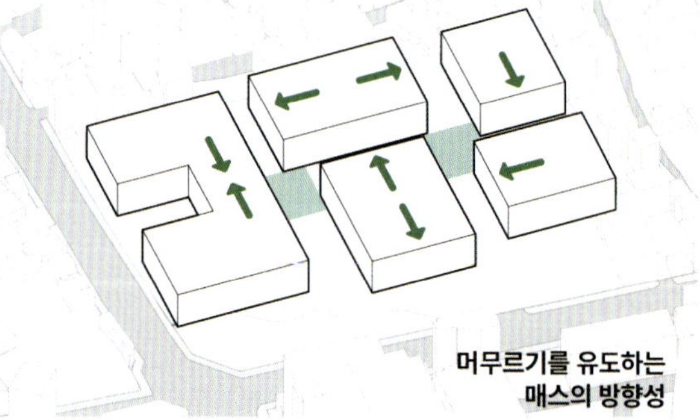
머무르기를 유도하는
매스의 방향성

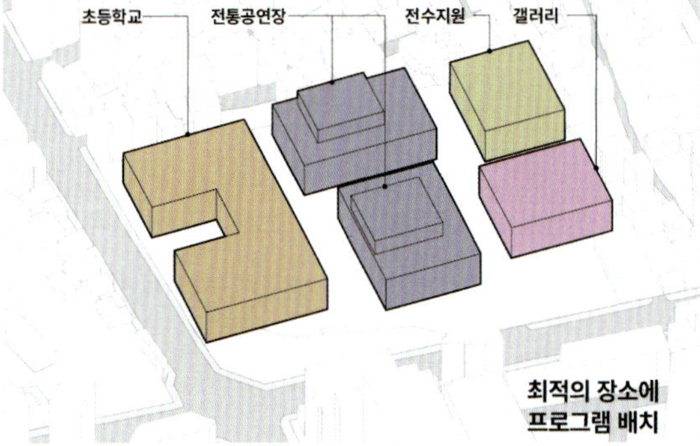
초등학교
전통공연장
전수지원
갤러리
최적의 장소에
프로그램 배치

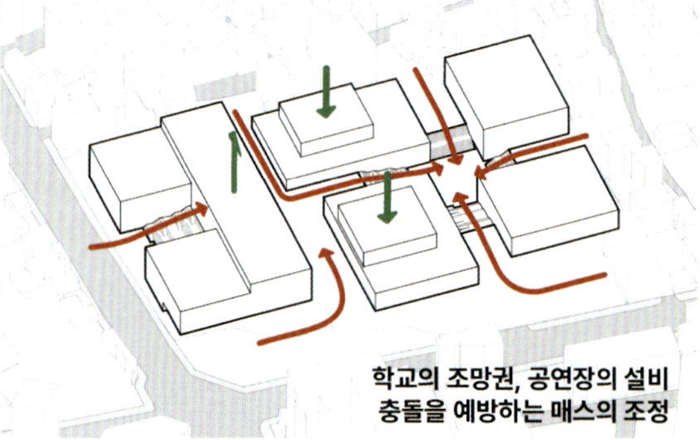
학교의 조망권, 공연장의 설비
충돌을 예방하는 매스의 조정

ZONING

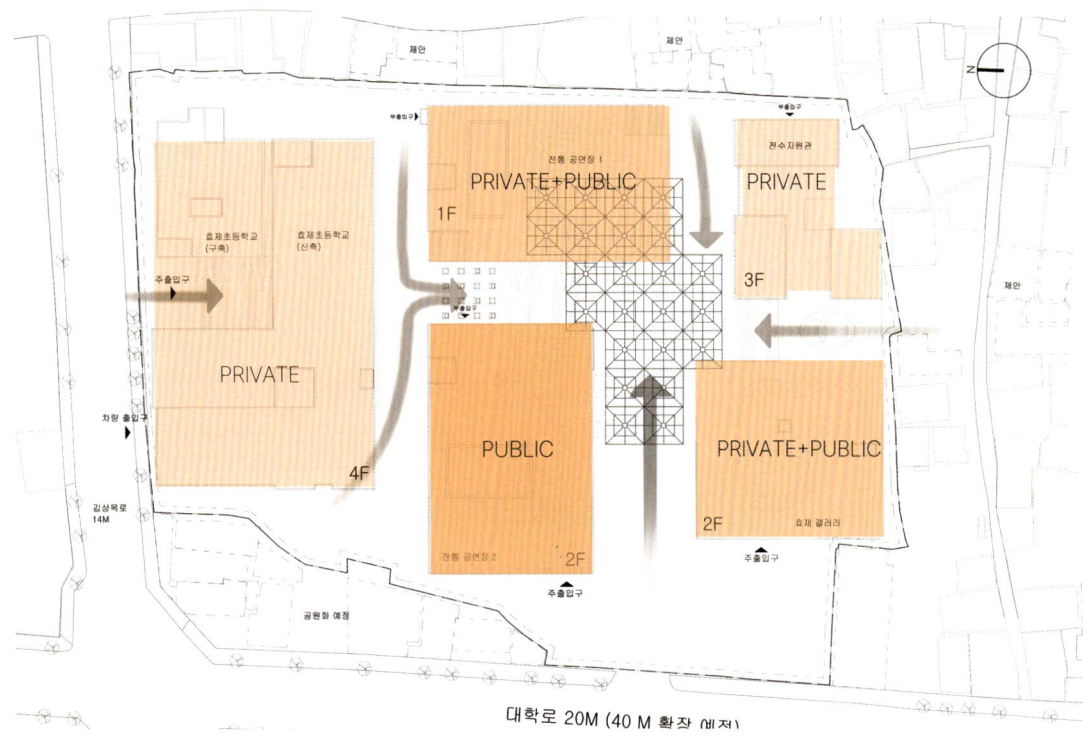

SPACE PROGRAM

PERSPECTIVE

진입로

1F PLAN

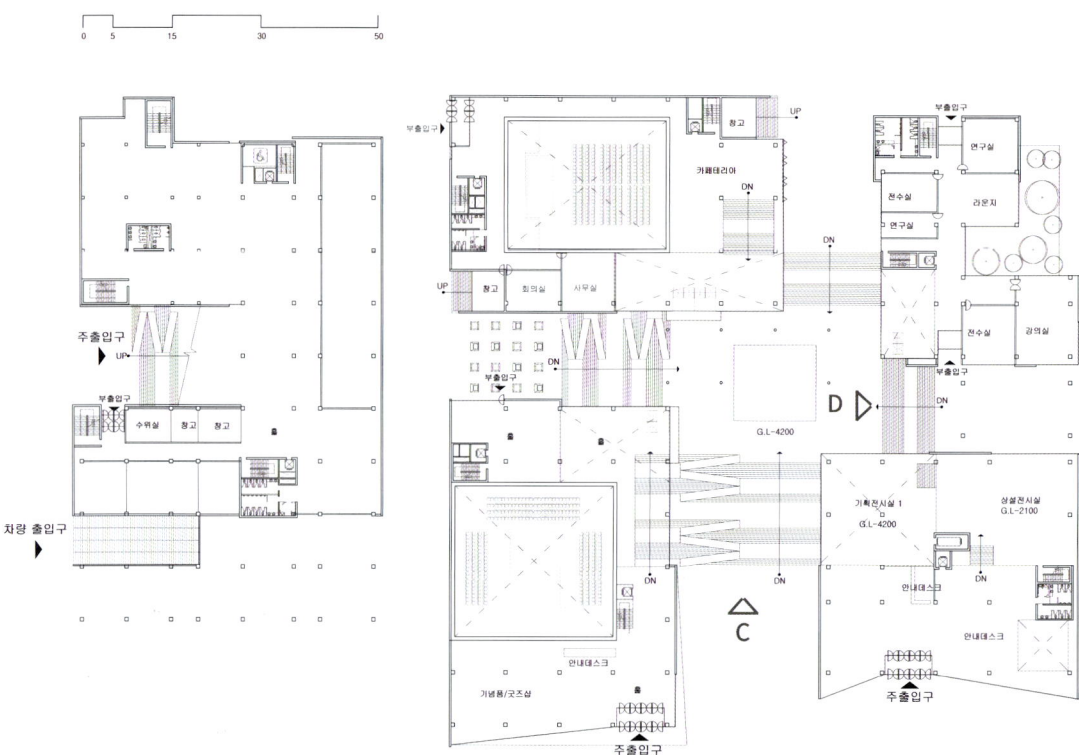

SECTION A-A'

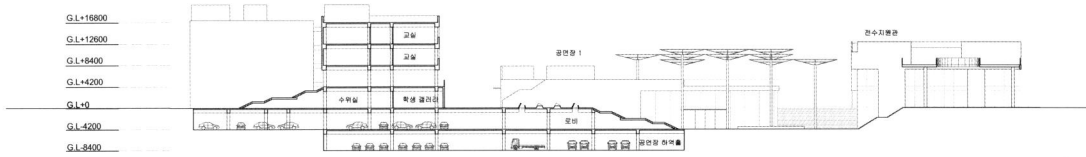

SECTION B-B'

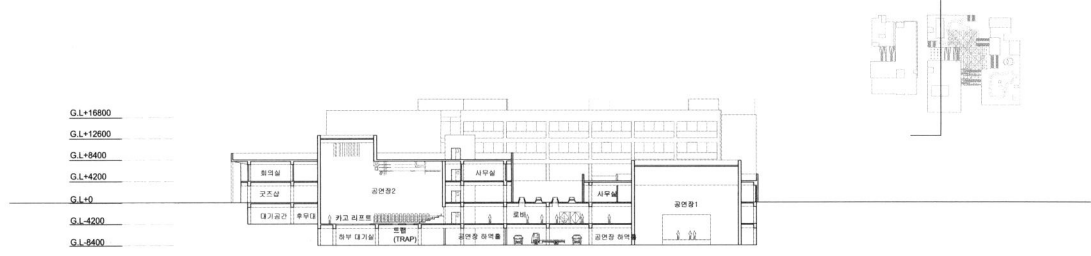

ELEVATION

C- MAIN ELEVATION

D- INNER EVEVATION

2F PLAN

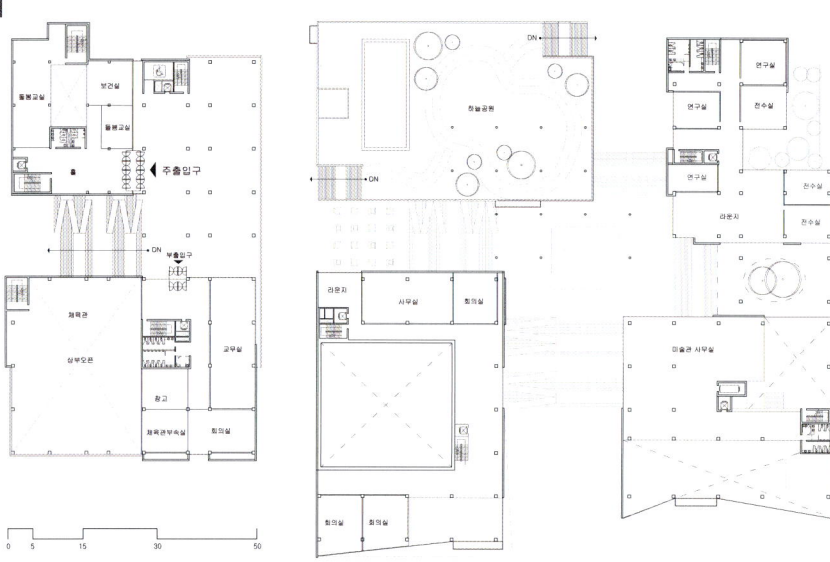

3F PLAN

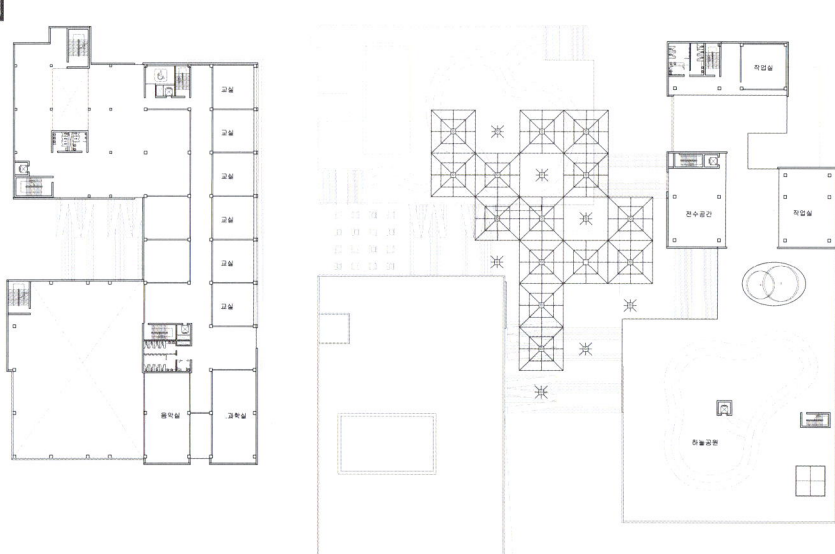

PERSPECTIVE

연잎 우산과 북측 진입로

나무가 보이는 남측 진입로

공연장에서 진입시 보이는 삶마당   공연장 로비에서 관람하는 삶마당

B1 PLAN

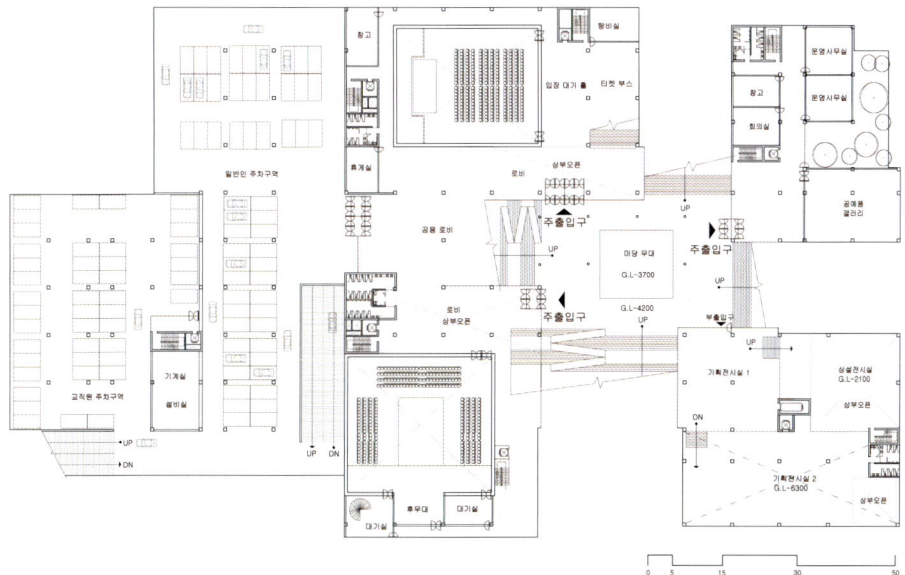

B2 PLAN

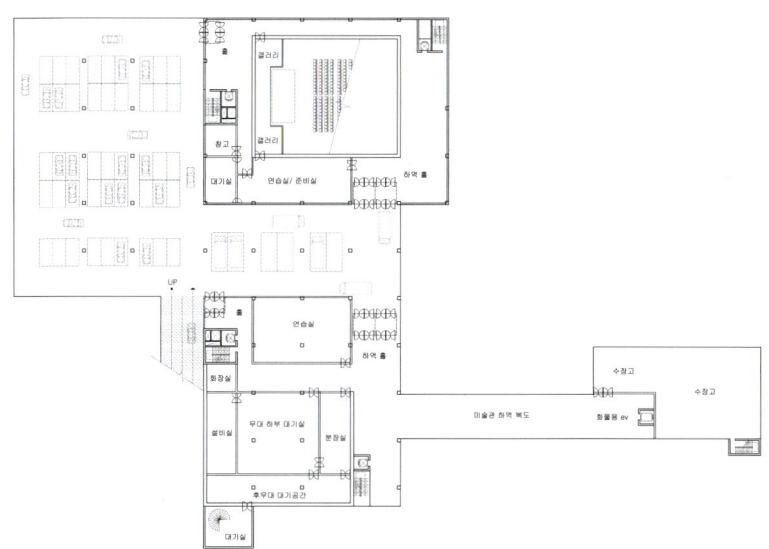

효제 HUB
: 대학로의 수직축을 잇다

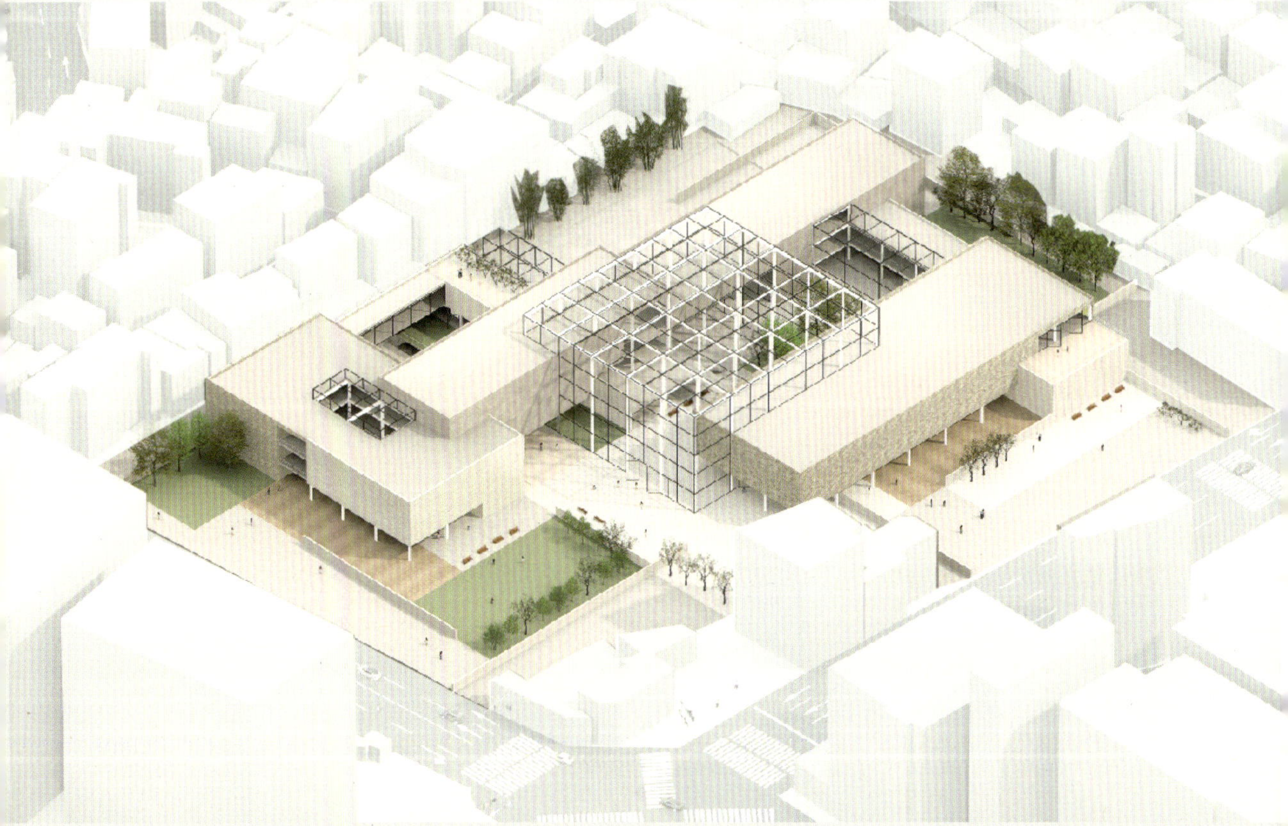

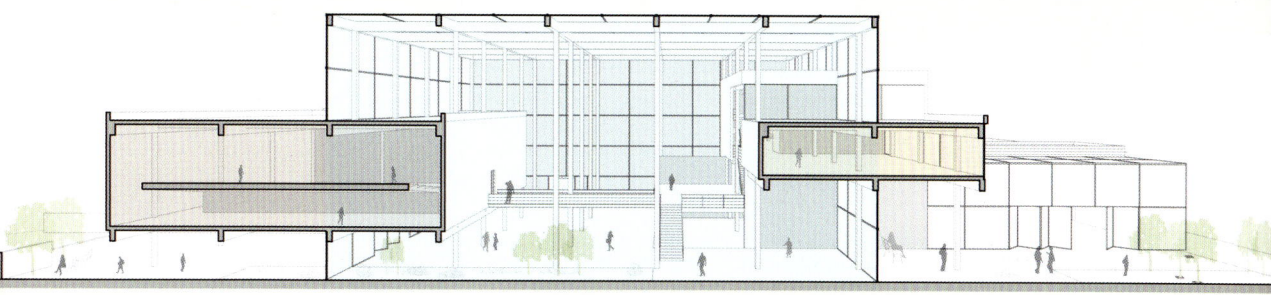

| 김채이 | CHAEYI KIM |

STUDIO 5 prof.
| 이정훈 | JEONG HOON LEE |
| 김기림 | KI RIM KIM |

　현재는 단절되어있는 대학로의 수직적인 문화 흐름을 잇기 위해 효제초등학교에 문화 허브를 제안한다. 문화 허브는 거대한 빈 공간으로 보인다. 그 안에서 다양한 수직적, 수평적 소통과 세대의 통합을 이루는 교육이 일어난다. 교육과 문화 활동을 통해 사회적 통합과 창의성을 촉진하는 역할을 한다. 이 문화 허브는 단순한 전시 공간이나 공연장이 아니라, 교육적이고 창의적인 활동들이 끊임없이 이루어지는 복합 문화 공간이다. 다양한 연령층과 직업군을 아우르는 프로그램이 마련되어, 문화와 교육이 결합된 새로운 형태의 활동이 펼쳐진다. 예술 교육, 워크숍, 강연, 다양한 전시와 공연 등은 이 공간을 통해 상시적으로 이루어지며, 사람들은 서로 다른 세대와 관점을 공유하고 배운다. 이는 단순한 문화 향유의 차원을 넘어, 창의적인 사고와 사회적 연대를 이끌어내는 중요한 거점으로 작용한다. 허브는 대학로의 문화 뿐만 아니라 효제초만의 문화를 형성한다. 효제초등학교는 지역 사회와 문화적 네트워크를 형성하며, 주변의 예술과 교육적인 가치들을 한층 더 높이는 데 기여한다.

　평면에서 아트리움에 다른 매스가 끼워져 있는 형태가 입면, 단면에서도 드러난다. 밝고 가벼운 느낌의 아트리움에 크고 무거운 매스가 삽입되어있다. 외부 가벽을 통해 외부 공간을 구획하고 사람들의 동선을 유도한다. 외부에서 내부, 내부에서 외부로 이어지는 동선이 자연스럽게 연속된다. 이러한 흐름은 또한 사용자들에게 공간의 개방감과 유연함을 제공하며, 자연스럽게 내외부가 하나로 연결되는 느낌을 준다. 외부 공간은 야외이지만 구획된 공간, 아트리움은 내부이지만 구획되지 않은 공간이다. 아트리움의 열린 분위기와 대조적인 매스의 존재는 공간 내에서 긴장감을 형성하며, 이를 통해 공간이 지닌 다양한 기능과 역할이 더욱 명확히 드러난다. 이러한 시각적 대비는 공간의 예술적 가치뿐만 아니라, 다양한 문화적 활동이 어우러지는 동적인 공간을 만들어내는 중요한 요소이다.

SITE ANALYSIS

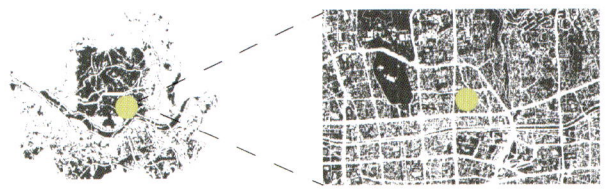

대학로의 문화지구 지정으로 인해서 율곡로를 기준으로 문화 시설 분포가 단절되는 경향이 있다. 사이트의 북측에 대학로의 공연장, 교육 시설, 문화 시설이 분포해있다. 또한 사이트의 남쪽으로 청계천과 동대문 등 문화공간이 있다.

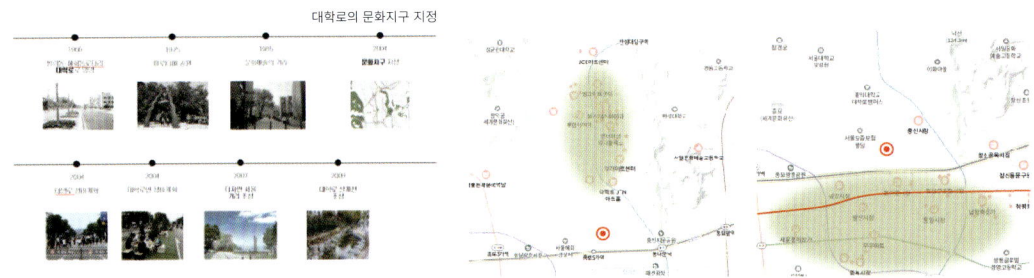

CONCEPT

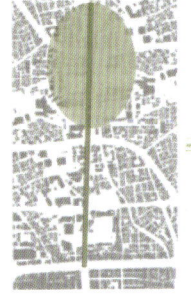

현재 율곡로를 기준으로 단절되어있는 대학로의 모습이다. 효제초등학교에 문화 허브를 제안한다. 서울에 교육과 문화의 수직 축이 될 수 있는 기회를 만든다.

이 땅에 이어져내려오는 문화 레이어를 살려서 수직 수평 축을 만들었다. 공간의 레이어를 컨셉으로 디자인했다. 레이어마다 다른 공간감을 느낄 수 있도록 계획했다.

PAST

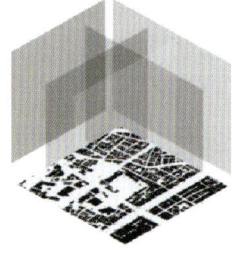
PLAN

FUTURE

LAYER

MASS

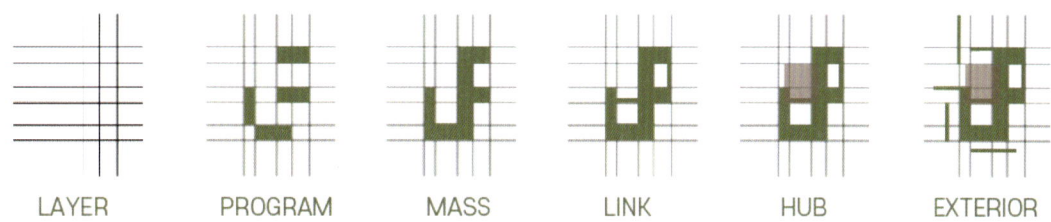

PROGRAM

SPACE DIAGRAM

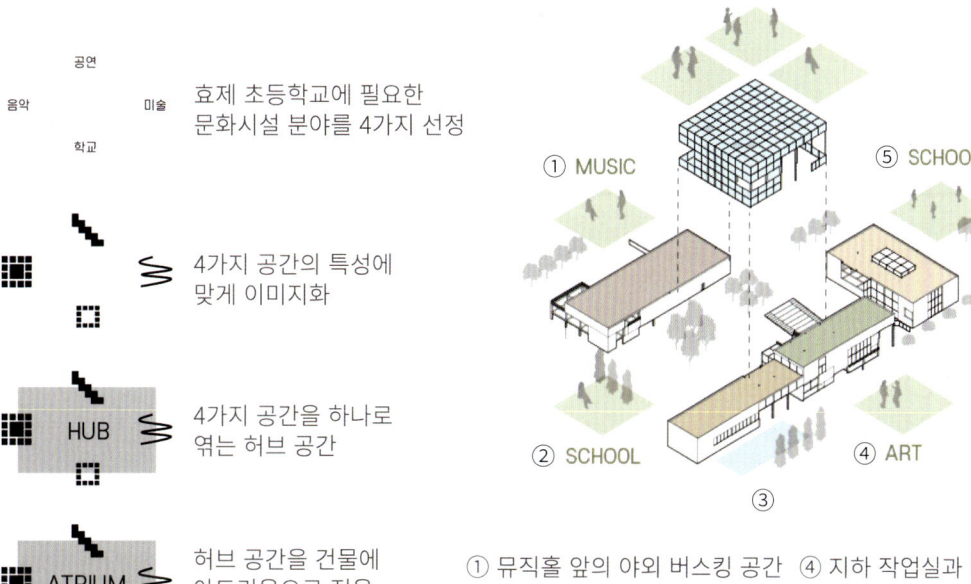

① 뮤직홀 앞의 야외 버스킹 공간
② 프라이빗한 포켓 휴식 공간
③ 수공간과 전시공간이 연계된 휴식공간
④ 지하 작업실과 연결된 외부 전시 공간
⑤ 초등학생들에게 필요한 야외 체육 공간

PERSPECTIVE

외부같은 내부공간, 아트리움
교육과 문화의 HUB 공간, 구획되지 않은 내부공간

대학로의 대로변에서 아트리움으로 진입을 유도 가벽을 따라서 자연스럽게 내부로 이동하는 시퀀스

외부와 내부의 자연스러운 연결 구획된 야외공간과 구획되지 않은 내부공간인 아트리움을 따라서 이동

SITE PLAN

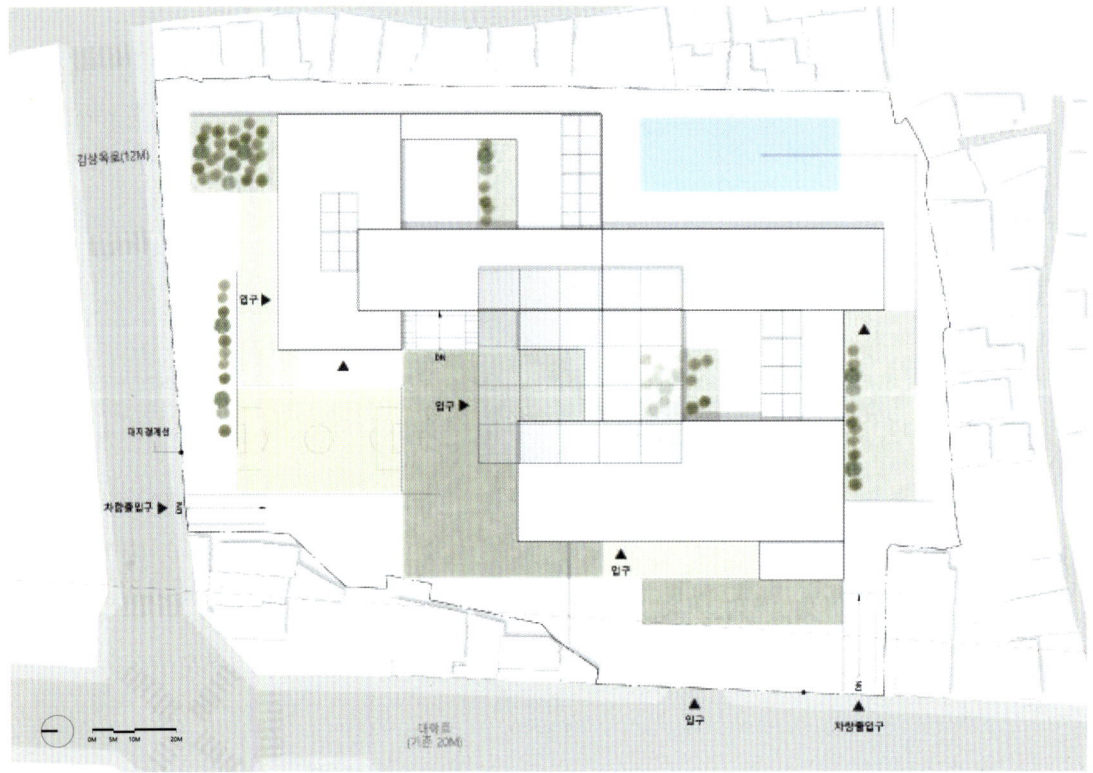

1F PLAN

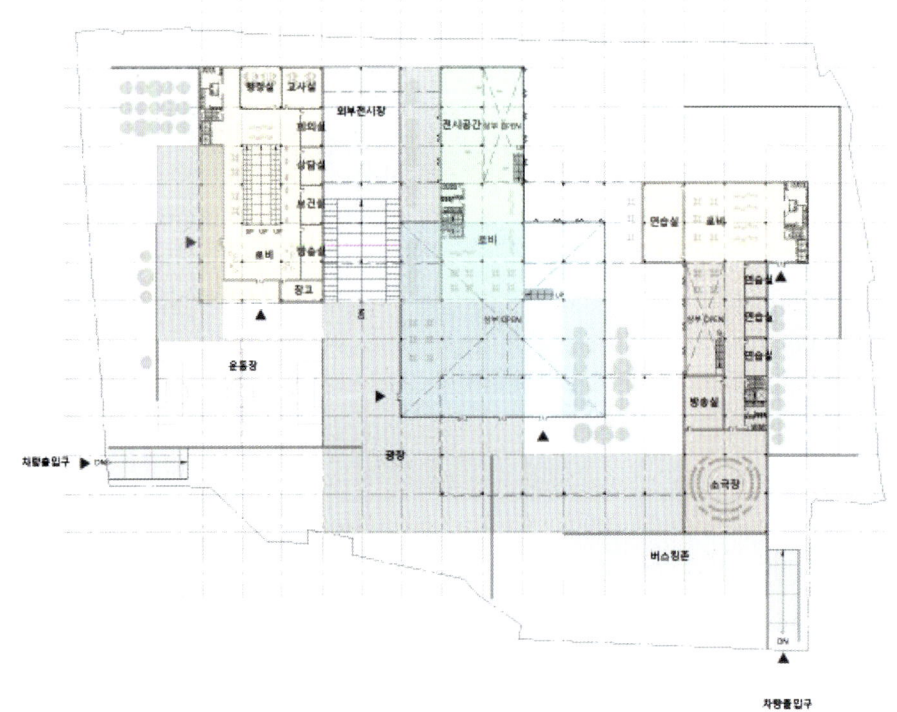

2F PLAN

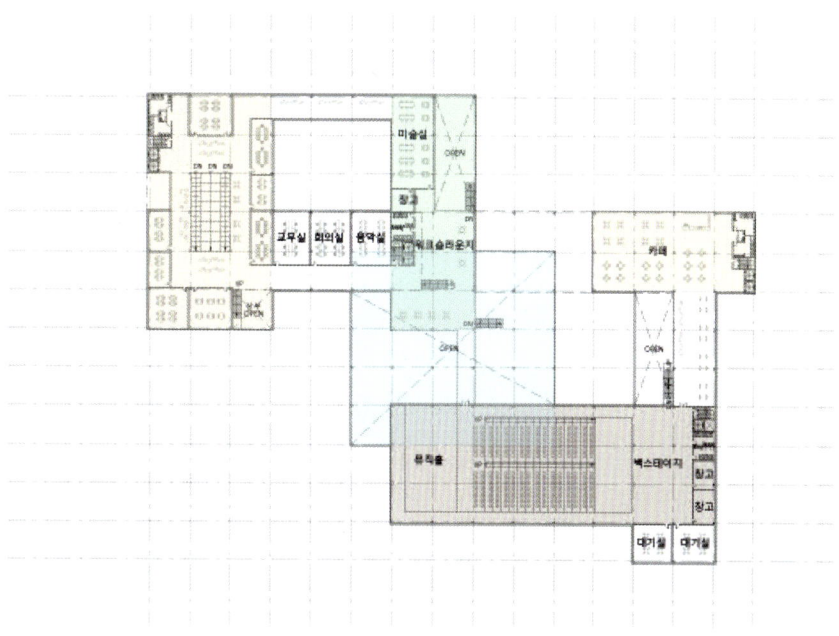

3F PLAN

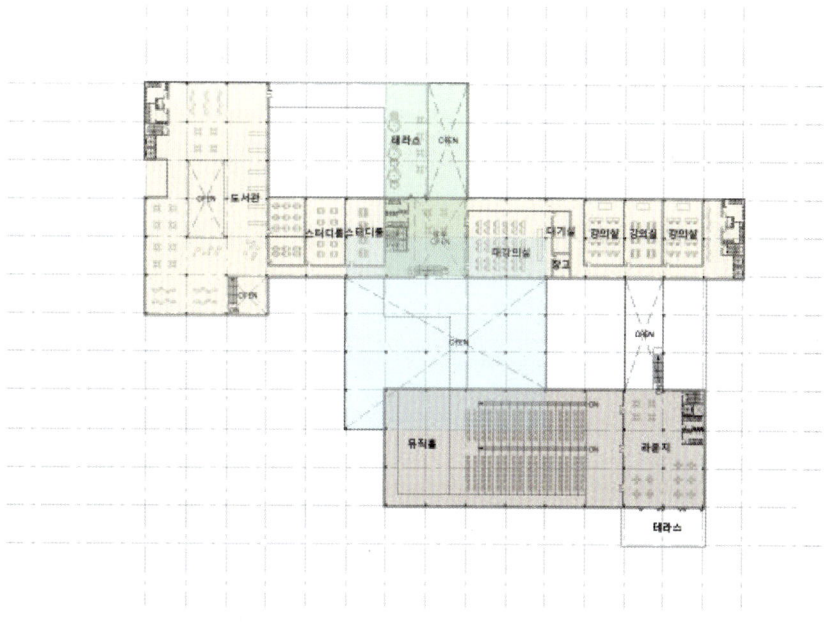

ELEVATION

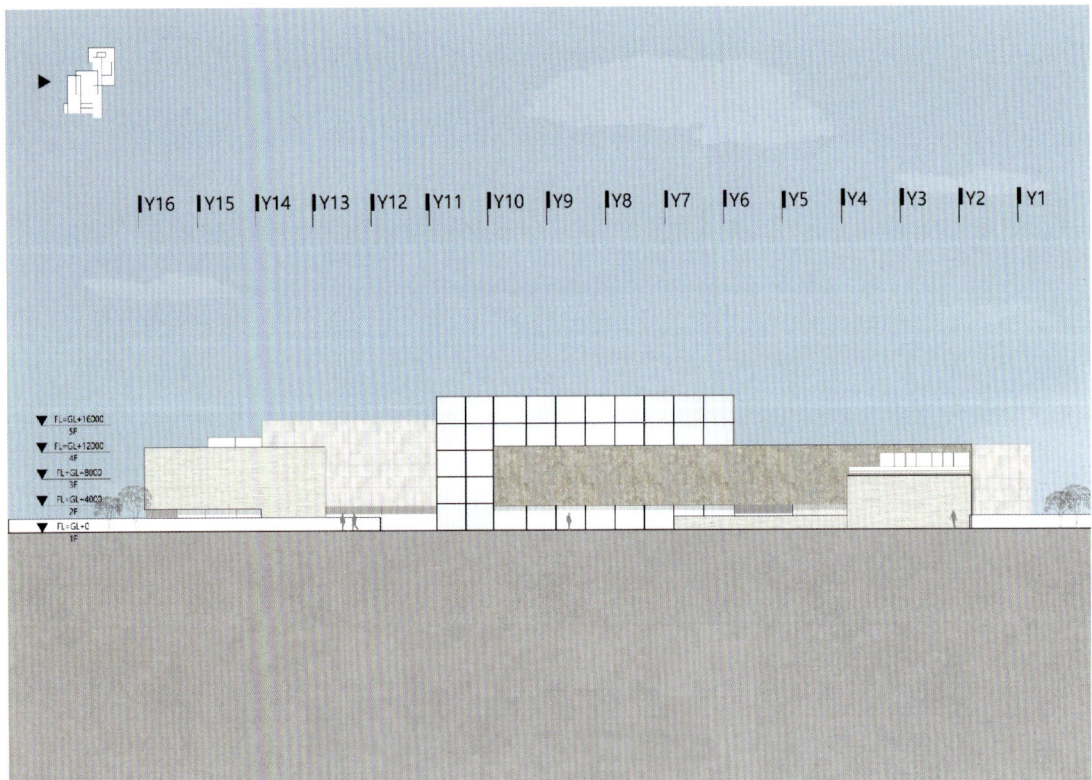

SECTION

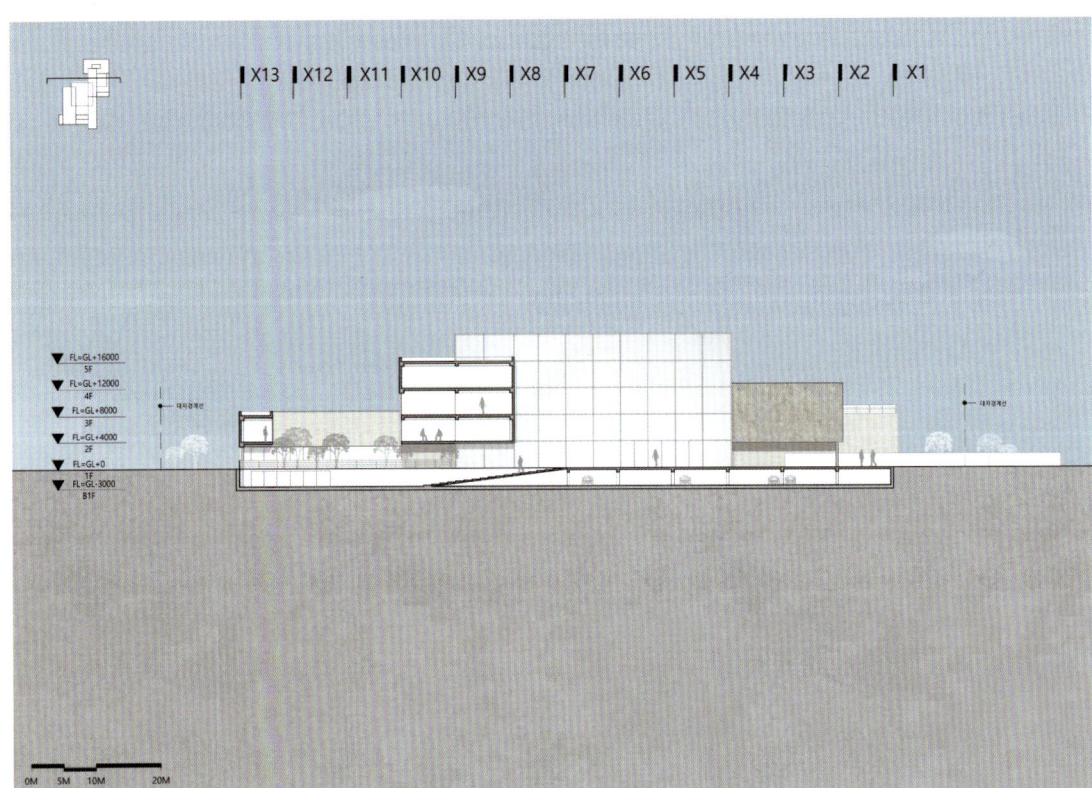

SECTION DETAIL

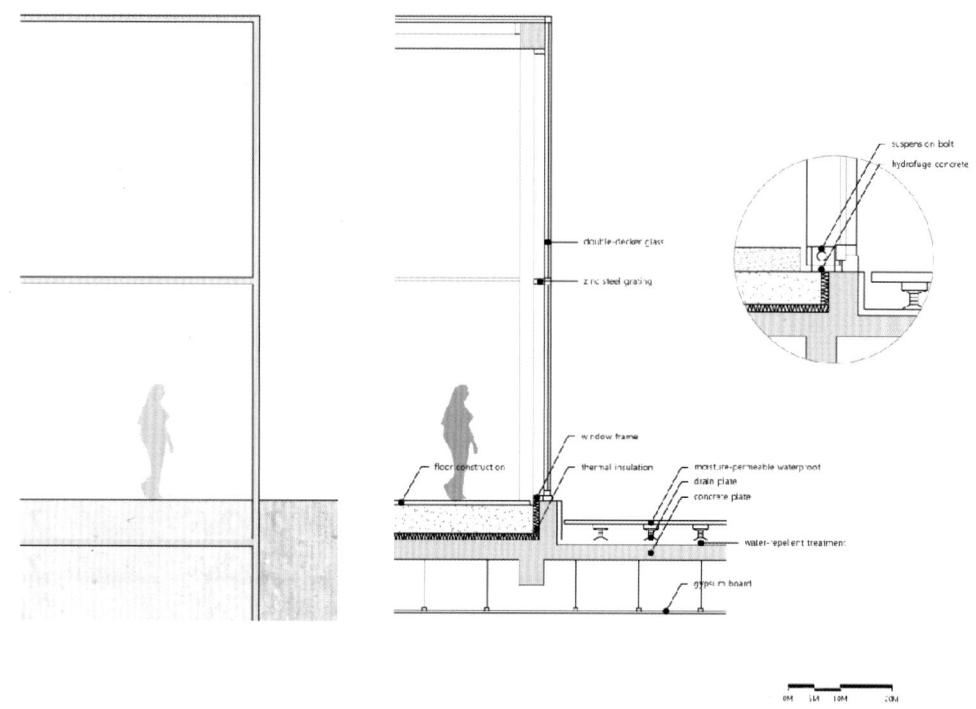

SECTION PERSPECTIVE

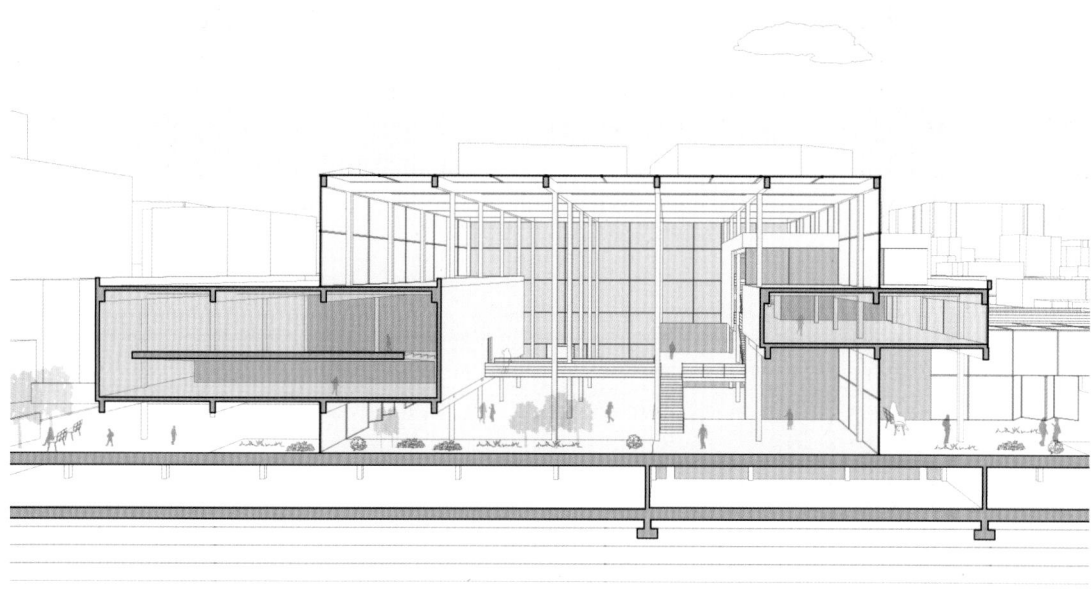

CIRCULAR THREAD
UPCYCLING HUB FOR SUSTAINABLE FASHION

황보승재 | SEONG JAE HWANGBO

STUDIO 8 prof.
이장환 | JANG HWAN LEE
최연웅 | YEON WOONG CHOI

CIRCULAR THREADS
Upcycling Hub for Sustainable Fashion

본 프로젝트는 동대문과 종로 일대의 패션 산업 생태계를 재구축하기 위한 '지속 가능한 패션 산업 허브'로 설계되었다. 한국 패션 산업의 중심지인 동대문 시장과 창신동 봉제 공장 지역의 기존 산업 기반을 강화하면서, 지속 가능한 패션의 미래를 제안하는 공간으로 자리 잡는 것을 목표로 한다.
건축물은 동대문 지역의 봉제 및 의류 제조 역사와 창신동의 섬유 산업 유산을 기반으로 하여 설계되었다. 기존 봉제 공장과 창신동 현장에서 수급된 재활용 자원을 업사이클링 과정으로 연결하며, 과거의 전통과 현재의 지속 가능성을 결합하는 흐름을 공간적으로 형상화하였다.

내부 공간은 패션의 순환 과정을 직접적으로 경험할 수 있도록 설계되었다. 생산과 소비의 과정을 반대로 따라가는 동선은 방문객들이 소비에서 출발해 생산과 재활용으로 이어지는 과정을 직관적으로 체험할 수 있도록 한다. 건물 내부에는 재료 분류 및 세척, 디자인 및 제품 생산, 업사이클링 공정 등 다양한 프로그램이 순차적으로 배치되었다. 특히, 현장에서 수거된 자원이 제품으로 탈바꿈하는 과정을 투명하게 보여주며, 생산 과정에 대한 공감을 형성한다. 광장을 중심으로 배치된 건물은 지역 주민과 방문객 모두를 위한 개방적인 공간을 제공하며, 다양한 사용자들이 참여할 수 있는 플리마켓, 체험형 공방, 전시 공간을 포함하고 있다. 소비자들은 오픈된 작업 공간에서 의류 제작 과정을 관찰하고 직접 참여할 수 있으며, 이를 통해 지역의 생산 기반과 소비 기반을 자연스럽게 연결한다.

SITE ANALYSIS

사이트는 서울시 종로구 대학로 12이다. 해당 사이트와 인접한 동대문과 광장시장의 지역적 맥락을 기반으로, 침체된 패션 산업을 부흥시키고 환경문제를 해결하기 위한 지속 가능한 패션 산업 생태계를 구축하는 것을 목표로 한다.

동대문 지역은 20세기 초 광장주식회사의 설립 이후 1930년대 의류 산업의 중심지로 자리 잡았으며, 이후 창신동 봉제 공장과 동대문 종합시장이 결합되며 더욱 발전하였다. 그러나 SPA 브랜드의 부상과 코로나19 팬데믹으로 인해 이 지역의 패션 산업은 위축되었고, 동시에 섬유 폐기물 문제도 심각해진 상황이다.

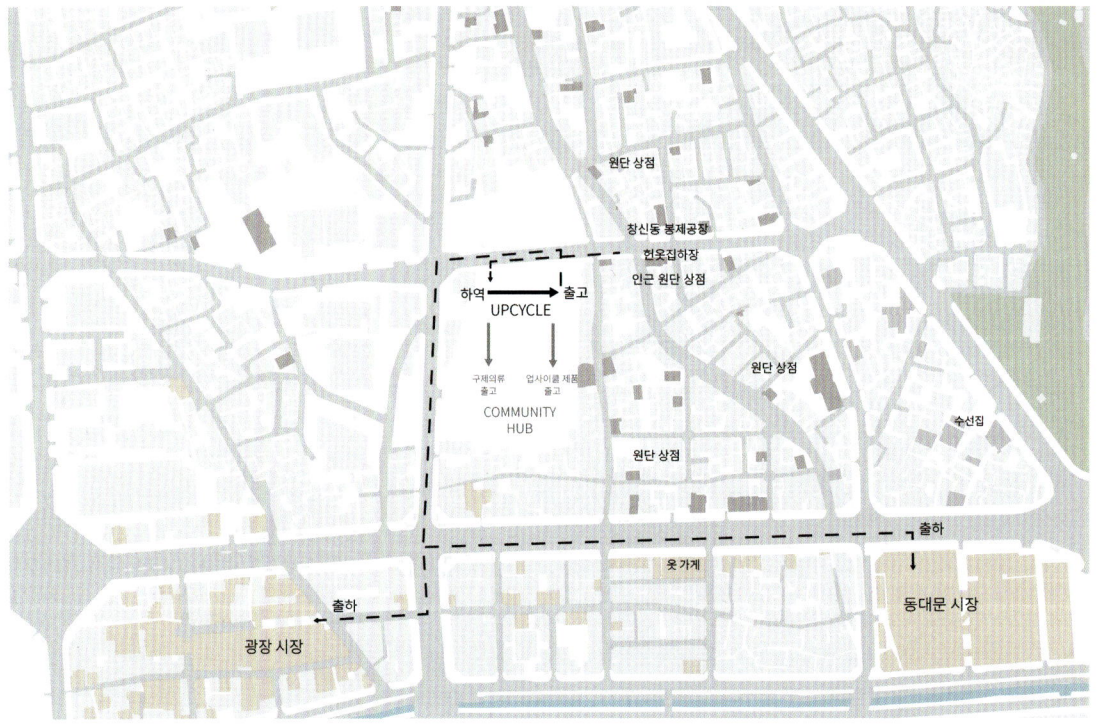

마지막 단계는 판매 및 전시로, 완성된 제품은 플리마켓, 광장시장, 동대문 등의 다양한 경로를 통해 판매된다. 또한, 제작된 제품과 과정을 전시 공간에서 공개하여 방문객에게 지속 가능한 패션의 의미를 전달한다. 사용되지 않은 자원은 재판매 시스템으로 연결되어 의류 순환 구조가 완성되도록 설계되었다.

이 건축물은 지역 내 자원을 통합적으로 활용하며, 가공 과정을 투명하게 공개하여 지역 경제와 환경에 긍정적인 영향을 미치도록 계획되었으며, 동대문이 지속 가능한 패션 산업의 새로운 중심지로 자리 잡을 수 있도록 하는 것을 목표로 하였다.

CONCEPT

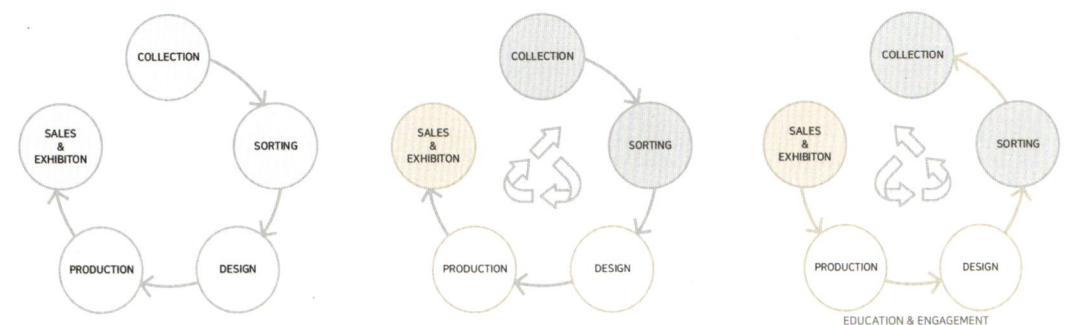

따라서 본 프로젝트는 이러한 문제를 해결하기 위해 의류의 생산, 체험, 소비를 하나의 연속적인 경험으로 제공하는 공간을 제안한다. 사용자가 소비의 순간부터 생산 과정과 업사이클링 작업까지 직접 체험하며 패션의 순환 구조를 이해하도록 설계되었다. 이를 통해 동대문 지역의 역사적, 산업적 정체성을 보존하면서, 지속 가능한 패션 생태계를 구현하는 것을 목표로 한다.

PROGRAM

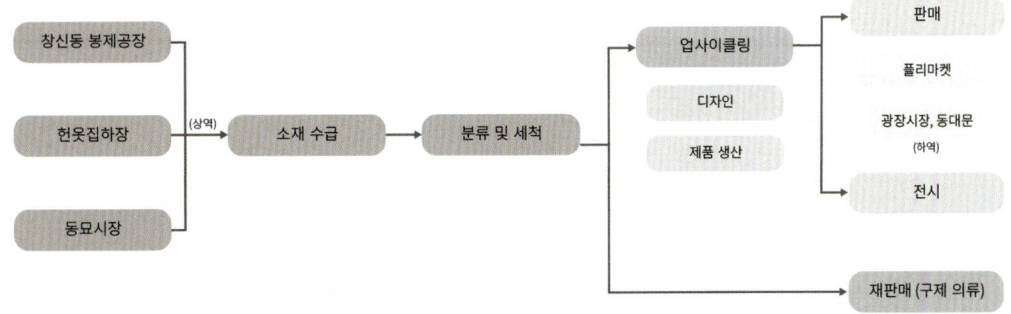

프로세스는 크게 네 단계로 나뉜다. 첫 번째 단계는 소재 수급으로, 창신동 봉제 공장, 헌옷 집하장, 동묘 시장에서 의류와 섬유 폐기물을 수집하는 과정이다. 창신동 봉제 공장은 동대문과의 네트워크를 통해 원자재를 지속적으로 제공하며, 헌옷 집하장은 폐기된 의류를 재활용 자원으로 전환하는 중요한 거점으로 기능한다. 두 번째 단계는 분류 및 세척으로, 수거된 의류와 원자재를 분류하고 처리하여 이후 공정에서 활용도를 높이는 과정이다. 이 과정에서 구제 의류와 업사이클링 가공 원단 자재로 나뉘게 된다.

세 번째 단계는 업사이클링으로, 디자인과 제품 생산이 이루어지는 핵심 공간이다. 업사이클링 공방에서는 폐기물을 새로운 가치로 전환하며, 생산 과정을 사용자들이 직접 체험할 수 있도록 설계되었다. 이를 통해 생산의 투명성을 강조하고, 사용자들에게 환경 문제와 지속 가능한 패션에 대한 교육적 가치를 제공한다.

SPACE PROGRAM

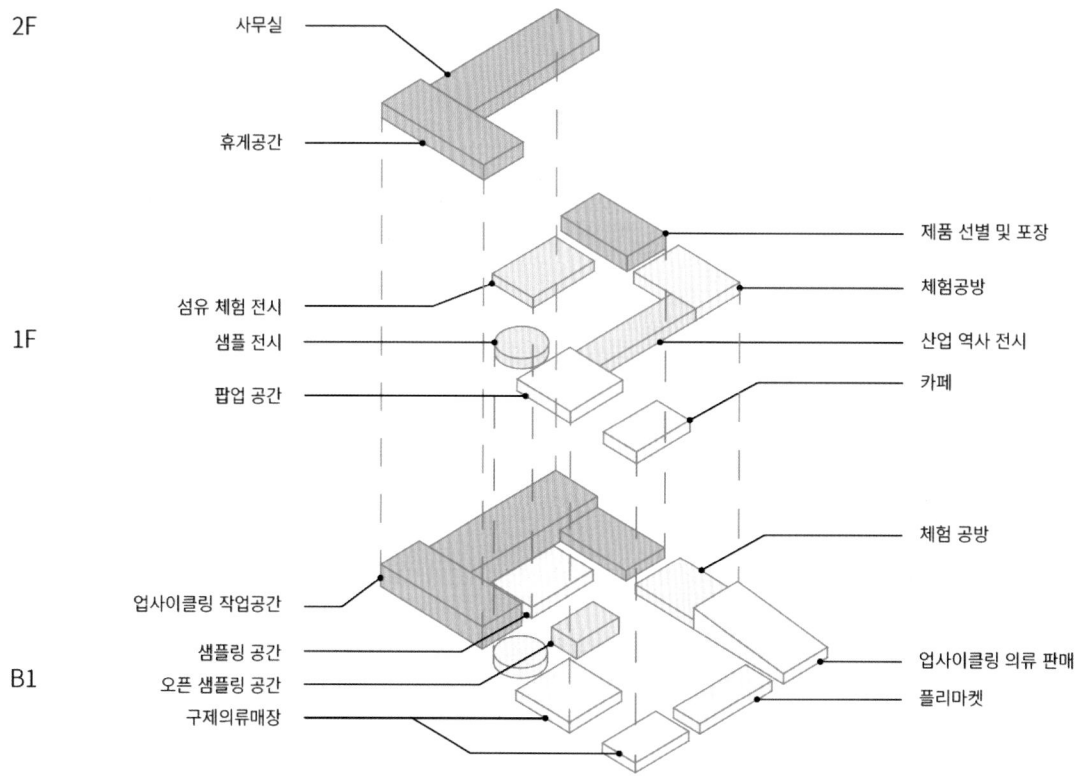

매싱은 작업 공간과 소비 공간을 분리하면서도 유기적으로 연결하여, 사용자가 생산에서 소비까지의 과정을 거꾸로 체험할 수 있도록 동선을 유도하는 데 중점을 두었다. 매싱은 크게 퍼블릭 공간(커뮤니티 허브)과 프라이빗 공간(작업 공간)으로 나뉜다.

1층은 지역 주민과 관광객을 끌어들이기 위해 소비 중심의 공간으로 구성하였다. 팝업 매장과 카페를 통해 거리와 적극적으로 연결되며, 사람들을 자연스럽게 광장으로 유도한다. 광장 내부에서는 플리마켓과 동시에 생산 체제의 판매가 이루어지는 장소를 조성하여, 소비아 생산이 유기적으로 연결될 수 있도록 하였다. 사용자는 광장을 따라 체험 공방과 오픈 작업 공간으로 이어지는 동선을 통해 의류 제조 과정의 일부를 직접 경험할 수 있다. 체험 공방을 지나 내부로 들어오면 램프를 통해 의류 생산 공정을 거꾸로 관람할 수 있는 공간으로 이어지도록 설계하였다. 이 과정에서 기계를 통해 옷이 제작되는 모습을 전시 형식으로 제공하며, 생산의 투명성을 강조하였다. 마지막으로 역사 전시와 샘플 전시 공간에서 앞서 경험한 일련의 과정을 종합적으로 이해할 수 있도록 계획하였다.

생산 동선은 작업 흐름에 따라 지하에서부터 순차적으로 이루어지며, 내부 출고와 외부 출고로 나뉘게 된다. 외부 출고는 1층에 위치하여 오토바이 등의 운송 수단이 바로 접근 가능하도록 설계하였다. 내부 출고는 건물 내부의 매장을 통해 소비 동선과 연결되도록 하였다.

소비 동선은 사용자 경험을 극대화하기 위해 처음에는 소비에 대한 흥미를 끌 수 있는 공간으로 시작해, 점차 생산 과정을 체험하고 이해할 수 있는 방식으로 설계하였다. 팝업 매장과 카페를 통해 유입된 사용자는 광장을 중심으로 플리마켓과 작업 공정을 관찰하며, 건물 내부로 들어가면 가공 공정을 거꾸로 관람할 수 있는 독특한 동선을 경험하게 된다.

B2 PLAN

B1 PLAN

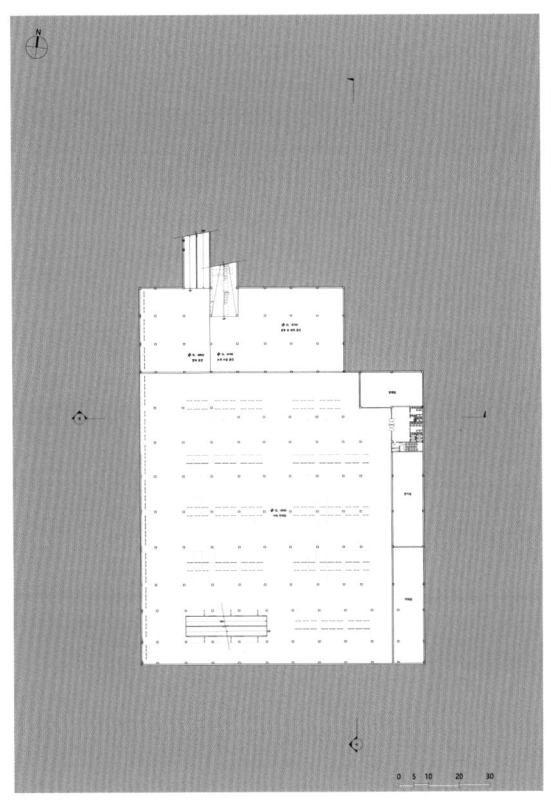
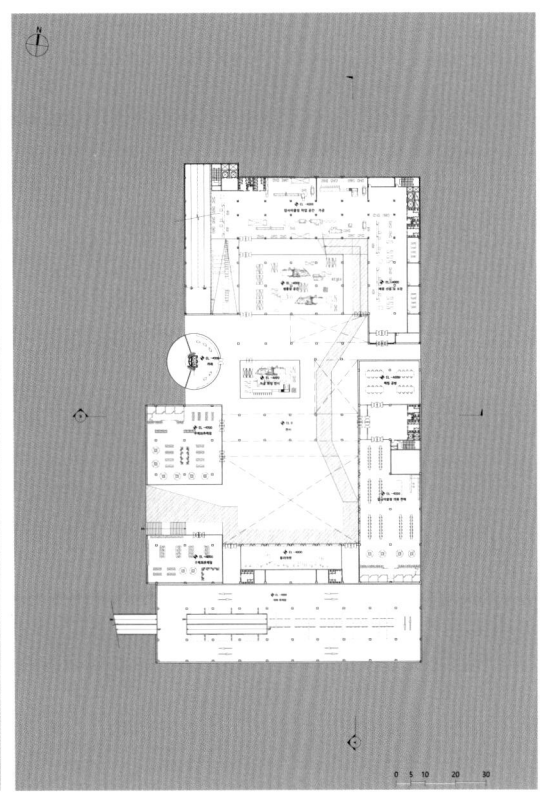

1F PLAN

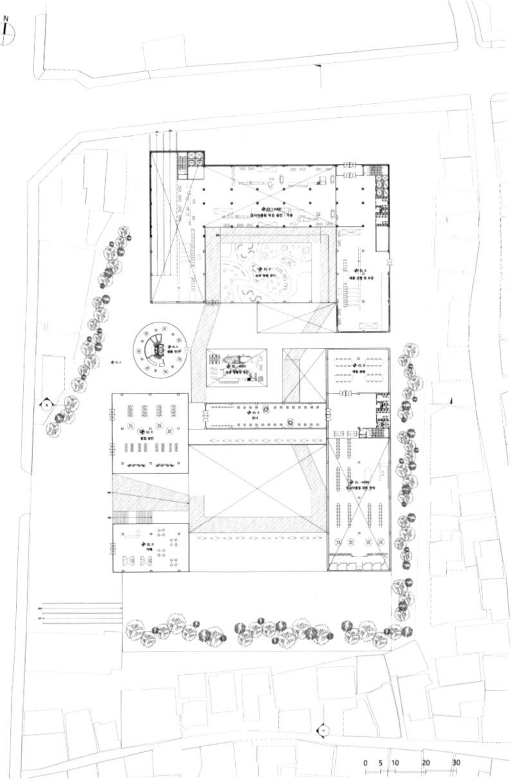

2F PLAN

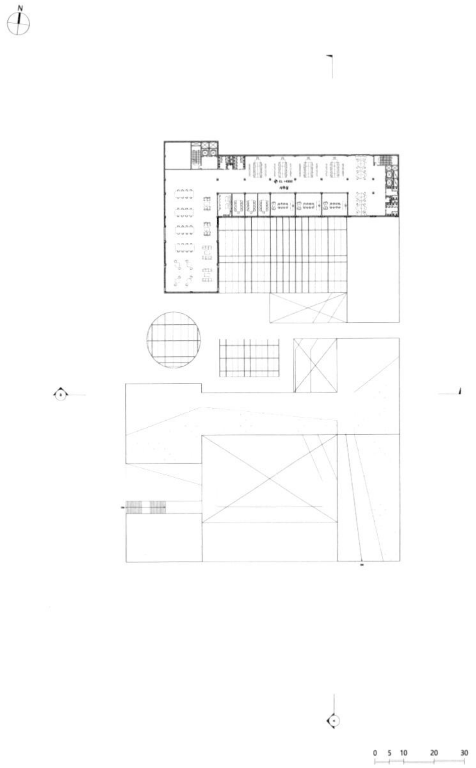

SECTION A-A'

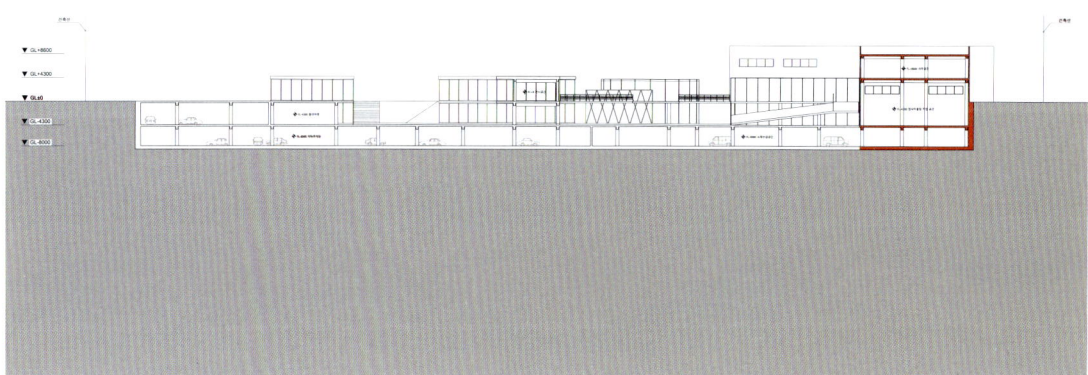

SECTION B-B'

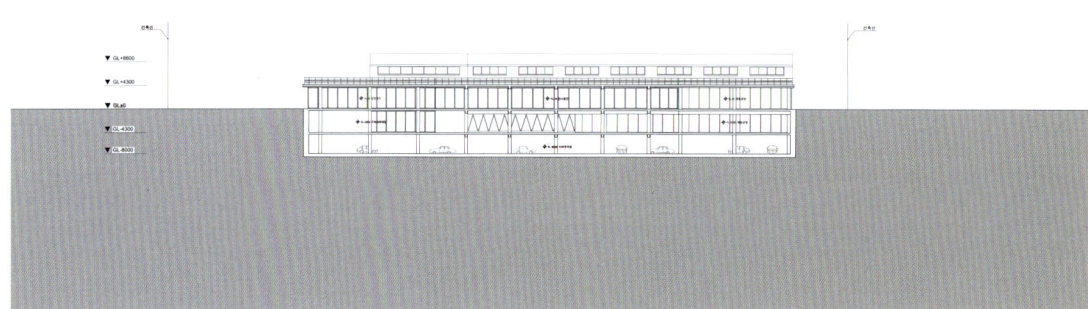

PERSPECTIVE

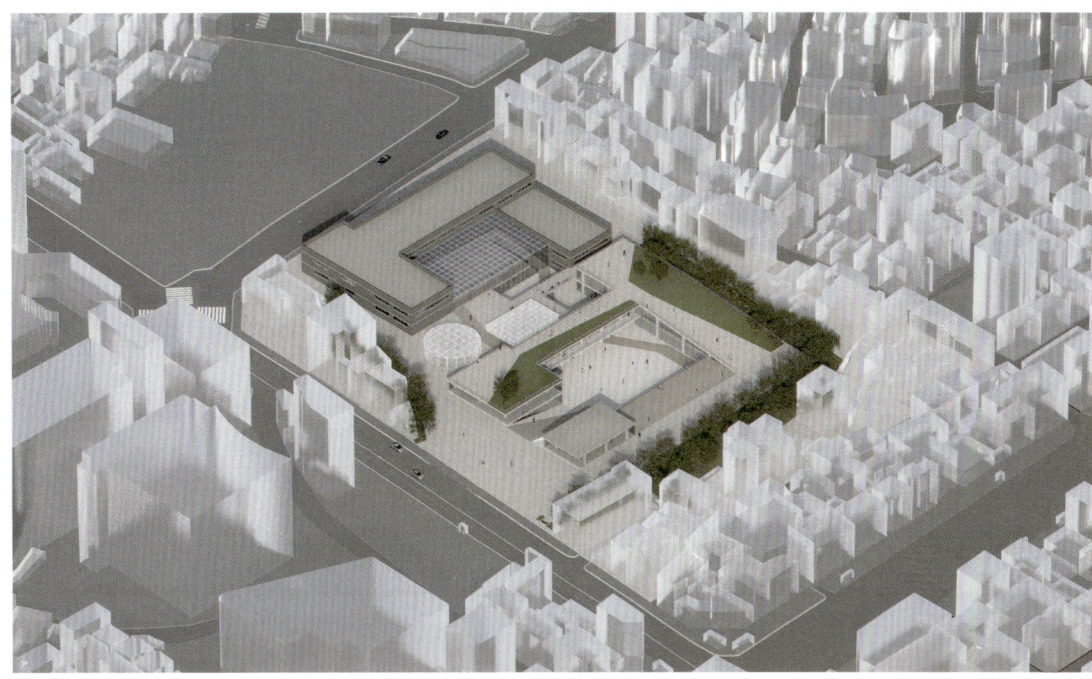

배움의 길을 연결하다
효제초등학교 리노베이션

박성원	SENGWON PARK
이경선	**STUDIO 1 prof.** KYUNG SUN LEE
김시원	SIWON KIM

효제초등학교가 위치한 종로구는 오랜 역사가 남아 있는 땅이다. 작은 필지와 구불구불한 길들은 동네 사람들에게 집 밖의 마당 같은 역할을 했다. 사이트를 보면 대지 면적이 약 2만㎡이며, 외부와 단절된 구조를 가지고 있었다. 이 거대한 땅을 예전처럼 사람들이 자연스럽게 오가며 마당처럼 활용할 수 있는 공간으로 재구성하고자 했다.

동서 방향으로 네 개의 매스를 배치해 길을 열어주고, 남북 방향 중앙에 큰 축을 두어 네 개의 건물을 연결했다. 이 중앙의 길은 아트리움으로 내부화했다.

효제초 부지의 남서쪽에는 도보 1분 거리 안에 종로5가역이 위치하며, 남쪽에는 광장시장과 DDP가 자리해 외국인들의 접근성이 좋다. 북쪽은 주거지가 밀집해 있으며, 동시에 중심 업무지구와도 가까워 1인 가구 직장인이 거주하기 적합한 장소로 알려져 있다. 이로 인해 최근 꾸준히 오피스텔 개발이 이루어지고 있다.

프로그램은 이 두 가지 현황을 중심으로 구성했다. 북쪽 매스는 관광객들을 위한 쿠킹클래스와 먹거리 장터, 숙소로 구성했다. 먹거리 장터를 위해 아래 두 개의 매스는 아트리움으로 사이 공간을 내부화했다. 아래에서 두 번째 매스는 1인 가구를 위한 배움교실과 관광객도 함께 어울릴 수 있는 공용 공간을 배치했다. 위에서 두 번째 매스는 1인 가구와 효제초등학생들이 함께 이용할 수 있는 교육 공간을 두어 이용자에 따라 유연하게 활용될 수 있도록 했다. 건물 사이사이의 마당은 건물의 이벤트가 확장되는 공간이며, 서로 마주할 수 있는 소통의 장이 된다.

SITE ANALYSIS

사이트는 효제초등학교에 위치한다. 북쪽에 혜화, 이화지역, 남쪽에 동대문지역, 서쪽에 종로1.2.3.4지역으로 둘러쌓여있다. 역사 및 관광지역들과의 접근성이 좋으며, CBD 지역과도 인접해 최근 오피스텔 및 오피스 사업이 성행하고있는 지역이다.

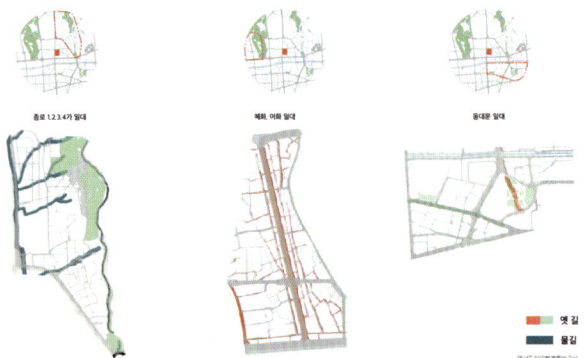

종로구는 지역의 역사가 고스란히 땅에 남아 있는 곳으로 유명하다. 사이트 주변의 대표적인 세 지역을 살펴보면, 물길을 따라 형성된 구불구불한 옛 골목길들이 여전히 남아 있다.

작은 블록들로 구성된 이 지역들은 골목 사이를 거닐며 즐기는 매력 덕분에 관광지로서 알려지고 있다.

CONCEPT

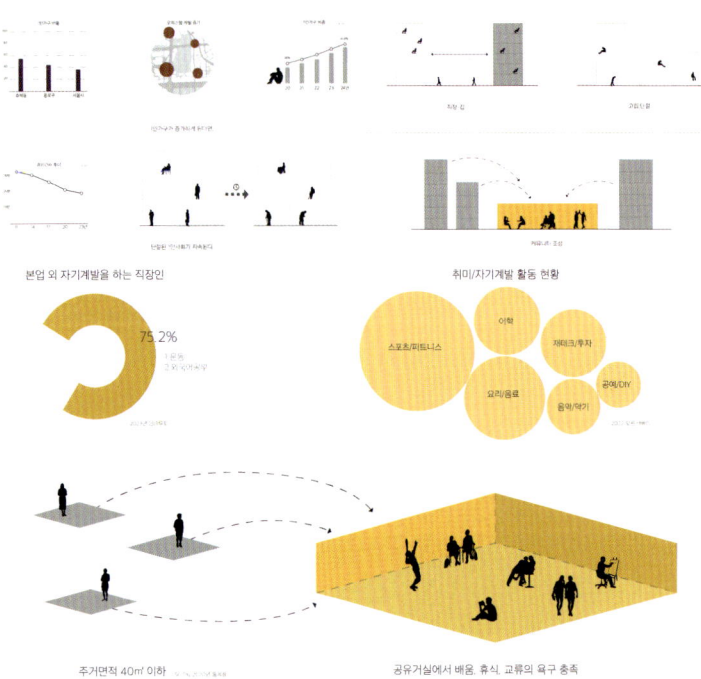

이 지역은 관광객 방문자 수 기준으로 전국에서 두 번째로 높은 관광 수요를 자랑한다.

최근에는 젊은 관광객들의 비율이 증가하고 있으며, 체험형 관광이 새로운 흐름으로 자리 잡고 있다.

특히, 한국 음식을 직접 만들어 먹고 그 경험을 공유하는 것이 트렌드로 떠오르고 있다.

이를 반영하여, 최근 관광객들 사이에 인기를 끌고 있는 한국 음식 팝업 스토어와 쿠킹 클래스를 제안했다.

SPACE PROGRAM

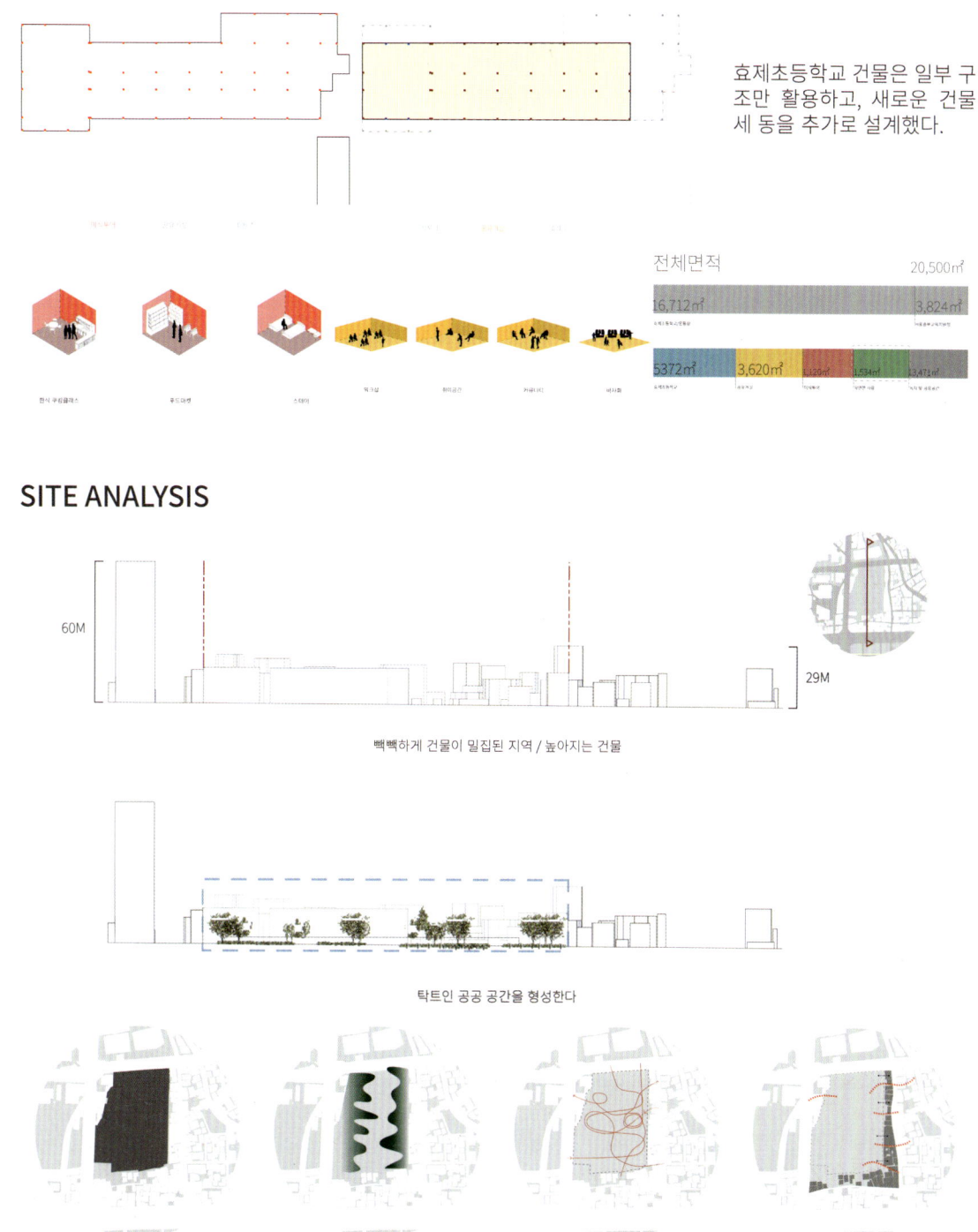

효제초등학교 건물은 일부 구조만 활용하고, 새로운 건물 세 동을 추가로 설계했다.

SITE ANALYSIS

효제초 주변 부지는 건물 밀집도가 높고 고층 건물이 많아 답답한 분위기를 형성하고 있다. 효제초 부지는 낮고 개방적인 휴식 공간으로 조성하여 여유로운 환경을 제공하고자 했다. 또한, 효제초 부지는 고립된 땅이라는 한계를 지니고 있어, 이곳의 경계를 허물고 자유로운 동선을 형성함으로써 주변 부지와의 연계 및 확장을 이루고자 했다.

MASS PROCESS

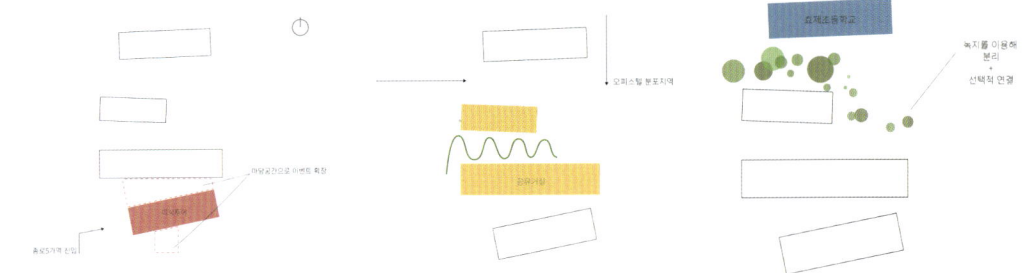

종로5가와 인접한 곳에 미식투어, 오피스텔 밀집 지역에는 공유 거실을 배치했다. 효제초 인근에는 초등학생과 1인 가구가 함께 이용하는 시설을, 건물 사이에는 녹지를 배치해 선택적으로 연결되도록 했다.

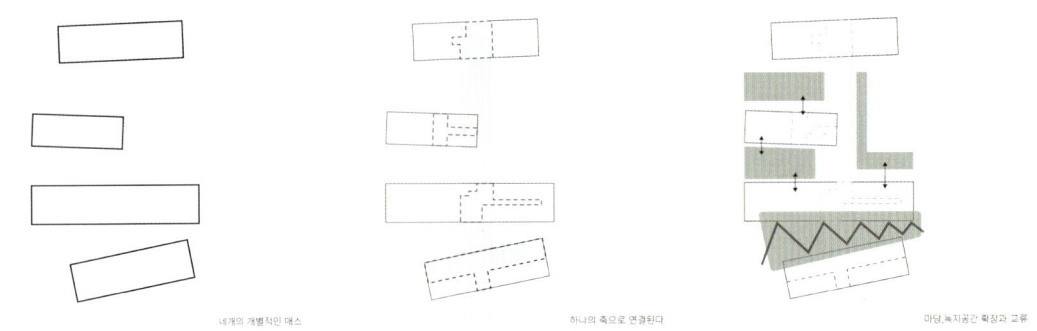

네 건물은 독립적 공간처럼 보이지만 하나의 축으로 연결되어 있다. 또한, 건물 사이의 녹지는 각 건물에서 이루어지는 이벤트가 확장되는 공간으로 활용할 수 있다.

PERSPECTIVE

SPACE PROGRAM

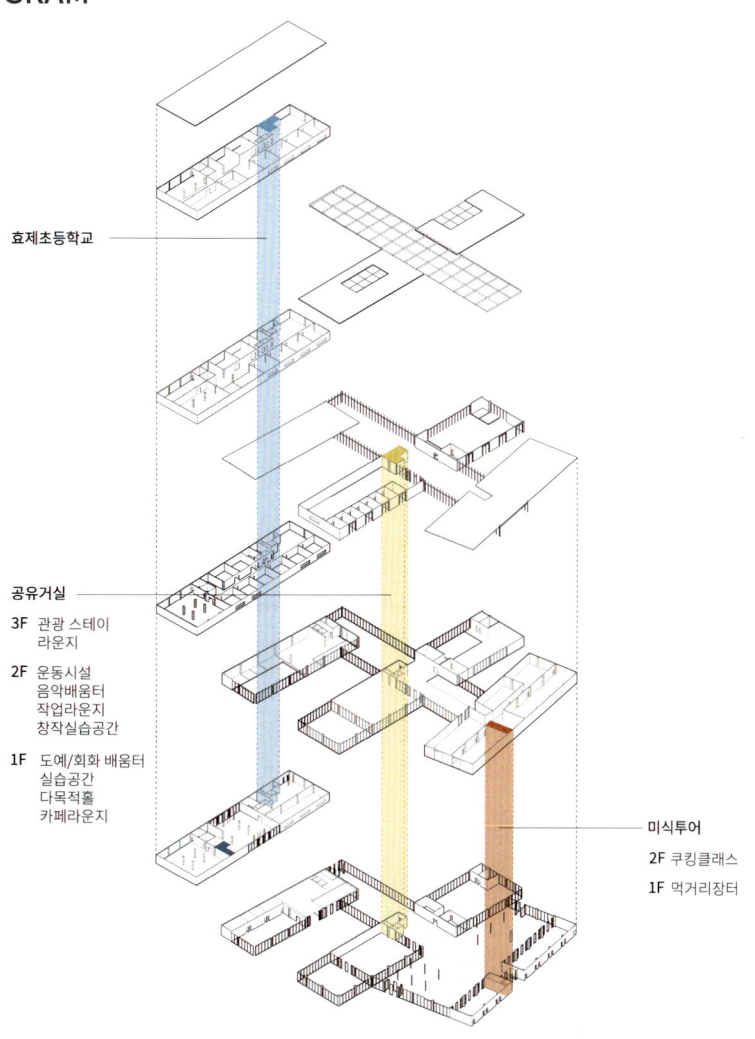

효제초등학교

공유거실

3F 관광 스테이
　　 라운지
2F 운동시설
　　 음악배움터
　　 작업라운지
　　 창작실습공간
1F 도예/회화 배움터
　　 실습공간
　　 다목적홀
　　 카페라운지

미식투어

2F 쿠킹클래스
1F 먹거리장터

PLAN

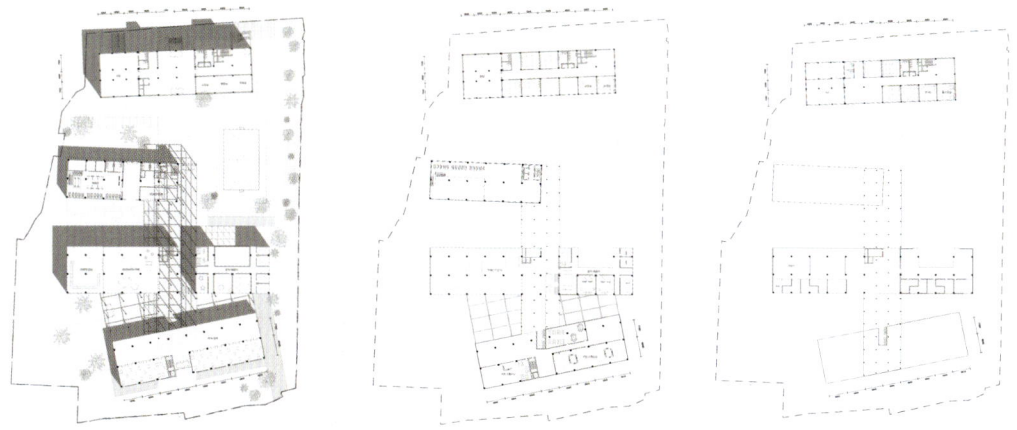

기존 학교 건물의 일부는 유지하면서, 1인 가구가 선택적으로 이용할 수 있는 건물을 학교의 남쪽에 배치하였다. 또한, 남쪽에서 접근하는 관광객들을 위한 미식 투어 공간과 1인 가구를 위한 공유 거실 건물은 아트리움으로 연결하였다. 전체적인 배치는 남북 방향의 접근성을 고려하여 건물의 쓰임새가 자연스럽게 중첩되도록 설계하였다.

SITE PLAN

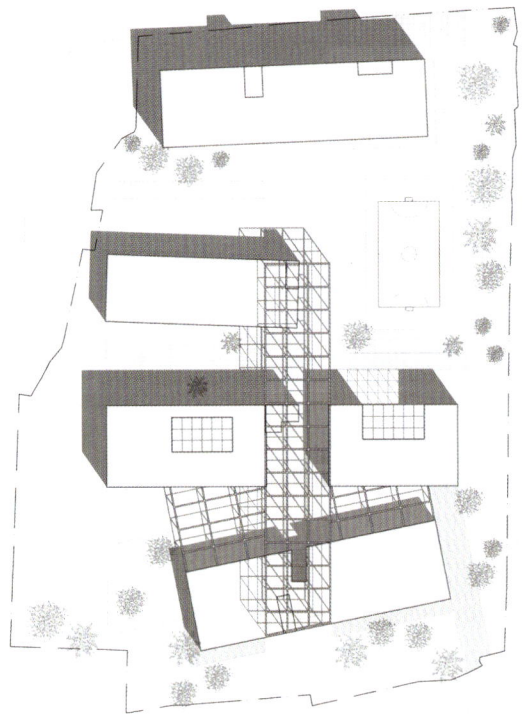

SECTION

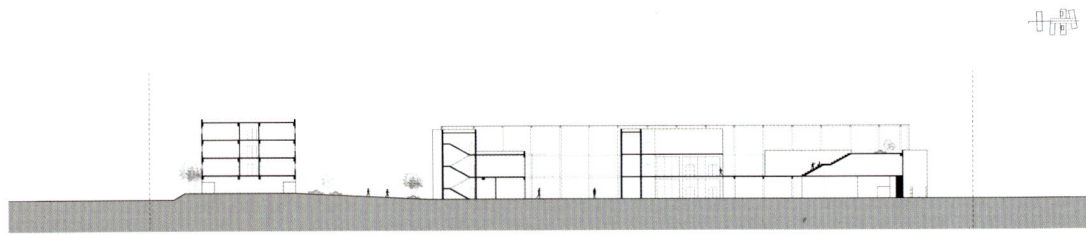

SECTION PERSPECTIVE

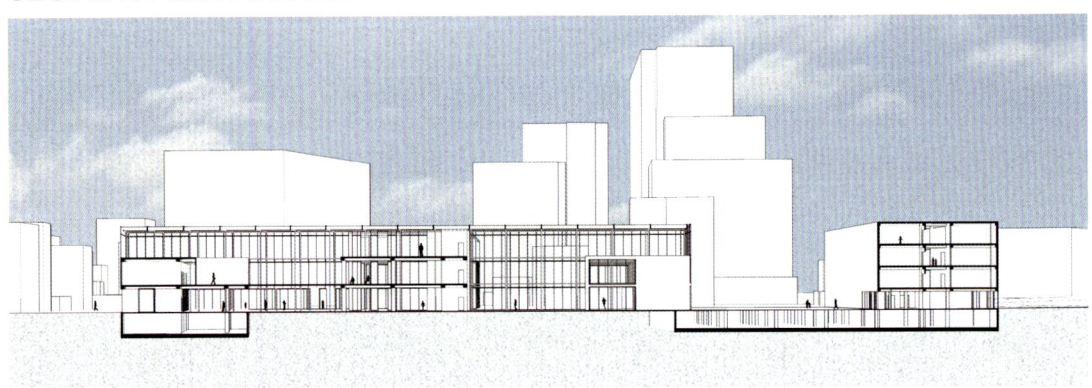

PERSPECTIVE

배움터 전경

먹거리장터

아트리움 부출입구

강당-체육관 사이 마당

MODEL

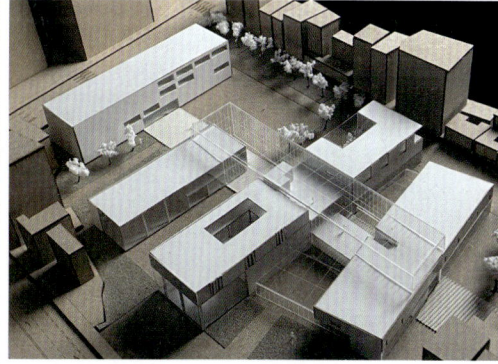

Madang Contemporary
마당의 현대적 재해석

이재원	JAE WON LEE
	STUDIO 1 prof.
이경선	KYUNG SUN LEE
김시원	SIWON KIM

효제 크리에이티브 컴플렉스(Hyoje Creative Complex, HCC)는 서울 효제초등학교 부지에 설계된 새로운 국제 교육 허브이다. HCC는 교육, 예술, 기술이라는 세 가지 주요 기준을 바탕으로 조닝되었으며, 전통과 현대를 아우르는 설계를 통해 지역 주민과 방문객 모두가 소통하며 교류할 수 있는 공간을 제공한다. 특히, 한국 전통 건축의 핵심 요소인 **'마당'**에서 영감을 받은 성큰 마당은 각각 교육, 예술, 기술이라는 조닝의 중심 역할을 하며, 자연광과 공기를 지하 공간에 끌어들이고, 사람 간의 연결을 촉진하도록 기능한다.

HCC는 초등학교, 갤러리, 아뜰리에, 스타트업 공간, 연구실 등 다양한 프로그램을 포함하여, 지역 사회의 요구와 글로벌 교육 허브로서의 역할을 동시에 충족한다. 이 공간들은 각각의 **마당**과 유기적으로 연결되어 있으며, **조닝 간의 열려있는 경계**를 통해 프로그램 간의 융합과 유연한 사용이 가능하게 한다. 전부 지하화된 비보편적인 설계를 통해 지상은 공원으로 조성되어 지역 주민들에게 휴식과 여가를 제공하고, 건축적으로는 한국 전통의 비움의 미학을 현대적으로 재해석한 공간적 경험을 제안한다.

단순히 물리적 공간을 넘어, 사람들의 감각을 자극하는 혁신적이고 새로운 공간 경험을 목표한다. 올지아티의 비참조적 건축 철학에서 영감을 받아, 기존의 틀을 벗어나 독창적이고 매력적인 공간을 구성한다.

HCC는 지역과 세계를 연결하는 플랫폼이자, 효제초등학교 부지의 역사적 맥락과 한국 전통 건축의 정체성을 계승하는 상징적 공간으로 자리 잡을 것이다. 방문객들에게 매력적인 경험을 제공하며, 모두를 위한 열린 커뮤니티로 기능함으로써, HCC는 서울의 새로운 문화·교육 중심지로 거듭날 것이다.

SITE ANALYSIS

SITE   LEVEL   BIOTOP

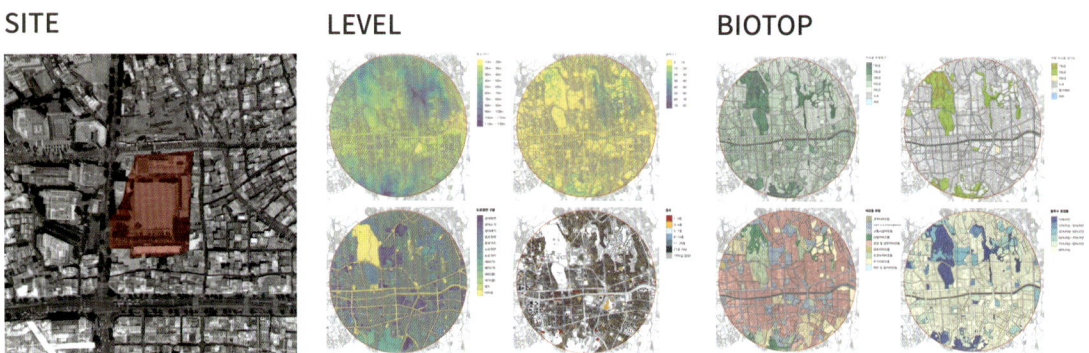

효제초등학교 부지 주변은 산지에 녹지가 집중된 관계로 주민들이 접근하기 쉬운 **수평적 녹지 공간**이 부족하다. 또한, 자연발생적 도로체계와 건축적 과잉으로 인한 공실률은 **도심 공동화 현상**을 초래하며 **지역 슬럼화**를 가속화하고 있다. 이에 본 프로젝트는 **'비움의 미학'**을 바탕으로 기존의 한계를 극복하고, 사이트를 비워내어 새로운 형태의 **'열린 공간'**을 제안한다.

서울시 종로구 대학로 10, 12로,
서울효제초등학교와 서울시 중부교육청 부지를 포함한다.
도심 공동화 현상 및 **학생 수 부족**으로 인해 레노베이션 대상 지역으로 선정되었다.

STRUCTURAL ANALYSIS   SITE HISTORY

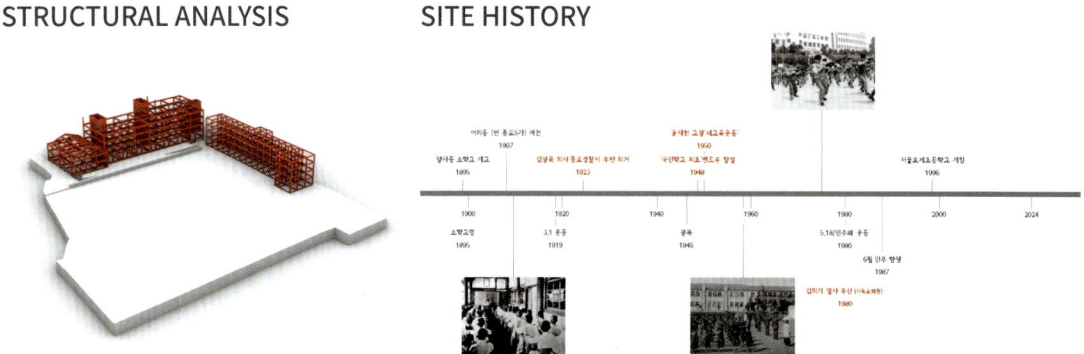

1960~80년대 대한민국의 급속한 경제 성장과 도시화로 인한 학교 시설의 대규모 수요를 감당하기 위하여, 정부는 학교 건축의 효율성과 신속성을 높일 수 있는 표준설계도를 도입하였다. 그러나 표준화된 설계는 지역별 특성이나 개별 학교의 요구를 충분히 반영하지 못했고, 획일적인 평면 구성과 기능에만 치중한 외관으로 나타났다. 이는 **공간 활용의 유연성을 저해**하고, 증축이나 개보수 시 **다양한 제약**을 초래했다.

CONCEPT
KOREANNESS 한국성

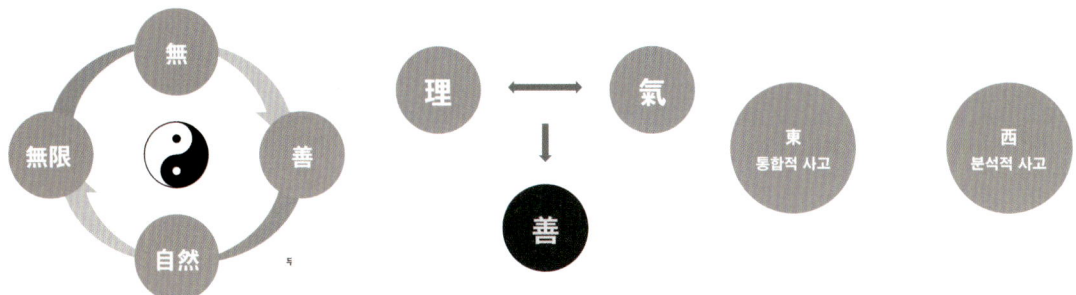

한국성의 근원에 대한 철학적 탐구를 바탕으로 '**비움의 미학**'을 나타내는 **마당**에 대한 현대적 재해석을 진행했다.

MADANG

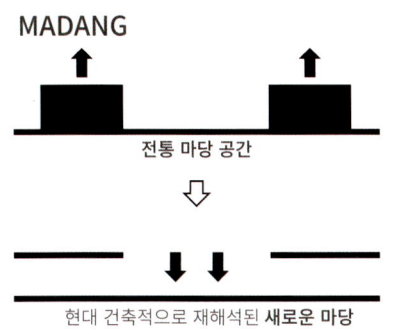

본 프로젝트는 매스를 통해 '**가두어진 공간**'을 형성하는 전통적인 마당 형성 방식에서 나아가 성큰은 통한 '**비움의 공간**'을 제안한다.

마당을 중심으로 한 매스 배치는 프로그램 간의 **기능적 연계성**을 강화하며, 지하 공간에서의 IAQ 및 개방성을 개선하여 **인지성**과 **안정성**을 강화한다.

MADANG LAYOUYT

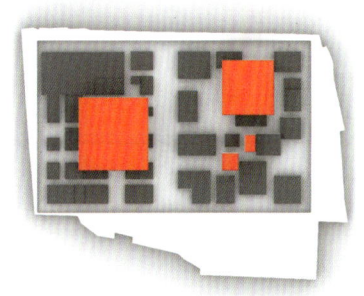

PROGRAMMATIC INTERACTION

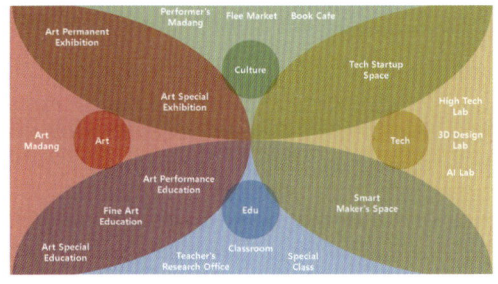

PERSONA

PROGRAMMATIC LAYOUT

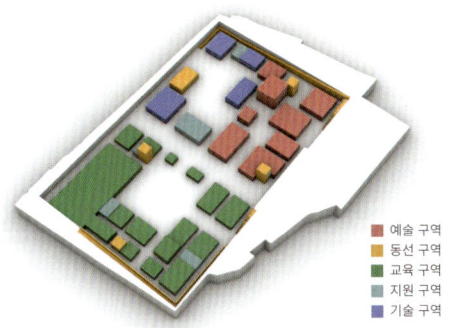

CIRCULATION LAYOT

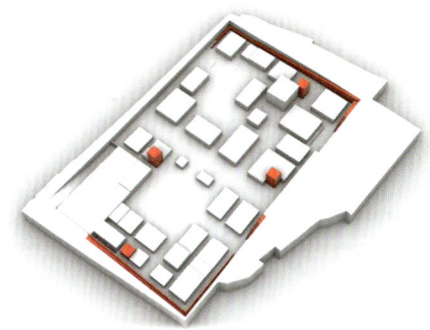

효제 크리에이티브 컴플렉스(HCC)는 교육, 예술, 기술의 융합을 기반으로 설계된 다목적 공간으로, 전통 한국 건축의 정수를 현대적으로 재해석하였다. 지하화된 구조와 세 개의 **성큰 마당**은 자연광과 환기를 제공하며, **순환형 동선**은 효율성과 상호작용을 극대화한다. 각 조닝에 배치된 **수직 동선**은 이동의 편의성을 높이고, **유기적인 배치**는 사용자가 다양한 프로그램을 경험할 수 있도록 설계되었다.

PLAN & BAY

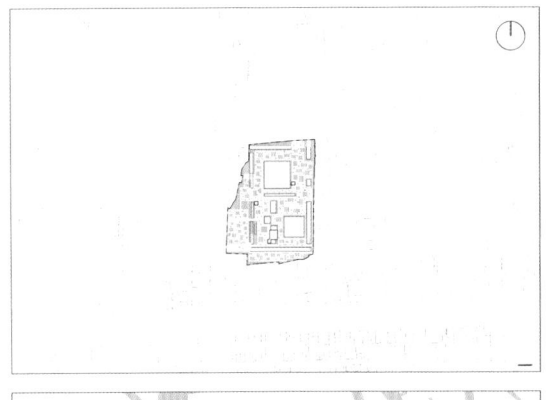

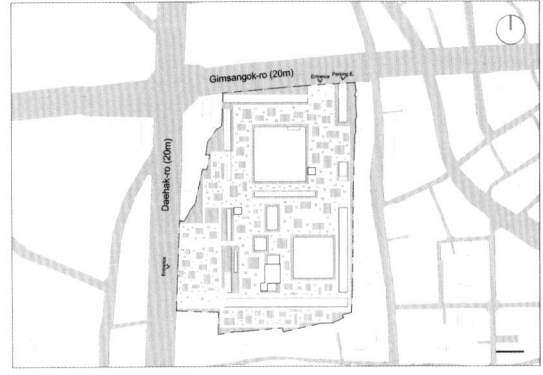
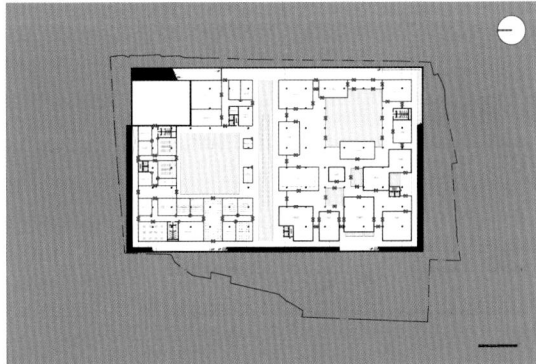
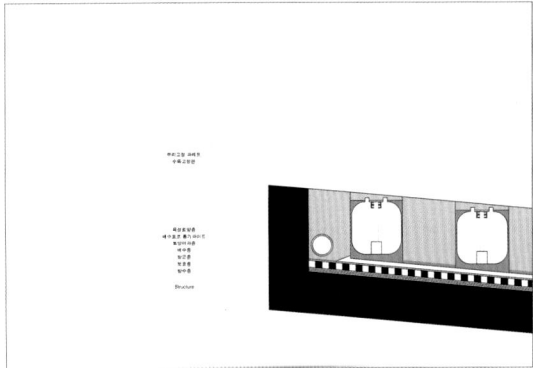
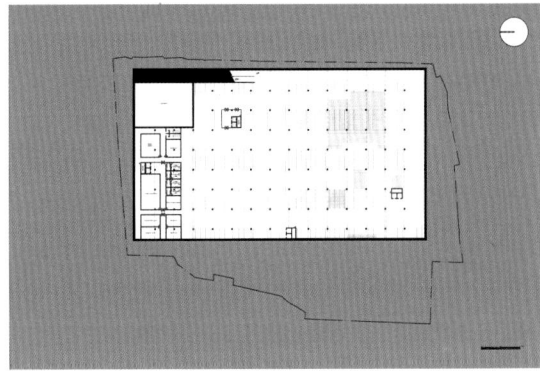

SECTION

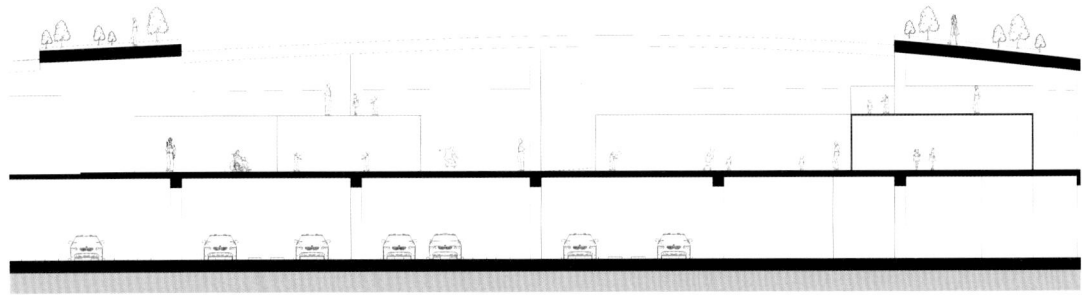

SPACE PROGRAM

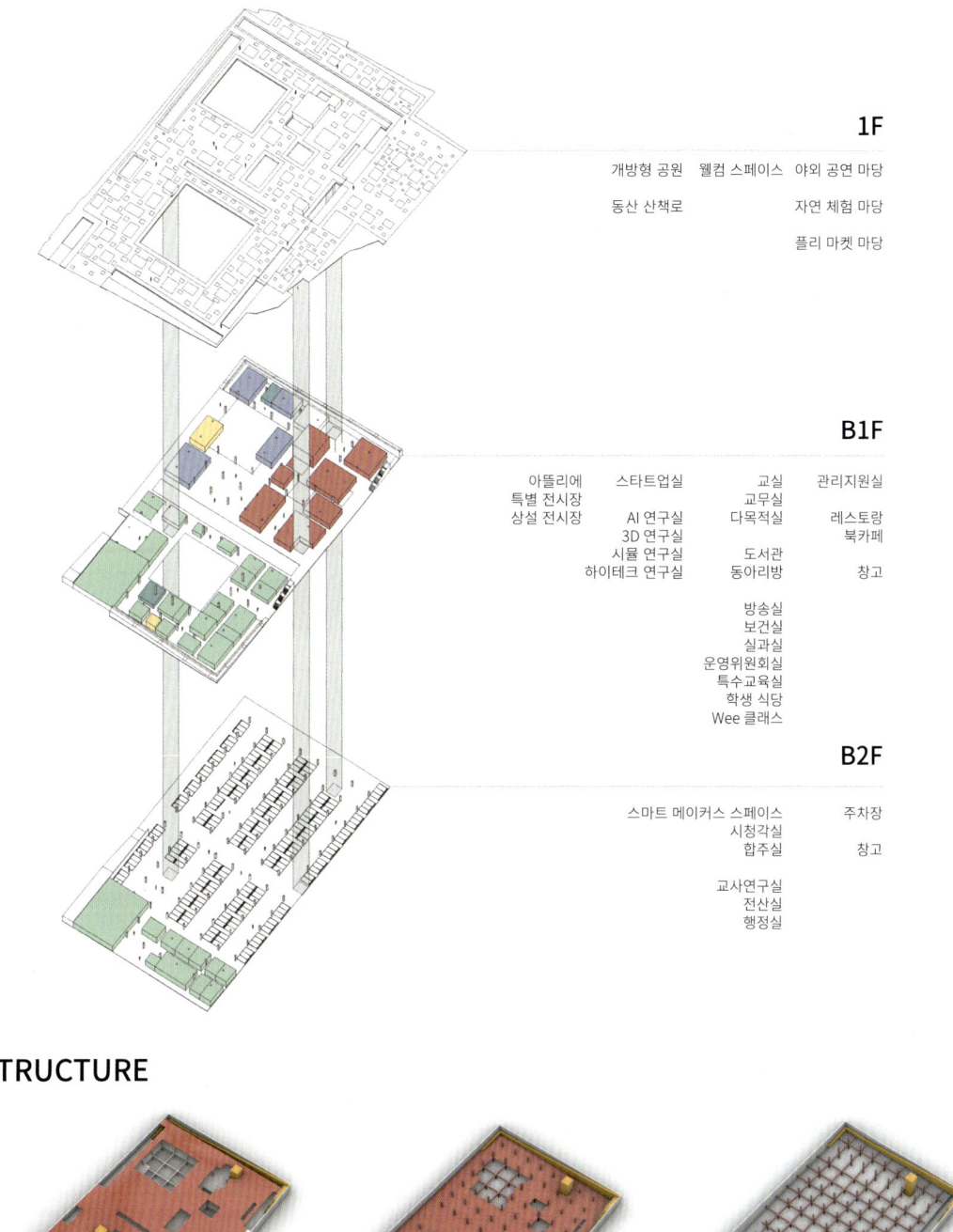

1F
개방형 공원　웰컴 스페이스　야외 공연 마당
동산 산책로　　　　　　　자연 체험 마당
　　　　　　　　　　　　플리 마켓 마당

B1F
아뜰리에　스타트업실　교실　　관리지원실
특별 전시장　　　　　　교무실
상설 전시장　AI 연구실　다목적실　레스토랑
　　　　　　3D 연구실　　　　　　북카페
　　　　　　시율 연구실　도서관
　　　　　　하이테크 연구실　동아리방　창고

방송실
보건실
실과실
운영위원회실
특수교육실
학생 식당
Wee 클래스

B2F
스마트 메이커스 스페이스　주차장
　　　　　　시청각실
　　　　　　합주실　　　　　　창고

교사연구실
전산실
행정실

STRUCTURE

랜드스케이프 슬래브　　　　B1F 슬래브　　　　B2F 슬래브

지상층에 형성된 랜드스케이프 슬래브는 구조 자체가 가진 곡률을 통해 지상층 공원에서의 **다양한 경험**을 형성하고, 지하층에서는 구조체 자체에서 발생하는 높이의 변화를 통해 공간감의 **다이나믹**을 형성한다.

PERSPECTIVE

Above- ground Floor

Central Slit

Edu Madang (UG)

Tech Madang (UG)

Art Madang (UG)

Central Slit (UG)

SECTION PERSPECTIVE

MODEL

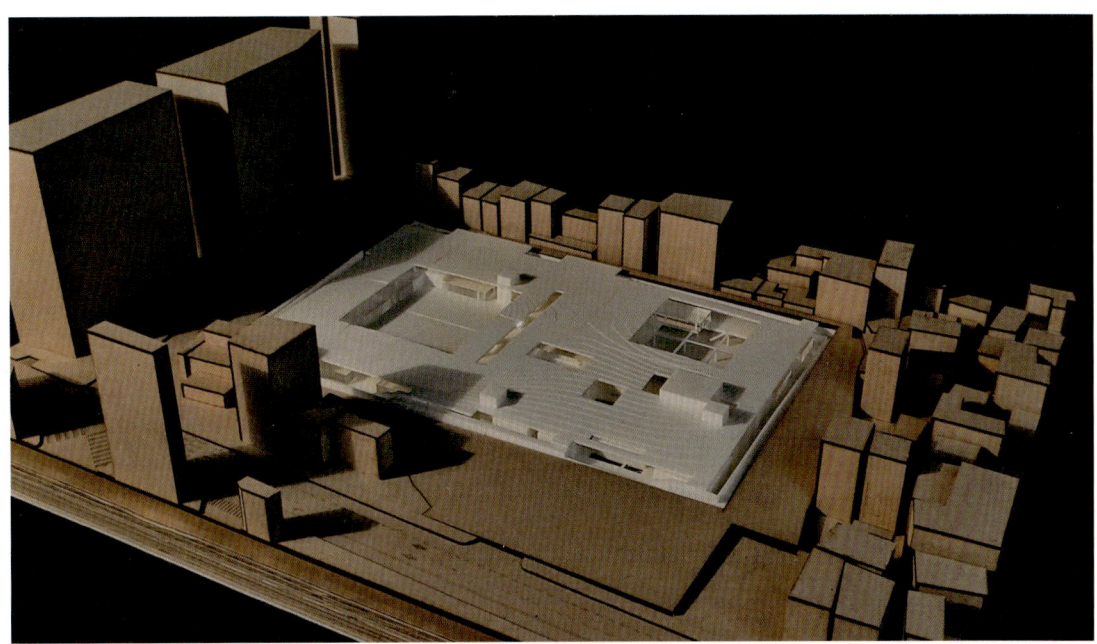

폐교 이노베이션 프로젝트 LL
LINKED BY LEARNING

2024 College of Architecture and Urban Planning, Hongik University
School of Architecture
Architecture Design Studio (6)

프로젝트 총괄 지도교수	이경선	
아카이브 편집 지도교수	김일석	
편집 및 디자인 주간	이규연	
편집 및 디자인	박세준, 주소영, 최시훈	
기획	이경선건축디자인연구소 SUNe.Lab	
	https://www.sunelab.com/	
인쇄	충주문화사	서울특별시 중구 충무로 29 아시아미디어타워 302호
	대표 원종한	TEL. 02-2277-7119
유통·판매	고성유통	서울특별시 서초구 동산로9길 30-14 남양빌딩
	대표 고형식	TEL. 02-529-7996
출판	ESA DESIGN	www.esadesign.co.kr
	대표 김일석	TEL. 010-2794-2237

2025년 2월 17일 1판 1쇄
ISBN - 979-11-90066-58-7
가격 49,000원

폐교 이노베이션 프로젝트 LL, LINKED BY LEARNING은 저자의 저작물이 아닌 도판의 경우 출처 및 저작권자를 찾아 명기했으며 정상적인 절차를 밟아 사용하기 위해 최선을 다했습니다. 일부 착오가 있거나 빠진 부분은 추후의 저작권상의 문제가 발생할 경우 절차에 따라 허가를 받고 저작권 협의를 진행하겠습니다.

ⓒ 홍익대학교 건축도시대학 건축학부

무단복제나 도용을 금지합니다.
이 책의 내용을 홍익대학교 건축학과의 허가 없이 무단으로 재생산 및 사용할 수 없습니다.

Copyright ⓒ College of Architecture and Urban Planning, Hongik University School of Architecture

All rights reserved.
No part of this book may be reproduced or utilized in any manner without permission from the College of Architecture and Urban Planning, School of Architecture, Hongik University.

홍익대학교 건축도시대학 건축학과

https://arch.hongik.ac.kr/

건축도시대학은 1954년 건축미술대학으로 설립된 이후 지난 70여년간 대한민국을 대표하는 건축예술교육의 중심으로 자리매김 해왔습니다. 특히 국내에서는 유일하게 디자인에 특화된 'Excellence in Design'이라는 일관된 교육목표를 가지고 발전해 왔으며, 2020년부터 도시공학과가 병합되어 건축분야 국내 최대규모 단과대학이 되었습니다.

건축설계(6)

Studio.1 교수 이경선 김시원
Studio.2 교수 김희진 양원모
Studio.3 교수 이소민 국현아
Studio.4 교수 권병용 이경재
Studio.5 교수 이정훈 김기림
Studio.6 교수 이진미 이문주
Studio.7 교수 김일석 박재광
Studio.8 교수 이장환 최연웅
Studio.9 교수 정경오 성 진
Studio.10 교수 임근영 백승욱

Hongik
College of
Architecture
Urban Planning